检验检疫系列丛书

纺织原料及制品质量检验

刘 俊 谢堂堂 杨 忠 主编

中国质检出版社
中国标准出版社
北 京

图书在版编目（CIP）数据

纺织原料及制品质量检验/刘俊、谢堂堂、杨忠主编.
—北京：中国质检出版社，2018.10
ISBN 978-7-5026-4610-3

Ⅰ.①纺… Ⅱ.①刘… ②谢… ③杨… Ⅲ.①纺织—原料—质量检验 ②纺织品—质量检验 Ⅳ.①TS107

中国版本图书馆 CIP 数据核字（2018）第 124668 号

中国质检出版社
中国标准出版社 出版发行
北京市朝阳区和平里西街甲 2 号（100029）
北京市西城区三里河北街 16 号（100045）
网址：www.spc.net.cn
总编室：(010)64275323 发行中心：(010)51780235
读者服务部：(010)68523946
中国标准出版社秦皇岛印刷厂印刷
各地新华书店经销
*
开本 787×1092 1/16 印张 20.5 字数 483 千字
2018 年 10 月第一版 2018 年 10 月第一次印刷
*
定价 **65.00** 元

编 委 会

前　言

随着我国社会进步和人们生活水平的逐步提高，消费者对纺织品的安全、卫生要求也越来越高，同时发达国家也把纺织品的安全、卫生项目作为衡量其内在质量的重要标准之一，纷纷通过颁布法令、强制性标准等形式，对进口服装纺织品制定了环境安全项目要求指标，并且这些指标数量呈日益增多的趋势。我国加入 WTO 后，为服装及纺织品向发达国家出口提供了一个难得机遇。要抓住这次机遇，我国服装纺织企业就必须高度重视进口国的安全、卫生项目要求，保证我国出口服装纺织品符合进口国要求。

本书重点对主要纺织原料和制品进行了论述，根据多年的实践经验和科学发展的需求，提出了最新的研究成果：纺织原料（棉花）种植阶段关键病害检测技术，以及制品安全、卫生、环保检测手段和鉴定方法。同时对成果内容进行了整合和编排，尽可能做到通俗易懂、叙述简明扼要，既注意理论的逻辑性，又突出实践的技术性。

本书分为纺织原料中关键病害检测方法、重要纺织原料性能属性和纤维鉴别方法、纺织品禁限用有害整理剂的检测方法三部分，共三章，由乌鲁木齐海关（原新疆出入境检验检疫局）和深圳海关（原深圳出入境检验检疫局）和新疆农业大学统稿和定稿，编写分工如下：

第 1 章由王翀、张祥林、钟艳龙、孙燕飞、芦屹、余浪、雷勇辉、张小菊、马德英、李刚、高全、巴哈提古丽・马那提拜、余清、刘俊、陈晓露、刘建、苏海英、孙涛、姚海军、粟有志、刘拥军、姚宗华、李勇、严小媚、司马义・依布拉音、向丽、牛鸣光、魏雨萱、张志威、马志贵、林灏编写；

第 2 章由李燕华、马德英、谢堂堂、王成云、唐莉纯、李丽霞、闫杰、林君峰、钟声扬、褚乃清、刘彩明、吴绍精、蔡屹、周小琪、杨国君、高全、杨忠、刘俊、李刚、殷新、宁多新、余清、刘建、马增梅、赵林同、张庆建、王小平、王翀、尚爽、李勇、胡晓民、李江、盖磊、万永亮、沈嘉炜、窦辉、朱侠、赵卓敏、魏鑫、魏博编写；

第 3 章由谢堂堂、马德英、李丽霞、褚乃清、钟艳龙、刘俊、杨忠、姚海军、刘彩明、芦屹、吴绍精、余浪、蔡屹、王成云、唐莉纯、闫杰、林君峰、钟声扬、周小琪、杨国君、刘建、胡晓民、殷新、葛钰玮、李刚、向丽、张庆建、粟有志、司马义・依布拉音、李芳、余清、盖磊、雷红琴、牛鸣光、王翀、孙涛、严小媚、李艳美、宁多新、关巍、王婷、魏博编写。

本书的编写得到深圳市检验检疫科学研究院、新疆维吾尔自治区植物保护站、伊犁州食品药品检验所、新疆维吾尔自治区分析测试研究院、新疆维吾尔自治区环境监测总站、青岛海关（原山东出入境检验检疫局）、霍尔果斯海关（原伊犁出入境检验检疫局）、喀什海关

(原喀什出入境检验检疫局)、北仑海关(原北仑出入境检验检疫局)、新疆农业科学院农业质量标准与检测技术研究所、中国检验认证集团新疆有限公司、新疆维吾尔自治区产品质量监督检验研究院、自治区纤维纺织品质量监督检验研究中心、新疆农业大学、新疆七彩农业有限公司、新疆普瑞麦迪生物科技有限公司、新疆维吾尔自治区伊犁哈萨克自治州农业科学研究所、伊犁环康检测技术服务有限公司、江西赣锋锂业有限公司、上海拓芈检测技术有限公司、阿克苏溢达棉业有限公司、新疆维吾尔自治区农业资源与环境保护站、乌鲁木齐市第十九中学、伊犁新天煤化工有限责任公司、石河子大学、独山子石化公司环境监测中心、新疆大学化学化工学院、新疆哈密市食品药品检验所的大力支持,在此表示谢意,并向所引用资料的编著者表示感谢。

由于编者水平有限,书中难免不妥之处,恳请读者批评指正,不胜感激。

编　者

2018 年 7 月

目　　录

第1章　纺织原料中关键病害检测方法

第1节　棉花枯萎病菌检测技术

1.1　概述

棉花枯萎病可造成多种植物的维管束萎蔫性病害，已知的有咖啡属（*Coffea*）、木豆属（*Cajanus*）、木槿属（*Hibicus*）、三叶胶属（*Hevea*）、茄属（*Solanum*）、蓖麻属（*Ricinus*）及豇豆属（*Vigna*）等一些种类的枯萎病，棉花枯萎病的寄主有近50种植物，大部分为野生植物。

棉花枯萎病菌的寄主范围较窄，很早以前认为只危害棉花、秋葵和决明，后来国内一些单位在温室或病圃接种查明，该菌能侵染大麦、大豆。

该病害远距离传播的主要途径是由于种子带菌。初次侵染源主要是病田土壤，其次是带菌种籽（病菌多数黏附在种外短绒上，少数侵入种内）、棉籽饼、棉籽壳、病株残体以及粪肥等。

1.2　棉花枯萎病菌检测方法

1.2.1　仪器设备和用具

生物显微镜、体视显微镜、高速冷冻离心机、纯水仪、超净工作台、高压灭菌锅、培养箱、超低温冰箱、常规冰箱、旋涡振荡器。

1.2.2　培养基

青/链霉素微酸性PDA培养基：将洗净后去皮的马铃薯200g切碎，加水1000mL煮沸半小时，用纱布滤去马铃薯，加水补足1000mL，然后加20g葡萄糖和15g～20g琼脂，加热使琼脂完全溶化后，分装在三角瓶中，调整pH至5.6，121℃高压灭菌20min。培养基中加入链霉素或青霉素，也可再加入3mL乳酸（终浓度0.3%），倒皿备用。

1.2.3　取样

挑选皱缩、干瘪、变色、残缺的种子或有霉变的籽粒。

对送检的植株茎部、叶部和果实进行检查时，选取变色、网纹、皱缩、畸形的叶片，木质部黑褐色或墨绿色，病株矮缩，半边枯萎病态，进行病原菌的分离。棉花枯萎病危害症状见下描述。

棉苗子叶期即可发病，在田间土壤含菌量大，种植感病棉花品种的条件下，一般发病较早，到现蕾期达到高峰，引起棉苗大量萎蔫死亡。

苗期症状，由于气温、环境以及品种不同，常表现不同症状：

黄色网纹型：病株子叶或真叶从叶脉边缘开始褪绿变黄，叶肉仍保持绿色，呈黄色网纹状，后呈褐色网纹。严重时，叶片凋萎干枯脱落，叶柄、茎部维管束变成深褐色。

黄化型：子叶或真叶多从叶尖或叶缘开始，局部或全部褪绿变黄，无网或网纹不明显，随后逐渐变褐枯死，剖开茎部，维管束变成深褐色。

青枯型：病株苗期的子叶或真叶突然失水，叶色稍呈深绿，全株或植株一边的叶片萎蔫变软，下垂，最后植株可呈青枯干死，但叶片不脱落。维管束变成深褐色。

紫红型：子叶或真叶变紫红色或出现紫红色斑块，随着病程的发展，叶片枯萎，脱落，植株死亡。紫红型的叶脉多数呈黄色，紫红的叶片及黄色网纹可同时存在一片病叶上。茎部维管束变成深褐色。

皱缩型：植株于5～7片真叶期，顶部叶片发生皱缩、畸形，叶色显现浓绿，叶片变厚，植株节间缩短，病株比健株明显变矮，但不枯死。

黄色网纹型、黄化型以及紫红型的病株都有可能成为皱缩型病株。

各种不同症状类型的出现，与环境条件关系密切。一般在发病适宜条件下，特别是在温室内做接菌试验，病株多表现为黄化型或黄色网纹型症状。在大田中，气温较低时，多数病株表现为紫红型或黄化型。在气候急剧变化的条件下，如阴雨后迅速转晴变暖，则容易出现青枯型的病株。

以上各种症状类型病株的内部病变，是在根部、茎部、叶柄的导管部分变为黑褐色或黑色。在根、茎、叶柄纵剖面木质部，有黑色或深褐色条纹，即为受病菌侵染后变色的维管束部分。病株茎秆往往变得矮缩、畸形，与健株有明显区别。

成株期症状：成株期枯萎病的症状因感染时期和环境不同表现多种类型，在生长早期被感染的植株多表现为矮缩型，病株的节间缩短、株形矮小，主茎弯曲，果枝和主茎节间显著缩短，叶片深绿，皱缩不平，较正常叶片增厚，叶缘向下卷曲，个别叶片局部或全部叶脉黄呈网纹状，有时仅留上部顶叶，以后干枯死亡。有的病株症状为半边枯死，半边存活。在现蕾期、开花期感染的植株，常导致落叶、落蕾和落花，茎部干枯，变脆，很容易从土中拔起，开始结铃时发病的植株茎不干枯，但变黑。在其上所结铃不吐絮。

同一病株有时可同时表现几种类型的症状。无论哪种症状，剖茎检查，可见木质部导管变成黑褐色或墨绿色。一般病株均系由下部向上逐渐发病。

1.2.4 分离培养

将挑选出的种子、叶片、茎杆和果实样品可用无菌刀片切取病健交界处3mm～5mm左右的组织进行培养。

无菌条件下将供试材料用3%次氯酸钠表面消毒5min～10min，无菌水洗3次。将处理好的材料置于含青/链霉素微酸性的PDA培养基平板上，每皿放置3粒～4粒种子或5块～6块组织，于25℃下12h光照黑暗交替培养。培养第三天后开始观察，若发现乳白色或白色可疑菌落，立即用PDA培养基进行纯化。在无菌条件下挑取菌丝制片，于显微镜下观察菌丝和分生孢子形态。

1.2.5　鉴定特征

在PDA培养基上，菌丝为白色，若培养时间稍长培养基经常出现灰白带紫色，菌丝稀疏，贴伏生长，底浅黄，菌丝体透明，有分隔。

具有3种类型的孢子，分别为大型分生孢子、小孢子和厚垣孢子。大型分生孢子着生在复杂而又有分枝的分生孢子梗或瘤状的孢子座上，无色、镰刀形、近新月形，纺锤形，两端细胞稍尖，弯曲，足孢明显或不明显，多数有3个分隔，少数有2个，4个，5个分隔大小为，大小为(2.6～5.0)μm×(19.6～39.4)μm，黄褐色至橙色。

小型分生孢子多无色，单孢，卵圆形，椭圆形，柱形，倒卵圆形或肾形，少数有一个分隔，大小（5～12)μm×(2.2～3.4)μm，通常着生于菌丝侧面的分生孢子梗上，聚集成假头状。

厚垣孢子淡黄色至黄褐色，近圆形，表面光滑，偶有粗糙，由老熟菌丝及大型分生孢子的端部或中间若干细胞形成，单生或串生，壁厚。

1.2.6　结果判定

若样品中分离出的菌株培养性状和形态特征符合1.2.5中描述，可判定检出棉花枯萎病菌。

若分离菌株的培养性状和形态特征不符合1.2.5中描述，可判定未检出棉枯萎病菌。

1.2.7　样品保存

1.2.7.1　样品保存与处理

样品经登记和经手人签字后妥善保存。对检出棉花枯萎病菌的样品应保存于4℃冰箱中，以备复核。该类样品保存期满后须经高压灭菌后方可处理。

1.2.7.2　菌株保存与处理

从检测样品中分离并鉴定为棉花枯萎病菌的菌株，应妥善保存。将菌株接种于PDA培养基斜面上，20℃～25℃培养5d，4℃冰箱保存；或将菌丝块转入灭菌的30%甘油中，4℃冰箱保存；或将菌株冷冻干燥后，－40℃以下冰箱保存。

1.2.8　结果记录与资料保存

完整的实验记录包括：样品的来源、种类、时间，实验的时间、地点、方法和结果等，并要有实验人员和审核人员签字。

第2节　棉花黄萎病菌检测技术

2.1　概述

棉花黄萎病菌 *Verticillium dahliae* Kleb. 属于真菌界（Fungi），丝孢菌（Hyphomycetes），丝孢目（Hyphomycetales），从梗孢科（Moniliaceae），轮枝孢属（*Verticillium*）。

棉花黄萎寄主范围广泛，除棉花外还危害向日葵，茄子，辣椒，番茄，烟草，马铃薯，甜瓜，西瓜，黄瓜，花生，菜豆，绿豆，大豆，蚕豆，芝麻，甜菜等作物。

棉花黄萎病菌主要由种子传播，也可经土壤、病残体、风、灌溉水和昆虫传病。

近似种：黑白轮枝菌 *Verticillium albo - atrum* Reinke and Berthold、三体轮枝菌 *V. tricorpus* *Isaac*、变黑轮枝菌 *V. nigrescens* Pethybridge、云状轮枝菌 *V. nubilum* Pethybridge 等。

2.2 棉花黄萎病菌检测方法

2.2.1 仪器设备和用具

高压灭菌锅、显微镜、解剖镜、天平、研钵、摇床、水浴锅、制冰机、纯水仪、旋涡振荡器、台式离心机、核酸蛋白分析仪、高速冷冻离心机、真空抽干仪、冰箱、超净工作台、生化培养箱、通风橱、实时荧光 PCR 仪、凝胶成像仪、微量移液器（0.1μL ~ 2.5μL，1μL ~ 10μL，10μL ~ 50μL，20μL ~ 200μL，100μL ~ 1000μL）、锥形瓶、试管、培养皿、载玻片、盖玻片。

CTAB 提取液（2% CTAB，1.4M NaCl，20 mM EDTA，100 mM Tris · HCl pH8.0）、Tris 饱和酚、氯仿、异戊醇、异丙醇、无水乙醇、次氯酸钠、RNase、PCR 反应试剂：2 × TaqMan Universal PCR Master Mix。

除另有规定外，所有试剂均为分析纯或生化试剂。

PDA 培养基。

2.2.2 分离培养

挑取罹病材料用流水充分冲洗后用 1.5% 次氯酸钠消毒液浸泡 1min 进行表面灭菌，无菌水冲洗 3 次后置于灭菌滤纸，吸干水分后放置于倒有 PDA 的培养皿中。培养皿倒置在 25℃ 光照培养箱中培养。分离出可疑菌落后转接纯化培养。

在已灭菌的培养皿底部平铺 3 层无菌吸水纸，将待检的种子放入 70% 乙醇中浸泡 2s ~ 3s，除去气泡，置于 0.1% 升汞液中消毒 2min，用灭菌水冲洗 2 次 ~ 3 次，用灭菌镊子将其放置于培养皿中，每皿均匀放置 25 粒种子。

2.2.3 形态学观察

显微镜检孢子的形态特征、产孢方式。在 25℃、黑暗条件下，观察记录菌落的生长速度、颜色变化、分生孢子梗和微菌核的形成情况。

2.2.4 DNA 制备

采用基因组提取试剂盒制备 DNA，或采用改良的 CTAB 提取法。

1）收集培养分离得到的菌丝，放入浸在液氮里的 1.5mL 离心管，用无菌塑料杵迅速碾碎。

2）加入 600μL65℃ 预热的 CTAB 抽提液，颠倒混匀后于 65℃ 水浴 0.5h ~ 1h。

3）冷却至室温后，12000r/min 离心 10min，取上清液至另一离心管中。

4）加入 1/2 体积（300μL）的 Tris 饱和酚及 1/2 体积（300μL）的氯仿：异戊醇（24：1），颠倒混匀后静置至其开始分层。

5）12000r/min 离心 10min，取上清液至另一离心管中。

6）可重复 2～3 次，视两相界面处杂质的多少而定。

7）加入等体积氯仿：异戊醇（24：1），轻轻颠倒混匀。

8）12000r/min 离心 10min，取上清液至另一离心管中。

9）向上清液中加入等体积异丙醇，轻轻颠倒混合均匀后于 4℃或 -20℃沉淀 1h。

10）12000r/min 离心 10min，弃去上清液，加 500μL70% 乙醇悬浮沉淀。

11）12000r/min 离心 5min，弃上清，室温干燥。

12）加 50μL 无菌水或 TE 缓冲液（10mmol Tris. HCl，1M EDTA pH8.0）溶解沉淀，-20℃ 贮存备用。

2.2.5　实时荧光 PCR 检测

2.2.5.1　引物及探针序列

正向引物 VD3F：5’-CGT ACG ATT GAG AAG TTT GAG ATA AGT G-3’；

反向引物 VD3R：5’-CGT CGG AAA CCA TGA AAA CA-3’；

探针 VDMGB3：5’-CTG CTT GAA TCT ACA C-3’，探针 5’ 端含有 FAM 报告荧光染料，3’ 端含有不发荧光的淬灭基团并具有 MGB 分子。

2.2.5.2　扩增体系

PCR 扩增反应体系为：2×TaqMan Universal PCR Master Mix 12.5μL、引物 VD3F/VD3R 各 0.4μmol/L、探针 VDMGB3 0.2μmol/L。反应总体积为 25μL。将反应体系混合均匀后置于荧光 PCR 仪中进行反应。

以棉花黄萎病菌 DNA 作阳性对照、不含棉花黄萎病菌的 DNA 作阴性对照、以无菌蒸馏水作空白对照，每个样品设置 3 个重复。

2.2.5.3　扩增反应条件

扩增反应条件为：50℃ 30min；95℃ 15min；然后 94℃ 15s，60℃ 60s，共 40 个循环。

2.2.6　鉴定特征

2.2.6.1　危害症状

棉花黄萎病的发病时间较枯萎病晚，一般到现蕾期以后才开始发病，7 月～8 月开花结铃期达到发病高峰，常见的是病株由下部叶片开始发病逐渐向上发展。症状类型有三种：

黄色斑驳型：是最常见的症状。发病初期，病叶边缘和叶脉之间的叶肉部分，局部出现淡黄色斑块，形状不规则，称黄色斑驳。随着病势的发展，淡黄色的病斑颜色逐渐加深，呈黄色至褐色，病叶边缘向上卷曲，主脉和主脉附近的叶肉仍然保持绿色。整个叶片呈掌状枯斑，感病严重的棉株，整个叶片枯焦破碎，脱落呈光杆。有时在病株的茎基部或叶腋处长出赘芽和枝叶。

落叶型：发病初期与黄色斑驳型症状相似，叶脉间叶肉褪绿，出现黄色斑驳，但发病速度较快，3d～5d 内整株大部分叶片失水变黄白色，叶片变薄、变软，很容易脱落。黄萎病株一般不萎缩，还能结少量棉铃，但早期发病的重病株有时变得较矮小。花铃期病株，在盛夏久旱后遇暴雨或经大水浸泡后，叶片突然萎垂，呈水烫状，随即脱落成光杆，这种症状称为急性萎蔫型。

在枯黄萎病混生地区，两病可以同时发生在同一棉株上，叫做同株混生型。有的以枯萎病症状为主，有的以黄萎病症状为主，使症状表现更为复杂，调查时需注意加以区分。田间普查诊断棉花黄萎病时，与调查棉花枯萎病一样，除了观察比较外部症状外，必须同时剖杆，检查维管束的变色情况。感病严重的植株，从茎秆到枝条以及叶柄，维管束全部变色。一般情况下，黄萎病株较枯萎病株茎秆内维管束变色稍浅，多呈褐色条斑，而枯萎病维管束变色较深。有的地区黄萎病症状容易与红（黄）叶茎枯病，即后期棉株下部衰老变黄的叶片混淆，剖开茎秆观察维管束变色与否是区别黄、枯萎与红（黄）叶茎枯等的重要依据。后期棉田淹水、根部病害、虫害、机械损伤、药害等也可造成棉株维管束变色，应与枯、黄萎病形成的维管束变色加以区别。但是棉花枯黄萎病维管束变色深浅不是绝对的，有时黄萎病重病株比枯萎病轻病株维管束变色可能还要深些，这是要通过实验室分离鉴定，才能确定病害的种类。

表 1-1 棉花枯萎病与黄萎病症状比较

发病期	枯 萎 病	黄 萎 病
发病始期	子叶期开始发病	现蕾期开始发病
大量发病期	6 月下旬现蕾期	8 月下旬花蕾期
叶型	常变小，皱缩，易焦枯	大小正常，主脉间叶肉变黄干枯，呈掌状
叶脉	常变黄，呈黄色网纹状	叶脉保持绿色
落叶情况	5~6 片真叶期即可脱落成光杆，枯死	一般后期叶片提早变黄干枯，早期落叶，也有6 月下旬至 8 月上旬早期落叶的情况
株型	常矮缩，节间缩短	早期病株稍矮缩
剖茎症状	根、茎内部维管束变成深褐条纹状	根、茎内部维管束变成浅褐色条纹状

2.2.6.2 形态学鉴定特征

在 PDA 培养基上生长缓慢，菌落呈绒毛状，初生菌丝体无色或白色，后变橄榄褐色，生长稀疏，有隔膜，直径 2μm~4μm。培养 10 天以上菌落可产生大量近球形或纺锤形小颗粒微菌核，菌落变为黑褐色。分生孢子梗轮状分枝，1 轮~5 轮，分枝基部膨大，始终透明，每轮层有瓶梗 1~7 根，通常 3 根~5 根，瓶梗长度为 13μm~18μm，轮层间距离为 30μm~38μm。顶端着生分生孢子，无色，单孢，椭圆形或近圆筒形，大小为(1.5~4.0)μm×(9.0~15.2)μm，在环境潮湿时分生孢子常由水膜包围成圆球状聚集在分枝的末端。棉花黄萎病菌菌落形态特征和微菌核形态特征，如图 1-1 和图 1-2 所示。

表 1-2 棉花黄萎病菌与近似种形态特征差异

种 类	分生孢子/μm	休眠菌丝	微菌核/μm	厚垣孢子/μm
Verticillium dahliae	(3.4~6.9)×(1.5~3.4)	-	(15.3~178)×(18.3~85.2)	-
V. albo-atrum	(3.7~7.1)×(1.7~3.4)	+	-	-
V. nigrescens	(2.5~5.1)×(1.3~2.5)	-	-	(4.1~7.2)×(3.2~6.2)
V. nubilum	(4.1~8.3)×(1.4~2.5)	-	-	(7.8~12.5)×(5.0~8.4)
V. tricorpus	(4.3~6.1)×(2.0~2.8)	-	(34.3~74.4)×(19.4~47.0)	(6.1~8.7)×(5.2~7.0)

注：+表示有，-表示无

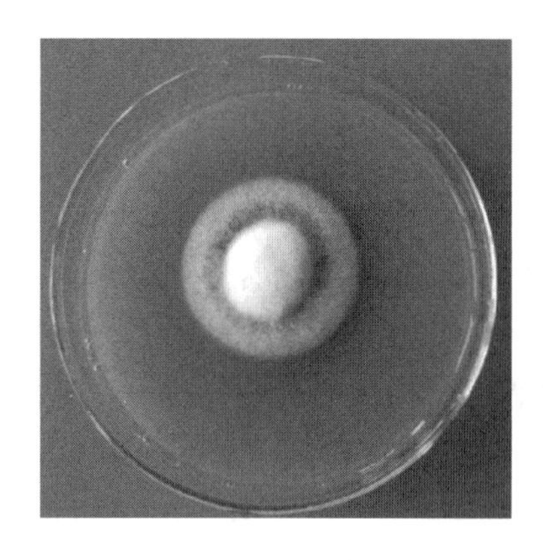

图 1－1　棉花黄萎病菌菌落形态特征示意图

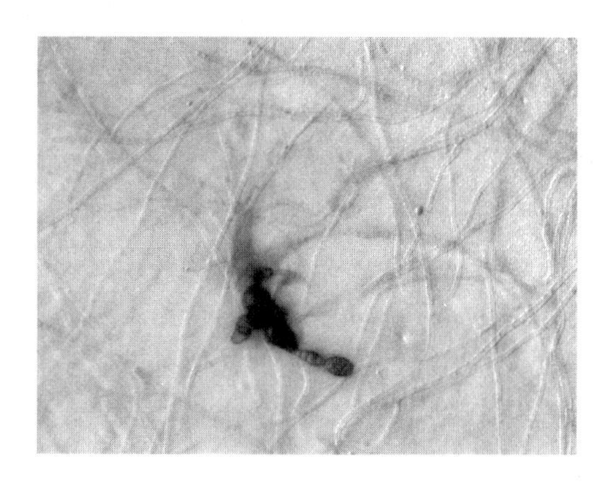

图 1－2　棉花黄萎病菌微菌核形态特征示意图

2.2.7　结果判定

以分离物的培养特征和实时荧光 PCR 检测结果作为鉴定依据，参考症状特点，进行综合判定。若分离物的培养特征与形态学鉴定特征符合，且实时荧光 PCR 检测结果为阳性，则判定为棉花黄萎病菌。

2.2.8　样品保存与复核

2.2.8.1　样品保存

保存样品应置于 2℃ ~8℃冰箱妥善保存，对检出棉花黄萎病菌的样品应至少保存 6 个月，以备复检、谈判和仲裁。

分离到的棉花黄萎病菌应接种于 PDA 培养基中妥善保存。

2.2.8.2　结果纪录与资料保存

包括：样品的来源、种类、采样时间、检测时间、地点、方法、结果等，并有实验人员的签字。实时荧光 PCR 要有检测阳性结果照片。

第3节　棉花根腐病菌检测技术

3.1　概述

棉花根腐病又称德克萨斯根腐病，隶属于真菌界（Kingdom Fungi），半知菌门（Deuteromycota），丝孢纲（Hyphomycetes），丝孢目（Moniliales），淡色孢科（Moniliaceae），拟瘤梗孢属（*Phymatotrichopsis*）。是棉花及多种植物上的毁灭性病害之一，目前我国尚未发生。致病菌为多主拟瘤梗孢（*Phymototrichopsis omnivorum* Duggar Hennerbert）病原菌寄主范围极广，主要寄主是棉花，可侵染2300多种双子叶植物，不侵染单子叶植物。使植物枯萎，叶脱落以至死亡，但损失较大的是棉花、苜蓿、核果类果树和林荫树等。受病植物病部产生大量菌核，菌核在土壤内至少存活5年，最长可达12年，病原菌可随病根、混有病残体和菌核的土壤等进行传播，借助人为力量进行远距离传播，或借助风、水等途径进行近距离传播。棉花根腐病是棉花上的一种毁灭性病害，使棉花减产15%以上，病原菌在合适的条件下生长，侵染棉花的根部，造成根部腐烂，致使植株供水不足，在棉花现蕾时突然死亡。

该病原菌现分布于美国西南部9个州（德克萨斯州，新墨西哥州，亚利桑那州，阿肯色州，犹他州，内华达州，俄克拉哈马州，路易斯安那州和加利福尼亚州）及墨西哥北部、巴西、委内瑞拉、印度、巴基斯坦、索马里、利比亚、多米尼加共和国等。

近似种：波状根盘菌（*Rhizina undulata*）引起的松苗根腐病，在地下产生菌丝索，覆盖在受侵染的根表面，与棉花根腐病引起的症状相似，但是波状根盘菌在子囊盘上形成子囊孢子，孢子纺锤形或棱形，无分隔，两端尖突，含两个小油滴。

3.2　棉花根腐病菌检测方法

3.2.1　仪器设备、用具和试剂及试剂配方

3.2.1.1　仪器设备、用具

天平（感量1/100g，1/10000g）、pH计、超净工作台，高压灭菌锅，光照恒温培养箱，生物显微镜（带照相系统），解剖镜、白瓷盘和尖头镊子，培养皿，试管，烧杯，三角锥形瓶，量筒。修改的No.70培养基，70%乙醇，制冰机、纯水仪、涡旋振荡器、台式离心机、高速冷冻离心机、低温冰箱、冷藏冷冻冰箱、超净工作台、PCR仪、电泳仪、水平电泳槽、凝胶成像仪、微量移液器（2μL、20μL、100μL、200μL、1000μL）。

3.2.1.2　试剂

无菌双蒸水、次氯酸钠、液氮、蛋白酶K、氯化镁、氢氧化钠、醋酸铵、氯化钾、无水乙醇、溴化乙锭、三氯甲烷、异丙醇、Taq DNA聚合酶、dNTP混合物、10×PCR缓冲液、琼脂糖、DNA相对分子质量标准物、CTAB、Tris/EDTA/SDS提取缓冲液（TES）、Tris硼酸盐EDTA缓冲液（TBE）、Tris/EDTA缓冲液（TE）等。分离培养基、产孢培养基、马铃薯葡萄糖琼脂培养基（PDA）。

3.2.1.3　试剂配方

3.2.1.3.1　修改的No.70培养基：

硫酸镁 $MgSO_4 \cdot 7H_2O$	0.75g	磷酸二氢钾 KH_2PO_4	0.26g
磷酸氢二钾 K_2HPO_4	0.49g	氯化钾 KCl	0.15g
硝酸铵 NH_4NO_3	1.18g	硫酸锌 $ZnSO_4 \cdot 7H_2O$	0.01g
硫酸铁 $Fe_2(SO_4)_3$	0.01g	硫酸锰 $MnSO_4 \cdot 7H_2O$	0.01g
葡萄糖	40g	琼脂	25g

加水至 1L，灭菌。

3.2.1.3.2　马铃薯葡萄糖琼脂培养基（PDA）

马铃薯（Potato）	200g
葡萄糖（Glucose）	20g
琼脂（Agar）	18g

称取 200g 马铃薯，洗净去皮切成小块，加水煮沸 30min，纱布过滤加入葡萄糖 20g，琼脂 18g，混匀后定容至 1000mL，121℃高压灭菌 20min。

3.2.1.3.3　分离培养基

琼脂（Agar）	20g
硫酸链霉素（Streptomycinsulfate）	50mg
水（H_2O）	1000mL

121℃高压蒸汽灭菌 20min。培养基冷却至 47℃时无菌操作下添加硫酸链霉素并混匀，倒板备用。

3.2.1.3.4　产孢培养基

四水亚硝酸钙［$Ca(NO_3)_2 \cdot 4H_2O$］	0.24g
氯化钾（KCl）	0.65g
磷酸氢二钾（KH_2PO_4）	0.01g
硝酸钾（KNO_3）	0.07g
硫酸镁（$MgSO_4 \cdot 7H_2O$）	0.04g
酒石酸铁（Ferric tartrate）	1g
葡萄糖（Glucose）	20g
琼脂（Agar）	25g
水（H_2O）	1000mL

121℃高压蒸汽灭菌 15min～20min。

3.2.2　现场检疫

将可疑植株的根部在解剖镜下镜检，将带有菌丝索或菌核的病根挑出。种子类样品，从中挑选夹带的植株残体，尤其是根部病残体。介质土借助湿筛挑出其中的菌核（见图 1－3，图 1－5）。

土壤：对经过审批同意进境的土壤，需进行严格检疫，经筛选发现菌核或植株残体，应及时送实验室检验鉴定。

苗木：检查植株的根部，挑取有病变的根部送实验室检验鉴定。

3.2.3　实验室检验

土壤：对土壤要严格检验，挑出携带的菌核和植物残体，并做土壤带菌分离。

菌核：检出的大小在1mm～2mm之间的菌核，在无菌条件下，经70%的乙醇表面消毒，切开挑取部分，培养于经过修改的No. 70的培养基中，28℃下，培养观察菌丝的形态特征。

挑取土壤中植物残体：对挑取的植物病残体，尤其是根部病残体，在无菌条件下，切取病变组织，经70%乙醇表面消毒，培养于经过修改的No. 70培养基中，28℃下，培养，观察菌丝和产孢结构的形态特征。

苗木：在无菌条件下，切取根部病变组织，经70%乙醇表面消毒和无菌水冲洗，培养于经过修改的No. 70培养基中，28℃下，培养，观察菌丝和产孢结构的形态特征。

3.2.4 鉴定特征

寄主植物受侵染后，根的表面覆盖有棕褐色至金黄色菌丝索（见图1-3），根部变软、腐烂、皮层易剥落，中柱变色或出现红褐色病斑（见图1-3），有时根表面还可以看到棕色至黑色的菌核。

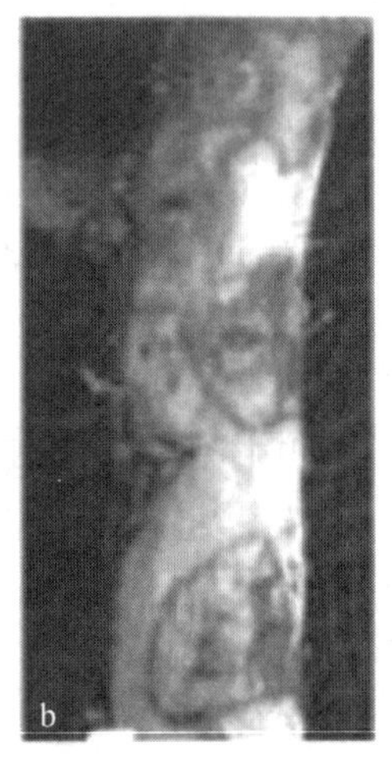

图1-3 棉花根腐病菌为害症状

a—受侵染的棉花根部（箭头示菌丝索）；b—去除表皮后皮层受害状

病菌在PDA平板上菌落初为白色，后变为污黄色（见图1-4）。分生孢子梗球形或椭圆形，大小(12～20)μm×(20～30)μm，少数情况下分生孢子梗呈棍棒状或串珠状，其顶部产生分生孢子，外观上类似“担子”（见图1-4）。分生孢子单胞，透明，球形或卵圆形，着生于多分枝的菌丝上，直径4.8μm～5.5μm或（6～8）μm×（5～6）μm（见图1-4）。菌丝索褐色，直径约200μm，成直角伸出侧枝，侧生菌丝呈十字形分支（见图1-4）。菌核棕色或黑色，圆形或不规则形，直径1μm～5μm，单生或串生，萌发后长白色菌丝，后变污黄色（见图1-5）。

棉花根腐病菌在经过修改的No. 70培养基上，菌落疏松，白色，生长均匀，菌丝常交织在一起成菌丝束，成熟后成肉桂色。菌丝疏松，白色，菌丝呈直角分支，侧生菌丝可呈十字形分枝，分枝顶端尖状如针状。分生孢子梗从菌丝的大细胞上产生，球形或椭圆形，大小(12～20)μm×(20～30)μm，分生孢子产生在分生孢子梗上，多为球形，直径为4.8μm～5.5μm，椭圆形孢子大小为(5～6)μm×(6～8)μm。菌核初由白色的菌丝紧密交织而成，且

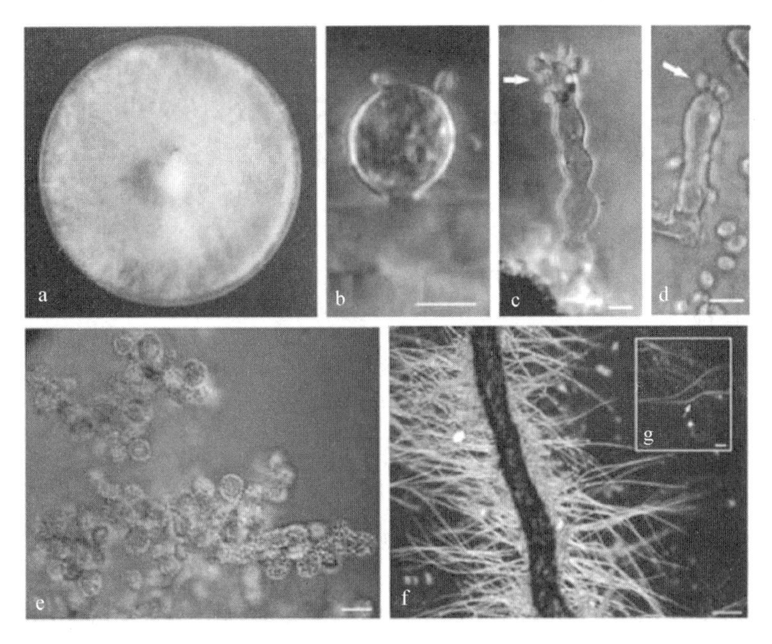

图 1－4　棉花根腐病菌形态特征

a—棉花根腐病菌在 PDA 上的菌落形态；e—分生孢子梗和分生孢子（标尺为 25μm）；
b—分生孢子在分生孢子梗上萌发（标尺 10μm）；f—菌丝索，标尺为 100μm；
c、d—担子状分生孢子，标尺为 10μm；g—直角分支的菌丝，标尺为 50μm

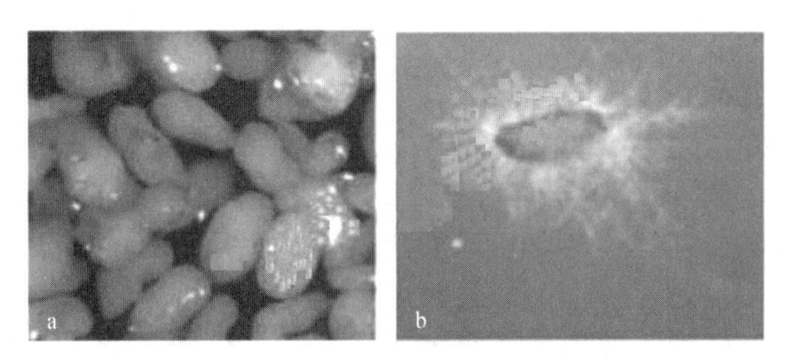

图 1－5　棉花根腐病菌菌核及萌发

a—湿筛法从土壤中获得的菌核；b—菌核在分离培养基上萌发

成链状，随着时间的推移逐渐变成褐色至深褐色。成熟的菌核具有一个由薄壁细胞组成的中心髓部，外边由厚壁细胞组成的厚皮层，大小为 1mm～2mm，圆形至不规则形。

分生孢子的诱导：将纯化好的菌株接种到产孢培养基上，28℃，每天光照 16h。每天观察，待产孢后，显微镜下观察分生孢子的形态特征。

3.2.5　PCR 鉴定方法

3.2.5.1　试剂

3.2.5.1.1　Tris/EDTA/SDS 提取缓冲液（TES）

100mmol/L Tris－HCl（pH8.0）、10mmol/L EDTA、20g/L SDS。

3.2.5.1.2　CTAB/NaCl 溶液

100g/L CTAB、0.7mol/L NaCl。

3.2.5.1.3　Tris 硼酸盐 EDTA 缓冲液（TBE）

5×储存液 Tris 54g，硼酸 27.5g，0.5mol/L EDTA（pH8.0）20mL，蒸馏水补足 1000mL。使用时稀释到 0.5 倍。

3.2.5.1.4　Tris/EDTA 缓冲液（TE）

10mmol/L Tris－HCl，1mmol/L EDTA，pH8.0。

3.2.5.2　DNA 提取

收集经干燥过的菌丝约 0.5g 放入 1.5mL 浸在液氮里的离心管中，用塑料杵碾碎待用。离心管中加入 1mL TES 提取缓冲液，另加入 100mg～200mg 蛋白酶 K，55℃保温 30min，期间轻轻混匀。加入 5mol/L NaCl 28μL、CTAB/NaCl 溶液 138μL，65℃保温 10min。4℃ 13000g 离心 10min，保留上清液。加入等体积的三氯甲烷：异戊醇（体积比 24∶1），轻轻混匀，冰浴 30min；4℃ 13000g 离心 10min，保留上清液。加入 450μL 5mol/L 醋酸铵，冰浴至少 30min。4℃ 16000g 离心 10min，保留上清液。加入约 2/3 体积的异丙醇沉淀 DNA，13000g 离心 15min。DNA 沉淀用 1mL 70% 乙醇洗 2 次；室温干燥，用 100μL TE 缓冲液溶解 DNA 备用。（注：也可使用商业化试剂盒提取 DNA。）

3.2.5.3　引物序列

PoITSA：5'－CCT GCG GAA GGA TCA TTA AA－3'

PoITSB：5'－GGG GGT TTT CTT TGT TAG GG －3'

3.2.5.4　PCR 扩增

每个样品设 2 个平行处理。反应体系中各试剂的量可根据具体情况或不同的反应总体积进行适当调整。检测时以棉花根腐病菌 DNA 或含有棉花根腐病菌目标片段的质粒作为阳性对照，以其他真菌菌株 DNA 作为阴性对照，以水代替模板作为空白对照。

PCR 检测反应体系：10 倍缓冲液：2.5μL；Mg^{2+}（25mmol/L）：1.5μL；dNTP（2.5mmol/L）：2μL；PoITSA：0.5μL；PoITSB：0.5μL；Taq：0.2μL；DNA：1μL～2μL，补水到 25μL。

PCR 反应条件为：94℃5min；94℃30s，62℃30s，72℃30s，35 个循环；72℃10min。

3.2.5.5　产物检测

在 0.5×TBE 电泳缓冲液中，1.5% 琼脂糖凝胶电泳，5V/cm；0.5% EB 染色 20min，凝胶成像仪分析结果。

3.2.5.6　结果判定

在阴性对照和空白对照没有产生预期大小条带、阳性对照产生约 627bp 的预期大小条带情况下：

——如果检测样品出现与阳性对照大小一致的条带，则为阳性；

——如果检测样品没有出现与阳性对照大小一致的条带，则为阴性。

3.2.6　结果判定

根据棉花根腐病菌的危害症状及病原菌形态特征对病菌分离物进行综合判定，分离物的危害症状及形态特征不明显的情况下，分离物需要进行 PCR 鉴定，PCR 特异性扩增阳性，可判为棉花根腐病菌。

3.2.7　标本和样品保存

发现棉花根腐病菌，要进行纯化，制作标本，妥善保存 6 个月，以备复验、谈判和仲裁。保存期满后，需经灭菌处理。

3.2.8　菌株保存与处理

从检测样品中分离并鉴定为棉花根腐病菌的菌株，应妥善保存。对不需要长期保存的菌株应及时高压灭菌处理。

3.2.9　结果记录与资料保存

需要保存的记录包括：样品的种类、自然状态、来源、被危害症状及危害程度（无症状也要说明），诊断时使用的方法（包括质控物质，以及每种方法获得的结果），PCR 检测应有电泳结果照片，鉴定实验室的名称，负责人和鉴定人的签字等。

第 4 节　棉花皱叶病毒检测技术

4.1　概述

棉花皱叶病毒（Cotton leaf crumple virus，CLCrV）属于双生病毒科（Geminiviridae）菜豆金色花叶病毒属（*Begomovirus*）。病毒侵染棉花造成叶中脉组织增生、叶脉坏死或脉明，叶脉组织的叶肉部分偶尔出现红色小点，有时形成分散的泡斑；苞叶和花常畸形；叶柄弯曲，叶片向下卷曲并有明显的花叶。

寄主范围包括棉属（*Gossypiuim*）、苘麻属（*Abutilon*）。蜀葵属（*Althaea*）、木槿属（*Hibiscus*）、锦葵属（*Malva*）、栗豆树属（*Castanospermum*）、大豆属（*Glycine*）、菜豆属（*Phaseolus*）及巢果菜属（*Vicia*）的一些植物。

该病毒主要分布在印度、墨西哥、美国、危地马拉及中东地区。

病毒粒体双生，无包膜，直径为 17nm ~ 20nm，二聚体长 30nm ~ 32nm。病毒具有典型的基因组，含有 2 条大小均为 2.5kb ~ 3.0kb 单链闭合环状 DNA 分子，即 DNA - A 和 DNA - B，二者是棉花皱叶系统感染必需的。A 和 B 共同区的序列同源性相对较低。

烟粉虱及苗木嫁接传播，机械接触、菟丝子、种子及花粉不传播。

4.2　棉花皱叶病毒检测方法

4.2.1　仪器设备和用具及试剂

4.2.1.1　仪器设备和用具

电子分析天平、小型离心机、台式冷冻离心机、恒温水浴锅、酶标仪、普通 PCR 仪、实时荧光 PCR 仪器、电泳系统、pH 计、凝胶成像系统、4℃冰箱、超净工作台、－80℃超低温冰箱、高压灭菌锅、制冰机、涡旋振荡器、微波炉等。

4.2.1.2　试剂

4.2.1.2.1　DAS－ELISA 试剂耗材

酶联板的要求：使用质量有保证厂商生产的酶联板。

包被抗体：特异性的棉花皱叶病毒抗体。

酶标抗体：碱性磷酸酯酶标记的棉花皱叶病毒抗体。

底物：对硝基苯磷酸二钠（pNPP）

10×PBST 缓冲液（pH7.4）：氯化钠（NaCl）80g、磷酸二氢钾（KH_2PO_4）2g、磷酸氢二钠（Na_2HPO_4）11.5g、氯化钾（KCl）2g、吐温－20（Tween－20）5mL，用盐酸（HCl）调 pH 至 7.4，并定容至 1000mL，4℃条件下贮存。

样品抽提缓冲液（pH7.4）：亚硫酸钠 1.3g、聚乙烯基吡咯烷酮 20g，叠氮化钠 0.2g、吐温－20mL、溶于 800mL 的 1×PBST 中，用盐酸调 pH 至 7.4，加 1×PBST 定容至 1000mL，4℃条件下贮存。

包被抗体缓冲液（pH9.6）：碳酸钠 1.59g，碳酸氢钠 2.93g，叠氮化钠 0.2g，用盐酸调 pH 至 9.6，加水定容至 1000mL，4℃条件下贮存。

洗涤缓冲液：1×PBST 缓冲液用盐酸调 pH 至 7.4，4℃条件下贮存。

酶标抗体缓冲液（pH7.4）：1×PBST 缓冲液 800mL、牛血清蛋白(BSA)2g、聚乙烯基吡咯烷酮(MW24000～PVP4000)20g、叠氮化钠(NaN_3)0.2g，用 1×PBST 定容至 1000mL，4℃条件下贮存。

底物（pNPP）缓冲液（pH9.8）：二乙醇胺（$C_4H_{11}NO_2$）97mL、叠氮化钠（NaN_3）0.2g，用盐酸（HCl）调 pH 至 9.8，用蒸馏水定容至 1000mL，4℃条件下贮存。

底物（pNPP）溶液：将 4－硝基酚磷酸钠盐（pNPP）100mg 溶解于 pNPP 底物缓冲液 100mL 中，现配现用。

反应终止液：氢氧化钠（NaOH）40g，用蒸馏水定容至 1000mL。

4.2.1.2.2　常规 PCR 试剂

十六烷基三甲基溴化胺（CTAB）DNA 提取缓冲液：十六烷基三甲基溴化胺（CTAB）4g，乙二胺四乙酸二钠（$Na_2EDTA \cdot 2H_2O$，0.5mol/L）8mL，氯化钠（NaCl）16.4g，1mol/L Tris－HCl 20mL，巯基乙醇（C_2H_6OS）4mL，加蒸馏水定容至 200mL，调 pH 至 8.0，121℃高压灭菌 30min。

十六烷基三甲基溴化胺（CTAB）沉淀液：十六烷基三甲基溴化胺（CTAB）10g，氯化钠（NaCl）4.1g，加水定容至 100mL，121℃高压灭菌 30min。

高盐 TE 缓冲液：乙二胺四乙酸二钠（$Na_2EDTA \cdot 2H_2O$，0.5mol/L）0.02mL，氯化钠（NaCl）5.85g，1mol/L Tris－HCl 1mL，加水定容至 100mL，调 pH 至 8.0，121℃高压灭菌 30min。

50×TAE 电泳缓冲液（pH8.0）：三羟甲基氨基甲烷（Tris）242g、冰乙酸（CH_3COOH）57.1mL、乙二胺四乙酸二钠（$Na_2EDTA \cdot 2H_2O$）37.2g，蒸馏水定容至 1000mL，用时稀释至 1×TAE。

4.2.2　检测方法

4.2.2.1　DAS－ELISA 检测

4.2.2.1.1　样品制备

取植物叶片组织 0.2g～1.0g，按 1∶5（g/mL）加入样品提取缓冲液，用研钵研磨样品，4000g 离心 5min 后吸取上清液待用。

4.2.2.1.2　包被抗体

根据检测需要将适量的孔条放于酶联板架上，包括 2 个阳性对照孔、2 个阴性对照孔、2 个空白对照孔和多个待检测样品孔，每个样品重复 2 次；每孔加入 100μL 的包被抗体溶液，用封口膜包好，37℃孵育 2h～4h（或 4℃冰箱过夜）。

4.2.2.1.3　加样

将酶联板孔中溶液控干，用 PBST 洗涤 3 次，每次 3min，然后在滤纸上扣干；将 1000μL 待测样品溶液加入待检测孔中，对照孔中也各加入 100μL 相应的对照。用封口膜包好，37℃孵育 2h～3h（或 4℃冰箱过夜）。

4.2.2.1.4　加酶标抗体

洗涤，步骤同 4.2.2.1.3；用酶标抗体稀释缓冲液按照要求稀释酶标抗体，每孔加入 100μL 的酶标抗体溶液，封口膜包好，37℃孵育 2h～4h。

4.2.2.1.5　加底物

洗涤，步骤同 4.2.2.1.3；每孔加入 100μL 底物溶液，室温孵育 0.5h～2h。必要时每孔加入 50μL 的终止溶液终止反应。

4.2.2.1.6　读数

酶标仪 405nm 波长下检测各孔的吸收值并记录。

4.2.2.1.7　结果判定

质量控制要求：空白对照孔和阴性对照孔 OD_{405} 值 <0.15；阳性对照 OD_{405} 值/阴性对照 OD_{405} 值 >2；同一样品的 OD_{405} 值应基本一致。

若满足不了上述质量要求，则不能进行结果判定。

在满足了上述质量要求后，则按如下原则做出判定：

——样品 OD_{405} 值/阴性对照 OD_{405} 值明显大于 2，结果判定为阳性；

——样品 OD_{405} 值/阴性对照 OD_{405} 值在阈值附近，判为可疑样品，需重做一次或者用 4.2.2.2 或 4.2.2.3 方法进行验证；

——样品 OD_{405} 值/阴性对照 OD_{405} 值明显小于 2，判为阴性。

4.2.2.2　常规 PCR 检测

4.2.2.2.1　引物

上游引物 CLCrV－Bf：5’－CTCCTATCCTAATCTGGGCAAGACTG－3’；

下游引物 CLCrV－Bf：5’－CGGTCCAAGAATGTATCAAGAGTAGTTGT－3’；

用于扩增棉花皱叶病毒 DNA－B 组分保守区域长度约为 636bp 的片段。

4.2.2.2.2　核酸提取

分别称取阴性（健康）对照、阳性（染病）对照及植物叶片组织 0.5g 于液氮中研磨，加入 1.5mL 65℃预热的巯基乙醇/CTAB DNA 抽提液，混匀后转入 2mL 离心管中，于 65℃温浴1h，不时混匀；用等体积的三氯甲烷/异戊醇（24∶1）抽提，室温下10000g离心10min；回收上清液，加入等体积的CTAB沉淀液，颠倒混匀，于65℃温浴1h，10000g离心5min，移出上清，用1.5mL高盐TE缓冲液重悬沉淀，加2倍体积无水乙醇沉淀核酸；12000g离心15min，70%乙醇洗涤；37℃干燥后溶于100μL双蒸水中，-20℃保存备用。

注：或者按照等效DNA提取试剂盒进行操作。

4.2.2.2.3　PCR扩增

0.2mLPCR管中加入10×PCR buffer（含Mg^{2+}）2μL，dNTPs（10mmol/L）0.6μL，CLCrV-Bf及CLCrV-Br（均为10μmol/L）各0.5μL，2U/uL Taq酶1μL，模板2μL和ddH_2O 13.4μL。设置阳性对照、阴性对照及空白对照。

反应条件：94℃5min；94℃ 30s，59℃ 30s，72℃ 30s，30个循环；72℃ 8min。

4.2.2.2.4　琼脂糖凝胶电泳检测

制备1%的琼脂糖凝胶，按比例混匀电泳上样缓冲液和PCR扩增产物，用DNAMarker作为分子量标记，进行电泳分析。电泳结束后在凝胶成像仪的紫外透射下观察是否扩增出预期的特异性DNA条带，并拍摄记录。

4.2.2.2.5　结果判定

如果阳性对照出现约636bp的条带，检测样品、阴性对照和空白对照未出现特异性条带，可判定样品为CLCrV阴性。

如果阳性对照及检测样品出现约636bp的条带，阴性对照和空白对照未出现特异性条带，可判定样品为CLCrV阳性。

4.2.2.3　荧光PCR检测

4.2.2.3.1　引物和探针

上游引物CLCrV F1-579：5’-ACAGCCACTGAATGTGAAAAGAGAA-3’；

下游引物CLCrV R1-725：5’-GTTCAGTCTTGCCCAGATTAGGATA-3’；

探针CLCrV Probe：5’-FAM-GGAATTTACAATGGCCCACAACACAG-TAMRA-3’。

4.2.2.3.2　核酸提取

操作方法见4.2.2.2.2。

4.2.2.3.3　实时荧光PCR反应

反应体系：0.2mL离心管中加入TaqMan PCR Mixture 10μL，CLCrV F1-579（10μmol/L）0.4μL，CLCrV R1-725（10μmol/L）0.4μL，CLCrV Probe（10μmol/L）0.4μL，DNA模板2μL，补水至20μL。设置阳性对照、阴性对照及空白对照。

反应程序：95℃ 10min；95℃ 15s，62℃ 60s，共40个循环。

注：PCR反应体系中各种试剂的量可根据具体情况进行适当调整，也可采用等效试剂盒。

4.2.2.3.4　结果判定

在空白对照及阴性对照无C_t值且无扩增曲线、阳性对照C_t值≤30并出现典型扩增曲线的条件下：

——待测样品的C_t值≥40时，判定CLCrV阴性；

——待测样品的C_t值≤30时，判定CLCrV阳性；

——待测样品的35≤C_t值≤40时，应重新进行测试；如果重新测试的C_t值≥40时，判定 CLCrV 阴性；如果重新测试的 C_t 值 <40 时，且扩增曲线明显时，则判定 CLCrV 阳性。

4.2.3　结果判定

三种方法中两种不同原理的检测方法的结果为阳性，即可判定棉花皱叶病毒阳性。一般是 DAS－ELISA 检测阳性后，常规 PCR 或实时荧光 PCR 检测结果为阳性即可判定棉花皱叶病毒阳性。

4.2.4　样品保存

结果判定为阳性的样品应妥善保存，并做好登记和标记，以备复核用。保存期满后，需经灭活处理。

4.2.5　结果记录

完整的实验记录要包括：样品的来源、种类、时间、实验检测时间、地点、方法和结果，并有实验人员的签字；DAS－ELISA 检测需有酶联反应原始数据，PCR 检测需有电泳结果图片，实时荧光 PCR 检测需有扩增曲线结果图片。

第 5 节　棉花曲叶病毒检测技术

5.1　概述

棉花曲叶病毒可侵染的寄主有：棉花（*Gossypium hirsutum*）、烟草（*Nicotiana tabacum*）、秋葵（*Hibiscuse sculentus*）、番茄（*Lycopersicon esculentum*）、扶桑（*Hibiscus rosasinensis*）、苘麻（*Abutilon theophrasti*）、菜豆（*Phaseolus vulgaris*）、芝麻（*Sesamum indicum*）、西瓜（*Citrullus lanatus*）、百日草（*Zinnia elegans*）、矮牵牛（*Petunia hybrida*）、曼陀罗（*Dature stramonium*）等。

棉花曲叶病毒主要分布在：巴基斯坦、印度、苏丹、尼日利亚、埃及、墨西哥、美国等。棉花植株受侵染后，早期表现新叶卷曲、叶脉膨大，后期在叶背面的主脉上形成耳突，植株矮化，结实率下降或不结实、棉花曲叶病毒主要通过烟粉虱（*Bemisia tabaci*）传播、苗木嫁接传播。棉花曲叶病毒具有典型的双联体颗粒形态，大小为（18nm～20nm）×30nm。该病毒的基因组含有 2 个大小相近的环状 ssDNA 组分，大小为 2.5kb～3.0kb。

5.2　棉花曲叶病毒检疫鉴定方法

5.2.1　仪器设备和用具

仪器设备：电子天平（感量 1/1000g）、超净工作台、高速冷冻离心机、小型低速离心机、pH 计、恒温水浴锅、微量榨汁机、超低温冰箱、高压灭菌器、酶标仪、PCR 仪、电泳仪、电泳槽、凝胶成像分析仪等。

用具：研钵、培养皿、可调式微量移液器（2μL、10μL、20μL、100μL、200μL、1000μL）及相应的移液器头、96 孔酶联反应板、离心管（1.5mL、10mL）、PCR 管（0.2mL）、量筒、烧杯、镊子。

5.2.2 试剂、缓冲液及溶液

10×PBST缓冲液：氯化钾(KCl)2g、氯化钠(NaCl)80g、磷酸二氢钾(KH_2PO_4)2g、磷酸氢二钠($Na_2HPO_4 \cdot 12H_2O$)11.5g、吐温20(Tween-20)5mL，用浓盐酸（HCl）调节pH至7.4，加蒸馏水定容至1000mL，4℃条件下贮存。

样品提取缓冲液：亚硫酸钠(Na_2SO_3)1.3g、聚乙烯基吡咯烷酮(MW24000~PVP40000)20g、叠氮钠(NaN_3)0.2g、吐温20(Tween-20)20mL溶解于800mL1×PBST中，用盐酸调节pH至7.4，加1×PBST定容至1000mL，4℃条件下贮存。

包被缓冲液：碳酸钠(Na_2CO_3)1.59g、碳酸氢钠($NaHCO_3$)2.93g、叠氮钠(NaN_3)0.2g，用浓盐酸(HCl)调节pH至9.6，加蒸馏水定容至1000mL，4℃条件下贮存。

洗涤缓冲液：将1×PBST缓冲液用浓盐酸（HCl）调节pH至7.4，4℃条件下贮存。

酶标抗体缓冲液：1×PBST缓冲液800mL、小牛血清白蛋白(BSA)2g、聚乙烯基吡咯烷酮20g、叠氮钠(NaN_3)0.2g，用无菌蒸馏水定容至1000mL，4℃条件下贮存。

底物（PNPP）缓冲液：二乙醇胺97mL、叠氮钠(NaN_3)0.2g，用浓盐酸(HCl)调节pH至9.8，用无菌蒸馏水定容至1000mL，4℃条件下贮存。

底物（PNPP）溶液：将4-硝基酚磷酸钠盐(PNPP)100mg溶解于PNPP底物缓冲液100mL中，现配现用。

终止反应液：氢氧化钠(NaOH)40g，用无菌蒸馏水定容至1000mL。

提取缓冲液A：葡萄糖60g、NaDIECA23g、聚乙烯基吡咯烷酮20g、巯基乙醇0.8mL，溶解于1000mL蒸馏水中，常温下贮存。

提取缓冲液B：10mmol/L Tris-盐酸、20mmol/L EDTA、0.5mol/L氯化钠、1.5% SDS，pH8.0。

10×PCR缓冲液：10mmol/L Tri-盐酸，10mmol/L氯化钾。

TAE电泳缓冲液：40mmol/L Tris-Ac，2mmol/L Na_2EDTA。

其他试剂：液氮、三氯甲烷、异戊醇、异丙醇、琼脂糖(电泳用)、SYBRGreen Ⅰ。也可采用棉花曲叶病毒检测试剂盒。

5.2.3 双抗体夹心法（DAS-ELISA）

5.2.3.1 样品制备

样品制备取同一批次表现症状的寄主植株叶片和无症状叶片进行混合取样，用微量榨汁机或研钵研磨样品，其中加入样品提取缓冲液，植株叶片质量与样品提取缓冲液为1∶5(质量体积比)。将榨出的汁液分别盛装于Eppendorf管中，4000r/min离心5min后吸取上清液待用。

5.2.3.2 操作步骤

1）根据检测需要设计96孔酶联板点样孔、包括2个阳性对照孔、2个阴性对照孔、2个~4个空白对照孔和多个待检测样品孔，待检测样品孔各重复两次。

2）每孔加入200μL的CLCuV包被抗体溶液，用封口膜包好，37℃孵育2h~4h（或4℃冰箱过夜）。

3）空干酶标板中的溶液，每孔加200μL的1×PBST洗涤液洗涤酶标板3次，每次 3min。

4）每孔加入 200μL 待检样品液，用封口膜包好，37℃孵育 2h（或 4℃冰箱过夜）。

5）空干酶标板中的溶液，按 5.2.3.2.3 的方法洗涤。

6）用酶标抗体缓冲液按要求稀释酶标抗体，每孔加入 200μL 酶标抗体溶液，用封口膜包好，37℃孵育 2h（或 4℃冰箱过夜）。

7）洗涤酶标板，步骤同 5.2.3.2.3。

8）每孔加 200μL 现配的底物溶液，室温避光孵育 0.5h ~ 1h。

9）必要时，每孔加入 3mol/L 氢氧化钠溶液 50μL 中止反应（若立即检测 OD 值则不需要）。

10）肉眼观察判断酶标板颜色反应结果，并用酶标仪检测各样品孔和对照孔在 A405nm 处的吸收值（OD 值）。

5.2.4　PCR 法

1）核酸提取

取寄主植物病叶 30mg，加入 100μL 提取缓冲液 A，研磨后，10000r/min 离心 10min，沉淀加入 200μL 提取缓冲液 B，混匀后将离心管置于 65℃恒温水浴中 30min ~ 60min，加入 200μL 三氯甲烷：异戊醇（24：1），颠倒混匀，室温静置 5min ~ 10min 后，室温下 5000r/min 离心 5min，上清液加入 2 倍体积的乙醇，－20℃放置 1h，12000r/min 离心 10min，沉淀用 100μL 的 0.1mol/L Tris－HCl 缓冲液（pH8.0）溶解，贮存于－20℃冰箱中备用。

2）引物设计根据已报道的 CLCuV 基因组 DNA 的保守序列设计特异性引物，该对引物序列为：

CL1/F：5’－GTCGCAGGATTATTCACCG－3’（对应于 CLCuV 分离物 26 的基因组 DNA－A 的 201 ~ 219 位）；

CL3a/R：5’－GTTGCTAGCGTGAGTACAA－3’（对应于 LCuV 分离物 26 的基因组 DNA－A 的 991 ~ 973 位）。

预期扩增产物大小为 791bp。

3）PCR 扩增

检测棉花曲叶病毒的 PCR 反应体系：10 × PCR 缓冲液，2.5μl；$MgCl_2$（25mmol/L），2μl；dNTP（10mmol/L）0.5μl；CL1/F（10pmol/μL），0.2μl；CL3a/R（10pmol/μL）0.2μl；Taq 酶（5U/μL）0.3；cDNA 模板 3.0μl。

94℃3min；94℃1min，60℃1min，72℃1min，36 个循环；72℃10min。在 PCR 检测中分别设阳性对照、阴性对照和空白对照各 2 个。

4）琼脂糖电泳检测用 1 × TAE 缓冲液配制 1.5% 琼脂糖，在 100℃水浴中溶化混匀，冷却至 55℃左右后倒入水平电泳槽中，插上样品梳，待冷却凝固后拔掉梳子，在电泳槽中加入 1 × TAE 缓冲液，使液面淹没凝胶表面约 1mm。将加样缓冲液分别与样品混合后，逐一加入样品孔，用 DNAMaker 做分子量标准物。接通电泳仪的电源，设置电压为 120V，电泳时间为 0.5h ~ 1h。电泳结束后，小心取下凝胶置于凝胶成像分析仪上观察，拍摄并记录实验结果。

5.2.5 鉴定标准

5.2.5.1 DAS－ELISA

当待检样品孔和阳性样品孔有颜色反应，阴性对照孔和空白对照孔无颜色反应，且酶标仪检测阴性对照的 OD 值小于 0.15，则判定检测结果有效。计算待测样品 OD 值（*P*）与阴性对照 OD 值（*N*）之比值，若 *P/N* 大于 2，则检测结果判定为阳性；若 *P/N* 小于 2，则检测结果判定为阴性。

5.2.5.2 PCR 法

观察 PCR 产物的电泳结果时，若供试样品和阳性对照在 791bp 处有条带出现，阴性对照和空白对照无条带出现，即可判定供试样品为阳性，即供试样品中携带棉花曲叶病毒；否则为阴性。

5.2.6 结果判定

如果在 DAS－ELISA 法检测中，待测样品的检测结果为阴性，且 PCR 检测结果为阴性，则可判定该样品不携带 CLCuV。如果在 DAS－ELISA 法检测中，待测样品的检测结果为阳性，且 PCR 检测结果为阴性，则可判定该样品不携带 CLCuV。如果在 DAS－ELISA 法检测中，待测样品的检测结果为阴性，且 PCR 检测结果为阳性，则可判定该样品携带 CLCuV。如果在 DAS－ELISA 法检测中，待测样品的检测结果为阳性，且 PCR 检测结果为阳性，则可判定该样品携带 CLCuV。

第2章　重要纺织原料性能属性和纤维鉴别方法

第1节　HVI 系统在进口棉花品级检验中的应用

1.1　概述

棉花是世界上最重要的天然纺织纤维之一。我国是全球棉花主要生产国，2017 年全国棉花总产量 548.6 万吨，比 2016 年增加 14.2 万吨，占到全球总产量的近 21.3%。近年来，下游纺织服装需求缓慢复苏，棉花需求上升，需求缺口逐渐显现。据统计，中国棉花消费量逐年增长，2015 年、2016 年度消费量分别为 762.0 万吨、816.5 万吨，预计 2017 年度消费量继续升至 838.2 万吨。产量增速较慢，库存逐渐减少，国内棉花供需缺口逐渐显现，2015 年度供需出现反转，需求端出现 187 万吨的缺口，2016 年度进一步扩大至 229 万吨，预计 2017 年度该缺口规模继续稳定。如何准确、快速地检验进口棉花是摆在我们棉花检验人员面前的难题。

棉花品级是进口棉花的主要检验项目。近年来我国进口棉花品级长期位于长度、马克隆值和强力等常规项目的降级率之首，把好棉花品级质量检验关至关重要。评定棉花品级的关键和难点是确定色征级（颜色类别和等级），目前我国在进口棉花检验中普遍采用分级员感官定级方法，即分级员根据棉花样品的色泽特征，对照美国（国际通用）棉花实物标准盒，首先确定颜色类型，包括白棉、淡点污棉、点污棉、黄染棉等，然后确定等级，包括 GM、SM、M 等，同时对照实物标准盒确定样品的叶屑级，最后结合样品的色征级、叶屑级和轧工质量综合评定样品的品级。感官法虽然具有快速简便等优点，但由于受到评价主观、人为因素等影响，对分级人员的要求较高。

1.2　目前此类领域的检测技术及标准概况

大容量棉花测试仪（简称 HVI）是当今世界上通用的大型棉花检测设备，可快速测定出棉花的上半部平均长度、断裂比强度、马克隆值、短纤维指数、成熟系数、反射率（R_d）、黄度（+b）、色征级（ColorGrade）、杂质数（TrashCount）、杂质面积（TrashArea）和杂质等级（TrashGrade）等近 20 个棉花质量指标，其中上半部平均长度、断裂比强度、马克隆值已广泛用于进口棉花检验。黄度和反射率可分别反映棉花样品的颜色和光泽程度，两者在色征图中能确定棉花样品的色征级，因此黄度和反射率与色征级密切相关。杂质数、杂质面积与杂质等级也密切相关。HVI 系统可同时测出该 6 项指标。相比较感官法，仪器法获得数据更随机和客观。

1.3 研究的意义

应用HVI系统检测进口棉花品级的主要因素——色征级和杂质等级，与感官法评定品级的色征级和杂质等级开展统计比较分析，研究HVI仪器在进口棉花品级检验中的适用性和准确性，可扩大HVI仪器在进口棉花检验中的应用范围，有助于衡量并缩小分级人员的感官差异，对于进口棉花检验工作有着重要的指导作用。研究成果会给HVI仪器法检测进口棉花品级提供可靠的理论依据。

1.4 实验

1.4.1 棉花色征级与黄度、反射率之间的关系

1.4.1.1 棉花的反射率（R_d）和黄色深度（$+b$）

反射率（Reflectance）简称R_d，是棉纤维对白色光的反射程度，用百分比表示。它表示棉花试样表面的明暗程度。数值大，说明棉花明亮；数值小，说明棉花阴暗。

黄色深度（Plusb）简称$+b$，黄色深度是棉纤维对黄色光的反射程度，表示棉花黄色色调的深浅程度。其数值越大，表示棉花越黄；数值越小，表示棉花越白。

任一物体的颜色，都可以用色度学的三个基本参数来描述它的特性，即明度、色调和饱和度。明度是指非自发光物体表面相对图明暗的特性，相当于自发光物体的亮度因素。色调表示色彩彼此区分的红、橙、黄、绿、青、蓝、紫的颜色特性，相当于光的主波长。饱和度表示颜色的丰满程度，即浓淡程度。若以这三个参数为坐标，可以形成一个三维的颜色空间，任一颜色对应于空间中的一个点。目前，国际上广泛采用孟塞尔（Munsell）颜色空间（见图2-1）来表示颜色特性。孟塞尔颜色空间的中心轴代表无彩色黑白系列的明度等级，与中心轴垂直的平面的各个方向代表不同的孟塞尔色调，离开中心轴的距离表示饱和度。

对于非彩色棉，棉花的基本色调很接近孟塞尔色卡的10YR。可以认为，不同的棉花色调是相同的，也就是说棉花的色调在孟塞尔色空间的10YR平面上。因此，在10YR色平面上，只要用明度和饱和度两个坐标来刻画棉花的颜色特性即可。

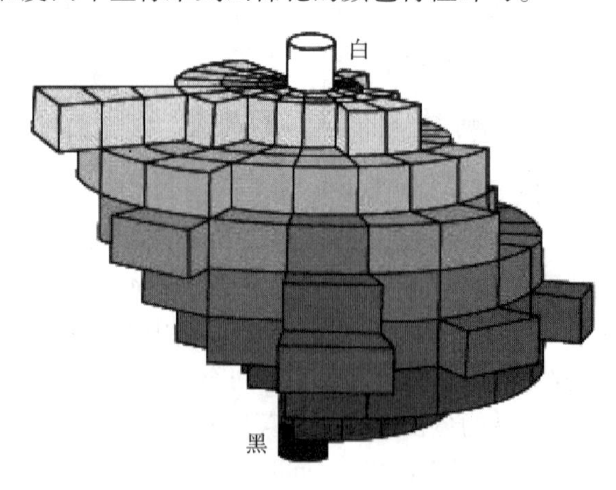

图2-1 孟塞尔色立体

在棉花的色度检验中，一直采用尼克松 - 亨特（Hunter）色坐标来表示棉花的色度，其中 R_d（%）表示反射率；$+a$ 表示反射光红色成分，$-a$ 表示绿色成分；$+b$ 表示黄色成分，$-b$ 表示蓝色成分。亨特系统 Rdab 与国际照明委员会 CIE1931 色度系统存在下列关系：

$$R_d = Y$$

$$a = 175f_y(1.02X - Y)$$

$$b = 70f_y(Y - 0.847Z)$$

$$f_y = 0.51[(21 + 20Y)/(1 + 20Y)]$$

因此，应用 CIE1931 系统测量出物体颜色的 X、Y、Z 三刺激值，就可以计算出 R_d、a、b 参数。对于棉花来说，a 近似一常数，无须测量，即三刺激值中的 X 无须测量。所以，棉花测色仪只要测量棉花的 Y、Z 两刺激值便行了。根据棉花测色仪测得的 Y、Z 两刺激值，利用下列公式得出亨特系统颜色空间的结果：

$$R_d = Y$$

$$+b = 70f_y(Y - 0.847Z)$$

$$f_y = 0.51[(21 + 20Y)/(1 + 20Y)]$$

其中，R_d 是反射率，属明度指标；$+b$ 是黄色深度，属饱和度指标。

1.4.1.2　棉花色特征级与黄度、反射率之间的关系

色特征级就是依据棉花色特征划分的级别，可以用两个物理指标反射率（R_d）和黄度深度来反映，用棉花样品的反射率（R_d）和黄色深度（$+b$）测试值在棉花色特征图上的位置对应相互的级别。反射率表示棉花的灰度（亮度），黄度表示棉花颜色的深浅。每一色特征级都包括一定范围的（R_d，$+b$）值。将棉花按色特征分类分级的规定，在以 R_d 为纵坐标，$+b$ 为横坐标的图上画出，成为棉花色特征图。HVI 快速棉花测试仪测出棉花样品的反射率（R_d）和黄色深度（$+b$）的测试值，在棉花色特征图上的位置所对应的色特征级，为该棉花样品的色特征级，即（R_d，$+b$）值落在色特征图上的位置，就可以确定该样品的色特征级。

美国是最早研究棉花颜色特征的国家之一。早在 19 世纪 30 年代，美国就开始对棉花颜色开始研究，并发布了美国棉花色特征图。此后，又在大量试验研究的基础上，多次对其色特征图进行修改。美国的棉花色特征图中，反射率是划分颜色级的主要依据，黄度是划分颜色类型的主要依据。下图 2 - 2 为美国陆地棉 HVI 色征图，图 2 - 3 为美国长绒棉（PIMA 比马棉）HVI 色征图。

美国陆地棉按黄度将棉花划分为白棉类型（white cotton，简写为 WHITE）、淡点污棉类型（light spotted cotton，简写为 LT. SP）、点污棉类型（spotted cotton，简写为 SPOTTED）、淡黄染棉类型（tinged cotton，简写为 TINGED）和黄染棉类型（yellow stained cotton，简写为 YS.）五大类型。每种类型又按其灰度大小（即反射率大小，表示棉花明暗程度）划分为若干等级。目前美国陆地棉有 25 个正式色征级，另有 5 个等外级，其中 15 个色征级有实物标准，其他色征级没有实物标准，只有描述性标准。美棉的实物标准均为中线标准（我国的为底线标准）。

色征级用二位代码表示，第一位代表级别，第二位代表类型，如代码 11 表示白棉 GM 级，代码 42 表示淡点污棉 SLM 级，以此类推。

色征级可以用仪器测试，测试结果落在美国棉花的色征图中的哪个区域，就得到相应仪

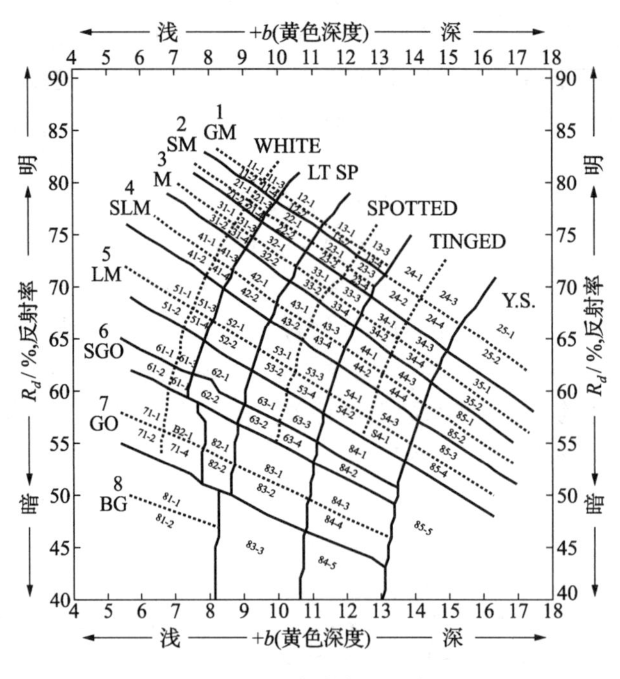

图 2－2 美国陆地棉 HVI 色征图

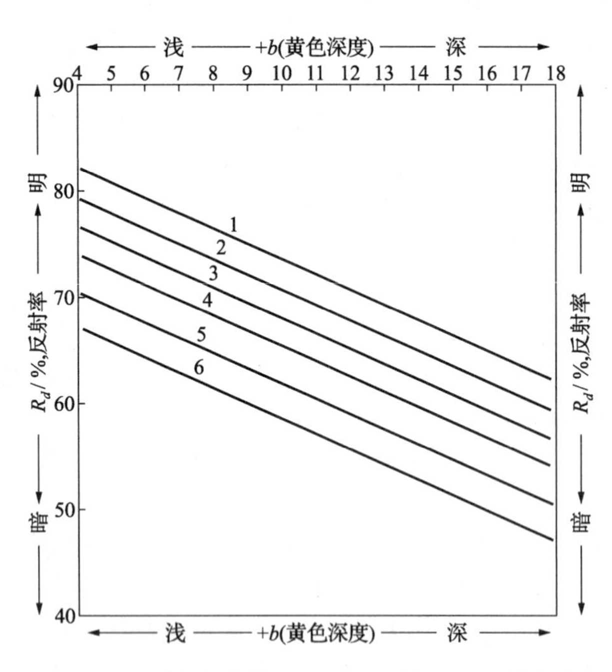

图 2－3 美国长绒棉（PIMA 比马棉）HVI 色征图

器分级的色征级。也可以采用人工方法分级，通过对照实物标准的方法确定色征级。两者有异议时，以分级员感官检验结果为准，原因是仪器分级只能测试样品表面的状况，不能完全反映棉样特性。

自 20 世纪 50 年代开始，美棉色特征级由感官检验自然过渡到仪器检验，但至今一直沿袭了美棉感官检验色特征级中，先划分类型再划分级别的习惯做法，只不过是将检验手段由感官方法改为仪器检验，色特征图是仪器判定色特征级的依据。仪器测定棉花色特征级是通过仪器的测色系统，测定棉花在以反射率（R_d）为纵坐标、黄色深度（$+b$）为横坐标的色特征图中（二维坐标），R_d、$+b$ 的测量值的交点的位置，确定棉花的色特征级，如图2－3所示。每一色特征级都包括一定范围的（R_d，$+b$）值。棉花大容量测试系统HVI的色泽/杂质模块不但能通过光学法测量试样的色泽特征，而且能通过CCD数字摄影图像进行数字图像处理分析，确定试样中所含杂质的面积百分率和杂质粒数，并由此确定杂质等级，取代过去由分级人员得到的主观视觉等级，这样的评级方法更科学、准确，获得数据也更随机和客观。随着检验技术的不断发展，检测手段也不断更新换代，从最初的感官检验到各单项检测仪的出现，乃至发展到至今的HVI大容量测试仪，体现了棉花检测技术和检测仪器的飞速发展，为仪器法检测棉花性能指标提供了条件。

仪器化检验是当今国际上先进的棉花检验方法，美国使用棉花大容量快速测试仪HVI检验已经覆盖其年产量的98%以上。

1.4.2　评定品级的影响因素

1.4.2.1　仪器法评定品级的影响因素

仪器法评定棉花品级是利用当今世界上通用的大型棉花检测设备HVI，它通过测定反映样品光泽明暗的反射率（R_d），及反映样品颜色程度的黄度（$+b$）来表征棉花的色泽特征级简称色征级，色征级有相应的色征图，测试结果落在色征图中的哪个区域，就得到相应仪器分级的色征级。色征级按黄度大小划分为白棉（代码1）、淡点污棉（代码2）、点污棉（代码3）、淡黄染棉（代码4）、黄染棉（代码5）5个类型。每种类型又按其灰度大小（即反射率大小，表示棉花明暗程度）划分为若干等级。目前HVI中陆地棉有25个正式色征级，另有5个等外级，其中15个色征级有实物标准，其他色征级没有实物标准，只有描述性标准。色征级用二位代码表示，第一位代表级别，第二位代表类型，如代码11表示白棉GM级，代码42表示淡点污棉SLM级，以此类推。

1）校准对仪器评定品级的影响

检验差异是由棉花的差异和仪器的差异造成的，仪器的差异需要用校准来解决，校准时采用两个标样，重复测试12次，允差最小；即使仪器通过校准，也要经常进行校准核对，据有关资料介绍，校准核对每天至少进行两次。以确保所有的测试处于同一检测水平。反射率、黄度的验证允差分别为±0.1、±0.5、再现性允差分别为±0.8、±0.3。

2）测试样品的选择对仪器评定品级的影响

用仪器检验品级与感官检验品级不同，不能简单地套用感官检验棉花品级的方法。测试样品的选择仅测试样品的正反两面确定品级。其结果容易偏高。这是因为在取样、装袋、交接、清点、运输等过程中样品表面的杂质脱落，重点变淡等原因所致。如果选择样品的侧面，则结果明显偏低。这是因为侧面都是刀口没有平面所致。所以，检验此样品绝不能选择样品的侧面，应把样品揭开进行检验，只有样品的中间部分才能客观真实地反映棉花的品质。

3）仪器法评定品级的注意事项

仪器校准的标准物质是瓷片，要保证瓷片的完整、清洁。在使用前要用专用清洁纸清洁瓷片，使用后要小心隔开放置。检测窗口要经常用专用纸擦拭，防止有遗漏的棉花杂质，从而影响评定品级。

1.4.2.2 感官法评定品级的影响因素

所谓感观检验，就是在符合要求的光照条件下，用视觉、触觉、听觉甚至是嗅觉的感知，对照棉花品级实物标准，将观察和感觉到的因素结合起来，依据棉花标准规定，综合确定棉花的品级。采用目光评级，是棉花流通的现实需要。进口棉花品级检验主要是以棉花的色泽特征、轧工质量和叶屑等级作为评定棉花品级的三个条件，在品级检验过程中，棉花品级三条件之间相辅相成。

具体分级方法如下：对照实物标准，结合颜色、叶屑、轧工三要素综合评定棉花品级。颜色特征级由棉花类型和级别构成，首先判定棉花的类型包括白棉（white）、淡点污棉（spotted）、点污棉（tinged）等），之后再判定棉花属于某一类型中的某一个级，通用等级标准每一级别均被视为本级的底线水平，使用通用标准定级时，检验样品只要在其范围内，并符合本级标准中任何一块，即可确定为本级。在定级的过程中还要结合棉花样品中所含叶屑的多少决定是否降级。

1）取样对感官法评定品级的影响

进口棉的取样是在棉花加工成包过程中由自动取样装置切取而成，长 260mm、宽 124mm、重 125g，每个棉包的两侧被自动切割，由采样人员采取棉样。这样一来每包扦取的样品都有刀切痕，在品级鉴定中往往会有“刀口棉”棉样，刀口棉棉样因为刀切痕影响棉样的整体效果，在对照实物标准评定品级时往往会影响品级评定，因此在检测“刀口棉”棉样品级时要检视其上下两面及内层品质情况，根据品级的三要素，做出全面综合的评定。

2）棉花的叶屑等级、轧工及外来物对棉花品级的影响

进口棉品级检验是对照实物标准结合色征、轧工和叶屑综合确定，由于进口国不同棉花的这三项指标也有所不同，例如进口量最大的美棉和乌兹别克棉。美棉在感官法评定品级时，将此三项指标的人工分级作为美棉仪器化检验的一个补充部分。美棉加工全部采用自动化加工工艺，轧花技术较高，所以美棉的轧工质量都较好，加工质量 99% 均符合要求，轧工指标基本上不予考虑，检验时仅考核皮棉的平滑或粗糙程度。因此，现在美棉的品级，实际上只是色征级，叶屑级作为独立指标，不参与品级划分。叶屑从 1998 年开始，将其分离出来，单独设立叶屑级，美棉的叶屑等级分为 7 个级，即 1 到 7 级，每个级都有实物标准，叶屑等外级是描述性标准。例如，一只棉花样品色征级为 GM、叶屑级为 2，则表述为：Colorgread：GM；Leafgread：2。贸易合同中品级及叶屑常常和其他指标合并表示，例如合同中 Quality（品质要求）：“21236”，其中 21 代表白棉的 1 级，即 GM；第二个 2 代表叶屑等级为 2；36 为长度代码，还有其他表示方法在本文“贸易合同品质条款中感官检验品级符号的表示方法”中有具体描述。

美棉中的外来物是指棉花中除纤维或叶屑之外的任何物质，例如棉铃壳、杂草、棉籽碎片、灰尘和油污，该指标经目光检验后，要在检验结果中注明外来物的类型及数量的多少，但不是定量检验。

3）人为因素的影响

品级检验是人工目光定级属感官检验，感官法虽然具有快速简便等优点，但由于受到评价主观、人为因素，对分级人员的要求较高等，存在很多不确定性。

为保障品级检验结果客观公正，能更准确、客观地评价棉花品级指标性能就必须做到两个统一，即方法的统一与目光的统一。方法的统一比较容易，只需把标准准确领会，而目光

的统一则是一个相对复杂的问题。

4）环境对品级检验的影响

棉花品级要在具备模拟昼光或北向昼光条件的棉花分级室内进行，不允许在室外检验品级。GB/T 13786 棉花分级室的模拟昼光照明要求：工作表面上（从分级区的中心到边界）的光照度在 750lx ~ 1000lx 之间，低于或高于都会对颜色的深浅，反射光的明暗产生一定的影响，从而对评定品级产生一定的影响。因此在检测棉花品级前一定要采取 5 点测试法对工作桌面的照度进行检查，保证所有覆盖样品的照度都在 750lx ~ 1000lx 之间，从而保证测试结果的准确性。

5）感官评定品级的注意事项

在评定品级时要选择合适的光线，光线的选择有两种方式一是室外自然光二是室内标准光，若选择自然光则必须选择北向窗，以晴天晌午北向无障碍墙窗或天窗光线为宜；若选择标准光必须使用标准光源装置，工作台面的照度必须要达到 750lx ~ 1000lx 之间；选择室外自然光，要注意光线从背后肩部上方射入，使被照棉样的观察面与射入光线成 45°角；注意棉样的组织状态应与实物标准相近；注意检验员情绪调整，聚精会神、心平气和、头脑冷静、精力充沛是最佳状态。

由于目光评级属于感官检验，评级人员自身易受各种因素影响造成评级结果的差异，因此就目测评级的准确度而言，并不十分理想。为了尽量减少目光评级因人为因素所造成的差异，除了采取实验室之间比对，用仪器校对等方法外，实验室内部还可对评级人员采取定期、不定期的考核，考核可以从与目光评级人员能力密切相关的逻辑性、稳定性、准确性这三方面进行。

1.4.3　仪器法与感官法测定色征级和杂质等级的比较

1）细绒棉品级实物标样

表 2－1　细绒棉品级实物标样符合率　　%

样品代码	样品数	色征符合数	色征符合率	杂质符合数	杂质符合率
11	72	68	94. 4	62	86. 1
21	72	66	91. 7	65	90. 3
31	72	65	90. 3	62	86. 1
41	72	69	95. 8	60	83. 3
51	72	68	94. 4	64	88. 9
61	72	72	100	61	84. 7
71	72	68	94. 4	66	91. 7
23	72	66	91. 7	58	80. 5
33	72	63	87. 5	61	84. 7
43	72	67	93. 1	60	83. 3
53	54	46	85. 2	45	83. 3

续表

样品代码	样品数	色征符合数	色征符合率	杂质符合数	杂质符合率
63	72	60	83.3	62	86.1
34	72	67	93.1	64	88.9
44	54	48	88.9	45	83.3
54	72	60	83.3	61	84.7
平均			91.1		85.7

2）长绒棉品级实物标样

表 2-2　长绒棉品级实物标样符合率　　%

样品代码	样品数	色征符合数	色征符合率	杂质符合数	杂质符合率
1	54	51	94.4	46	85.2
2	54	50	92.6	48	88.9
3	54	49	90.7	49	90.7
4	54	49	90.7	45	83.3
5	54	51	94.4	48	88.9
平　均			92.6	—	87.4

3）细绒棉品级实测样品

表 2-3　细绒棉品级实测样品符合率　　%

样品代码	样品数	色征符合数	色征符合率	杂质符合数	杂质符合率
11	50	47	94.0	44	88.0
21	80	76	95.0	72	91.1
31	80	75	93.8	75	93.8
41	60	53	88.3	55	91.7
51	50	48	96.0	44	88.0
61	40	34	85.0	38	95.0
71	30	28	93.3	26	86.7
12	50	45	90.0	44	88.0
22	50	46	92.0	45	90.0
32	50	45	90.0	44	88.0
42	50	43	86.0	45	90.0
52	40	38	95.0	36	90.0
62	40	34	85.0	38	95.0

续表

样品代码	样品数	色征符合数	色征符合率	杂质符合数	杂质符合率
13	30	26	86.7	25	83.3
23	30	26	86.7	27	90.0
33	30	23	76.7	25	83.3
43	30	24	80.0	23	76.7
53	30	26	86.7	26	86.7
63	30	27	90.0	25	83.3
24	30	27	90.0	26	86.7
34	30	27	90.0	24	80.0
44	30	28	93.3	25	83.3
54	30	27	90.0	25	83.3
平均			89.2		87.4

4）长绒棉品级实测样品

表 2－4　长绒棉品级实测样品符合率　　%

样品代码	样品数	色征符合数	色征符合率	杂质符合数	杂质符合率
1	50	47	94.0	43	86.0
2	50	45	90.0	45	90.0
3	50	46	92.0	43	86.0
4	50	45	90.0	42	84.0
5	30	26	86.7	25	83.3
平均			90.5		85.9

1.5　结论

应用 HVI 系统检测进口棉花品级的主要因素——色征级和杂质等级，与感官法评定品级的色征级和杂质等级开展统计比较分析，符合率较高，可用于进口棉花品级的快速检测。对于扩大 HVI 仪器的应用范围，衡量并缩小分级人员的感官差异，做好进口棉花检验工作有着广泛的指导作用。研究成果给 HVI 仪器法检测进口棉花品级提供了可靠的数据支撑。

第 2 节　普通染色棉与天然彩棉的鉴别方法研究

2.1　概述

天然彩色棉花是一种利用现代高科技手段培育出的一种新型棉花，在棉龄成熟吐絮时就具有天然色彩，这种自身具有天然色彩的棉花与普通本色棉花染色相比具有色泽自然柔和、古朴典雅、质地柔软等特点。用彩色棉花制成的纺织品不需化学染料染色，在加工生产过程不会产生对土地、水源的污染。是名副其实的“绿色产品”，被誉为“生态服装”，是适应世界各国人民保护生存环境、实现可持续发展要求的新型纺织原料，顺应了人们追求纯天然时尚、环保与健康的时代潮流。

我国彩棉的研究与开发虽起步较迟，但发展很快。新疆、山西、湖南、浙江、四川、河南、山东、河北、甘肃、江西、湖北等10多个省的农业科研单位和部分企业在天然彩色棉研究与开发方面已取得重大进展。多家农业科研机构，经十多年的引进试验研究并育成了不少新品系和大量的育种材料，尤其是通过生物技术、杂交育种、系统选育等育种手段，已使彩色棉新品系的纤维品质及产量等指标有了很大的提高。

新疆中国彩棉（集团）股份有限公司已先后育成的新彩棉1号（棕）、新彩棉2号（棕）、新彩棉3号（绿）、新彩棉4号（绿）和新彩棉5号（棕）五个自主知识产权的彩棉品种，这几年彩棉种植面积1.33万公顷~1.66万公顷，占国内彩棉面积的95%以上；采用转基因技术与常规育种技术相结合，已经开展或正在开展中长绒彩棉、三系杂交育种、航天诱变育种、品质改良、抗病虫转基因、新色彩转基因及棉纤维颜色形成机理、解决日晒牢度等方面的深入研究，为彩棉产业化持续、稳定发展奠定坚实的基础。

近年来由于受到国际市场的推动和影响，彩色棉服装开始在国内外市场走俏。目前，天然彩色棉的纤维长度依品种不同而有差异，现在国内外多数彩棉的纤维主体长度在25mm~27mm，也有的达到29mm~31mm甚至更长些；而纤维比强度一般在13cN/tex~24cN/tex范围内，其中棕色棉为18cN/tex~24cN/tex，绿色棉为13cN/tex~18cN/tex。新疆中国彩棉（集团）股份有限公司育成的棕色棉新彩棉1号、2号纤维长度、比强度已分别达到28.3mm~29.4mm和20.05cN/tex~21.86cN/tex。天然彩色棉产品主要以内衣为主，有纯彩棉、彩棉与本色棉混纺，罗布麻与天然彩色棉混纺等。

2.2 天然彩棉的纤维特征

天然彩色棉（图2-4和图2-5）是利用基因工程培育的不同于本色棉、具有天然色彩

图2-4 棕色彩棉

图2-5 绿色彩棉

的棉纤维。与本色棉相比，彩棉在纺织加工过程中无需化学漂染加工，不仅可以降低成本，而且可以避免由于人为染色所造成的环境污染，避免对人体的毒害和对棉纤维自身优良品质的破坏等。天然彩棉符合绿色环保要求，顺应消费潮流，成为新型纺织纤维。

2.3　目前此类纺织纤维鉴别的检测技术及标准概况

目前国内外标准尚无天然彩色棉与染色棉纤维的鉴别方法，天然彩棉的鉴别文献，有一些文献探索鉴别方法。已有人利用气相色谱 - 质谱分析仪、红外光谱分析仪和元素分析仪等手段对彩棉、白棉以及染色棉进行分析的方法，结果表明采用气相色谱 - 质谱法和红外光谱法无法鉴别彩棉、本色棉和染色棉，而采用元素分析仪则可有效鉴别彩棉、本色棉和染色棉。利用洗涤对彩色棉色素转移的影响，天然彩色棉愈洗愈深的鉴别方法有见报道，但在实际应用中发现，随着天然彩棉品种的不断增多，文献报道中的方法存在着明显的缺陷。

2.4　研究的意义

天然彩棉作为绿色环保型特种纤维原材料，在我国纺织工业中占有极其重要的地位。近年来，相关产业的发展速度惊人，并具有十分广阔的发展前景。天然彩棉在纺织业中的应用迅速发展，但与之相配套的检测技术研究严重滞后，其中最急切需要的是纤维的定性鉴别方法。不同的彩棉及彩棉与本色棉混纺可制成风格迥异的各种高档内衣产品，随着天然彩棉品种的不断开发，彩棉的鉴别有着重要的指导作用和实际意义，同时为反欺诈行为提供技术支持。

2.5　实验

2.5.1　仪器

1）红外光谱仪：傅立叶变换红外光谱仪，配有 Ge 晶体的单反射 ATR 附件和 OMNI 采样器。

2）凯氏定氮仪。

2.5.2　试样

1）天然彩色棉：新疆产深棕色、浅棕色、深绿色、浅绿色 4 类 6 种。

2）普通原棉：产自莫桑毕克、叙利亚、美国和我国新疆、山东、湖北、湖南、安徽、河南、河北，国内外 10 个产棉区的包括长绒棉在内的 12 种原棉。

3）染色布：分别选取了适用于棉纤维的直接染料、活性染料和还原染料加工的染色布 21 种。

2.5.3　试剂

以下试剂均为化学纯。

1）10% 的氨水

2）1% 的氨水

3）1% 盐酸

4）50%的二甲基甲酰胺

5）10%的氢氧化钠

6）氢氧化钠－亚硫酸氢钠：2～3mL水中加入1～2mL 10%的碳酸钠溶液和0.2～0.4g的硫化钠

7）氯化钠

8）吡啶

9）硬脂酸

10）尿素

11）体积比为1∶1的盐酸

12）98%的硫酸

13）催化片：型号为1000kjeltabsCu/3，5，每片催化剂中含3.5gK_2SO_4和0.4g$CuSO_4 \cdot 5H_2O$

2.5.4 实验方法

2.5.4.1 含氮量测定

取10g有代表性的样品，剪碎至1.0cm×1.0cm或更小，混合均匀后再取0.5g左右样品，置于专用的消化管中，加入10mL的98%硫酸和两片的催化片，进行消化，消化完全后，得到亮蓝色澄清溶液，继续加热至白烟基本消失。冷却后，加入30mL～40mL蒸馏水，采用凯氏定氮仪进行测试。

2.5.4.2 脱色处理

采用标准JISL 1065《染色物的染料属性判定方法》中对常规染料进行脱色所用的脱色剂，分析观察对棕色彩棉和绿色彩棉进行脱色处理的现象。

2.5.4.3 染料鉴别分析

依据JISL 1065《染色物的染料属性判定方法》，依次来确定彩棉上的颜色是否具有与某种常规染料相同的属性。

2.5.5 结果和讨论

2.5.5.1 凯氏定氮法测定彩棉纤维中的蛋白质

彩棉与本色棉主要由$C_{12}-C_{32}$的长链烷烃和少量长链脂肪烃组成，同时还含有少量的芳香族化合物。棉纤维的主要化学成分是纤维素，它决定纤维的性质。一般成熟的棉纤维，纤维素占70%～90%，其余的为纤维素伴生物，已被确定的有蜡质脂肪、多缩戊糖、含氮物，灰分、水溶物和其他物质。棉纤维的化学成分在生长过程中是不断变化的，不同成熟度的纤维其组成物质的比例也有所不同。一般情况下，蜡质脂肪含量为0.4%～0.8%，多缩戊糖含量为1.1%～2.0%，灰分含量为1.0%～1.3%，水溶物含量为3.0%左右，含氮物含量为1.0%～1.4%。

含氮物质是棉纤维的主要化学成分之一，有资料显示，彩棉纤维中含氮物质以蛋白质的形式存在，且含氮物含量远高于本色棉纤维，为本色棉纤维含氮量的1.75～2.1倍。同时本色棉纤维中含氮物基本上不以蛋白质的形式存在，因此我们认为，可以尝试利用纤维中是否存在蛋白质及含氮物质含量的高低来区分彩棉和本色棉。

为了定量分析彩棉纤维中蛋白质的含量，采用凯氏定氮法对彩棉纤维中的蛋白质进行了定量测定，作为对比，也对不同产地的本色棉和染色布的含氮量进行了测定。测定时，先将待测样品剪碎至 1.0cm 以下长度，称取有代表性的样品 0.5g，加入 10mL 浓硫酸和两片催化剂，消化完全后得到蓝色的澄清溶液。冷却后，加入适量蒸馏水稀释，并加入适量的 NaOH 溶液进行预中和，然后再进行定氮分析。对于每个样品，平均测定 7 个平行样，分析结果见表 2-5，表中彩棉纤维中的蛋白质和本色棉纤维中的含氮物均以氮元素含量的形式统一表示，均为 7 次测定结果的平均值。从表 2-5 中可以清楚地看出，彩棉中 N 元素含量远远大于本色棉中 N 元素含量，在彩棉中，N 元素含量均在 0.30% 以上，而本色棉中 N 元素含量均在 0.10% 以下。这一结果与文献中报道的结果一致。

表 2-5　棉花和纺织品的 N 元素含量

序号	名　称	元素 N 含量/%
1	深棕棉	0.5160
2	棕棉 10#	0.4383
3	浅棕	0.3125
4	深绿棉	0.4670
5	浅绿 1#	0.3268
6	绿棉 3#	0.4109
7	莫桑比克本色棉	0.0818
8	叙利亚本色棉	0.0408
9	美国本色棉	0.0000
10	山东本色棉	0.0717
11	新疆北疆石河子本色棉	0.0817
12	新海 14#长绒棉本色棉	0.0977
13	新疆南疆巴楚县 229#本色棉	0.0851
14	湖北本色棉	0.0653
15	安徽本色棉	0.0428
16	河南本色棉	0.0542
17	河北本色棉	0.0439
18	湖南本色棉	0.0557
19	墨绿色梭织布（活性染料）	0.1119
20	梭织布（活性染料 17#）	0.0740
21	绿色梭织布（活性染料）	0.1199
22	绿色梭织布（活性染料）	0.0654
23	深棕色梭织布（活性染料）	0.0840

续表

序号	名　称	元素 N 含量/%
24	棕色梭织布（活性染料）	0.0720
25	浅棕色梭织布（活性染料）	0.0850
26	浅棕色梭织布（活性染料）	0.0800
27	绿色梭织布（活性染料 5#）	0.0800
28	卡其色梭织布（士林染料）	0.0134
29	卡其色梭织布（士林染料）	0.0450
30	卡其色梭织布（士林染料 14#）	0.0680
31	浅棕色梭织布（士林染料 15#）	0.0410
32	浅棕色梭织布（士林染料 23#）	0.0400
33	浅绿色梭织布（还原染料 22#）	0.0550
34	浅棕色梭织布（还原染料）	0.0460
35	浅绿色梭织布（直接染料 21#）	0.0300
36	浅棕色梭织布（直接染料）	0.0390
37	棕色梭织布（直接染料）	0.0500
38	浅绿色梭织布（直接染料）	0.0400
39	浅绿色梭织布（直接染料）	0.0420

因本色棉可以通过染色来得到与彩棉颜色接近的产品，染料中多含有 N 元素，因此染色棉产品中 N 元素包括两个部分，一部分是本色棉本身所有，另一部分由含 N 染料引入。在不考虑染料的纯度、上染率、染后颜色深浅等因素的影响的条件下，本色棉经染色后产品中的染料量一般不超过 1%。附件 A 中列出了常见的 952 种纺织品用染料的含氮量（以上染率为 1% 计），从表中可以看出，本色棉经染色后理论上由染料引入的 N 元素含量是很低的，染色后的本色棉中 N 元素的总含量仍然远远低于彩棉中 N 元素含量，因此可以利用彩棉与本色棉之间 N 元素含量的差异来鉴别天然彩棉和染色棉。

选取 21 种有一定代表性的不同颜色的梭织布，其颜色与彩棉近似，所用染料分别为纤维素纤维常用的直接染料、活性染料、还原染料，同样测定其 N 元素含量，结果也列于表 2－5 中。从表 2－5 中可以清楚地看出，染色布中 N 元素含量均小于 0.15%，且除两种绿色梭织布中 N 元素含量为 0.12% 左右外，其余 19 种染色布中 N 元素含量都小于 0.10%。

因此，对于染色布，利用彩棉与染色棉之间 N 元素含量的差异也可以鉴别彩棉和染色棉。

2.5.5.2　脱色剂处理

1）采用染料鉴别方法中所用脱色剂分析对棕色彩棉和绿色彩棉进行脱色处理，观察处理后棉样及处理液的变色着色情况见表 2－6。

表 2－6　彩棉经脱色剂处理后的处理液着色及棉样变色状况

脱色用试剂	棕色原棉	棕色处理后	棕色处理后溶液	绿色原棉	绿色处理后	绿色处理后溶液
10% 氨水煮沸						
10% 乙酸煮沸						
1% 盐酸煮沸						
1% 盐酸煮沸 +1% 氨水沸						

续表

脱色用试剂	棕色原棉	棕色处理后	棕色处理后溶液	绿色原棉	绿色处理后	绿色处理后溶液
50%二甲基甲酰胺煮沸						
吡啶						
10% NaOH 煮沸				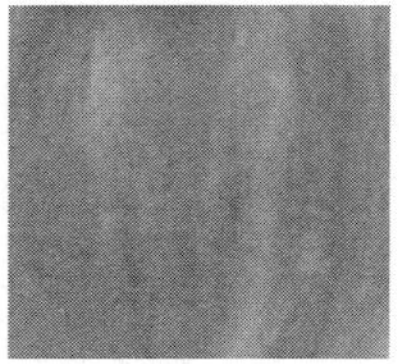	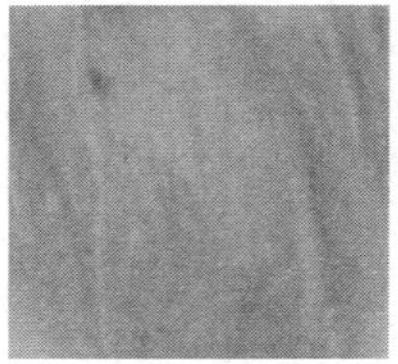	
$NaOH-NaHSO_3$ 煮沸						

2）结果与分析：

（1）棕色彩棉和绿色彩棉在碱性溶液中处理时，均会脱色，但脱色程度不同。棕色彩棉反应强烈，经脱色后的处理液着色为棕红色，颜色较绿色彩棉深，且棉样颜色也同色系加深；绿色彩棉反应相比弱一些，经脱色后的处理液着色为非同色系的棕红色，颜色较棕色彩棉浅，且棉样颜色变化与棕色彩棉相反，同色系变浅。这一结果与以往文献报道中的彩棉鉴别方法，用碱性洗涤剂洗涤后，颜色变深，则为彩棉的说法不完全相一致。说明以往的研究中其采样只选用了棕色彩棉来进行试验，结果所得结论只适用于棕色彩棉而不能代表所有彩棉。用此结论来作为单一的鉴别方法可能会带来错误的判定，因此，我们认为此法只能作为一个辅助的鉴别方法应用。

（2）棕色彩棉和绿色彩棉在酸性溶液中处理时，处理液均不着色，即使彩棉纤维部分溶解，处理液也基本不着色。但是，棕色彩棉棉样颜色基本不变；而绿色彩棉棉样则变为棕色。

（3）经50%的二甲基甲酰胺溶液煮沸处理后，棕色彩棉和绿色彩棉均有轻微褪色，棉样颜色变浅，但处理液均不着色。

（4）经过40%的吡啶溶液处理后，棕色彩棉不变色也不脱色，但绿色彩棉反应强烈，棉样变为棕灰色，处理液则呈绿色。

上述结果说明经脱色剂处理后彩棉与染色棉的褪色有着明显的不同，但是，由于染色棉的脱色变化因所用染料的不同变化复杂，且棕棉与绿棉的变化也不一致，所以，观察纤维的颜色变化只能作为一个辅助的鉴别方法应用。

2.5.5.3　染料鉴别分析

本方法主要依据JIS L1065染色物的染料属性判定方法（见附件B）。具体试验步骤及结果如下：

1）将试样放入试管中，用在5mL～10mL水中加入浓氨水0.5mL～1.0mL的氨水溶液煮沸，让其充分萃取染料，仅能萃取出部分染料。把萃取处理后的试样取出，向萃取液中加入10mg～30mg的本色棉布和5mg～50mg的氢氧化钠，煮沸40s～80s，放置自然冷却后水洗。本色棉布未被染成几乎与试样相同色，则判定用于试样染色的染料不是普通的直接染料。

2）用冰醋酸煮沸萃取不到染料，则可排除碱性染料的可能。

3）用1%的盐酸溶液煮沸后，再用1%的氨水煮沸，仅能萃取到少量染料，用氢氧化钠-亚硫酸氢盐溶液煮沸处理脱色显著，但是，氧化后不复色，因此可排除硫化染料、还原染料、氧化染料、矿物染料、彩色颜料；再用二甲基甲酰胺煮沸仍然萃取不到染料，又可排除含金属直接染料和重氮直接染料及纳夫妥染料；再用吡啶煮沸处理，绿色彩棉可明显萃取到染料（表2-6），又可排除是活性染料的可能，但是，对于棕色彩棉，由于用吡啶煮沸处理不脱色，无法与活性染料区别，则还需追加进行硬脂酸尿素试验，若上层、下层都不着色，则最终可判定是活性染料染色，若上层不着色，下层着色（粉棕色），则为天然棕色彩棉。

综上所述，可以看出采用染料鉴别标准来对天然彩棉的脱色进行鉴别试验，彩棉本身的颜色不属于现用纺织纤维所用染料系列中的任何一种，因此，可采用染料排除法对天然彩棉进行鉴别。

2.6　结论

1）彩棉中N元素含量一般均大于0.3%，而染色棉中N元素含量一般均小于0.18%，采用凯氏定氮法测定彩棉和染色棉中 N 元素含量，利用彩棉与染色棉之间 N 元素含量的差异来鉴别天然彩棉和染色棉。

2）采用染料鉴别标准来对天然彩棉的脱色进行鉴别试验，发现它不属于现用纺织纤维所用染料系列中的任何一种，由此也可区别出天然彩棉和染色棉。

3）棕色彩棉和绿色彩棉在遇碱性溶液时，均会脱色，但脱色程度不同。棕色彩棉反应强烈，经脱色后的处理液为棕红色，颜色较绿色彩棉深，且棉样颜色也同色系加深。绿色彩棉反应相比弱一些，经脱色后的处理液变为非同色系的棕红色，颜色较棕色彩棉浅，且棉样颜色变化与棕色彩棉相反，同色系变浅。棕色彩棉和绿色彩棉在遇弱酸性溶液时，均不会脱色。但是，棕色彩棉棉样颜色基本不变；而绿色彩棉棉样则变为棕色。说明以往的研究报告中以棕色彩棉来代表所有彩棉，存在明显缺陷，因此，彩棉的脱色变色现象只可作为天然彩棉与染料棉的辅助鉴别方法。

4）本研究建立了天然彩棉和染色棉纤维的有效鉴别方法。该方法进一步完善了纺织纤维的鉴别方法体系，可广泛应用于纺织服装行业的检验、监管工作中。

附件 A：纺织品用染料（952 种）中 N 元素含量

%

染料名称	染料索引号	分子式	N 含量	染色成品中 N 含量
酸性嫩黄 G	C. I. AcidYellow11 (18820)	$C_{16}H_{13}N_4SO_4Na$	14.7368	0.1474
酸性嫩黄 2G	C. I. AcidYellow17 (18965)	$C_{16}H_{10}N_4S_2O_7Na_2Cl_2$	10.1633	0.1016
酸性黄 RN	C. I. AcidYellow25 (18835)	$C_{23}H_{20}N_5S_2O_6Na$	12.7505	0.1275
酸性金黄 G	C. I. AcidYellow36 (13065)	$C_{18}H_{14}N_3SO_3Na$	11.2000	0.1120
酸性黄 R	C. I. AcidYellow42 (22910)	$C_{32}H_{24}N_8S_2O_8Na_2$	14.7757	0.1478
酸性荧光黄	C. I. AcidYellow73 (45350)	$C_{20}H_{10}O_5Na_2$	0.0000	0.0000
酸性橙 II	C. I. AcidOrang7 (15510)	$C_{16}H_{11}N_2SO_4Na$	8.0000	0.0800
酸性橙 G	C. I. AcidOrange10 (16230)	$C_{16}H_{10}N_2S_2O_7Na_2$	6.1947	0.0619
酸性红 G	C. I. AcidRed1 (18050)	$C_{18}H_{13}N_2S_2O_9Na$	5.7377	0.0574
酸性大红 BS	C. I. AcidRed13 (16045)	$C_{20}H_{12}N_2S_2O_7Na_2$	5.5777	0.0558
酸性红 B	C. I. AcidRed14 (14720)	$C_{20}H_{12}N_2S_2O_7Na_2$	5.5777	0.0558
酸性枣红	C. I. AcidRed17 (16180)	$C_{20}H_{12}N_2S_2O_7Na_2$	5.5777	0.0558
酸性红 R	C. I. AcidRed18 (16255)	$C_{20}H_{11}N_2S_3O_{10}Na_3$	4.6358	0.0464
酸性红 GG	C. I. AcidRed26：1 (16151)	$C_{17}H_{12}N_2S_2O_8Na_2$	5.8091	0.0581
酸性大红 RS	C. I. AcidRed26：2 (16152)	$C_{18}H_{14}N_2S_2O_7Na_2$	5.8333	0.0583
酸性苋菜红	C. I. AcidRed27 (16185)	$C_{20}H_{11}N_2S_3O_{10}Na_3$	4.6358	0.0464
酸性艳红 3BL	C. I. AcidRed34 (17030)	$C_{16}H_{12}N_4S_2O_7Na_2$	11.6183	0.1162
酸性红 6B	C. I. AcidRed35 (18065)	$C_{19}H_{15}N_3S_2O_8Na_2$	8.0306	0.0803

续表

染料名称	染 料 索 引 号	分子式	N 含量	染色成品中 N 含量
酸性红 B	C. I. AcidRed37 （17045）	$C_{18}H_{14}N_4S_2O_8Na_2$	10. 6870	0. 1069
酸性玫瑰红 B	C. I. AcidRed52 （45100）	$C_{27}H_{29}N_2S_2O_7Na$	4. 8276	0. 0483
酸性大红 GR	C. I. AcidRed73 （27290）	$C_{22}H_{14}N_4S_2O_7Na_2$	10. 0719	0. 1007
酸性红 A	C. I. AcidRed88 （15620）	$C_{20}H_{13}N_2SO_4Na$	7. 0000	0. 0700
酸性玫瑰红 B	C. I. AcidRed106 （17110）	$C_{23}H_{17}N_3S_3O_9Na_2$	6. 7633	0. 0676
酸性大红 3BL	C. I. AcidRed158 （20530）	$C_{33}H_{25}N_5S_3O_{10}Na_2$	8. 8272	0. 0883
酸性紫 2R	C. I. AcidViolet1 （17025）	$C_{16}H_{10}N_4S_2O_9Na_2$	10. 9375	0. 1094
酸性紫红 B	C. I. AcidViolet7 （18055）	$C_{20}H_{16}N_4S_2O_9Na_2$	9. 8940	0. 0989
酸性紫 E－R	C. I. AcidViolet9 （45190）	$C_{34}H_{25}N_2SO_6Na$	4. 5752	0. 0458
酸性紫 4BNS	C. I. AcidViolet17 （42650）	$C_{41}H_{44}N_3S_2O_6Na$	5. 5191	0. 0552
酸性紫 5B	C. I. AcidViolet49 （42640）	$C_{39}H_{40}N_3S_2O_6Na$	5. 7299	0. 0573
酸性湖蓝 V	C. I. AcidBlue1 （42045）	$C_{27}H_{31}N_2S_2O_6Na$	4. 9470	0. 0495
酸性蓝 EA	C. I. AcidBlue9 （42090）	$C_{37}H_{42}N_4S_3O_9Na_2$	6. 7633	0. 0676
水溶蓝	C. I. AcidBlue22 （42755）	$C_{32}H_{26}N_3S_3O_9Na$	5. 8741	0. 0587
酸性蓝 SE	C. I. AcidBlue43 （63000）	$C_{14}H_9N_2SO_7Na$	7. 5269	0. 0753
酸性蓝 B	C. I. AcidBlue45 （63010）	$C_{14}H_8N_2S_2O_{10}Na_2$	5. 9072	0. 0591
酸性蓝 2R	C. I. AcidBlue47 （62085）	$C_{22}H_{17}N_2SO_5Na$	6. 3063	0. 0631
酸性藏青 R	C. I. AcidBlue92 （13390）	$C_{26}H_{16}N_3S_3O_{10}Na_3$	6. 0432	0. 0604
酸性墨水蓝 G	C. I. AcidBlue93 （42780）	$C_{37}H_{28}N_3S_3O_9Na_3$	5. 1033	0. 0510
酸性蓝 2R	C. I. AcidBlue47 （62085）	$C_{22}H_{17}N_2SO_5Na$	6. 3063	0. 0631
酸性绿 BS	C. I. AcidGreen50 （44090）	$C_{27}H_{25}N_2S_2O_7Na$	4. 8611	0. 0486
酸性绿 VS	C. I. AcidGreen16 （44025）	$C_{27}H_{25}N_2S_2O_6Na$	5. 000	0. 0500
晒化绿 B	C. I. AcidGreen1 （10020）	$C_{30}H_{15}N_3S_3O_{15}Na_3Fe$	4. 7836	0. 0478
酸性艳绿 SF	C. I. AcidGreen5 （42095）	$C_{37}H_{34}N_2S_3O_9Na_2$	3. 6411	0. 0364
酸性绿 6B	C. I. AcidGreen9 （42100）	$C_{37}H_{34}N_2S_2O_6NaCl$	3. 8647	0. 0386
酸性深绿 B	C. I. AcidGreen20 （20495）	$C_{22}H_{16}N_6S_2O_7Na_2$	14. 3345	0. 1433
酸性蒽醌绿 2	C. I. AcidGreen41 （62560）	$C_{28}H_{20}N_2S_2O_{10}Na_2$	4. 2813	0. 0428
酸性绿 BS	C. I. AcidGreen50 （44090）	$C_{25}H_{25}N_2S_2O_7Na$	5. 0725	0. 0507
酸性棕 K	C. I. AcidBrown2 （17605）	$C_{23}H_{17}N_4SO_7Na$	10. 8527	0. 1085
酸性棕 DR	C. I. AcidBrown87 （17596）	$C_{22}H_{15}N_3S_2O_7Na_2$	7. 7348	0. 0773
酸性黑 10B	C. I. AcidBlack1 （20470）	$C_{22}H_{14}N_6S_2O_9Na_2$	13. 6364	0. 1364

续表

染料名称	染料索引号	分子式	N 含量	染色成品中 N 含量
酸性黑 6RB	C. I. AcidBlack2 (50420)	$C_{36}H_{26}N_5S_2O_6Na$	9.8453	0.0985
酸性黑 NT	C. I. AcidBlack94 (30336)	$C_{41}H_{29}N_8S_3O_{11}Na_3$	11.4990	0.1150
弱酸黄 3G	C. I. AcidYellow14 (18960)	$C_{15}H_{11}N_4SO_4NaCl_2$	12.8146	0.1281
酸性黄 E-GNL	C. I. AcidYellow19 (18967)	$C_{19}H_{12}N_4SO_7Na_2Cl_2$	10.0539	0.1005
弱酸性嫩黄 5G	C. I. AcidYellow40 (18950)	$C_{23}H_{18}N_4S_2O_7Cl_2$	9.3802	0.0938
弱酸性黄 6G	C. I. AcidYellow44 (23900)	$C_{34}H_{30}N_6S_2O_{10}Na_2$	10.6061	0.1061
酸性黄 GR	C. I. AcidYellow49 (18640)	$C_{16}H_{13}N_5SO_3Cl_2$	16.4319	0.1643
弱酸性黄 P-L	C. I. AcidYellow61 (18968)	$C_{24}H_{20}N_5S_2O_6NaCl_2$	11.0759	0.1108
弱酸性黄 S	C. I. AcidYellow65 (14170)	$C_{25}H_{19}N_4S_2O_8Na$	9.4915	0.0949
弱酸性黄 3GS	C. I. AcidYellow72 (18961)	$C_{28}H_{35}N_4SO_4NaCl_2$	9.0762	0.0908
弱酸性嫩黄 2G	C. I. AcidYellow76 (18850)	$C_{23}H_{19}N_4O_7S_2Na$	9.7731	0.0977
弱酸性嫩黄 G	C. I. AcidYellow117 (24820)	$C_{39}H_{30}N_8O_8S_2Na_2$	13.2075	0.1321
弱酸黄 GS	C. I. AcidYellow135 (14255)	$C_{20}H_{17}N_2O_6SNa$	6.4220	0.0642
弱酸黄 3G	C. I. AcidYellow	$C_{39}H_{26}N_8O_8S_2Cl_4Na_2$	11.3590	0.1136
弱酸性黄 RXL	C. I. AcidOrange67 (14172)	$C_{26}H_{21}N_4O_8S_2Na$	9.2715	0.0927
酸性橙 E-3R	C. I. AcidOrange3 (10385)	$C_{18}H_{13}N_4O_7SNa$	12.3894	0.1239
弱酸性橙 2R	C. I. AcidOrange33 (24780)	$C_{34}H_{28}N_4O_8S_2Na_2$	7.6712	0.0767
弱酸性橙 GS	C. I. AcidOrange33 (24780)	$C_{34}H_{28}N_4O_8S_2K_2$	7.3491	0.0735
弱酸性橙 PR	C. I. AcidOrange63 (22870)	$C_{35}H_{26}N_6O_{10}S_3Na_2$	10.0962	0.1010
弱酸性橙 N-RL	C. I. AcidOrange127 (26502)	$C_{24}H_{19}N_4O_4SNa$	11.6183	0.1162
弱酸性橙 E-GNS	C. I. AcidOrange156 (26501)	$C_{21}H_{19}N_4O_5SNa$	12.1212	0.1212
弱酸性橙 RS	C. I. AcidOrange (24785)	$C_{38}H_{28}N_4O_{11}S_3Na_3$	6.3564	0.0636
酸性艳红 E-B	C. I. AcidRed6 (14680)	$C_{26}H_{22}N_3O_5SNa$	8.2192	0.0822
酸性红 3GX	C. I. AcidRed57 (17053)	$C_{24}H_{22}N_4O_6S_2$	10.6464	0.1065
弱酸性大红 G	C. I. AcidRed85 (22245)	$C_{35}H_{24}N_4O_{10}S_3Na_2$	6.9825	0.0698
弱酸性红 A	C. I. AcidRed87 (45380)	$C_{20}H_6O_5Br_4Na_2$	0.0000	0.0000
弱酸性大红 F-3GL	C. I. AcidRed111 (23266)	$C_{37}H_{28}N_4O_{10}S_3Na_2$	6.7470	0.0675
弱酸性红 F-RS	C. I. AcidRed114 (23635)	$C_{37}H_{28}N_4O_{10}S_3Na_2$	6.7470	0.0675
弱酸性红 GN	C. I. AcidRed122	$C_{38}H_{30}N_4O_8S_2Na_2$	7.1795	0.0718
弱酸性艳红 3B	C. I. AcidRed134 (24810)	$C_{40}H_{35}N_4O_{12}S_2Na_2$	6.4147	0.0641
弱酸性桃红 BS	C. I. AcidRed138 (18073)	$C_{30}H_{37}N_2O_8S_2Na_2$	4.2232	0.0422

续表

染料名称	染 料 索 引 号	分子式	N 含量	染色成品中 N 含量
酸性红 P - BL	C. I. AcidRed151 （26900）	$C_{22}H_{15}N_4O_4SNa$	12. 3348	0. 1233
弱酸性紫红 BB	C. I. AcidRed154 （24800）	$C_{40}H_{34}N_4O_{10}S_2Na_2$	6. 6667	0. 0667
普拉艳红 3B	C. I. AcidRed172 （18135）	$C_{30}H_{22}N_3O_{10}S_3ClNa_2$	5. 5154	0. 0552
弱酸性艳红 B	C. I. AcidRed249 （18134）	$C_{29}H_{20}N_3O_{10}S_3ClNa_2$	5. 6187	0. 0562
弱酸性红 2BS	C. I. AcidRed266 （17101）	$C_{17}H_{10}N_3O_4F_3ClNa$	6. 6090	0. 0661
弱酸性红玉 N - 5BL	C. I. AcidRed299	$C_{26}H_{23}N_4O_5Na$	11. 3360	0. 1134
弱酸性枣红 P - L	C. I. AcidRed301 （17081）	$C_{22}H_{17}N_3O_6ClNa$	8. 7958	0. 0880
弱酸性猩红 FG	C. I. AcidRed374 （24785）	$C_{38}H_{29}N_4O_{11}S_3Na_3$	6. 3492	0. 0635
弱酸性大红 FG		$C_{29}H_{21}N_4O_6SNa$	9. 7222	0. 0972
酸性大红 2G	C. I. AcidOrange19 （14690）	$C_{23}H_{18}N_3O_6S_2Na$	8. 0925	0. 0809
弱酸性红 GRS		$C_{40}H_{33}N_4O_{11}S_3Na_3$	6. 1538	0. 0615
弱酸性红 RN		$C_{40}H_{34}N_4O_8S_2Na_2$	6. 9307	0. 0693
弱酸性紫 N - FBL	C. I. AcidViolet48	$C_{37}H_{39}N_2O_6SNa$	4. 2296	0. 0423
弱酸性紫 2RS	C. I. AcidViolet51 （62165）	$C_{30}H_{37}N_2O_6SNa$	4. 8611	0. 0486
弱酸性艳红 10B	C. I. AcidViolet54	$C_{37}H_{29}N_2O_{11}S_3Na_2$	3. 4188	0. 0342
若酸性艳蓝 BA	C. I. AcidBlue15 （42645）	$C_{42}H_{42}N_3O_6S_2Na$	5. 2897	0. 0529
弱酸性蓝 AS	C. I. AcidBlue25 （62055）	$C_{20}H_{13}N_2O_5SNa$	6. 7308	0. 0673
弱酸性蓝 2G	C. I. AcidBlue40 （62125）	$C_{22}H_{15}N_3O_6SNa$	8. 8983	0. 0890
酸性蓝 BRL	C. I. AcidBlue41 （62130）	$C_{23}H_{18}N_3O_6SNa$	8. 6242	0. 0862
弱酸性蓝 N - B	C. I. AcidBlue59 （50315）	$C_{34}H_{23}N_4O_6S_2Na$	8. 3582	0. 0836
弱酸性蓝 BRN	C. I. AcidBlue62 （62045）	$C_{20}H_{18}N_2O_5SNa$	6. 6508	0. 0665
弱酸性艳蓝 RAW	C. I. AcidBlue80 （61585）	$C_{32}H_{28}N_2O_8S_2Na_2$	4. 1298	0. 0413
若酸性艳蓝 6B	C. I. AcidBlue83 （42660）	$C_{45}H_{44}N_3O_7S_2Na$	5. 0909	0. 0509
酸性艳蓝 G	C. I. AcidBlue90 （42655）	$C_{47}H_{48}N_3O_7S_2Na$	4. 9238	0. 0492
弱酸性艳蓝 7BF	C. I. AcidBlue100 （42675）	$C_{39}H_{48}N_3O_7S_2Na$	5. 5482	0. 0555
弱酸性艳蓝 FFR	C. I. AcidBlue104 （42735）	$C_{43}H_{48}N_3O_6S_2Na$	5. 3232	0. 0532
酸性深蓝 P - 2RB	C. I. AcidBlue113 （26360）	$C_{32}H_{21}N_5O_6S_2Na_2$	10. 2790	0. 1028
弱酸性深蓝 GR	C. I. AcidBlue120 （26400）	$C_{33}H_{23}N_5O_6S_2Na_2$	10. 0719	0. 1007
弱酸性艳蓝 GAW	C. I. AcidBlue127：1	$C_{41}H_{26}N_4O_{10}S_2Na_2$	6. 6351	0. 0664
弱酸性艳蓝 P - R	C. I. AcidBlue129 （62058）	$C_{23}H_{19}N_2O_5SNa$	6. 1135	0. 0611
弱酸性蓝 BS	C. I. AcidBlue138 （62075）	$C_{32}H_{36}N_2O_8S_2Na_2$	4. 0816	0. 0408

续表

染料名称	染 料 索 引 号	分子式	N 含量	染色成品中 N 含量
弱酸性艳蓝 5GM	C. I. AcidBlue142 (42120)	$C_{47}H_{39}N_2O_6S_2Na$	3. 4398	0. 0344
弱酸性蓝 N－GL	C. I. AcidBlue230 (62073)	$C_{24}H_{21}N_2O_5SNa$	5. 9322	0. 0593
酸性蓝 BRLL	C. I. AcidBlue324	$C_{22}H_{16}N_2O_6SNa$	6. 1002	0. 0610
酸性蓝 MF－BLN	C. I. AcidBlue350	$C_{28}H_{23}N_3O_7S_2Na$	7. 0000	0. 0700
酸性绿 P－3B	C. I. AcidGreen25 (61570)	$C_{28}H_{20}N_2O_8S_2Na_2$	4. 5016	0. 0450
弱酸性绿 GS	C. I. AcidGreen27 (61580)	$C_{34}H_{32}N_2O_8S_2Na_2$	3. 9660	0. 0397
弱酸性绿 5GS	C. I. AcidGreen28	$C_{34}H_{32}N_2O_{10}S_2Na_2$	3. 7940	0. 0379
弱酸性艳绿 6G	C. I. AcidGreen41 (62560)	$C_{28}H_{20}N_2O_{10}S_2Na_2$	4. 2813	0. 0428
弱酸性棕 RL	C. I. AcidBrown2 (17605)	$C_{22}H_{17}N_4O_7SNa$	11. 1111	0. 1111
弱酸性棕 R	C. I. AcidBrown14 (20195)	$C_{26}H_{16}N_4O_8S_2Na_2$	9. 0032	0. 0900
弱酸性红棕 V	C. I. AcidBrown119 (35025)	$C_{30}H_{20}N_{11}O_8S_2Na_2$	19. 9482	0. 1995
弱酸性黄棕 3GL	C. I. AcidBrown248 (10402)	$C_{24}H_{21}N_7O_{11}S_3$	14. 4330	0. 1443
弱酸性棕 F－5R	C. I. AcidOrange51 (26550)	$C_{36}H_{26}N_6O_{11}S_3Na_2$	9. 7674	0. 0977
弱酸性黑 BR	C. I. AcidBlack24 (26370)	$C_{36}H_{23}N_5O_6S_2Na_2$	9. 5759	0. 0958
弱酸性黑 VL	C. I. AcidBlack26 (27070)	$C_{32}H_{21}N_5O_7S_2Na_2$	10. 0430	0. 1004
弱酸性黑 BG	C. I. AcidBlack31 (17580)	$C_{23}H_{17}N_4O_7SNa$	10. 8527	0. 1085
弱酸性黑 NB－G	C. I. AcidBlack234 (30027)	$C_{34}H_{26}N_{10}O_9S_3Na_2$	16. 2791	0. 1628
酸性络合黄 ELN	C. I. AcidYellow54 (19010)	$C_{18}H_{14}N_4O_9S_2Na_2$	10. 3704	0. 1037
酸性络合黄 GR	C. I. AcidYellow99 (13900)	$C_{16}H_{14}N_4O_8S$	13. 2701	0. 1327
酸性络合橙 GEN	C. I. AcidOrange74 (18745)	$C_{16}H_{13}N_5O_7S$	16. 7064	0. 1671
酸性络合桃红 B	C. I. AcidRed186 (18810)	$C_{20}H_{14}N_4O_8S_2Na_2$	10. 2190	0. 1022
酸性络合紫 3RN	C. I. AcidViolet56 (16055)	$C_{16}H_9N_2O_5SClNa$	7. 0088	0. 0701
酸性络合紫 5RN	C. I. AcidViolet58 (16260)	$C_{16}H_8N_2O_8S_2ClNa_2$	5. 5833	0. 0558
酸性络合蓝 GGN	C. I. AcidBlue158 (14880)	$C_{20}H_{12}N_2O_8S_2Na_2$	5. 4054	0. 0541
酸性络合蓝 BN	C. I. AcidBlue161 (15706)	$C_{20}H_{13}N_2O_5SNa$	6. 7308	0. 0673
酸性络合蓝 RRN	C. I. AcidBlue154 (14960)	$C_{11}H_{11}N_2O_8ClS_2Na_2$	6. 2992	0. 0630
酸性络合绿 B	C. I. AcidGreen12 (13425)	$C_{16}H_{11}N_4O_6SNa$	13. 6585	0. 1366
酸性络合红棕 B	C. I. AcidRed184 (15685)	$C_{16}H_{10}N_3O_7SNa$	10. 2190	0. 1022
酸性络合黑 WAN	C. I. AcidBlack52 (15711)	$C_{20}H_{12}N_3O_7SNa$	9. 1106	0. 0911
中性深黄 GRL	C. I. AcidYellow116	$C_{32}H_{26}N_8O_{10}S_2Cl_2CoNa$	12. 4583	0. 1246
中性艳黄 3GL	C. I. AcidYellow127 (18888)	$C_{25}H_{18}N_9O_4SCl_2Na$	19. 8738	0. 1987

续表

染料名称	染料索引号	分子式	N 含量	染色成品中 N 含量
中性深黄 GL	C. I. AcidYellow128	$C_{32}H_{28}N_8O_{10}S_2CoNa$	13. 4940	0. 1349
中性深黄 5GL	C. I. AcidOrange87	$C_{32}H_{26}N_{10}O_{11}S_2Cl_2Na$	15. 8371	0. 1584
中性橙 RL	C. I. AcidOrange88	$C_{32}H_{24}N_{10}O_8S_2Cl_2CrNa$	15. 8014	0. 1580
中性红 2GL	C. I. AcidRed211	$C_{32}H_{24}N_{10}O_8S_2ClCr$	16. 9184	0. 1692
中性枣红 GRL	C. I. AcidRed213	$C_{32}H_{22}N_6O_8S_2CoNa$	10. 9948	0. 1099
中性桃红 BL	C. I. AcidRed215	$C_{32}H_{24}N_{12}O_{12}S_2Cr$	19. 0045	0. 1900
中性红 S－BR	C. I. AcidRed362	$C_{32}H_{20}N_8O_{10}Cl_2CrNa_3$	12. 9032	0. 1290
中性紫 BL	C. I. AcidViolet68	$C_{32}H_{28}N_6O_{11}S_2CrNa$	10. 3576	0. 1036
中性枣红 D－BN	C. I. AcidViolet90（18762）	$C_{20}H_{15}N_4O_5SNa$	12. 5561	0. 1256
中性蓝 BNL	C. I. AcidBlue168	$C_{20}H_{16}N_5O_5S$	15. 9817	0. 1598
中性艳蓝 GL	C. I. AcidBlue183	$C_{22}H_{16}N_3O_6SCl$	8. 6509	0. 0865
中性深蓝 2BL	C. I. AcidBlue193（15707）	$C_{40}H_{28}N_4O_{13}S_2Na_3$	6. 1878	0. 0619
中性艳绿 BL	C. I. AcidGreen54	$C_{38}H_{28}N_4O_{10}S_2$	7. 3298	0. 0733
中性深棕 5R		$C_{34}H_{32}N_{10}O_{14}S_2Na$	15. 7127	0. 1571
中性棕 VRL		$C_{34}H_{25}N_9O_{10}S_2ClNaCr$	14. 1018	0. 1410
中性灰 2BL	C. I. AcidBlack60（18165）	$C_{36}H_{34}N_8O_{15}S_2CrNa$	11. 7032	0. 1170
中性黑 RL	C. I. AcidBlack63（12195）	$C_{32}H_{16}N_6O_8Cr$	12. 6506	0. 1265
黄色基 GC	C. I. AzoicDiazoComponent44（37000）	$C_6H_7NCl_2$	8. 5366	0. 0854
橙色基 GC	C. I. AzoicDiazoComponent2（37005）	$C_6H_7NCl_2$	8. 5366	0. 0854
橙色基 GR	C. I. AzoicDiazoComponent6（37025）	$C_6H_6N_2O_2$	20. 2899	0. 2029
枣红色基 GP	C. I. AzoicDiazoComponent1（37135）	$C_7H_8N_2O_3$	16. 6667	0. 1667
大红色基 GGS	C. I. AzoicDiazoComponent3（37010）	$C_6H_5NCl_2$	8. 6420	0. 0864
枣红色基 GBC	C. I. AzoicDiazoComponent4（37210）	$C_{14}H_{16}N_3Cl$	16. 0612	0. 1606
液状枣红色基 GB	C. I. AzoicDiazoComponent4（37210）	$C_{14}H_{15}N_3$	18. 6667	0. 1867
红色基 B	C. I. AzoicDiazoComponent5（37125）	$C_7H_8N_2O_3$	16. 6667	0. 1667
红色基 GL	C. I. AzoicDiazoComponent8（37110）	$C_7H_8N_2O_2$	18. 4211	0. 1842
红色基 3GL	C. I. AzoicDiazoComponent9（37040）	$C_6H_5N_2O_2Cl$	16. 2319	0. 1623
红色基 RC	C. I. AzoicDiazoComponent10（3120）	$C_7H_9NOCl_2$	7. 8652	0. 0787
大红色基 G	C. I. AzoicDiazoComponent12（37105）	$C_7H_8N_2O_2$	18. 4211	0. 1842
大红色基 RC	C. I. AzoicDiazoComponent13（37130）	$C_7H_9N_2O_3Cl$	13. 6919	0. 1369
大红色基 VD	C. I. AzoicDiazoComponent17（37055）	$C_7H_5NF_3Cl$	7. 1611	0. 0716

续表

染料名称	染料索引号	分子式	N 含量	染色成品中 N 含量
大红色基 LG	C. I. AzoicDiazoComponent31 (37145)	$C_{14}H_{15}NO_3S$	5.0542	0.0505
红色基 KB	C. I. AzoicDiazoComponent32 (37090)	$C_7H_9NCl_2$	7.8652	0.0787
红色基 FR	C. I. AzoicDiazoComponent33 (37075)	$C_{12}H_{10}NOCl_3$	4.8193	0.0482
红色基 RL	C. I. AzoicDiazoComponent34 (37100)	$C_7H_8N_2O_2$	18.4211	0.1842
红色基 ITR	C. I. AzoicDiazoComponent42 (37150)	$C_{11}H_{18}N_2O_3S$	10.8527	0.1085
大红色基 TR	C. I. AzoicDiazoComponent46 (37080)	$C_7H_9NCl_2$	7.8652	0.0787
红色基 KL	C. I. AzoicDiazoComponent121	$C_8H_{10}N_2O_2$	16.8675	0.1687
大红色基 GE		$C_8H_{10}N_2O_2$	16.8675	0.1687
红色基 K		$C_8H_{10}N_2O$	18.6667	0.1867
红色基 KD		$C_{14}H_{14}N_2O_2$	11.5702	0.1157
紫色基 B	C. I. AzoicDiazoComponent41 (37165)	$C_{15}H_{16}N_2O_2$	10.9375	0.1094
蓝色基 BB	C. I. AzoicDiazoComponent20 (37175)	$C_{17}H_{20}N_2O_3$	9.3333	0.0933
蓝色基 RT	C. I. AzoicDiazoComponent22 (37240)	$C_{12}H_{12}N_2$	15.2174	0.1522
蓝色基 RR	C. I. AzoicDiazoComponent24 (37155)	$C_{15}H_{16}N_2O_3$	10.2941	0.1029
黑色基 B	C. I. AzoicDiazoComponent109 (37245)	$C_{12}H_{13}N_3.1/2H_2SO_4$	16.9355	0.1694
黑色基 LS		$C_{14}H_{16}N_4O_2$	20.5882	0.2059
黄色盐 GC	C. I. AzoicDiazoComponent44 (37000)	$C_{12}H_8N_4Cl_6Zn$	11.5226	0.1152
橙色盐 GC	C. I. AzoicDiazoComponent2 (37005)	$C_{12}H_4N_2BrCl$	9.6055	0.0961
红色盐 B	C. I. AzoicDiazoComponent5 (37125)	$C_{17}H_{12}N_3O_8S_2Na$	8.8795	0.0888
大红色盐 R	C. I. AzoicDiazoComponent13 (37130)	$C_{14}H_{12}N_6O_6Cl_3Zn$	15.8043	0.1580
黑色盐 K	C. I. AzoicDiazoComponent38 (37190)	$C_{14}H_{12}N_5O_4Cl_2 0.5Zn$	16.7665	0.1677
黑色盐 G	C. I. AzoicDiazoComponent45 (37260)	$C_{21}H_{19}N_7OCl_4ZN$	16.5541	0.1655
晒图盐 BG		$C_{10}H_{14}N_3Cl_2 0.5Zn$	15.0268	0.1503
色酚 AS	C. I. AzoicCouplingComponent2 (37505)	$C_{17}H_{13}NO_2$	5.3232	0.0532
色酚 AS-BR	C. I. AzoicCouplingComponent3 (37575)	$C_{36}H_{28}N_2O_6$	4.7945	0.0479
色酚 AS-BO	C. I. AzoicCouplingComponent4 (37560)	$C_{21}H_{15}NO_2$	4.4728	0.0447
色酚 AS-G	C. I. AzoicCouplingComponent5 (37610)	$C_{22}H_{24}N_2O_4$	7.3684	0.0737
色酚 AS-SW	C. I. AzoicCouplingComponent7 (37565)	$C_{21}H_{15}NO_2$	4.4728	0.0447
色酚 AS-TR	C. I. AzoicCouplingComponent8 (37525)	$C_{18}H_{14}NO_2Cl$	4.4944	0.0449
色酚 AS-L4G	C. I. AzoicCouplingComponent9 (37625)	$C_{13}H_{14}N_2O_3S$	10.0719	0.1007
色酚 AS-E	C. I. AzoicCouplingComponent10 (37510)	$C_{17}H_{12}NO_2Cl$	4.7059	0.0471

续表

染料名称	染 料 索 引 号	分子式	N 含量	染色成品中 N 含量
色酚 AS－RL	C. I. AzoicCouplingComponent11 （37535）	$C_{18}H_{15}NO_3$	4. 7782	0. 0478
色酚 AS－ITR	C. I. AzoicCouplingComponent12 （37550）	$C_{19}H_{15}NO_4Cl$	3. 9271	0. 0393
色酚 AS－SG	C. I. AzoicCouplingComponent13 （37595）	$C_{24}H_{18}N_2O_3$	7. 3298	0. 0733
色酚 AS－PH	C. I. AzoicCouplingComponent14 （37558）	$C_{19}H_{17}NO_3$	4. 5603	0. 0456
色酚 AS－LB	C. I. AzoicCouplingComponent15 （37600）	$C_{19}H_{13}N_2O_2Cl$	8. 3210	0. 0832
色酚 AS－BT	C. I. AzoicCouplingComponent16 （37605）	$C_{21}H_{17}NO_5$	3. 8567	0. 0386
色酚 AS－BS	C. I. AzoicCouplingComponent17 （37515）	$C_{17}H_{12}N_2O_4$	9. 0909	0. 0909
色酚 AS－D	C. I. AzoicCouplingComponent18 （37520）	$C_{18}H_{15}N_2O_2$	9. 6220	0. 0962
色酚 AS－BG	C. I. AzoicCouplingComponent19 （37545）	$C_{19}H_{17}NO_4$	4. 3344	0. 0433
色酚 AS－OL	C. I. AzoicCouplingComponent20 （37530）	$C_{18}H_{15}NO_3$	4. 7782	0. 0478
色酚 AS－LC	C. I. AzoicCouplingComponent23 （37555）	$C_{19}H_{16}NO_4Cl$	3. 9161	0. 0392
色酚 AS－LT	C. I. AzoicCouplingComponent24 （37540）	$C_{19}H_{17}NO_3$	4. 5603	0. 0456
色酚 AS－SR	C. I. AzoicCouplingComponent25 （37590）	$C_{25}H_{20}N_2O_3$	7. 0707	0. 0707
色酚 AS－RS	C. I. AzoicCouplingComponent28 （37541）	$C_{19}H_{16}NO_3Cl$	4. 0996	0. 0410
色酚 AS－MX	C. I. AzoicCouplingComponent29 （37527）	$C_{19}H_{17}NO_2$	4. 8110	0. 0481
色酚 AS－VL	C. I. AzoicCouplingComponent30 （37559）	$C_{19}H_{17}NO_3$	4. 5603	0. 0456
色酚 AS－RT	C. I. AzoicCouplingComponent31 （37521）	$C_{18}H_{15}NO_2$	5. 0542	0. 0505
色酚 AS－S	C. I. AzoicCouplingComponent32 （37580）	$C_{24}H_{17}NO_4$	3. 6554	0. 0366
色酚 AS－CA	C. I. AzoicCouplingComponent34 （37531）	$C_{18}H_{14}NO_3Cl$	4. 2748	0. 0427
色酚 AS－GR	C. I. AzoicCouplingComponent36 （37585）	$C_{22}H_{17}NO_2$	4. 2813	0. 0428
色酚 AS－KN	C. I. AzoicCouplingComponent37 （37608）	$C_{23}H_{15}NO_3$	3. 9660	0. 0397
色酚 AS－IRG	C. I. AzoicCouplingComponent44 （37613）	$C_{12}H_{14}NO_4Cl$	5. 1565	0. 0516
色酚 AS－KG	C. I. AzoicCouplingComponent107	$C_{21}H_{17}NO_4$	4. 0346	0. 0403
色酚 AS－DE		$C_{19}H_{17}NO_2$	4. 8110	0. 0481
棕色酚		$C_{16}H_{13}N_3O$	17. 0040	0. 1700
碱性嫩黄 O	C. I. BasicYellow2 （41000）	$C_{17}H_{22}N_3Cl$	13. 8386	0. 1384
碱性橙	C. I. BasicOrange2 （11270）	$C_{12}H_{13}N_4Cl$	22. 5352	0. 2254
碱性红 6GDN	C. I. BasicRed1 （45160）	$C_{28}H_{31}N_2O_3Cl$	5. 8516	0. 0585
碱性桃红	C. I. BasicRed2 （50240）	$C_{20}H_{19}N_4Cl$	15. 9772	0. 1598
碱性副品红	C. I. BasicRed9 （42500）	$C_{19}H_{18}N_3Cl$	12. 9830	0. 1298
碱性桃红 FF	C. I. BasicRed12 （48070）	$C_{23}H_{29}N_2Cl$	7. 5984	0. 0760

续表

染料名称	染料索引号	分子式	N 含量	染色成品中 N 含量
碱性紫 5BN	C. I. BasicViolet3 (42555)	$C_{25}H_{30}N_3Cl$	10. 3067	0. 1031
碱性玫瑰精	C. I. BasicViolet10 (45170)	$C_{28}H_{29}N_2O_3Cl$	5. 8762	0. 0588
碱性品红	C. I. BasicViolet14 (42510)	$C_{20}H_{20}N_3Cl$	12. 4444	0. 1244
碱性蓝 G	C. I. BasicBlue1 (42025)	$C_{23}H_{24}N_2Cl_2$	7. 0175	0. 0702
碱性蓝 B	C. I. BasicBlue5 (42140)	$C_{25}H_{28}N_2Cl_2$	6. 5574	0. 0656
碱性艳蓝 BO	C. I. BasicBlue7 (42595)	$C_{33}H_{40}N_3Cl$	8. 1792	0. 0818
碱性湖蓝 BB	C. I. BasicBlue9 (52015)	$C_{32}H_{40}N_6O_2S_2Cl_4Zn$	10. 3576	0. 1036
碱性艳蓝 R	C. I. BasicBlue11 (44040)	$C_{29}H_{32}N_3Cl$	9. 1803	0. 0918
碱性艳蓝 B	C. I. BasicBlue26 (44045)	$C_{33}H_{32}N_3Cl$	8. 3086	0. 0831
碱性艳绿	C. I. BasicGreen1 (42040)	$C_{27}H_{34}N_2SO_4$	5. 8091	0. 0581
碱性绿	C. I. BasicGreen4 (42000)	$C_{23}H_{25}N_2Cl$	7. 6818	0. 0768
碱性棕	C. I. BasicBrown1 (21000)	$C_{18}H_{18}N_8$	32. 3699	0. 3237
碱性棕 RC	C. I. BasicBrown4 (21010)	$C_{21}H_{24}N_8$	28. 8660	0. 2887
阳离子黄 4G	C. I. BasicYellow11 (48055)	$C_{21}H_{25}N_2O_2Cl_3Zn$	5. 5064	0. 0551
阳离子黄 X－6G	C. I. BasicYellow13 (48055)	$C_{20}H_{25}N_2OCl$	8. 1277	0. 0813
阳离子深黄 2RL	C. I. BasicYellow19	$C_{16}H_{16}N_5SO_3Cl_3Zn$	13. 2200	0. 1322
阳离子黄 7GLL	C. I. BasicYellow21 (48060)	$C_{20}H_{24}N_2Cl$	8. 5496	0. 0855
阳离子荧光黄 4GL	C. I. BasicYellow24 (11480)	$C_{19}H_{23}N_5S_2O_4$	15. 5902	0. 1559
阳离子金黄 X－GL	C. I. BasicYellow28 (48054)	$C_{20}H_{24}N_3OCl$	11. 7483	0. 1175
阳离子艳黄 10GFF		$C_{23}H_{27}N_3O_6S$	8. 8795	0. 0888
阳离子金黄 GL		$C_{24}H_{22}N_4S_2O_5$	10. 9804	0. 1098
阳离子深黄 GL		$C_{20}H_{23}N_5S_2O_5$	14. 6751	0. 1468
阳离子黄 GRL		$C_{21}H_{27}N_3SO_4$	10. 0719	0. 1007
阳离子黄 X－5GL		$C_{20}H_{25}N_3SO_4$	10. 4218	0. 1042
阳离子橙 G	C. I. BasicOrange21 (48035)	$C_{20}H_{23}N_2Cl$	8. 5758	0. 0858
阳离子橙 2GL	C. I. BasicOrange22 (48040)	$C_{28}H_{27}N_2Cl$	6. 5651	0. 0657
阳离子桃红 FG	C. I. BasicRed13 (48015)	$C_{22}H_{29}N_2ClPO_4$	6. 2016	0. 0620
阳离子艳红 5GN	C. I. BasicRed14 (48016)	$C_{23}H_{26}N_3PO_4$	9. 5672	0. 0957
阳离子红 GTL	C. I. BasicRed18 (11085)	$C_{20}H_{28}N_5O_5Cl$	15. 4355	0. 1544
阳离子红 2BL	C. I. BasicRed22 (11055)	$C_{12}H_{17}N_6Cl_3Zn$	20. 1681	0. 2017
阳离子红 5BL	C. I. BasicRed24 (11088)	$C_{21}H_{28}N_6O_6S$	17. 0732	0. 1707

续表

染料名称	染料索引号	分子式	N含量	染色成品中N含量
阳离子桃红B	C. I. BasicRed27	$C_{23}H_{28}N_3ClPO_4$	8.8143	0.0881
阳离子红2GL	C. I. BasicRed29（11460）	$C_{20}H_{20}N_4S_2O_4$	12.6126	0.1261
阳离子红BL	C. I. BasicRed39（11465）	$C_{25}H_{22}N_5SCl$	15.2339	0.1523
阳离子红X-GRL	C. I. BasicRed46	$C_{18}H_{21}N_6Cl_3Zn$	17.1604	0.1716
阳离子大红3GL		$C_{18}H_{21}N_5S_2O_4$	16.0920	0.1609
阳离子红6B	C. I. BasicViolet7（48020）	$C_{26}H_{30}N_2Cl_2$	6.3492	0.0635
阳离子红紫3R	C. I. BasicViolet16（48013）	$C_{23}H_{29}N_2Cl$	7.5984	0.0760
阳离子紫F3RL	C. I. BasicViolet21（48030）	$C_{30}H_{33}N_2O_3Cl$	5.5500	0.0555
阳离子紫2RL	C. I. BasicViolet22	$C_{15}H_5N_4SCl$	18.1524	0.1815
阳离子紫3BL	C. I. BasicBlue53	$C_{16}H_{17}N_4SCl_3Zn$	11.9530	0.1195
阳离子翠蓝X-GB	C. I. BasicBlue3（51004）	$C_{20}H_{26}N_3OCl_3Zn$	7.9621	0.0796
阳离子蓝FGL	C. I. BasicBlue22（61512）	$C_{22}H_{29}N_3O_6S$	9.0713	0.0907
阳离子蓝X-GRRL	C. I. BasicBlue41（11105）	$C_{18}H_{21}N_4O_2SCl_3Zn$	10.5960	0.1060
阳离子蓝3RL	C. I. BasicBlue47（61111）	$C_{24}H_{24}N_3O_2Cl$	9.9644	0.0996
阳离子艳蓝2RL	C. I. BasicBlue54（11052）	$C_{17}H_{19}N_4OSCl_3Zn$	11.2337	0.1123
阳离子蓝GL	C. I. BasicBlue65（11076）	$C_{26}H_{28}N_5OSCl$	14.1844	0.1418
阳离子蓝NBLH	C. I. BasicBlue66（11075）	$C_{21}H_{27}N_5O_2SCl$	15.6076	0.1561
阳离子红光蓝		$C_{21}H_{24}N_3O_6Br$	8.5020	0.0850
阳离子蓝X-GRL		$C_{20}H_{26}N_4O_6S_2$	11.6183	0.1162
分散型阳离子嫩黄7GL		$C_{28}H_{25}N_5O_3S_2$	12.8913	0.1289
分散型阳离子红2GL		$C_{29}H_{24}N_4O_3S_2$	10.3704	0.1037
分散型阳离子艳蓝RL		$C_{27}H_{26}N_4O_4S_2$	10.4869	0.1049
直接嫩黄5G	C. I. DirectYellow8（13920）	$C_{24}H_{19}N_4O_5SNa$	11.2450	0.1125
直接冻黄G	C. I. DirectYellow12（24895）	$C_{30}H_{26}N_4O_8S_2Na_2$	8.2353	0.0824
直接黄GR	C. I. DirectYellow24（22010）	$C_{25}H_{17}N_5O_6SNa_2$	12.4777	0.1248
丝绸黄S-GN		$C_{32}H_{26}N_8O_9S_2Na_2$	14.4330	0.1443
直接橙S	C. I. DirectOrange26（29150）	$C_{33}H_{22}N_6O_9S_2Na_2$	11.1111	0.1111
直接红F	C. I. DirectRed1（22310）	$C_{29}H_{19}N_5O_7SNa_2$	11.1643	0.1116
直接大红4BE	C. I. DirectRed2（23500）	$C_{34}H_{26}N_6O_6S_2Na_2$	12.1387	0.1214

续表

染料名称	染料索引号	分子式	N 含量	染色成品中 N 含量
直接枣红 GB	C. I. DirectRed13 (22155)	$C_{32}H_{22}N_6O_7S_2Na_2$	11.7978	0.1180
直接枣红 B	C. I. DirectRed13 (22155)	$C_{32}H_{22}N_6O_7S_2Na_2$	11.7978	0.1180
直接耐酸大红 4BS	C. I. DirectRed23 (29160)	$C_{35}H_{24}N_7O_{10}S_2Na_2$	12.0690	0.1207
直接耐酸枣红	C. I. DirectRed23 (29160)	$C_{36}H_{25}N_7O_{10}S_2Na_2$	11.8788	0.1188
直接大红 4B	C. I. DirectRed28 (22120)	$C_{32}H_{22}N_6O_6S_2Na_2$	12.0690	0.1207
直接桃红	C. I. DirectRed31 (29100)	$C_{32}H_{21}N_4O_6S_2Na_2$	8.3958	0.0840
直接大红 N4B		$C_{34}H_{26}N_6O_6S_2Na_2$	11.6022	0.1160
直接枣红 NGB		$C_{45}H_{31}N_6O_9S_2Na_2$	9.2409	0.0924
丝绸红 S-GN		$C_{29}H_{18}O_8N_4SNa_2$	8.9172	0.0892
直接紫 N		$C_{32}H_{22}N_6O_8S_2Na_2$	11.5385	0.1154
直接紫 R		$C_{32}H_{22}N_6O_8S_2Na_2$	11.5385	0.1154
直接紫 NNR		$C_{46}N_{27}N_9O_{14}S_2Na_4$	11.6129	0.1161
直接湖蓝 6B	C. I. DirectBlue1 (24410)	$C_{34}H_{24}N_6O_{16}S_4Na_4$	8.4677	0.0847
直接蓝 2B	C. I. DirectBlue6 (22610)	$C_{32}H_{20}N_6O_{14}S_4Na_4$	9.0129	0.0901
直接靛蓝 3B	C. I. DirectBlue14 (23850)	$C_{34}H_{24}N_6O_{14}S_4Na_4$	8.7500	0.0875
直接湖蓝 5B	C. I. DirectBlue15 (24400)	$C_{34}H_{24}N_6O_{14}S_4Na_4$	8.7500	0.0875
直接铜盐蓝 2R	C. I. DirectBlue151 (24175)	$C_{34}H_{26}N_6O_8S_2Na_2$	11.1111	0.1111
直接铜盐蓝 FBL	C. I. DirectBlue158 (24555)	$C_{48}H_{36}N_6O_{16}S_2Na_2$	7.9096	0.0791
直接铜盐蓝 BR	C. I. DirectBlue168 (24185)	$C_{40}H_{28}N_5O_{10}S_2Na_2$	8.2547	0.0825
直接蓝 3B		$C_{34}H_{24}O_{14}N_6S_4Na_4$	8.7500	0.0875
直接深蓝 L		$C_{34}H_{25}N_5O_{10}S_2Na_2$	9.0556	0.0906
直接绿 B	C. I. DirectGreen6 (30295)	$C_{34}H_{22}N_8O_{10}S_2Na_2$	13.7931	0.1379
直接铜盐绿 G	C. I. DirectGreen59 (34040)	$C_{34}H_{27}N_{12}O_{17}S_3Na_4$	15.8043	0.1580
直接绿 BN		$C_{34}H_{23}N_9O_9S_2Na_2$	15.5364	0.1554
直接绿 GN		$C_{38}H_{28}N_7O_{15}S_4Na_4$	9.4050	0.0941
直接绿 2GN		$C_{32}H_{20}N_7O_{11}S_3Na_4$	11.3164	0.1132
直接绿 NB		$C_{35}H_{23}N_9O_{11}S_2Na_2$	14.7368	0.1474
直接绿 TGB	C. I. DirectGreen85 (30387)	$C_{36}H_{26}N_8O_{10}S_2Na_2$	13.3333	0.1333
直接绿		$C_{36}H_{25}O_{10}N_7S_2Na_3$	11.5566	0.1156
直接黄棕 D3G	C. I. DirectBrown1 (30045)	$C_{31}H_{22}N_8O_6SNa_2$	16.4706	0.1647
直接深棕 M	C. I. DirectBrown2 (22311)	$C_{29}H_{19}N_5O_7SNa_2$	11.1643	0.1116

续表

染料名称	染 料 索 引 号	分子式	N 含量	染色成品中 N 含量
直接黄棕 3G	C. I. DirectBrown79 (30050)	$C_{31}H_{21}N_8O_9S_2Na_2$	14. 7563	0. 1476
直接深棕 B－NM		$C_{31}H_{23}N_5O_7SNa_2$	10. 6870	0. 1069
直接红棕 LGN		$C_{25}H_{18}O_6N_8SNa_2$	18. 5430	0. 1854
直接黄棕 ND3G		$C_{33}H_{26}N_8O_6SNa_2$	15. 8192	0. 1582
直接深棕 NM		$C_{29}H_{20}N_6O_8SNa_2$	12. 7660	0. 1277
直接红棕 RN		$C_{38}H_{28}N_{12}O_{12}S_4Na_4$	15. 7895	0. 1579
直接重氮黑 BH	C. I. DirectBlue2 (22590)	$C_{32}H_{21}N_6O_{11}S_3Na_3$	10. 1205	0. 1012
直接黑 FF	C. I. DirectBlack9 (31560)	$C_{32}H_{21}N_9O_7S_2Na_2$	16. 7331	0. 1673
直接灰 D	C. I. DirectBlack17 (27700)	$C_{24}H_{21}N_6O_5SNa$	15. 9091	0. 1591
直接灰 AC	C. I. DirectBlack32 (35440)	$C_{48}H_{39}N_{13}O_{13}S_2Na_3$	15. 9930	0. 1599
直接黑 BN	C. I. DirectBlack38 (30235)	$C_{34}H_{25}N_9O_7S_2Na_2$	16. 1332	0. 1613
直接黑 RN	C. I. DirectBlack38 (30235)	$C_{34}H_{25}N_9O_7S_2Na_2$	16. 1332	0. 1613
直接黑 OB	C. I. DirectBlack80 (31600)	$C_{36}H_{22}N_8O_{11}S_3Na_3$	12. 3484	0. 1235
直接铜盐黑 RL	C. I. DirectBlack91 (30400)	$C_{38}H_{25}N_8O_{13}SNa$	13. 0841	0. 1308
直接铜盐灰 GRL	C. I. DirectBlack122 (36250)	$C_{58}H_{38}N_{15}O_{13}S$	17. 7365	0. 1774
直接黑 M	C. I. DirectBlack150 (32010)	$C_{38}H_{26}N_{10}O_{11}S_3Na_3$	14. 5379	0. 1454
直接黑 TBRN	C. I. DirectBlack154	$C_{36}H_{29}N_9O_7S_2Na_2$	15. 5748	0. 1557
丝绸黑 S－GN		$C_{34}H_{25}O_8N_9S_2Na_2$	15. 8093	0. 1581
直接耐晒嫩黄 5GL	C. I. DirectYellow27 (13950)	$C_{24}H_{20}N_4O_9S_3Na_2$	8. 6154	0. 0862
直接耐晒黄 FF	C. I. DirectYellow28 (19555)	$C_{26}H_{18}N_4O_6S_2Na_2$	9. 4595	0. 0946
直接耐晒黄 RT	C. I. DirectYellow29 (19556)	$C_{42}H_{22}N_6O_6S_6Na_2$	8. 8983	0. 0890
直接耐晒黄 2GL	C. I. DirectYellow39	$C_{51}H_{32}N_{10}O_{19}S_4Na_4Cu_2$	9. 7561	0. 0976
直接耐晒黄 GC	C. I. DirectYellow44 (29000)	$C_{28}H_{22}N_6O_{10}SNa$	12. 7854	0. 1279
直接耐晒黄 G	C. I. DirectYellow49 (29035)	$C_{29}H_{22}N_6O_7Na$	14. 2615	0. 1426
直接耐晒黄 RS	C. I. DirectYellow50 (29025)	$C_{35}H_{24}N_6O_{13}S_4Na_4$	8. 7866	0. 0879
直接黄 L－5R	C. I. DirectYellow83 (29061)	$C_{36}H_{29}N_9O_{15}S_4Na_4$	12. 0344	0. 1203
直接耐晒黄 ARL	C. I. DirectYellow106 (40300)	$C_{48}H_{28}N_8O_{18}S_6Na_6$	8. 3958	0. 0840
直接耐晒黄 3GL		$C_{34}H_{26}N_{10}O_{10}S_2Na$	16. 5877	0. 1659
直接耐晒橙 TGL	C. I. DirectOrange34 (40215)	$C_{38}H_{24}N_8O_{12}S_4Na_4$	11. 1554	0. 1116
直接耐晒橙 GGL	C. I. DirectOrange39 (40215)	$C_{38}H_{24}N_8O_{12}S_4Na_4$	11. 1554	0. 1116
直接耐晒橙 G	C. I. DirectOrange49 (29050)	$C_{37}H_{28}N_6O_{14}S_4Na_4$	8. 4000	0. 0840

续表

染料名称	染料索引号	分子式	N 含量	染色成品中 N 含量
直接耐晒桃红 BK	C. I. DirectRed75 (25380)	$C_{33}H_{22}N_8O_{15}S_4Na_4$	11. 3131	0. 1131
直接耐晒红 4BL	C. I. DirectRed79 (29065)	$C_{37}H_{28}N_6O_{17}S_4Na_4$	8. 0153	0. 0802
直接耐晒红 F3B	C. I. DirectRed80 (35780)	$C_{45}H_{25}N_{10}O_{21}S_6Na_6$	10. 2115	0. 1021
直接耐晒红 4B	C. I. DirectRed81 (28160)	$C_{29}H_{19}N_5O_8S_2Na_2$	10. 3704	0. 1037
直接耐晒大红 BNL	C. I. DirectRed89	$C_{50}H_{35}N_{10}O_{18}S_5Na_4$	10. 6464	0. 1065
直接耐晒枣红 BL	C. I. DirectRed99 (29167)	$C_{34}H_{19}N_6O_{15}S_3Na_4$	8. 9457	0. 0895
直接耐晒紫 LRL	C. I. DirectViolet46 (17515)	$C_{22}H_{16}N_4O_7SNa$	11. 1332	0. 1113
直接耐晒紫 RL	C. I. DirectViolet47 (25410)	$C_{33}H_{32}N_{10}O_{17}S_4Cu_2$	14. 4628	0. 1446
直接耐晒紫 BL	C. I. DirectViolet48 (29125)	$C_{34}H_{22}N_7O_{14}S_4Na_2Cu_2$	10. 5832	0. 1058
直接耐晒紫 BB	C. I. DirectViolet51 (27905)	$C_{32}H_{27}N_5O_8S_2Na_2$	9. 7357	0. 0974
直接耐晒艳蓝 3RL	C. I. DirectBlue67 (27925)	$C_{34}H_{23}N_5O_{12}S_3Na_3$	8. 8161	0. 0882
直接耐晒蓝 RGL	C. I. DirectBlue70 (34205)	$C_{42}H_{25}N_7O_{13}S_4Na_4$	9. 2891	0. 0929
直接深蓝 L－3RB	C. I. DirectBlue71 (34140)	$C_{40}H_{23}N_7O_{13}S_4Na_4$	9. 5238	0. 0952
直接耐晒蓝 FRL	C. I. DirectBlue72 (34145)	$C_{36}H_{22}N_7O_{10}S_3Na_3$	11. 1745	0. 1117
直接耐晒蓝 RL	C. I. DirectBlue74 (34146)	$C_{36}H_{19}N_7O_{13}S_4Na_4$	10. 0307	0. 1003
直接耐晒天蓝 G	C. I. DirectBlue78 (34200)	$C_{42}H_{25}N_7O_{13}S_4Na_4$	9. 2891	0. 0929
直接蓝 2RL	C. I. DirectBlue80 (24315)	$C_{34}H_{23}N_4O_{14}S_4Na_4$	6. 0150	0. 0602
直接耐晒蓝 GL	C. I. DirectBlue84 (23160)	$C_{32}H_{18}N_4O_{18}S_4Na_4$	5. 7971	0. 0580
直接耐晒翠蓝 GL	C. I. DirectBlue86 (74180)	$C_{32}H_{14}N_8O_6S_2Na_2Cu$	14. 3682	0. 1437
直接耐晒艳蓝 BL	C. I. DirectBlue106 (51300)	$C_{30}H_{16}N_4O_8S_2Cl_2Na_2$	7. 5574	0. 0756
直接耐晒蓝 FFRL	C. I. DirectBlue108 (51320)	$C_{34}H_{21}N_4O_{11}S_3Cl_2Na_3$	6. 2430	0. 0624
直接耐晒蓝 FBGL	C. I. DirectBlue (24230)	$C_{40}H_{28}N_5O_{13}S_3Na_3$	7. 3607	0. 0736
直接耐晒绿 BLL	C. I. DirectGreen26 (34045)	$C_{50}H_{29}N_{12}O_{18}S_4Na_5$	12. 6506	0. 1265
直接耐晒绿 5GLL	C. I. DirectGreen28 (14155)	$C_{42}H_{26}N_{10}O_{11}S_2Na_3$	14. 3003	0. 1430
直接耐晒棕 BRL	C. I. DirectBrown95 (30145)	$C_{31}H_{20}N_6O_9SNa_2$	12. 0344	0. 1203
直接耐晒红棕 RTL	C. I. DirectBrown101 (31740)	$C_{36}H_{21}N_6O_9SNa_3$	10. 7417	0. 1074
直接耐晒棕 8RLL	C. I. DirectBrown112 (29166)	$C_{35}H_{18}N_6O_{13}S_2Na_2Cu_2$	8. 6867	0. 0869
直接耐晒黑 G	C. I. DirectBlack19 (35255)	$C_{34}H_{27}N_{13}O_7S_2Na_2$	21. 6925	0. 2169
直接耐晒黑 GF	C. I. DirectBlack22 (35435)	$C_{44}H_{31}N_{13}O_{11}S_3Na_3$	16. 8207	0. 1682
直接耐晒黑 L	C. I. DirectBlack51 (27720)	$C_{27}H_{17}N_5O_8SNa_2$	11. 3452	0. 1135
直接耐晒灰 LBN	C. I. DirectBlack56 (34170)	$C_{36}H_{20}N_7O_{10}S_3Na_3$	11. 4352	0. 1144

续表

染料名称	染 料 索 引 号	分子式	N 含量	染色成品中 N 含量
直接耐晒灰 G	C. I. DirectBlack74 （34180）	$C_{40}H_{22}N_7O_{16}S_5Na_5$	8. 6649	0. 0866
直接耐晒灰 R	C. I. DirectBlack75 （35870）	$C_{50}H_{27}N_8O_{17}S_5Na_5$	8. 7092	0. 0871
直接耐晒灰 2BL	C. I. DirectBlack103 （34179）	$C_{40}H_{23}N_7O_{13}S_4Na_4$	9. 5238	0. 0952
直接黑 TRN	C. I. DirectBlack166 （30026）	$C_{34}H_{26}N_{10}O_8S_2Na_2$	17. 2414	0. 1724
直接混纺黄 D－RL		$C_{43}H_{29}N_{10}O_{15}S_5Na_5$	11. 6667	0. 1167
直接混纺黄 D－3RNL		$C_{68}H_{44}N_{16}O_{26}S_8Na_8$	11. 5464	0. 1155
直接混纺艳红 D－5BL		$C_{64}H_{40}N_{16}O_{26}S_8Na_8$	11. 8644	0. 1186
直接混纺艳红 D－10BL		$C_{43}H_{29}N_{10}O_{17}S_5Na_5$	11. 3636	0. 1136
直接混纺红玉 D－BLL		$C_{41}H_{22}N_{10}O_{19}S_5Na_5Cu_2$	10. 2941	0. 1029
直接混纺大红 D－GLN		$C_{43}H_{32}N_{10}O_{19}S_5Na_5$	11. 0497	0. 1105
直接混纺蓝 D－RGL		$C_{42}H_{25}N_7O_{13}S_4Na_4$	9. 2891	0. 0929
直接混纺蓝 D－3GL		$C_{54}H_{29}N_9O_{22}S_6Na_6$	8. 4848	0. 0848
直接混纺棕 D－RS		$C_{29}H_{22}N_8O_8S_2Na_2$	15. 5556	0. 1556
分散黄 G	C. I. DisperseYellow3 （11855）	$C_{15}H_{15}N_3O_2$	15. 6134	0. 1561
分散黄 5G	C. I. DisperseYellow5 （12790）	$C_{16}H_{12}N_4O_4$	17. 2840	0. 1728
分散黄 E－5R	C. I. DisperseYellow7 （26090）	$C_{19}H_{16}N_4O$	17. 7215	0. 1772
分散柠檬黄	C. I. DisperseYellow11 （56200）	$C_{20}H_{16}N_2O_2$	8. 8608	0. 0886
分散金黄 E－3RL	C. I. DisperseYellow23 （26070）	$C_{18}H_{14}N_4O$	18. 5430	0. 1854
分散黄 SE－FL	C. I. DisperseYellow42 （10338）	$C_{18}H_{15}N_3O_4S$	11. 3821	0. 1138
分散艳黄 SE－6GFL	C. I. DisperseYellow49	$C_{21}H_{22}N_4O_2$	15. 4696	0. 1547
分散黄 SE－2GL	C. I. DisperseYellow50	$C_{20}H_{17}N_3O_2$	12. 6888	0. 1269
分散黄 SE－3GE	C. I. DisperseYellow54 （47020）	$C_{18}H_{11}NO_3$	4. 8443	0. 0484
分散艳黄 HRL	C. I. DisperseYellow58 （56245）	$C_{28}H_{26}N_3O_4Cl$	8. 3416	0. 0834
分散黄 3G	C. I. DisperseYellow64 （47023）	$C_{18}H_{10}NO_3Br$	3. 8043	0. 0380
分散荧光黄 II	C. I. DisperseYellow71	$C_{21}H_{12}N_2O_2$	8. 6420	0. 0864
分散黄 C－6GL	C. I. DisperseYellow77 （70150）	$C_{22}H_{12}N_2O_2$	8. 3333	0. 0833
分散黄 GS	C. I. DisperseYellow79	$C_{16}H_{12}N_4O_4$	17. 2840	0. 1728
分散荧光黄 GL	C. I. DisperseYellow82	$C_{20}H_{19}N_3O_2$	12. 6126	0. 1261
分散黄 93#	C. I. DisperseYellow93	$C_{23}H_{26}N_4O_2$	14. 3590	0. 1436
分散黄 SE－5R	C. I. DisperseYellow104	$C_{19}H_{15}N_4O_2Cl$	15. 2797	0. 1528
分散黄 6GSL	C. I. DisperseYellow114	$C_{20}H_{16}N_4O_5S$	13. 2075	0. 1321

续表

染料名称	染 料 索 引 号	分子式	N 含量	染色成品中 N 含量
分散黄 C－5G	C. I. DisperseYellow119	$C_{15}H_{13}N_5O_4$	21. 4067	0. 2141
分散荧光黄 FFL	C. I. DisperseYellow124	$C_{26}H_{16}N_2O_4$	6. 6667	0. 0667
分散嫩黄 P－7G	C. I. DisperseYellow126	$C_{21}H_{24}N_4O_6$	13. 0841	0. 1308
分散嫩黄 H－4GL	C. I. DisperseYellow134	$C_{13}H_8N_4O_2Cl_2$	17. 3375	0. 1734
分散黄 S－BRL	C. I. DisperseYellow163	$C_{18}H_{14}N_6O_2Cl_2$	20. 1439	0. 2014
分散黄 P－G	C. I. DisperseOrange127	$C_{24}H_{28}N_4O_7$	11. 5702	0. 1157
分散荧光黄 I		$C_{19}H_{12}N_2O$	9. 8592	0. 0986
分散荧光黄		$C_{18}H_{18}N_2O_2$	9. 5238	0. 0952
分散荧光黄 H5GL		$C_{24}H_{19}NO_2S$	3. 6364	0. 0364
分散黄 P－3R		$C_{22}H_{24}N_4O_5Cl_2$	11. 3131	0. 1131
分散黄 S－FL		$C_{30}H_{24}N_6O_8S_2$	12. 7273	0. 1273
分散黄 S－3GL		$C_{20}H_{15}N_5O_4$	17. 9949	0. 1799
分散黄 H3GL		$C_{14}H_{11}N_5O_4$	22. 3642	0. 2236
分散黄 S－RFL		$C_{22}H_{21}N_5O_2S$	16. 7064	0. 1671
分散黄 2G		$C_{14}H_{13}N_3O_2$	16. 4706	0. 1647
分散黄 3R		$C_{23}H_{15}N_5O$	18. 5676	0. 1857
分散黄 3RS		$C_{22}H_{24}N_4O_5Cl_2$	11. 3131	0. 1131
分散黄 RFL		$C_{24}H_{19}N_5O_4$	15. 8730	0. 1587
分散橙 GG	C. I. DisperseYellow56	$C_{22}H_{17}N_5O_2$	18. 2768	0. 1828
分散橙 GR	C. I. DisperseOrange3 （11005）	$C_{12}H_{10}N_4O_2$	23. 1405	0. 2314
分散橙 SE－B	C. I. DisperseOrange13 （26080）	$C_{22}H_{16}N_4O$	15. 9091	0. 1591
分散橙 E－GFL	C. I. DisperseOrange20	$C_{20}H_{17}N_5O_4$	17. 9028	0. 1790
分散橙 F3R	C. I. DisperseOrange25 （11227）	$C_{17}H_{17}N_5O_2$	21. 6718	0. 2167
分散橙 3GL	C. I. DisperseOrange29 （26077）	$C_{19}H_{15}N_5O_3$	19. 3906	0. 1939
分散橙 S－4RL	C. I. DisperseOrange30 （11119）	$C_{19}H_{17}N_5O_4Cl_2$	15. 5556	0. 1556
分散橙 SE－2FL	C. I. DisperseOrange31	$C_{19}H_{19}N_5O_5$	17. 6322	0. 1763
分散橙 HFFG	C. I. DisperseOrange32	$C_{27}H_{27}N_3O_4$	9. 1904	0. 0919
分散艳橙 H4R	C. I. DisperseOrange42	$C_{24}H_{19}N_3O_3$	10. 5793	0. 1058
分散黄棕 S－3RFL	C. I. DisperseOrange44	$C_{18}H_{15}N_4O_2Cl$	15. 7969	0. 1580
分散橙 R－SF	C. I. DisperseOrange73	$C_{24}H_{21}N_5O_4$	15. 8014	0. 1580
分散橙 S－6RL	C. I. DisperseOrange76	$C_{17}H_{15}N_5O_2Cl_2$	17. 8571	0. 1786

续表

染料名称	染 料 索 引 号	分子式	N 含量	染色成品中 N 含量
分散橙 GL	C. I. SolventOrange86 (5850)	$C_{14}O_8O_4$	24.1379	0.2414
分散橙 P－5R		$C_{21}H_{24}N_4O_6$	13.0841	0.1308
分散橙 HGL		$C_{14}H_{11}N_5O_5$	21.2766	0.2128
分散荧光橙 HRL		$C_{24}H_{12}N_2OS$	7.4468	0.0745
分散橙 S－RL		$C_{18}H_{16}N_6O_2$	24.1379	0.2414
分散橙 SE－RFL		$C_{22}H_{19}N_5O_2$	18.1818	0.1818
分散大红 B	C. I. DisperseRed1 (11110)	$C_{16}H_{18}N_4O_3$	17.8344	0.1783
分散红 RLZ	C. I. DisperseRed4 (60755)	$C_{15}H_{11}NO_4$	5.2045	0.0520
分散红玉 3B	C. I. DisperseRed5 (11215)	$C_{17}H_{19}N_4O_4Cl$	14.7952	0.1480
烟雾红	C. I. DisperseRed9 (60505)	$C_{15}H_{11}NO_2$	5.9072	0.0591
分散紫	C. I. DisperseRed11 (62015)	$C_{15}H_{12}N_2O_3$	10.4478	0.1045
分散枣红 B	C. I. DisperseRed13 (11115)	$C_{16}H_{17}N_4O_3Cl$	16.0689	0.1607
分散红 R	C. I. DisperseRed19 (11130)	$C_{16}H_{18}N_4O_4$	16.9697	0.1697
分散红 SE－R	C. I. DisperseRed50	$C_{17}H_{16}N_5O_2Cl$	19.5804	0.1958
分散艳红 E－RLN	C. I. DisperseRed53 (60759)	$C_{19}H_{18}NO_6$	3.9326	0.0393
分散大红 3GFL	C. I. DisperseRed54	$C_{19}H_{18}N_5O_4Cl$	16.8472	0.1685
分散红 E－4B	C. I. DisperseRed60 (60756)	$C_{20}H_{13}NO_4$	4.2296	0.0423
分散大红 S－GR	C. I. DisperseRed65 (11228)	$C_{18}H_{18}N_5O_2Cl$	18.8425	0.1884
分散大红 S－FL	C. I. DisperseRed72 (11114)	$C_{20}H_{18}N_6O_4$	20.6897	0.2069
分散红玉 GFL	C. I. DisperseRed73 (11116)	$C_{18}H_{16}N_6O_2$	24.1379	0.2414
分散红 S－R	C. I. DisperseRed74	$C_{22}H_{25}N_5O_7$	14.8620	0.1486
分散红玉 BBL	C. I. DisperseRed82 (11140)	$C_{21}H_{21}N_5O_6$	15.9453	0.1595
分散桃红 R3L	C. I. DisperseRed86 (62175)	$C_{22}H_{18}N_2O_5S$	6.6351	0.0664
分散红 BFL	C. I. DisperseRed86	$C_{23}H_{20}N_2O_6S$	6.1947	0.0619
分散艳红 S－GL	C. I. DisperseRed121	$C_{21}H_{12}N_2O_3S_2$	6.9307	0.0693
分散大红 SE－GFL	C. I. DisperseRed125	$C_{22}H_{18}N_5O_2Cl$	16.6865	0.1669
分散红 BN－SE	C. I. DisperseRed127	$C_{25}H_{26}NO_6$	3.2110	0.0321
分散大红 BRE	C. I. DisperseRed135	$C_{27}H_{27}N_5O_7$	13.1332	0.1313
分散红 2BL－S	C. I. DisperseRed145	$C_{18}H_{18}N_6O_2S$	21.9895	0.2199
分散大红 G－S	C. I. DisperseRed153	$C_{18}H_{14}N_5SCl_3$	15.9635	0.1596
分散红 BL－SE	C. I. DisperseRed164	$C_{23}H_{17}NO_7$	3.3413	0.0334

续表

染料名称	染 料 索 引 号	分子式	N 含量	染色成品中 N 含量
分散红 S－5BL	C. I. DisperseRed167	$C_{23}H_{26}N_5O_7Cl$	13. 4745	0. 1347
分散红 FRL	C. I. DisperseRed177 (11122)	$C_{20}H_{18}N_6O_4S$	19. 1781	0. 1918
分散枣红 H－G	C. I. DisperseRed183	$C_{23}H_{20}N_5O_2Br$	14. 6444	0. 1464
分散红 H－2GL	C. I. DisperseRed200	$C_{29}H_{23}N_3O_5$	8. 5193	0. 0852
分散大红 S－RL	C. I. DisperseRed210 (11079)	$C_{19}H_{23}N_4O_3SCl$	13. 2544	0. 1325
分散艳红 4G－SE	C. I. DisperseRed221	$C_{22}H_{18}N_3O_4Cl$	9. 9174	0. 0992
分散荧光红 2GL	C. I. DisperseRed277	$C_{18}H_{19}N_4O$	18. 2410	0. 1824
分散红 P－4G	C. I. DisperseRed278	$C_{22}H_{25}N_5O_7$	14. 8620	0. 1486
分散红 F3BS	C. I. DisperseRed343	$C_{26}H_{35}N_7O_2S$	19. 2534	0. 1925
分散红 5B	C. I. DisperseViolet17 (60712)	$C_{14}H_8O_3Br$	0. 0000	0. 0000
分散红 GB	C. I. DisperseViolet33 (11218)	$C_{22}H_{23}N_5O_6$	15. 4525	0. 1545
分散荧光桃红 GR		$C_{23}H_{18}N_4O_2$	14. 6597	0. 1466
分散红 S－BGL		$C_{17}H_{15}N_5O_3Cl$	18. 7919	0. 1879
分散桃红 S－FL		$C_{27}H_{20}N_2O_5S$	5. 7851	0. 0579
分散红 4BL		$C_{21}H_{16}N_2O_6S$	6. 6038	0. 0660
分散红 11#		$C_{29}H_{18}N_2O_6$	5. 7143	0. 0571
分散红 GLN		$C_{20}H_{21}N_4O_6Cl$	12. 4861	0. 1249
分散红玉 P－B		$C_{23}H_{24}N_6O_7$	16. 9355	0. 1694
分散紫 4BN	C. I. DisperseViolet8 (62030)	$C_{14}H_9N_3O_4$	14. 841	0. 1484
分散紫 H－FRL	C. I. DisperseViolet26 (62025)	$C_{26}H_{18}N_2O_4$	6. 6351	0. 0664
分散艳紫 E－BLN	C. I. DisperseViolet27 (60724)	$C_{20}H_{13}O_4$	0. 0000	0. 0000
分散紫 RL	C. I. DisperseViolet28 (61102)	$C_{14}H_8N_2O_2Cl_2$	9. 1205	0. 0912
分散紫 43#	C. I. DisperseViolet43	$C_{19}H_{22}N_4O_4S_2$	12. 9032	0. 1290
分散紫 S－3RL	C. I. DisperseViolet63	$C_{19}H_{19}N_6O_3Cl$	20. 2654	0. 2027
分散紫 3RL－S	C. I. DisperseViolet77	$C_{21}H_{24}N_6O_5$	19. 0909	0. 1909
分散红紫 P－R		$C_{22}H_{24}N_6O_9$	16. 2791	0. 1628
分散紫 RL		$C_{14}H_9N_2O_2Br$	8. 8328	0. 0883
分散艳紫 3RLS		$C_{21}H_{15}NO_5S$	3. 5623	0. 0356
分散蓝 FFR		$C_{17}H_{16}N_2O_3$	9. 4595	0. 0946
分散蓝 B	C. I. DisperseBlue14 (61500)	$C_{16}H_{14}N_2O_2$	10. 5263	0. 1053
分散蓝 GFL	C. I. DisperseBlue20 (56062)	$C_{10}H_6N_2O_2Br_2$	8. 0925	0. 0809

续表

染料名称	染料索引号	分子式	N含量	染色成品中N含量
分散蓝 E-BR	C. I. DisperseBlue26（63305）	$C_{16}H_{24}N_2O_4$	9.0909	0.0909
分散艳蓝 E-4R	C. I. DisperseBlue56（63285）	$C_{14}H_9N_2O_4Br$	8.0229	0.0802
分散艳蓝 E-GFLN	C. I. DisperseBlue58	$C_{10}H_7N_2O_2Br$	10.4869	0.1049
分散翠蓝 GL	C. I. DisperseBlue60（61104）	$C_{20}H_{17}N_3O_5$	11.0818	0.1108
分散蓝 RRL	C. I. DisperseBlue72（60725）	$C_{21}H_{15}NO_3$	4.2553	0.0426
分散蓝 BGL	C. I. DisperseBlue73（63265）	$C_{20}H_{14}N_2O_5$	7.7348	0.0773
分散深蓝 S-3BG	C. I. DisperseBlue79（11345）	$C_{25}H_{30}N_6O_{11}Br$	12.5373	0.1254
分散1.8蓝		$C_{14}H_9N_2O_4Br$	8.0229	0.0802
分散蓝 E-RFS	C. I. DisperseBlue85（11370）	$C_{18}H_{14}N_5O_5Cl$	16.8472	0.1685
分散翠蓝 BF	C. I. DisperseBlue87	$C_{17}H_{11}N_3O_4$	13.0841	0.1308
分散蓝 FG	C. I. DisperseBlue102	$C_{14}H_{17}N_5O_3S$	20.8955	0.2090
分散蓝 BBLS	C. I. DisperseBlue165（11077）	$C_{20}H_{19}N_7O_3$	24.1975	0.2420
分散蓝 BGLS	C. I. DisperseBlue165：1	$C_{19}H_{19}N_7O_5$	23.0588	0.2306
聚酯士林翠蓝 G	C. I. DisperseBlue181	$C_{21}H_{10}N_2O_3Br$	6.7797	0.0678
分散蓝 SE-2R	C. I. DisperseBlue183（11078）	$C_{22}H_{25}N_7O_4Br$	17.4557	0.1746
分散藏青 2G-SF	C. I. DisperseBlue270	$C_{23}H_{29}N_6O_9Cl$	14.7757	0.1478
分散藏青 5G	C. I. DisperseBlue291	$C_{19}H_{21}N_6O_6Br$	17.1779	0.1718
分散深蓝 H-3G	C. I. DisperseBlue301	$C_{21}H_{25}N_6O_8Br$	14.7627	0.1476
分散艳蓝 S-R	C. I. DisperseBlue354（48480）	$C_{31}H_{37}N_3O_2S$	8.1553	0.0816
分散蓝 CR-E	C. I. DisperseBlue366	$C_{19}H_{18}N_6O_2$	23.2044	0.2320
分散蓝 9#		$C_{26}H_{18}N_3O_3$	10.0000	0.1000
分散藏青 31#		$C_{25}H_{28}N_6O_5$	17.0732	0.1707
分散蓝 BR		$C_{29}H_{18}N_3O_4Br$	7.6087	0.0761
分散蓝 GBS		$C_{27}H_{19}N_2O_4S$	5.9957	0.0600
分散蓝 5R		$C_{22}H_{16}N_2O_4$	7.5269	0.0753
分散蓝 RL		$C_{27}H_{20}N_2O_3$	6.6667	0.0667
分散绿 6B		$C_{15}H_{19}N_6O_5S$	21.2658	0.2127
分散棕 3R	C. I. DisperseOrange5（11100）	$C_{15}H_{14}N_4O_3Cl_2$	15.1762	0.1518
分散黄棕 REL	C. I. DisperseOrange61	$C_{17}H_{15}N_5O_2Br_2$	14.5530	0.1455
分散黄棕 3GL	C. I. DisperseOrange97	$C_{18}H_{11}N_5O_4Cl_2$	16.2037	0.1620
分散棕 S-3R	C. I. DisperseBrown1（11152）	$C_{16}H_{15}N_4O_4Cl_3$	12.9181	0.1292

续表

染料名称	染 料 索 引 号	分子式	N 含量	染色成品中 N 含量
分散棕 P－3G	C. I. DisperseBrown19	$C_{20}H_{20}N_4O_6Cl_2$	11. 5942	0. 1159
分散黄棕 RFL		$C_{18}H_{14}N_6O_2Cl_2$	20. 1439	0. 2014
分散重氮黑 GNN	C. I. DisperseBLACK1 （11365）	$C_{16}H_{12}N_4$	21. 5385	0. 2154
缩聚嫩黄 6G	C. I. CondenseSulphurYellow1	$C_{17}H_{18}N_3O_6S_2Na$	9. 3960	0. 0940
缩聚黄 3R	C. I. CondenseSulphurYellow6	$C_{16}H_{13}N_4O_4S_2Na$	13. 5922	0. 1359
缩聚黑 GT		$C_{22}H_{15}N_5O_7S_4Na_2$	11. 0236	0. 1102
酸性媒介黄	C. I. MordantYellow1 （14025）	$C_{13}H_8N_3O_5Na$	13. 1661	0. 1317
酸性媒介深黄 GG	C. I. MordantYellow10 （14010）	$C_{13}H_8N_2O_6SNa_2$	7. 6503	0. 0765
酸性媒介黄 3G	C. I. MordantYellow18 （13990）	$C_{13}H_{10}N_2O_3$	11. 5702	0. 1157
酸性媒介黄 3GS	C. I. MordantYellow （14005）	$C_{13}H_8N_2SNa_2$	10. 3704	0. 1037
酸性媒介橙 R	C. I. MordantOrange1 （14030）	$C_{13}H_9N_3O_5$	14. 6341	0. 1463
酸性媒介橙 RL	C. I. MordantOrange3 （18840）	$C_{16}H_{12}N_5O_7SNa$	15. 8730	0. 1587
酸性媒介橙 G	C. I. MordantOrange6 （26520）	$C_{19}H_{12}N_4O_6SNa$	12. 528	0. 1253
酸性媒介橙 LR	C. I. MordantOrange37 （18730）	$C_{16}H_{13}N_4O_5SNa$	14. 1414	0. 1414
酸性媒介红 S－80	C. I. MordantRed3 （58005）	$C_{14}H_7O_6SNa$	0. 0000	0. 0000
酸性媒介枣红 BN	C. I. MordantRed7 （18760）	$C_{20}H_{16}N_5O_5SNa$	15. 1844	0. 1518
酸性媒介红	C. I. MordantRed9 （16105）	$C_{17}H_9N_2O_9S_2Na_3$	5. 4054	0. 0541
酸性媒介红 B	C. I. MordantRed11 （58000）	$C_{14}H_8O_4$	0. 0000	0. 0000
酸性媒介桃红 3BM	C. I. MordantRed15 （45305）	$C_{25}H_{18}NO_6Na_2$	2. 9536	0. 0295
酸性媒介红 B	C. I. MordantRed21 （17995）	$C_{36}H_{26}N_4O_9Na_2$	7. 9545	0. 0795
酸性媒介紫红	C. I. MordantViolet2 （14670）	$C_{17}H_9N_2O_6Na$	7. 7778	0. 0778
酸性媒介漂蓝 B	C. I. MordantBlue1 （43830）	$C_{23}H_{13}O_6Cl_2Na_2$	0. 0000	0. 0000
酸性媒介蓝 A3R	C. I. MordantBlue9 （14855）	$C_{16}H_9N_2O_8S_2ClNa$	5. 8394	0. 0584
酸性媒介深蓝	C. I. MordantBlue13 （16680）	$C_{16}H_9N_2O_9S_2ClNa_2$	5. 0496	0. 0505
酸性铬蓝 2K	C. I. MordantBlue18 （18090）	$C_{18}H_{12}N_3O_9S_2ClNa_2$	7. 5067	0. 0751
酸性媒介橄榄 GG	C. I. MordantGreen2 （11835）	$C_{14}H_{11}N_5O_7$	19. 3906	0. 1939
酸性媒介绿 G	C. I. MordantGreen17 （17225）	$C_{16}H_{12}N_4O_{10}S_2$	11. 5702	0. 1157
酸性媒介黄棕 4G	C. I. MordantBrown18 （20150）	$C_{19}H_{11}N_5O_8SNa_2$	13. 5922	0. 1359
酸性媒介棕 RH	C. I. MordantBrown33 （13250）	$C_{12}H_{10}N_5O_6SNa$	18. 6667	0. 1867
酸性媒介棕 R	C. I. MordantBrown49 （13265）	$C_{12}H_7N_6O_8SNa$	20. 0957	0. 2010
酸性媒介黑 A	C. I. MordantBlack1 （15710）	$C_{20}H_{12}N_2O_6SNa$	6. 4965	0. 0650

续表

染料名称	染料索引号	分子式	N 含量	染色成品中 N 含量
酸性媒介黑 PV	C. I. MordantBlack9（16500）	$C_{16}H_{11}N_2O_6SNa$	7. 3298	0. 0733
媒介黑 2B	C. I. MordantBlack11（14645）	$C_{20}H_{13}N_3O_7S$	9. 5672	0. 0957
酸性媒介灰 BS	C. I. MordantBlack13（63615）	$C_{26}H_{15}N_2O_9S_2Na_2$	4. 5977	0. 0460
酸性媒介黑 R	C. I. MordantBlack17（15705）	$C_{20}H_{13}N_2O_5SNa$	6. 7308	0. 0673
酸性媒介灰 BN	C. I. MordantBlack56（16710）	$C_{16}H_{10}N_2O_6SclNa$	6. 7227	0. 0672
活性嫩黄 X-6G	C. I. ReactiveYellow1（18971）	$C_{19}H_{10}N_8O_7S_2Cl_4Na_2$	15. 6863	0. 1569
活性黄 X-R	C. I. ReactiveYellow4（13190）	$C_{20}H_{12}N_6O_6S_2Cl_2Na_2$	13. 7031	0. 1370
活性黄 X-HR	C. I. ReactiveYellow12	$C_{19}H_{12}N_8O_7S_2Cl_2Na_2$	17. 3643	0. 1736
活性嫩黄 X-7G	C. I. ReactiveYellow86	$C_{17}H_{12}N_8O_9S_2Cl_2Na_2$	17. 1516	0. 1715
活性金黄 X-G		$C_{21}H_{12}N_7O_{10}S_3Cl_2Na_3$	12. 9288	0. 1293
活性金黄 X-2G		$C_{19}H_{12}N_8O_7S_2Cl_2Na_2$	17. 3643	0. 1736
活性嫩黄 X-3G		$C_{19}H_{11}N_7O_6S_2Cl_2Na_2$	15. 9609	0. 1596
活性嫩黄 X-4G		$C_{19}H_{12}N_8O_7S_2Cl_2Na_2$	17. 3643	0. 1736
活性黄 X-RG		$C_{21}H_{13}N_7O_7S_2Cl_2Na_2$	14. 939	0. 1494
活性橙 X-G	C. I. ReactiveOrange1（17907）	$C_{19}H_{10}N_6O_7S_2Cl_2Na_2$	13. 6585	0. 1366
活性艳橙 X-2R	C. I. ReactiveOrange4（18260）	$C_{24}H_{13}N_6O_{10}S_3Cl_2Na_3$	10. 7554	0. 1076
活性艳黄 X-4R	C. I. ReactiveOrange14（19138）	$C_{19}H_{12}N_8O_9S_2Cl_2$	17. 7496	0. 1775
活性橙 X-3R		$C_{20}H_{11}N_8O_{10}S_3Cl_2Na_3$	14. 7563	0. 1476
活性橙 X-GN	C. I. ReactiveOrange1（17907）	$C_{19}H_9N_6O_{10}S_3Cl_2Na_3$	11. 7155	0. 1172
活性艳橙 X-GR		$C_{19}H_{10}N_6O_7S_2Cl_2Na_2$	13. 6585	0. 1366
活性艳橙 X-7R		$C_{23}H_{10}N_6O_{10}S_4ClNa_4$	10. 6938	0. 1069
活性艳红 X-B	C. I. ReactiveRed1（18158）	$C_{19}H_9N_6O_{10}S_3Cl_2Na_3$	11. 7155	0. 1172
活性艳红 X-3B	C. I. ReactiveRed2	$C_{19}H_{10}N_6O_7S_2Cl_2Na_2$	13. 6585	0. 1366
活性红玉 X-B	C. I. ReactiveRed6（17965）	$C_{19}H_7N_6O_{11}S_3ClNa_2Cu$	11. 413	0. 1141
活性艳红 X-8B	C. I. ReactiveRed11	$C_{20}H_{10}N_6O_9S_2Cl_2Na_2$	12. 7466	0. 1275
活性艳红 X-7BC	C. I. ReactiveRed88（18205）	$C_{20}H_{11}N_6O_{10}S_3Cl_2Na_3$	11. 4911	0. 1149
活性艳红 X-5B		$C_{19}H_{10}N_7O_{10}S_3Cl_2Na_3$	13. 3880	0. 1339
活性艳红 X-6B		$C_{23}H_{12}N_7O_{10}S_3Cl_2Na_3$	12. 5320	0. 1253
活性红 X-G		$C_{19}H_8N_6O_{13}S_4Cl_2Na_4$	10. 2564	0. 1026
活性大红 X-GGN		$C_{19}H_9N_6O_{10}S_3Cl_2Na_3$	11. 7155	0. 1172
活性艳红 X-4P		$C_{20}H_7N_6O_{10}S_3Cl_3Na_3$	11. 0164	0. 1102

续表

染料名称	染料索引号	分子式	N含量	染色成品中N含量
活性大红 GR		$C_{20}H_8N_6O_7S_2Cl_3Na_2$	12. 7176	0. 1272
活性红紫 X－2R	C. I. ReactiveViolet8	$C_{20}H_{12}N_6O_8S_2Cl_2Na_2$	13. 0233	0. 1302
活性蓝 X－3G	C. I. ReactiveBlue1	$C_{23}H_{12}N_6O_8S_2ClNa_2$	13. 0132	0. 1301
活性艳蓝 X－BR	C. I. ReactiveBlue4（61205）	$C_{23}H_{12}N_6O_8S_2Cl_2Na_2$	12. 3348	0. 1233
活性蓝 X－2R	C. I. ReactiveBlue81（18245）	$C_{25}H_{14}N_7O_{10}S_3Cl_2Na_3$	12. 1287	0. 1213
活性蓝 X－R		$C_{23}H_{13}N_8O_{12}S_3Cl_2Cu$	13. 6005	0. 1360
活性嫩黄 K－6G	C. I. ReactiveYellow2（18972）	$C_{25}H_{14}N_8O_{10}S_3Cl_3Na_3$	13. 0612	0. 1306
活性嫩黄 K－5G	C. I. ReactiveYellow2（18792）	$C_{25}H_{15}N_9O_7S_2Cl_3Na_2$	16. 3743	0. 1637
活性黄 K－R	C. I. ReactiveYellow3（13245）	$C_{27}H_{19}N_7O_{10}S_3ClNa_3$	12. 2271	0. 1223
活性黄 K－RN	C. I. ReactiveYellow3（13245）	$C_{27}H_{18}N_8O_{10}S_3ClNa_3$	13. 7508	0. 1375
活性嫩黄 K－4G	C. I. ReactiveYellow18	$C_{25}H_{16}N_9O_{12}S_4ClNa_4$	14. 1653	0. 1417
活性黄 K－8G	C. I. ReactiveYellow85	$C_{17}H_{14}N_9O_9S_2ClNa_2$	19. 8895	0. 1989
活性嫩黄 K－G		$C_{17}H_{12}N_8O_4ClNa$	24. 8613	0. 2486
活性黄 K－RA		$C_{15}H_{10}N_8O_9S_3ClNa_3$	17. 3241	0. 1732
活性艳橙 K－GN	C. I. ReactiveOrange5（18279）	$C_{25}H_{14}N_7O_{12}S_4ClNa_4$	11. 4020	0. 1140
活性金黄 K－2RA	C. I. ReactiveOrange12	$C_{21}H_{14}N_8O_{10}S_3ClNa_3$	15. 1659	0. 1517
活性金黄 K－3RP	C. I. ReactiveOrange12	$C_{19}H_{11}N_6O_9S_3ClK_3$	11. 7400	0. 1174
活性艳橙 K－7R	C. I. ReactiveOrange13（18270）	$C_{24}H_{15}N_7O_{10}S_3ClNa_3$	12. 8693	0. 1287
活性艳橙 K－G		$C_{20}H_{13}N_8O_8S_2ClNa_2$	17. 5411	0. 1754
活性橙 K－2GN		$C_{23}H_{13}N_7O_9S_3ClNa_3$	13. 3971	0. 1340
活性艳橙 K－R		$C_{26}H_{17}N_7O_{10}S_3ClNa_3$	12. 4444	0. 1244
活性艳红 5BS	C. I. ReactiveRed2（18200）	$C_{20}H_{13}N_8O_8S_2ClNa_2$	17. 5411	0. 1754
活性红 K－3B	C. I. ReactiveRed3（18159）	$C_{25}H_{15}N_7O_{10}S_3ClNa_3$	12. 6697	0. 1267
活性红 K－7B	C. I. ReactiveRed4（18105）	$C_{32}H_{18}N_8O_{14}S_4ClNa_4$	11. 2733	0. 1127
活性艳红 K－2G	C. I. ReactiveRed15	$C_{25}H_{14}N_7O_{13}S_4ClNa_4$	11. 1936	0. 1119
活性艳红 K－2BP	C. I. ReactiveRed24（18208）	$C_{25}H_{14}N_7O_{10}S_3ClNa_3$	12. 6861	0. 1269
活性艳红 K－2B		$C_{29}H_{16}N_7O_{13}S_4ClNa_4$	10. 5889	0. 1059
活性艳红 K－10B		$C_{29}H_{16}N_7O_{13}S_4ClNa_4$	10. 5889	0. 1059
活性艳红 H－10B		$C_{25}H_{18}N_7O_7S_2ClNa_2$	14. 5509	0. 1455
活性艳红 K－G		$C_{25}H_{14}N_7O_{13}S_4ClNa_4$	11. 1936	0. 1119
活性大红 K－4G		$C_{25}H_{13}N_7O_{13}S_4Cl_2Na_4$	10. 7692	0. 1077

续表

染料名称	染料索引号	分子式	N 含量	染色成品中 N 含量
活性艳红 K－GP		$C_{25}H_{13}N_7O_{13}S_4Cl_2Na_4$	10. 7692	0. 1077
活性紫 K－3R	C. I. ReactiveViolet2（18157）	$C_{25}H_{12}N_7O_{14}S_4ClNa_4Cu$	10. 2833	0. 1028
活性紫酱 H－2B		$C_{19}H_{10}N_7O_8S_2ClNa_2Cu$	14. 5617	0. 1456
活性紫 H－2R		$C_{26}H_{17}N_7O_{11}S_3ClNa_3$	12. 1966	0. 1220
活性紫 K－B		$C_{19}H_9N_7O_8S_2ClNa_2Cu$	14. 5833	0. 1458
活性红紫 2R		$C_{22}H_{15}N_7O_9S_2ClNa_2$	14. 7037	0. 1470
活性蓝 K－3G	C. I. ReactiveBlue2（61211）	$C_{29}H_{17}N_7O_{11}S_3ClNa_3$	11. 6736	0. 1167
活性艳蓝 K－GR	C. I. ReactiveBlue5（61205：1）	$C_{23}H_{14}N_7O_8S_2ClNa_2$	14. 8148	0. 1481
活性翠蓝 K－G	C. I. ReactiveBlue7（74460）	$C_{16}H_{16}N_7O_{13}S_5ClCu$	12. 6779	0. 1268
活性深蓝 K－R	C. I. ReactiveBlue13	$C_{29}H_{14}N_7O_{14}S_4ClNa_4Cu$	9. 7707	0. 0977
活性翠蓝 K－GF	C. I. ReactiveBlue15（74459）	$C_{15}H_{11}N_6O_{14}S_5ClNa_4Cu$	9. 8824	0. 0988
活性艳蓝 K－3R	C. I. ReactiveBlue74	$C_{28}H_{22}N_6O_9S_2ClNa_2$	11. 4833	0. 1148
活性深蓝 K－FGR	C. I. ReactiveBlue104	$C_{24}H_{13}N_8O_{13}S_3ClNa_3Cu$	12. 6554	0. 1266
活性艳蓝 K－FFN	C. I. ReactiveBlue181	$C_{29}H_{26}N_7O_{11}S_3Cl$	12. 5722	0. 1257
活性黄棕 K－GR	C. I. ReactiveBrown2	$C_{30}H_{22}N_8O_{13}S_4ClNa_4$	11. 6971	0. 170
活性红棕 K－B2R		$C_{31}H_{18}N_{10}O_{12}S_4ClNa_4$	14. 3223	0. 1432
活性黄棕 K－G		$C_{25}H_{15}N_9O_{11}S_3ClNa_3Cu$	14. 3019	0. 1430
活性红棕 K－4R		$C_{33}H_{18}N_9O_{12}S_4ClNa_4$	12. 7595	0. 1276
活性棕 K－4RD		$C_{32}H_{18}N_9O_{11}S_2ClNa_2 0.5Cr$	14. 3918	0. 1439
活性黑 K－B		$C_{25}H_{13}N_8O_{10}S_2ClNa_2 0.5Cr$	14. 805	0. 1481
活性灰 K－B4RP		$C_{19}H_9N_7O_{10}S_2ClNa_2 0.5Co$	14. 6269	0. 1463
活性嫩黄 KN－G	C. I. ReactiveYellow14（19036）	$C_{18}H_{14}N_4O_{10}S_3Cl_2Na_2$	8. 4977	0. 0850
活性黄 KN－GR	C. I. ReactiveYellow15	$C_{18}H_{16}N_4O_{10}S_3Na_2$	9. 4915	0. 0949
活性黄 KN－RT	C. I. ReactiveYellow16	$C_{19}H_{15}N_4O_{11}S_3Na_2Cu$	8. 2292	0. 0823
活性金黄 KN－G	C. I. ReactiveYellow17	$C_{20}H_{20}N_4O_{12}S_3Na_2$	8. 6154	0. 0862
活性金黄 KN－GB	C. I. ReactiveYellow27	$C_{22}H_{24}N_3O_9SNa$	7. 9395	0. 0794
活性嫩黄 KN－7G	C. I. ReactiveYellow57	$C_{23}H_{21}N_3O_{19}S_5Na_4$	4. 6927	0. 0469
活性艳橙 KN－4R	C. I. ReactiveOrange7（17756）	$C_{20}H_{17}N_3O_{11}S_3Na_2$	6. 8071	0. 0681
活性橙 KN－5R	C. I. ReactiveOrange16（17757）	$C_{20}H_{17}N_3O_{11}S_3Na_2$	6. 8071	0. 0681
活性艳橙 KN－2G	C. I. ReactiveOrange72（17754）	$C_{20}H_{17}N_3O_{11}S_3Na_2$	6. 8071	0. 0681
活性橙 KN－3R	C. I. ReactiveOrange96	$C_{18}H_{22}N_3O_{14}S_4Cl$	6. 2921	0. 0629

续表

染料名称	染 料 索 引 号	分子式	N 含量	染色成品中 N 含量
活性红 HN－5B	C. I. ReactiveRed23 （16202）	$C_{18}H_{11}N_2O_{14}S_4Na_3Cu$	3.7863	0.0379
活性红酱 KN－B	C. I. ReactiveRed49	$C_{18}H_{12}N_2O_{11}S_3Na_2Cu$	4.3922	0.0439
活性红 KN－8BS	C. I. ReactiveRed108	$C_{26}H_{23}N_3O_{15}S_4$	5.6376	0.0564
活性红 KN－3B	C. I. ReactiveRed180	$C_{28}H_{20}N_3O_{13}S_4Na_3$	5.2304	0.0523
活性红紫 KN－R	C. I. ReactiveViolet4 （18096）	$C_{20}H_{14}N_3O_{15}S_4Na_3Cu$	5.2731	0.0527
活性紫 KN－4R	C. I. ReactiveViolet5 （18097）	$C_{20}H_{14}N_3O_{15}S_4Na_3Cu$	5.2731	0.0527
活性红紫 KN－2R		$C_{18}H_{11}N_2O_{14}S_4Na_3Cu$	3.7863	0.0379
活性艳蓝 KN－R	C. I. ReactiveBlue19 （61200）	$C_{22}H_{15}N_2O_{11}S_3Na_2$	4.4800	0.0448
活性深蓝 KN－RP	C. I. ReactiveBlue20	$C_{20}H_{14}N_3O_{15}S_4Na_3 0.5Cr$	5.5336	0.0553
活性艳蓝 KN－B	C. I. ReactiveBlue27	$C_{23}H_{16}N_2O_{13}S_3Na_2$	4.1791	0.0418
活性黑 KN－B	C. I. ReactiveBlack5 （20505）	$C_{26}H_{21}N_5O_{19}S_6Na_4$	7.0636	0.0706
活性黄 KM－RN	C. I. ReactiveYellow3 （13245）	$C_{27}H_{18}N_8O_{10}S_3ClNa_3$	13.7508	0.1375
活性金黄 KM－G		$C_{29}H_{21}N_8O_{16}S_5ClNa_4$	10.9322	0.1093
活性嫩黄 KM－3G		$C_{52}H_{34}N_{18}O_{20}S_6Cl_2Na_6$	15.4506	0.1545
活性嫩黄 M－5G		$C_{27}H_{19}N_9O_{13}S_4ClNa_3$	13.8538	0.1385
活性嫩黄 KM－7G		$C_{25}H_{21}N_9O_{15}S_4ClNa_3$	13.7031	0.1370
活性艳橙 KM－G	C. I. ReactiveOrange2 （17865）	$C_{25}H_{15}N_7O_{10}S_3ClNa_3$	12.6697	0.1267
活性艳橙 KM－7R		$C_{29}H_{15}N_7O_{15}S_5ClNa_5$	9.6886	0.0969
活性艳红 KM－2B	C. I. ReactiveRed240 （18215）	$C_{27}H_{18}N_7O_{16}S_5ClNa_4$	9.9644	0.0996
活性艳红 KM－8B		$C_{28}H_{18}N_7O_{15}S_4ClNa_3$	10.6003	0.1060
活性红 KM－GN		$C_{27}H_{17}N_7O_{19}S_6ClNa_5$	9.0281	0.0903
活性紫红 M－R		$C_{27}H_{18}N_7O_{16}S_5ClNa_4$	9.9644	0.0996
活性深蓝 KM－GR	C. I. ReactiveBlue104	$C_{31}H_{20}N_9O_{18}S_5ClNa_4Cu$	10.8902	0.1089
活性艳蓝 M－BR		$C_{31}H_{21}N_7O_{14}S_4ClNa_3$	10.3430	0.1034
活性深蓝 M－R		$C_{31}H_{17}N_7O_{18}S_6ClNa_5Cu$	8.2981	0.0830
活性红棕 K－B3R	C. I. ReactiveBrown9	$C_{28}H_{18}N_7O_{12}S_3ClNa_2 0.5Cr$	11.5634	0.1156
活性黄棕 KM－GN		$C_{27}H_{19}N_9O_{14}S_4ClNa_3Cu$	12.7401	0.1274
活性黑 M－2R		$C_{27}H_{16}N_7O_{16}S_4ClNa_3 0.5Cr$	10.2887	0.1029
活性灰 M－4R		$C_{27}H_{16}N_7O_{16}S_4ClNa_3 0.5Co$	10.2510	0.1025
活性嫩黄 KE－3G	C. I. ReactiveYellow81	$C_{54}H_{32}N_{18}O_{22}S_6Cl_2Na_6$	14.9555	0.1496
活性黄 KE－4R	C. I. ReactiveYellow84	$C_{60}H_{40}N_{14}O_{28}S_8Cl_2Na_8$	10.2350	0.1024

续表

染料名称	染 料 索 引 号	分子式	N 含量	染色成品中 N 含量
活性嫩黄 KE－5G	C. I. ReactiveYellow135	$C_{46}H_{36}N_{12}O_{20}S_6Cl_6$	11.3437	0.1134
活性黄 KE－4G	C. I. ReactiveYellow179（25830）	$C_{52}H_{28}N_{18}O_{24}S_6Cl_2Na_8$	14.5245	0.1452
活性嫩黄 KE－3G		$C_{54}H_{40}N_{12}O_{20}S_6Cl_2$	11.6748	0.1167
活性黄 KE－R		$C_{64}H_{55}N_{16}O_{22}S_6Cl_2Na_6$	12.4444	0.1244
活性黄 KE－4RN		$C_{56}H_{38}N_{14}O_{20}S_6Cl_2Na_6$	12.0467	0.1205
活性橙 KE－G	C. I. ReactiveOrange20	$C_{56}H_{34}N_{14}O_{22}S_6Cl_2Na_6$	11.8429	0.1184
活性橙 KE－2G		$C_{50}H_{28}N_{14}O_{26}S_8Cl_2Na_8$	11.1936	0.1119
活性艳橙 KE－2R		$C_{44}H_{25}N_{14}O_{17}S_5Cl_2Na_5$	14.3380	0.1434
活性红 KE－3B	C. I. ReactiveRed120（25810）	$C_{44}H_{324}N_{14}O_{20}S_6Cl_2Na_6$	13.2701	0.1327
活性红 KE－7B	C. I. ReactiveRed141	$C_{52}H_{26}N_{14}O_{26}S_8Cl_2Na_8$	11.0547	0.1105
活性艳红 KE－7B		$C_{46}H_{28}N_{14}O_{20}S_6Cl_2Na_6$	13.0929	0.1309
活性大红 KE－3G		$C_{52}H_{32}N_{14}O_{24}S_7Cl_2Na_7$	11.5839	0.1158
活性紫 KE－5B		$C_{62}H_{34}N_{18}O_{18}S_4Cl_2Na_4Cu$	15.0673	0.1507
活性蓝 KE－3R	C. I. ReactiveBlue99	$C_{36}H_{27}N_{12}O_{11}S_3Cl_2Na_3$	16.1694	0.1617
活性蓝 KE－2B	C. I. ReactiveBlue160	$C_{54}H_{32}N_{15}O_{25}S_7Cl_2Na_7$	12.0275	0.1203
活性蓝 KE－R	C. I. ReactiveBlue171	$C_{40}H_{29}N_{15}O_{19}S_6Cl_2$	16.3297	0.1633
活性藏青 KE－R	C. I. ReactiveBlue171	$C_{44}H_{27}N_{15}O_{21}S_6Cl_2Na_6$	13.9814	0.1398
活性蓝 RN		$C_{28}H_{14}N_{11}O_{10}S_3Cl_4Na_3$	16.0584	0.1606
活性墨绿 KE－4BD	C. I. ReactiveGreen19	$C_{40}H_{23}N_{15}O_{19}S_6Cl_2Na_6$	14.8096	0.1481
活性绿 KE－4B	C. I. ReactiveGreen19	$C_{48}H_{31}N_{15}O_{23}S_6Cl_2Na_6$	13.2409	0.1324
活性棕 KE－3R		$C_{50}H_{32}N_{15}O_{24}S_8Cl_2Na_8$	12.0898	0.1209
活性黑 KE－GR		$C_{45}H_{28}N_{15}O_{18}S_6Cl_2Na_6$	14.3149	0.1431
活性黄 M－3RE	C. I. ReactiveYellow145	$C_{28}H_{20}N_8O_{16}S_5ClNa_4$	11.0727	0.1107
活性红 M－2BE		$C_{27}H_{18}N_7O_{15}S_5Na_4$	10.5150	0.1052
活性红 M－3BE	C. I. ReactiveRed195	$C_{31}H_{19}N_7O_{19}S_6ClNa_5$	8.6306	0.0863
活性红 M－RBE	C. I. ReactiveRed198	$C_{27}H_{18}N_7O_{16}S_5ClNa_4$	9.9644	0.0996
活性红 M－3BE	C. I. ReactiveRed241（18220）	$C_{31}H_{19}N_7O_{19}S_6ClNa_5$	8.6306	0.0863
活性嫩黄 KD－10G		$C_{51}H_{26}N_{11}O_{24}S_8ClNa_8$	9.3249	0.0932
活性红 KD－8D		$C_{52}H_{30}N_{14}O_{20}S_6Cl_2Na_6$	12.4761	0.1248
活性枣红 KD－G		$C_{43}H_{24}N_9O_{14}S_4ClNa_4$	10.9996	0.1100
活性红 KD－G		$C_{35}H_{21}N_9O_{11}S_3ClNa_3$	13.3545	0.1335

续表

染料名称	染料索引号	分子式	N含量	染色成品中N含量
活性深蓝 KD-7G		$C_{40}H_{26}N_{14}O_{16}S_4ClNa_4$	16.1516	0.1615
活性黄 P-4G	C. I. ReactiveYellow133	$C_{16}H_{13}N_4SO_9P$	9.5563	0.0956
活性黄 P-7G		$C_{52}N_{20}H_{48}O_{27}S_5P_2$	17.4346	0.1743
活性黄 P-7GA		$C_{14}H_{15}N_4O_6P$	15.3005	0.1530
活性红 P-2B	C. I. ReactiveRed177 (18085)	$C_{18}H_{14}N_3O_{11}S_2P$	7.7348	0.0773
活性红 P-7B		$C_{56}H_{43}N_{10}O_{29}S_7P_2$	8.7227	0.0872
活性藏青 P-3GD	C. I. ReactiveBlue173	$C_{22}H_{18}N_5S_4PO_{16}$	9.1265	0.0913
活性蓝 P-BR		$C_{20}H_{14}N_2O_8SNaP$	5.6452	0.0565
活性蓝 79-3		$C_{29}H_{22}N_{10}O_{15}PS_3$	15.9635	0.1596
活性黄 E-2G		$C_{22}H_{15}N_6O_9S_2Cl_2Na$	12.6316	0.1263
活性艳红 E-B		$C_{24}H_{13}N_5O_9S_3Cl_2Na_2$	9.6154	0.0962
活性艳红 E-2B		$C_{25}H_{15}N_5O_9S_3Cl_2Na_2$	9.4340	0.0943
活性艳蓝 E-B	C. I. ReactiveBlue29	$C_{29}H_{15}N_5O_9Cl_2S_2Na_2$	9.2348	0.0923
活性蓝 E-3G		$C_{28}H_{15}N_5O_{10}S_3Cl_2Na_2$	8.8161	0.0882
活性黄 R-RL	C. I. ReactiveYellow162	$C_{66}H_{42}N_{20}O_{30}S_8Na_8$	13.7660	0.1377
活性黄 R-RG	C. I. ReactiveYellow162	$C_{66}H_{50}O_{22}N_{16}S_6$	13.9130	0.1391
活性红 R-3B	C. I. ReactiveRed221	$C_{56}H_{40}N_{16}O_{24}S_6$	14.0187	0.1402
活性红 R-7B	C. I. ReactiveRed237	$C_{64}H_{38}N_{16}O_{30}S_8Na_{10}$	11.2224	0.1122
活性蓝 R-R	C. I. ReactiveBlue217	$C_{52}H_{39}N_{17}O_{23}S_6$	16.2902	0.1629
活性橙 F-GL	C. I. ReactiveOrange62	$C_{19}H_{11}N_5O_4SClNaF_2$	13.9581	0.1396
活性艳橙 F-3R	C. I. ReactiveOrange64	$C_{24}H_{10}N_5O_{13}S_4ClNa_4F_2$	8.0506	0.0805
活性红 F-3G		$C_{24}H_{10}N_5O_{13}S_4ClNa_4F_2$	8.0506	0.0805
活性红 F-2G		$C_{20}H_9N_5O_{10}S_3ClNa_3F_2$	9.7561	0.0976
活性艳红 F-B		$C_{21}H_{12}N_5O_{10}S_3ClNa_3F$	9.8108	0.0981
活性艳红 F-3B		$C_{21}H_{12}N_5O_7S_2ClNa_2F$	11.466	0.1147
活性红 F-3B		$C_{27}H_{15}N_6O_{11}S_3ClNa_2F_2$	10.3131	0.1031
活性大红 F-2G		$C_{21}H_{14}N_5O_8S_2ClF_2$	11.6376	0.1164
活性艳蓝 F-2RL		$C_{28}H_{20}N_5O_8S_2ClNaF_2$	9.4915	0.0949
活性深蓝 F-4G	C. I. ReactiveBlue104	$C_{24}H_{10}N_7O_{12}S_3ClNa_3F_2$	11.8572	0.1186
毛用活性黄 PW-4G		$C_{19}H_{12}N_5O_8S_2Cl_2Na_2Br$	10.0143	0.1001
毛用活性橙 PW-G		$C_{19}H_{11}N_2O_7S_2Na_2Br$	4.9209	0.0492

续表

染料名称	染 料 索 引 号	分子式	N 含量	染色成品中 N 含量
毛用活性橙 PW－R		$C_{22}H_{16}N_4O_9S_2Na_2Br_4$	6. 1538	0. 0615
毛用活性红 PW－5B		$C_{20}H_{16}N_4O_8S_2Na_2Br$	8. 8889	0. 0889
毛用活性红 PW－G		$C_{26}H_{17}N_4O_{12}S_3Na_3Br_2$	6. 2084	0. 0621
毛用活性红 PW－6G		$C_{34}H_{26}N_5O_{14}S_4Na_3Br_2$	6. 5913	0. 0659
毛用活性红 PW－2G		$C_{26}H_{17}N_4O_{12}S_3Na_2Br_3$	5. 8394	0. 0584
毛用活性大红 PW－3G		$C_{22}H_{16}N_4O_9S_2Na_2Br_4$	6. 138	0. 0615
毛用活性紫 PW－3B		$C_{36}H_{34}N_3O_7SNaBr_2$	5. 0299	0. 0503
毛用活性蓝 PW－3R		$C_{26}H_{19}N_3O_{11}S_2Na_2Br_2$	5. 1282	0. 0513
毛用活性蓝 PW－3R		$C_{23}H_{15}N_3O_9S_2Na_2Br_2$	5. 6225	0. 0562
毛用活性蓝 PW－G		$C_{39}H_{40}N_4O_9S_2Na_2Br_2$	5. 7260	0. 0573
毛用活性棕 PW－R		$C_{25}H_{18}N_4O_8S_2Na_2Br_2$	7. 2539	0. 0725
活性分散嫩黄 3G		$C_{18}H_{17}N_4O_7S_2Na$	11. 4754	0. 1148
活性分散黄 GR	C. I. ReactiveYellow5 （11859）	$C_{20}H_{22}N_7O_3Cl$	22. 097	0. 2210
活性分散黄 2R		$C_{20}H_{20}N_5O_6S_2Na$	13. 6452	0. 1365
活性分散橙 R		$C_{18}H_{22}N_3O_6S_2Na$	9. 0713	0. 0907
活性分散橙 3R		$C_{19}H_{17}N_6O_7S_2Cl_2Na$	14. 0234	0. 1402
活性分散红 GR		$C_{25}H_{31}N_4O_{12}S_2Na$	8. 4084	0. 0841
活性分散大红 G		$C_{21}H_{15}N_6O_6S_2Cl_2Na$	13. 8843	0. 1388
活性分散蓝 R	C. I. ReactiveBlue6（61549）	$C_{20}H_{20}N_2O_4Cl_2$	6. 6194	0. 0662
活性分散蓝		$C_{22}H_{16}N_2O_4S$	6. 9307	0. 0693
活性分散蓝 RN		$C_{23}H_{19}N_2O_9S_2Na$	5. 0542	0. 0505
活性分散黄棕 M－3GR		$C_{18}H_{15}N_4O_8S_2Na0. 5Co$	10. 5362	0. 1054
活性分散红棕 M－4GR		$C_{22}H_{16}N_4O_{16}S_4Na_2Cu_2$	6. 2710	0. 0627
活性分散灰 M－BG		$C_{18}H_{14}N_3O_7S_2Na0. 5Co$	8. 3916	0. 0839
活性红 KP－5B		$C_{34}H_{19}N_{12}O_{16}S_5Cl_2Na_5$	14. 0351	0. 1404
活性蓝 KP－BR		$C_{52}H_{29}N_{14}O_{19}S_5Cl_2Na_5$	13. 0754	0. 1308
活性蓝 E－FB		$C_{26}H_{25}N_3O_{11}S_3Na_2$	6. 0258	0. 0603
活性橙 SX－2R		$C_{23}H_{10}N_6O_{10}S_3Cl_2Na_3$	10. 9661	0. 1097
活性艳红 SX－5B		$C_{20}H_{12}N_6O_7S_2Cl_2Na_2$	13. 3545	0. 1335
活性青莲 SX－B		$C_{23}H_9N_6O_{11}S_3Cl_2Na_3Cu$	9. 9467	0. 0995
还原黄 G	C. I. VatYellow1 （70600）	$C_{28}H_{12}N_2O_2$	6. 8627	0. 0686

续表

染料名称	染 料 索 引 号	分子式	N 含量	染色成品中 N 含量
还原黄 GCN	C. I. VatYellow2 (67300)	$C_{28}H_{14}N_2O_2S_2$	5. 9072	0. 0591
还原黄 GK	C. I. VatYellow3 (61725)	$C_{28}H_{18}N_2O_4$	6. 2780	0. 0628
还原金黄 GK	C. I. VatYellow4 (59100)	$C_{24}H_{12}O_2$	0. 0000	0. 0000
还原黄 CG	C. I. VatYellow5 (56005)	$C_{18}H_{12}N_2O_2Cl_2$	7. 7994	0. 0780
还原黄 2GF	C. I. VatYellow10 (65430)	$C_{68}H_{42}N_6O_8$	7. 8505	0. 0785
还原黄 3GFN	C. I. VatYellow12 (65045)	$C_{44}H_{26}N_4O_8$	7. 5881	0. 0759
还原黄 4GF	C. I. VatYellow20 (68420)	$C_{30}H_{15}N_3O_4$	8. 7318	0. 0873
还原黄 6GD	C. I. VatYellow27 (56080)	$C_{26}H_{11}N_3O_4S$	9. 1106	0. 0911
还原黄 7GK	C. I. VatYellow29 (68400)	$C_{22}H_{12}N_3O_2Cl$	10. 8949	0. 1089
还原黄 F3GC	C. I. VatYellow33 (65429)	$C_{54}H_{32}N_4O_6$	6. 7308	0. 0673
还原黄 FG		$C_{31}H_{17}N_5O_5$	12. 987	0. 1299
还原草黄 GB		$C_{28}H_{10}N_2O_2Cl_2$	5. 8700	0. 0587
还原金黄 RK	C. I. VatOrange1 (59105)	$C_{24}H_{12}O_2Br_2$	0. 00000	0. 0000
还原橙 RRTS	C. I. VatOrange2 (59705)	$C_{30}H_{14}O_2Br_2$	0. 0000	0. 0000
还原艳橙 3RK	C. I. VatOrange3 (59300)	$C_{22}H_8O_2Br_2$	0. 0000	0. 0000
还原橙 4R	C. I. VatOrange4 (59710)	$C_{30}H_{14}O_2Br_2$	0. 0000	0. 0000
还原橙 RF	C. I. VatOrange5 (73335)	$C_{20}H_{16}O_4S_2$	0. 0000	0. 0000
还原艳橙 GR	C. I. VatOrange7 (71105)	$C_{26}H_{12}N_4O_2$	13. 5922	0. 1359
还原金橙 G	C. I. VatOrange9 (59700)	$C_{30}H_{14}O_2$	0. 0000	0. 0000
还原黄 3RT	C. I. VatOrange11 (70805)	$C_{42}H_{18}N_2O_6$	4. 3344	0. 0433
还原橙 RR	C. I. VatOrange13 (67820)	$C_{43}H_{23}N_3O_7$	6. 0606	0. 0606
还原橙 3G	C. I. VatOrange15 (69025)	$C_{42}H_{23}N_3O_6$	6. 3158	0. 0632
还原橙 G	C. I. VatOrange16 (69540)	$C_{29}H_{13}NO_5$	3. 0769	0. 0308
还原橙 GK	C. I. VatOrange19 (59305)	$C_{22}H_{10}O_2Cl_2$	0. 0000	0. 0000
还原桃红 R	C. I. VatRed1 (73360)	$C_{18}H_{10}O_2S_2Cl_2$	0. 0000	0. 0000
还原艳桃红 3B	C. I. VatRed2 (73365)	$C_{18}H_9O_2S_2Cl_3$	0. 000	0. 0000
还原红 FBB	C. I. VatRed10 (67000)	$C_{29}H_{14}N_2O_5$	5. 9574	0. 0596
还原红 6B	C. I. VatRed13 (70320)	$C_{32}H_{22}N_4O_2$	11. 3360	0. 1134
还原大红 GG	C. I. VatRed14 (71110)	$C_{26}H_8N_4O_2$	13. 7255	0. 1373
还原枣红 2R	C. I. VatRed15 (71100)	$C_{26}H_{12}N_4O_2$	13. 5922	0. 1359
还原红玉 GR	C. I. VatRed21 (61670)	$C_{44}H_{24}N_4O_8$	7. 6087	0. 0761

续表

染料名称	染料索引号	分子式	N 含量	染色成品中 N 含量
还原红 GG	C. I. VatRed23（71130）	$C_{26}H_{14}N_2O_4$	6. 6986	0. 0670
还原大红 R	C. I. VatRed29（71140）	$C_{38}H_{22}N_2O_6$	4. 6512	0. 0465
还原红 F3B	C. I. VatRed31	$C_{28}H_{16}N_4O_5$	11. 4754	0. 1148
还原艳红 LGG	C. I. VatRed32（71135）	$C_{36}H_{16}N_2O_4Cl_2$	4. 5827	0. 0458
还原荧光红 3301	C. I. VatRed41（73300）	$C_{16}H_8O_2S_2$	0. 0000	0. 0000
还原红 5GK	C. I. VatRed42（61650）	$C_{28}H_{18}N_2O_4$	6. 2780	0. 0628
还原大红 G	C. I. VatRed45（73860）	$C_{20}H_{10}O_2S$	0. 0000	0. 0000
还原桃红 3B	C. I. VatRed47（73305）	$C_{16}H_6O_2S_2Cl_2$	0. 0000	0. 0000
还原艳紫 RR	C. I. VatViolet1（60010）	$C_{34}H_{16}O_2Cl_2$	0. 0000	0. 0000
还原红紫 RH	C. I. VatViolet2（73385）	$C_{18}H_{10}O_2S_2Cl_2$	0. 0000	0. 0000
还原红紫 RRN	C. I. VatViolet3（73395）	$C_{20}H_{14}O_2S_2Cl_2$	0. 0000	0. 0000
还原艳紫 3B	C. I. VatViolet9（60005）	$C_{34}H_{16}O_2Br_2$	0. 0000	0. 0000
还原紫 B	C. I. VatVioletB（68700）	$C_{28}H_{14}N_2O_4$	6. 3348	0. 0633
还原红紫 RRK	C. I. VatViolet14（67895）	$C_{21}H_8NO_3Cl_3$	3. 2672	0. 0327
还原艳紫 BBK	C. I. VatViolet15（63355）	$C_{28}H_{18}N_2O_6$	5. 8577	0. 0586
还原艳紫 RK	C. I. VatViolet17（63365）	$C_{30}H_{38}N_2O_8$	5. 0542	0. 0505
靛蓝	C. I. VatBlue1（73000）	$C_{16}H_{10}N_2O_2$	10. 687	0. 1069
靛白	C. I. ReducedVatBlue1（73001）	$C_{16}H_{10}N_2O_2Na_2$	9. 0909	0. 0909
还原靛蓝 R	C. I. VatBlue3（73055）	$C_{16}H_9N_2O_2Br$	8. 2111	0. 0821
还原蓝 RSN	C. I. VatBlue4（69800）	$C_{28}H_{14}N_2O_4$	6. 3348	0. 0633
还原蓝 RD	C. I. VatBlue4（69800）	$C_{28}H_{14}N_2O_4$	6. 3348	0. 0633
溴靛蓝	C. I. VatBlue5（73065）	$C_{16}H_6N_2O_2Br_4$	4. 8443	0. 0484
还原蓝 BC	C. I. VatBlue6（69825）	$C_{28}H_{12}N_2O_4Cl_2$	5. 4795	0. 0548
还原艳蓝 3G	C. I. VatBlue12（69840）	$C_{28}H_{14}N_2O_5$	6. 1135	0. 0611
还原蓝 5G	C. I. VatBlue13（69845）	$C_{28}H_{14}N_2O_6$	5. 9072	0. 0591
还原蓝 GCDN	C. I. VatBlue14（69810）	$C_{28}H_{13}N_2O_4Cl$	5. 8762	0. 0588
还原藏青 G	C. I. VatBlue16（71200）	$C_{36}H_{18}O_4$	0. 0000	0. 0000
还原藏青 RA	C. I. VatBlue18（59815）	$C_{34}H_{16}O_2Cl_3$	0. 0000	0. 0000
还原藏青 BF	C. I. VatBlue19（59805）	$C_{34}H_{16}O_2Br_n$	0. 0000	0. 0000
还原深蓝 BO	C. I. VatBlue20（59800）	$C_{34}H_{16}O_2$	0. 0000	0. 0000
还原藏青 TRR	C. I. VatBlue22（59820）	$C_{34}H_{12}O_2Cl_4$	0. 0000	0. 0000

续表

染料名称	染料索引号	分子式	N 含量	染色成品中 N 含量
还原藏青 R	C. I. VatBlue25 (70500)	$C_{31}H_{14}N_2O_2$	6.2780	0.0628
还原天蓝 B	C. I. VatBlue26 (60015)	$C_{36}H_{20}O_4$	0.0000	0.0000
还原艳蓝 4G	C. I. VatBlue29 (74140)	$C_{32}H_{15}N_8O_3SNaCo$	16.6419	0.1664
还原蓝 CLB	C. I. VatBlue30 (67110)	$C_{37}H_{17}N_3O_5SF_3$	6.2500	0.0625
还原蓝 CLG	C. I. VatBlue31 (67105)	$C_{36}H_{18}N_3O_5S$	6.9536	0.0695
还原靛蓝 BR	C. I. VatBlue35 (73060)	$C_{16}H_8N_2O_2Br_2$	6.6667	0.0667
还原蓝 ER	C. I. VatBlue64 (66730)	$C_{42}H_{26}N_5O_7$	9.8315	0.0983
还原深蓝 NB		$C_{34}H_9N_{1.5}O_2$	4.4681	0.0447
还原艳绿 FFB	C. I. VatGreen1 (59825)	$C_{36}H_{20}O_4$	0.0000	0.0000
还原艳绿 2G	C. I. VatGreen2 (59830)	$C_{36}H_{20}O_4Br_2$	0.0000	0.0000
还原橄榄绿 B	C. I. VatGreen3 (69500)	$C_{31}H_{15}NO_3$	3.1180	0.0312
还原咔叽 2G	C. I. VatGreen8 (71050)	$C_{70}H_{28}N_4O_{10}$	5.1661	0.0517
还原绿 BB	C. I. VatGreen11 (69850)	$C_{28}H_{14}N_4O_4Cl_2$	10.3512	0.1035
还原橄榄 MW	C. I. VatGreen13	$C_{45}H_{22}N_2O_5Cl$	3.9688	0.0397
还原橄榄 3G	C. I. VatGreen17 (69010)	$C_{58}H_{26}N_3O_{10}$	4.5455	0.0455
还原草绿		$C_{38}H_{20}N_2O_4$	4.9296	0.0493
还原红棕 RRK	C. I. VatViolet14 (67895)	$C_{21}H_8NO_3Cl_3$	3.2672	0.0327
还原深棕 BR	C. I. VatBrown1 (70800)	$C_{42}H_{18}N_2O_6$	4.3344	0.0433
还原红棕 R	C. I. VatBrown3 (69015)	$C_{42}H_{21}N_3O_6$	6.3348	0.0633
还原红棕 RRD	C. I. VatBrown5 (73410)	$C_{24}H_{12}O_2S_2$	0.0000	0.0000
还原棕 NG	C. I. VatBrown9 (71025)	$C_{72}H_{34}N_2O_8$	2.6565	0.0266
还原棕 B	C. I. VatBrown14 (71120)	$C_{30}H_{20}N_4O_4$	11.2000	0.1120
还原棕 5R	C. I. VatBrown22 (71115)	$C_{26}H_{10}N_4O_2Cl_2$	11.6424	0.1164
还原红棕 5RF	C. I. VatBrown25 (69020)	$C_{44}H_{25}N_3O_7$	5.9406	0.0594
还原坚牢棕 R	C. I. VatBrown42 (73665)	$C_{20}H_9NO_2SCl_2$	3.5176	0.0352
还原棕 GR	C. I. VatBrown44 (70802)	$C_{42}H_{18}N_2O_6$	4.3344	0.0433
还原棕 LG	C. I. VatBrown55 (70905)	$C_{57}H_{31}N_5O_8Cl$	7.3801	0.0738
还原棕 RP	C. I. VatBrown81	$C_{41}H_{20}N_2O_3$	4.7619	0.0476
还原棕 G2RN		$C_{45}H_{22}N_2O_5$	4.1791	0.0418
还原黑 BBN	C. I. VatGreen9 (59850)	$C_{34}H_{15}NO_4$	2.7944	0.0279
还原黑 BL	C. I. VatBlack1 (73670)	$C_{20}H_9NO_2SClBr$	3.1638	0.0316

续表

染料名称	染料索引号	分子式	N含量	染色成品中N含量
还原黑 B	C. I. VatBlack2 (73830)	$C_{25}H_{16}N_2O_2$	7.4468	0.0745
还原灰 M	C. I. VatBlack8 (71000)	$C_{45}H_{19}N_3O_4$	6.3158	0.0632
还原直接黑 RB	C. I. VatBlack9 (65230)	$C_{126}H_{64}N_6O_{10}$	4.6154	0.0462
还原直接黑 SNA	C. I. VatBlack16 (59855)	$C_{34}H_{20}N_2O_2$	5.7377	0.0574
还原橄榄 T	C. I. VatBlack25 (69525)	$C_{45}H_{20}N_2O_5$	4.1916	0.0419
还原橄榄 R	C. I. VatBlack27 (69005)	$C_{42}H_{23}N_3O_6$	6.3158	0.0632
还原灰 K	C. I. VatBlack28 (65010)	$C_{42}H_{25}N_3O_6$	6.2969	0.0630
还原灰 BG	C. I. VatBlack29 (65225)	$C_{64}H_{34}N_4O_8$	5.6795	0.0568
还原灰 GL		$C_{48}H_{22}N_2O_4$	4.0580	0.0406
还原灰 3T		$C_{31}H_{16}N_2O_3$	6.0345	0.0603
可溶性还原黄 IGK	C. I. SolubilisedVatYellow4 (59101)	$C_{24}H_{12}O_8S_2Na_2$	0.0000	0.0000
可溶性还原黄 HCG	C. I. SolubilisedVatYellow5 (56006)	$C_{18}H_{12}N_2O_8S_2Cl_2$	5.3950	0.0540
可溶性还原黄 V	C. I. SolubilisedVatYellow7 (60531)	$C_{27}H_{16}NO_9S_2Na_2$	2.3026	0.0230
可溶性还原黄 I3G	C. I. SolubilisedVatYellow8 (60605)	$C_{24}H_{16}N_3O_9ClNa_2$	7.3491	0.0735
可溶性还原金黄 IRK	C. I. SolubilisedVatOrange1 (59106)	$C_{24}H_{12}O_8S_2Na_2Br_2$	0.0000	0.0000
可溶性还原艳橙 IRK	C. I. SolubilisedVatOrange3 (59301)	$C_{22}H_{16}N_2O_8S_2Br_2$	4.2424	0.0424
可溶性还原橙 HR	C. I. SolubilisedVatOrange5 (73336)	$C_{20}H_{16}O_{10}S_4Na_2$	0.0000	0.0000
还原桃红 S-3B	C. I. SolubilisedVatRed1 (73361)	$C_{18}H_{10}O_6S_4Cl_2Na_2$	0.0000	0.0000
可溶性还原艳桃红 I3B	C. I. SolubilisedVatRed2 (73366)	$C_{18}H_9O_8S_4Cl_3Na_2$	0.0000	0.0000
可溶性还原大红 IB	C. I. SolubilisedVatRed6 (73356)	$C_{18}H_{11}O_8S_2ClNa_2$	0.0000	0.0000
可溶性还原红 IFBB	C. I. SolubilisedVatRed10 (67001)	$C_{29}H_{14}N_2O_{13}S_4Na_4$	3.4230	0.0342
可溶性还原紫 I4R	C. I. SolubilisedVatViolet1 (60011)	$C_{34}H_{16}O_8S_2Cl_2Na_2$	0.0000	0.0000
可溶性还原红紫 IRH	C. I. SolubilisedVatViolet2 (73386)	$C_{18}H_{10}O_8S_4Cl_2Na_2$	0.0000	0.0000
可溶性还原红紫 B	C. I. SolubilisedVatViolet2 (73386)	$C_{16}H_6N_2O_6S_2Na_2Br_4$	3.7234	0.0372
可溶性还原红紫 IRRN	C. I. SolubilisedVatViolet3 (73396)	$C_{20}H_{14}O_8S_4Cl_2Na_2$	0.0000	0.0000
可溶性还原蓝 O4B	C. I. SolubilisedVatBlue5 (73066)	$C_{16}H_4O_8S_2Na_2Br_4$	0.0000	0.0000
可溶性还原蓝 IBC	C. I. SolubilisedVatBlue6 (69826)	$C_{28}H_{12}N_2O_{12}S_4Cl_2K_4$	3.0336	0.0303
还原艳绿 S-3B	C. I. SolubilisedVatGreen1 (59826)	$C_{36}H_{20}O_4S_2Na_2$	0.0000	0.0000
可溶性还原绿 I2G	C. I. SolubilisedVatGreen2 (59831)	$C_{36}H_{20}O_{10}S_2Na_2Br_2$	0.0000	0.0000
可溶性还原橄榄绿 IB	C. I. SolubilisedVatGreen3 (69501)	$C_{31}H_{15}NO_{12}S_3Na_3$	1.8470	0.0185
可溶性还原棕 IBR	C. I. SolubilisedVatBrown1 (70801)	$C_{42}H_{18}N_2O_{24}S_6K_6$	2.6923	0.0269

续表

染料名称	染料索引号	分子式	N含量	染色成品中N含量
可溶性还原红棕IRRD	C. I. SolubilisedVatBrown5 (73411)	$C_{24}H_{12}O_8S_4Na_2$	0.0000	0.0000
可溶性还原灰IBL	C. I. SolubilisedVatBlack1 (73671)	$C_{20}H_9NO_8S_3ClNa_3Br$	2.0849	0.0208
可溶性还原黑IB	C. I. SolubilisedVatBlack2 (73831)	$C_{25}H_{16}N_2O_8S_2Na_2$	4.8110	0.0481
可溶性还原黑ITR	C. I. SolubilisedVatBlack25 (69526)	$C_{45}H_{22}N_2O_{20}S_5Na_2$	2.5090	0.0251
酞菁素艳蓝IF3G	C. I. IngrainBlue2：2 (74160)	$C_9H_8N_3$	26.5823	0.2658
暂溶性艳蓝G	C. I. IngrainBlue1 (74240)	$C_{34}H_{72}N_8S_4ClCu$	13.6752	0.1368
聚酯士林灰B		$C_{27}H_{17}N_3O_5$	9.0713	0.0907

附件B：标准JIS L1065染色物的染料属性判定方法（节选）

JIS L1065：1999染色物的染料属性判定方法

1. 适用范围：本标准是关于被染色纤维制品上的染料分类判别方法的规定。

2. 引用标准：下述标准由于被本标准引用而成为本标准的一部分，这些标准的最新版本适用于本标准。

3. 要点：本标准原则上适用于可将试样调制成1种纤维上只使用了1种染料的染色物。但是，利用本判别方法，在某种程度上也可以用于在一个试样上使用了数种染料时的推断。

作为判别方法，据JISL 1030—1先鉴别试样的纤维种类，再以对不同构成纤维所规定的判别方法为基准，或从试样中萃取染料，或进行脱色处理，然后根据试样的变退色、染料的萃取程度等，或者根据由萃取液所做的染色试验等，来判别用于试样上的染料类别。

4. 器具及材料：所用器具及材料如下：

（1）试管JISR3503（化学分析用玻璃器具）

（2）本生灯

（3）滤纸JISR3801［滤纸（化学分析用）］

（4）烧杯JISR3503

（5）移液管

（6）醋酸铅纸

（7）时钟皿

（8）蒸发皿JISR1302（化学分析用磁蒸发皿）

（9）磁制钵JISR1301（化学分析用磁钵）

（10）显微镜

（11）分液漏斗JISR3503

（12）水浴锅
（13）附有还流冷却器的回流装置 JISR3505
（14）白棉布 JISL0803（色牢度试验用贴附白布）
（15）白羊毛布 JISL0803
（16）白醋酯布 JISL0803
5. 试剂对有 JIS 的试剂均采用 1 级或特级。
（1）氨水 JISK8085［氨水（试剂）］
（2）氯化钠 JISK8150［氯化钠（试剂）］
（3）盐酸 JISK8180［盐酸（试剂）］
（4）氢氧化钠 JISK8576［氢氧化钠（试剂）］
（5）亚硫酸氢钠（亚硫酸氢盐）JISK8737［亚硫酸氢钠（亚硫酸氢盐）（试剂）］
（6）*N*,*N*－二甲基甲酰胺 JISK8500［*N*,*N*－二甲基甲酰胺（试剂）］
（7）吡啶 JISK8777［吡啶（试剂）］
（8）碳酸钠（10 水盐）JISK8624［碳酸钠（10 水盐）（试剂）］
（9）硝酸钠 JISK8541［硝酸钠（试剂）］
（10）硝酸 JISK8541［硝酸（试剂）］
（11）脂酸 JISK8585［硬脂酸（试剂）］
（12）尿素 JISK8731［尿素（试剂）］
（13）醋酸（99% ~100%）（冰醋酸）JISK8355［醋酸（试剂）］
（14）（二）乙醚 JISK8103［（二）乙醚（试剂）］
（15）鞣酸 JISK8629［丹宁酸（试剂）］
（16）酒石酸氧锑钾（吐酒石）JISK8533［酒石酸氧锑钾（吐酒石）（试剂）］
（17）硫化钠 JISK8949［硫化钠（试剂）］
（18）醋酸铅 JISK8374［醋酸铅（3 水合物）（试剂）］
（19）甘油 JISK8295［甘油（试剂）
（20）氯化亚锡 JISK8136［氯化亚锡（试剂）］
（21）迭氮化钠 JISK9501［迭氮化钠（试剂）］
（22）碘 JISK8920［碘（试剂）］
（23）次亚氯酸钠
（24）锌粉末 JISK8013［锌粉末（试剂）］
（25）酒精（99.5）JISK8101［乙醇（99.5）［酒精（99.5）］（试剂）］
（26）亚硝酸钠 JISK8019［亚硝酸钠（试剂）］
（27）β－萘酚（2－萘酚）JISK8699［2－萘酚（试剂）］
（28）*N*－甲基－2－吡咯烷酮
（29）水杨酸乙酯
（30）氟铬
（31）甲苯 JISK8680［甲苯（试剂）］
（32）阴离子系列分散剂
（33）四氢呋喃

（34）石油醚 JISK8937［（试剂）］

（35）甲酸 JISK8264［甲酸（试剂）］

（36）间苯二酚（雷锁酚）JISK9032［间苯二酚（试剂）］

（37）氯仿（三氯甲烷）JISK［氯仿（试剂）］

（38）二噁烷（二氧杂环己烷）JISK8461［1，4－二噁烷（二氧杂环己烷）（试剂）］

6. 试样的调制

6.1 从样品中调制试样时，尽可能从可推定为只使用了1种染料的部分取样。尚且，当同一样品中含有数种色相时，需对各个不同色相的部位分别取样。

6.2 样品为混用纤维制品时，原则上要先进行纤维的鉴别，确认构成纤维类别后，对不同种类的纤维分别取样。

6.3 试样的重量，原则上取0.05g～0.30g，另外，用于染色试验的白纱线或白布的重量，原则上取0.01g～0.05g。

6.4 对已知进行过树脂加工或树脂后处理的样品，要进行下列前处理。

（1）对甲醛－铵基树脂，用样品100倍量的0.25%的盐酸溶液在70℃～80℃下处理15min后取出，再依次用温水、0.2%的氨水及水洗净，干燥后取样。

（2）对丙烯酸、苯乙烯、甲基丙烯酸等树脂，用样品50～100倍量的二亚烷在附有还流冷却器的装置内煮沸1h后取出，水洗、干燥。

（3）当必须用二亚烷处理及盐酸处理两者处理时，要先进行二亚烷处理。

注：此时，纳夫妥染料及一部分的还原染料被萃取。

6.5 其他加工整理：例如：进行过防水整理的样品。对于妨碍判别试验的加工整理，要预先进行适当的处理后，再调制试样。

7. 由不同纤维制成的染色物的染料种类

依据本标准可判别的染料，按不同纤维类别如附件B表1所示。

附件B表1

染料类别	纤维的种类											
	纤维素纤维(2)	丝	毛	醋酯纤维	锦纶	维纶	腈纶及聚丙烯腈系列纤维	聚酯纤维	聚偏氯乙烯纤维	聚氯乙烯纤维	普罗米克斯纤维*	波莱克勒尔聚氯乙烯醇纤维
直接染料	8.1.2 (1.2)	8.2.3	8.3.3		8.5.6	8.6.1						
直接染料（金属后整理或含金属）	8.1.2 (1.2)											
直接染料（重氮基化显色）	8.1.2 (1.2)											

续表

染料类别	纤维的种类											
	纤维素纤维(2)	丝	毛	醋酯纤维	锦纶	维纶	腈纶及聚丙烯腈系列纤维	聚酯纤维	聚偏氯乙烯纤维	聚氯乙烯纤维	普罗米克斯纤维*	波莱克勒尔聚氯乙烯醇纤维
酸性染料		8.2.4	8.3.4		8.5.8		8.7.5				8.11.2	
酸性媒染染料		8.2.6	8.3.6		8.5.9		8.7.6					
媒染染料		8.2.10	8.3.6									
1：1形金属错盐酸性染料		8.2.7	8.3.7		8.5.5							
1：2形金属错盐酸性染料		8.2.7	8.3.7		8.5.5	8.6.7	8.7.3				8.11.3	
碱性染料	8.1.3 (1.3)	8.2.5	8.3.5		8.5.7		8.7.4	8.8.2			8.11.4	
硫化染料	8.1.4 (1.4)					8.6.4						
还原染料	8.1.5 (1.5)	8.2.9	8.3.9		8.5.2	8.6.5						
可溶性还原染料	8.1.5 (1.5)	8.2.9	8.3.9		8.5.2							
硫化还原染料	8.1.4 (1.4)					8.6.4						
纳夫妥染料	8.1.8 (1.6)			8.4.5	8.5.4	8.6.6						
分散染料				8.4.2	8.5.3	8.6.2	8.7.2	8.8.3	8.9.1	8.10.1	8.11.5	8.12.1
显色性分散染料				8.4.3		8.6.3		8.8.3				
活性染料	8.1.9 (1.8)	8.2.8	8.3.8									
氧化染料（苯胺黑色等）	8.1.6											
矿物染料	8.1.7											
彩色颜料树脂	8.1.10 (1.7)			8.4.4		8.6.8	8.7.7	8.8.4	8.9.2	8.10.2	8.11.6	8.12.2

注：(2) 棉、麻、粘胶纤维、铜氨纤维的总称。* 译者注：普罗米克斯：乙烯系单体与蛋白质共聚物纤维；波莱克靳尔聚氯乙烯醇纤维：polychlel 乙烯醇与氯乙烯的共聚物和聚乙烯醇相混纺成的纤维。

备考：表中序号表示各类别染料的判定方法之记载处。且，括号内的序号表示附属书中的条款序号。

8. 判定方法

8.1 纤维素纤维的场合

8.1.1 判定方法的顺序，按附件 B 表 2 所示顺序进行试验或依据附属书进行。

附件 B 表 2

<table>
<tr><td colspan="6">用在 5mL ~ 10mL 水中加入 0.5mL ~ 1.0mL 的浓氨水配成的氨水溶液煮沸</td></tr>
<tr><td>若萃取到染料</td><td colspan="5">萃取不到染料或仅有极少量时，用新试样做下面的试验</td></tr>
<tr><td rowspan="6">萃取液进行染料试验 8.1.2
直接染料</td><td rowspan="6">由冰醋酸煮沸的萃取液做复色试验
8.1.3
碱性染料</td><td colspan="4">用 1% 的盐酸溶液煮沸后，再用 1% 的氨水煮沸</td></tr>
<tr><td>若萃取到染料,且显著</td><td colspan="3">萃取不到染料或仅有极少量时，用新试样做下面的试验</td></tr>
<tr><td rowspan="4">由萃取液进行染色试验
8.1.2
直接染料的一部分
用 50% 的二甲基甲酰胺在室温下处理
8.1.9
活性染料的一部分</td><td colspan="3">用氢氧化钠 - 亚硫酸氢盐溶液煮沸处理</td></tr>
<tr><td colspan="2">若有变化的</td><td rowspan="2">几乎无变化的</td></tr>
<tr><td>不复色的</td><td>氧化后复色的</td></tr>
<tr><td>进行铬或铜的试验
8.1.2（1）
直接染料（金属后整理或含金属）吡啶煮沸及荧光试验
8.1.8
纳夫妥染料的一部分
二甲基甲酰胺煮沸
8.1.2（2）
直接染料（重氮基化显色）
8.1.9
活性染料的一部分</td><td>用硫化钠九水合物确认
8.1.4
硫化染料或硫化还原染料
用亚硫酸氢盐染色
8.1.5（1）
阴丹士林篮（标准还原蓝）以外的还原染料或可溶性还原染料
呈色及炭化试验
8.1.6
氧化还原染料
吡啶煮沸
8.1.9
活性染料的一部分</td><td>浓硝酸呈色试验
8.1.5（2）
标准还原蓝
炭化和无机酸煮沸
8.1.7
矿物染料
吡啶煮沸及荧光试验
8.1.8
纳夫妥染料的一部分
8.1.9
活性染料的一部分
8.1.10
彩色颜料树脂</td></tr>
</table>

8.1.2 直接染料的判别方法：

将试样放入试管中，用在 5mL ~ 10mL 水中加入浓氨水 0.5mL ~ 1.0mL 的氨水溶液煮沸，让其充分萃取染料。把萃取处理后的试样取出，向萃取液中加入 10mg ~ 30mg 的白棉布和 5mg ~ 50mg 的氢氧化钠，煮沸 40s ~ 80s，放置自然冷却后水洗。若白棉布被染成几乎与试样相同色相的话，则判定用于试样染色的染料为直接染料。

用方法 a）的盐酸处理后，用 1% 的氨水萃取，可明显萃取到染料的场合，用此萃取液染色上述棉布时，若白棉布被染成几乎与试样相同色相的话，则判定用于试样染色的染料为直接染料。

用该试验判定显现困难的结果时，则根据 a）或 b）判定。

a）直接染料（金属后整理或含金属）的判定方法：

用试样 100 倍量的 1% 盐酸溶液煮沸 3min，充分水洗后取到试管中，用 1% 的氨水 5mL ~ 10mL 煮沸 2min。

仅能萃取极少量或萃取不到时，取新试样加入 3mL ~ 6mL 的水和 1mL ~ 2mL 的 10% 的氢氧化钠溶液煮沸，再加入亚硫酸氢钠 0.01g ~ 0.03g 煮沸 2s ~ 5s，取出试样水洗后置于滤纸上，在空气中凉干。用此亚硫酸氢钠处理变化或脱色，水洗后也不复色时，进行下面的 1）或 2）试验，若确认其存在的话，则判别定用于试样染色的染料为金属后整理或含金属的直接染料。

备注：某种直接染料可明显萃取到染料，还有，一部分活性染料也可萃取到，但一部分金属后整理和重氮基化显色的直接染料及其他染料萃取不到或萃取量极少。

用此种处理，一般的直接染料的大多数可明显萃取出染料。在这里所指的这些直接染料的大部分，完全可以用本文的判别定方法排除掉。所以把剩余的东西示为“某种的……”。

直接染料中的太菁系（含铜）染料，由于空气氧化会复色。

直接染料（金属后整理或含金属，包括重氮基化显色），用 b）的 N,N - 二甲基甲酰胺煮沸处理或用 30% 的吡啶溶液 5mL 室温下处理时，均可迅速萃取到染料。

1）铬的确认试验：把 0.1g ~ 0.2g 的闭幕式样放入瓷钵中，加入完全炭化后的溶液剂(2) 0.05g ~ 0.15g 熔融。有铬存在的场合，熔融后的试样的颜色为：热时基本是黄色，冷却后为黄绿色。

注(2)：等量的碳酸钠十水合物和硝酸钠的混合物。

2）铜的确认试验：没有铬存在时，将其他的试样炭化，将炭灰用约 0.25mL ~ 0.50mL 的浓硝酸溶解后，加水 1mL ~ 2mL 煮沸。将煮沸后的溶液移至试管中，冷却后加入氨水（比重约 0.9）约 1mL ~ 2mL。若有铜存在时，溶液呈蓝色（青色）。

b）直接染料（重氮基化显色）的判别定方法

对于 a）的试验结果，不能确认有金属存在，用 8.1.8 又被判定为不是钠夫妥染料的样品，把试样取到试管中，加 N,N - 二甲基甲酰胺 5mL 煮沸，萃取出染料时，则判定用于此试样染色的染料为重氮基化显色的直接染料。

备注：在小试管中小心加入等量的硬脂酸和尿素，加热至溶解。从试样中取一根约 3cm 长的纱线，放入试管中。

注：有重氮基化显色的直接染料存在时，上层的着色（硬脂酸）比下层的深。

与有无后处理及种类无关，直接染料的场合，都是下层着色，另，碱性性染料及纳夫妥染料的场合，上层强着色，活性染料上下层都不着色。

8.1.3　碱性染料的判定方法：

用 8.1.2 的氨水萃取处理法，萃取不到或仅有极少量时，则进行下述的 a）及 b）的试验。用 a）的试验方法，染料脱离醚层进入醋酸层中，回复到与醋酸萃取液相同的色相。用试验 b），丹宁酸媒染棉布比未媒染棉布着色浓时，被用于试样染色的染料可判定为碱性染料。

a）取新试样放入试管中，加入0.25mL~0.5mL的冰醋酸，加热后加入3mL~5mL水，再煮沸后将试样取出。

向此萃取液中加入10%的氢氧化钠溶液5mL~7mL使之呈碱性，冷却后，加入3mL~5mL的乙醚，用大拇指按住试管口充分摇匀。将其静置使之分离为2层后，用吸液管漫漫地仅将上部的醚层部分移取至新试管中，加入2~5滴10%的醋酸溶液，充分摇匀。

b）对于新的试样来说，与前述同样，向用冰醋酸处理后的萃取液中放入白棉布和丹宁媒染棉布(3)煮沸5min后水洗。

注(3)：丹宁酸：3%~5%（油水化）浴比1∶15，液体温度：70℃，将白棉布浸渍其中30min，放置冷却3h以上，去除水分。然后，浸渍于将吐酒石（丹宁酸的1/2的量）配成浴比为1∶15的溶液中，在室温下浸渍10min~15min后水洗、干燥后的布。

8.1.4　硫化染料及还原染料的判定方法：

对于用8.1.2a）的盐酸处理后，1%的氨水萃取法萃取不到或萃取量极少时，用氢氧化钠－亚硫酸氢钠处理变色，但水洗后由于空气氧化复色的场合，取新试样放入试管中，加入2mL~3mL水，1mL~2mL的10%碳酸钠溶液和0.2g~0.4g的硫化钠，煮沸1min~2min后，取出试样。再向试管中加入10mg~20mg的氯化钠和一小片白棉布，煮沸1min~2min。

取出白棉布，载于滤纸上让空气氧化，当被染成与试样的浓度不同但色相相同时，进行下述的系列硫磺确认试验，若确认其存在的话，用于试样上的染料则可判定为硫化染料或硫化还原染料。

硫磺的确认试验：

a法：把试样放在5%~10% NaOH溶液中煮沸后，充分水洗，再将此试样装入试管中，加入2mL~3mL的还原液［参照8.1.5（2）的阴丹士林蓝的确认试验］用滤纸盖上试管口。在滤纸的中央滴上一滴醋酸铅碱性溶液(4)，向烧杯中加入沸水，再将试管放入烧杯中。40s~80s后，滤纸上的醋酸铅呈暗褐色乃至黑色时，则表示有硫磺存在。

注：醋酸铅碱性溶液的配制方法：向10%的醋酸铅溶液中加入10%的NaOH溶液至最初产生的沉淀消失。在硫化染料试验中为防止滤纸上的液体干燥掉，加上20%~25%的甘油为好。

b法：把试样放入氯化亚锡、浓硫酸，分别加入1∶5重量比的水组成的还原液中煮沸，醋酸铅纸接触到其蒸汽后，呈褐色乃至黑色时，则表示硫磺存在。

8.1.5　还原染料及可溶性还原染料的判定方法：

a）阴丹士林蓝以外的还原染料及可溶性还原染料的判定方法：

用8.1.4的方法判定不是硫化染料或硫化还原染料后，再进行下面的试验进行判定。

将试样放入试管中，加入2mL~3mL的水和10% NaOH溶液0.5mL~1.0mL煮沸后，加入亚硫酸氢钠0.01g~0.02g，再煮沸0.5min~1.0min。将此试样取出，然后加入白棉布一小片NaCl 0.01g~0.02g，煮沸40s~80s。放置冷却到室温后，取出棉布，放置在滤纸上让空气氧化。被染成原色时，则判定用于试样染色的染料为阴丹士林蓝以外的还原染料及可溶性还原染料。

备注：可溶性还原染料是普通的还原染料的水溶性诱导体。在纤维被染色了的状态下，同还原染料完全相同。因此，在这种场合下，与还原染料相区别是极为困难的。

b）阴丹士林蓝的判定方法：8.1.2a）的盐酸处理后，用1%的氨水萃取不到或仅有极少量，且用NaOH－亚硫酸氢钠进行处理也不变色或即使变色也极轻微变色（绿色）的场合，则进行下述试验。

将试样置于数枚滤纸上，用1～2滴浓硝酸湿润，试样即显黄色，再用滤纸吸取湿润滤纸，则呈艳黄色。在这上面滴上数滴还原溶液，若呈原有阴丹士林蓝的蓝色，则判定用于试样染色的染料为阴丹士林蓝。

注：还原液由相同质量的氯化亚锡、浓盐酸及水组成。

备考：用氢氧化钠－亚硫酸氢钠处理的场合，只用氢氧化钠处理品的话，完全萃取不到或只有极少量，但加入亚硫酸氢钠就会有明显萃取。阴丹士林的还原显色不明显，是因为褪色化合物的颜色跟氧化后的蓝色几乎相同。

8.1.6　氧化染料（苯胺黑色等）的判定方法：

8.1.2a）的盐酸处理后用1%的氨水萃取不到，如用氢氧化钠－亚硫酸氢钠处理变色，空气中氧化后又复色或接近原色色相时，即使进行8.1.4或8.1.5的染色试验，白棉布也不被染色时，将试样取出放在蒸发皿上，加浓硫酸2mL～3mL萃取染料而进行充分的搅拌。然后，向已装有25mL～30mL水的试管中加萃取液，则呈淡绿色。用滤纸过滤此液体，将滤纸用水清洗数次，向滤纸边延滴上2～3滴10%的氢氧化钠溶液时，点滴呈紫红色，且新试样碳化时，生成氧化铬（绿色），氧化铜（兰绿色）或氧化铁（褐色）的灰分时，则判定用于试样染色的染料为氧化染料。

注：联苯黑色系列染色物，即使灰化也不会由于金属而显色。

备注：1. 氧化染料用氢氧化钠－亚硫酸氢钠处理呈暗褐色。

2. 在有效氯素为4g/L的次氯酸钠溶液中浸渍后再浸渍于1%的盐酸溶液中。用氧化染料染色了的试样，约3min后变为褐色。

3. 16%的盐酸中煮沸约30s，冷却后在其中加入少量锌粉末，也不会产生硫化氢气体。

8.1.7　矿物染料（土黄染）的判定方法：

试样的色调为土黄色，且经8.1.2a）的盐酸处理后，用1%的氨水萃取不到，用氢氧化钠－亚硫酸氢钠处理不变色或有极轻微的变色的场合，可推测使用了矿物染料，所以再进行下列a）及b）的试验，用a）试验所得灰量多，且灰分中确认有铬，用b）试验脱色的话，判定用于试样染色的染料为矿物染料。

a）把试样灰化处理，调查灰分量的多少及灰分中是否有铬元素存在。

b）将试样用无机酸煮沸，调查是否脱色。

注：参照8.1.2a）

备注：矿物染料（土黄染）染色物，即使用次氯酸钠（有效氯素4g/L）处理后，再用场40%的吡啶，二甲基甲酰胺等溶液煮沸也不变色。

8.1.8　纳夫妥染料的判定方法：

8.1.2a）的盐酸处理后，用1%的氨水萃取时，萃取不到染料，或仅有少量，但用氢氧化钠－亚硫酸氢钠处理则变色或脱色，氧化后也回复不到原色，且被确认无金属存在的场合，进行下述a）及b）的试验，用试验a）萃取染料，用试验b）棉布染为黄色，且有荧光发出的话，则判定用于试样染色的染料为纳夫妥。

a）将试样放入试管中，加入5mL吡啶煮沸，看是否萃取得到染料。

b）将试样放入试管中，加入10%的氢氧化钠溶液2mL和乙醇5mL煮沸，再加入5mL水和亚硫酸氢钠煮沸还原。冷却后，在滤液中加入白棉布和氯化钠20mg～30mg煮沸1min～2min，放置冷却后取出棉布。看棉布在紫外线照射击下是否发出荧光。

注：也有极缓慢地还原及几乎不变色或脱色的。

也有染料萃取不充分的场合。

所谓（Rapid）拉皮德根染料无荧光发出。

备考：纳夫妥染料，用二甲基甲酰胺煮沸也可萃取。

8.1.9　活性染料的判定方法：

下列场合用于各试样染色的染料判定为活性染料。

a）8.1.2a）的盐酸处理后，用1%的氨水可萃取，但用5mL二甲基甲酰胺和水的混合液（1：1）在室温下摇动3min～4min，萃取不到染料，或仅有少许。

b）依据8.1.8及8.1.2b）已判定不是纳夫妥当前或直接染料（偶氮基显色）的。

c）已判定不是8.1.4的硫化染料及硫化还原染料或8.1.5的还原染料及可溶性还原染料的，由8.1.8a）的吡啶煮沸处理，也几乎萃取不到染料的。

备考：1. 有效氯素为4g/L的次氯酸钠溶液浸泡后，浸渍于1%的盐酸溶液中。除部分样品外，用活性染料染色的试样会迅速脱色或变色。

2. 活性染料用8.1.2b）（备考）的硬脂酸尿素试验，上层、下层都不着色。

3. 将试样用10%～20%的氢氧化钠溶液煮沸，再加入二甲基甲酰胺0.05g～0.10g，反复进行还原处理直至染料充分脱色为止。然后将脱色后的试样放入亚硝酸钠0.03g，水10mL，浓盐酸0.1mL中，室温处理15min后，用稀盐酸水洗净，让其重氮化反应，立即放入β－纳夫妥0.01g，氢氧化钠0.01g，水10mL中，室温处理15min后水洗。用活性染料的偶氮系列染料染色的试样，大部分会显朱红色。

8.1.10　彩色颜料树脂的判定方法：

8.1.2a）的盐酸处理后，用1%的氨水萃取不到染料，用氢氧化钠－亚硫酸氢钠处理也不变色，但用8.1.2b）的*N*,*N*－二甲基甲酰胺煮沸处理或8.1.8（1）的吡啶煮沸处理都可萃取到染料，且不属于上述的各种染料类别时，可判定用于试样染色的染料为彩色颜料树脂。除此之外，用彩色颜料树脂染色了的织物：

a）用肥皂揉洗的话，多数会变白。

b）用*N*－甲基－2－吡咯烷酮把试样湿透，用白棉布摩擦的话，大多数情况白棉布会被污染。

c）用有效氯素约4g/L的次氯酸钠溶液滴入，看不到有变化。且可作为判定方法的还有：

1）调查有无树脂黏着剂。

2）用显微镜通过对横断面的观察，看内部浸透度及染料粒子的大小等。这种场合，用水杨酸乙酯之类的光学用溶剂为好。

第3节　常用麻类纤维及竹原纤维的鉴别方法研究

3.1　概述

麻类作物是极具特色的经济作物。在我国麻类作物资源丰富，品种齐全，拥有几乎世界所有的主要麻类作物。栽培的主要韧皮纤维作物有苎麻、亚麻、大麻、红麻（原称洋麻）、黄麻、青麻（原称苘麻）。目前生产上主要栽种的麻类作物有苎麻、黄麻、红麻、亚麻、大麻和剑麻等，常年种植面积为 100 万公顷 ~166 万公顷。是我国继粮、棉、油、菜之后的第五大作物群，在我国农村产业结构调整中，占有极为重要的地位。其中苎麻、大麻、青麻，世界排名第一，分别为 13 万 ~33 万公顷和 6.6 万公顷 ~20 万公顷；红麻、黄麻 26.6 万公顷 ~33.3 万公顷，亚麻（包括油用亚麻）53.3 万公顷 ~66.6 万公顷，世界排名第三，已实现自给有余。我国麻类纤维及其制品除满足国内市场的需要外，还作为大宗商品出口美国、西欧及东南亚国家，年均创汇达到 40 亿 ~50 亿美元，是我国极为重要的出口创汇龙头产品之一。

麻是人类最早用于纺织的材料之一，麻纤维具有“天然纤维之王”的美誉，是轻纺工业极为重要的优质原料，但长期以来由于麻纤维的品种及特性的局限性，使其应用广度和深度受到一定影响。自 20 世纪 90 年代以来，国内消费者的生活水平显著提高，加深了对麻类制品的优良特性的认识，逐渐当作穿着上的崇尚和高档追求，国际穿着潮流回归自然，健康、舒适和高档的苎麻、亚麻织品自然是理想的选择。特别是随着麻类科研水平的提高、脱胶工艺技术不断完善、以及麻类纤维制品印染后整理等技术的突破和高科技纺织手段的应用，麻类产品自身的弊端和局限性逐渐克服和打破，应用范围和开发内容不断延伸，其经济价值和社会价值明显提高。高档产品迅速发展，广泛应用于高档服装、床上用品、家居装饰、汽车内部装饰等；加上麻类纤维具有其他许多纤维不具备的天然抑菌、护肤保洁、屏蔽紫外线辐射、柔软舒适、防静电、耐磨等独特性能外，还具有尊贵高雅、朴实、自然实用的风格；因此，麻纤维织物越来越成为高级时装设计师手中的理想面料，麻类纤维已成为继棉之后的重要天然纺织原材料。麻类纺织品的产品开发、生产加工、贸易将成为我国纺织业的重要经济增长点，在国民经济占有极其重要的地位。

可用于纺织的天然竹纤维是近几年才成功开发的新型环保材料，它是以竹子为原料，采用蒸煮等物理加工方法从竹子中提取出的竹纤维素，不含任何化学添加剂，是一种真正意义上的环保纤维。我国有丰富的竹林资源，竹林的种植还有利于保护水土流失和绿化环境，竹纤维的开发利用符合我国可持续发展的战略方针。近年来，竹纤维物理提取方法的研究取得了突破性进展，广泛应用于纺织、复合材料等领域。天然竹纤维光泽亮丽，具有独特的抗菌防臭性能及优良的着色性、悬垂性、耐磨性、抗菌性，特别是吸湿放湿性、透气性居各纤维之首。竹纤维横截面均布满了大大小小的空隙，可以在瞬间吸收并蒸发水分。由于竹纤维特殊结构，天然横截面的高度“中空”，业内专家称竹纤维为“会呼吸”面料。同时还具有手感柔软、穿着舒适、光滑、悬垂性好等特点，在针织内衣、体恤、机织床上用品方面的应用发展迅猛，天然竹纤维将成为重要的纺织原材料，相应的产品开发、生产加工、贸易必将成纺织业发展的新亮点。由于竹原纤维的性状与麻类纤维相近，且竹原纤维开发成功后，因价格优势和工艺难度大等因素，导致目前市场上出现了以苎麻纤维冒充竹原纤维的现象，故本研究将竹原纤维的鉴别方法纳入麻类纤维的属性鉴别研究一并进行，以便于实际比较操作。

各种麻纤维特性及最新应用趋势见表 2-7。

表 2－7 麻纤维特性、用途等信息

纤维名称	可纺纱支数/(N·m)	主要用途
苎麻	5～50	纯纺或与棉、化纤混纺，用于制作服装、高档时装、装饰材料、床上用品、凉席
大麻	8.5～40	纯纺或与棉、化纤混纺，用于制作服装、装饰材料、床上用品、凉席
亚麻	5～60	纯纺或与棉、绢丝、化纤混纺，用于制作服装、高档时装、装饰材料、床上用品、凉席
黄麻	0.5～10	主要为纯纺，地毯、鞋帽、工艺品
剑麻	0.5～15	主要为纯纺，地毯、工艺品、渔网

3.2 常用麻纤维及竹原纤维的种类和特征

3.2.1 苎麻

1）苎麻植物（图 2－6）

别名：苎仔、白苎、绿苎、线麻、荣麻、紫麻、臬麻、三棱麻等。

学名：Boehmeria nivea, Hooker et Arnott

英文名称：China grass, Ramie

图 2－6 苎麻

2）苎麻纤维（图 2－7）

苎麻纤维是麻类纤维中品质最优良的一种，是我国的特产。纤维长而细，束纤维长度 40cm～150cm，细度 1000 支～2500 支，抗拉强力高，其拉力在麻类纤维中最大，比棉花大 8～9 倍，吸湿后纤维强度更大，易于吸水又干燥快，其纤维经变性处理后，柔软度、抱合力和纤维支数增加，与棉、毛、丝和化学纤维混纺交织成的麻涤布、麻棉、麻毛、麻丝、麻毛涤布等衣料，是夏季理想的高级衣料。并可与涤纶混纺，成衣质轻而挺括。除此之外还可用作制造地毯、帆布、绳索、渔网、水龙带、鞋线、滤布、蓬布及飞机翼布、降落伞、橡胶工业衬布等，其短纤维还可作为高级纸张的原料。苎麻通过深度加工，增值幅度大。还可用作卫生保健用品、旅游产品、装饰用纺织品、工业产业纺织品。据最新资料报道，瑞士已开发出苎麻纤维培育垫，这种垫子既可防止水土流失，又可绿化环境，保持生态平衡。

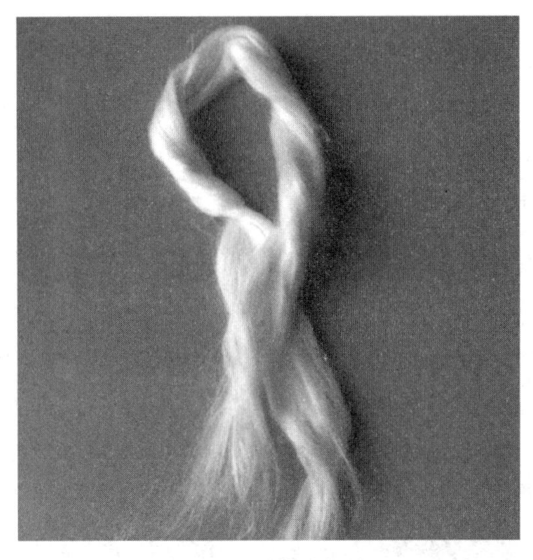

图 2－7　苎麻纤维

3.2.2　亚麻

1）亚麻植物（图 2－8）

别名：胡麻、亚乌麻等。

学名：*Linum usitatissimum*, *L.*

英文名称：Flax

图 2－8　亚麻

2）亚麻纤维（图2－9）

亚麻纤维细而坚韧，束纤维长度45cm～75cm，细度300支～500支，纤维耐皱，伸缩性小，亚麻纤维在麻类纤维中是仅次于苎麻类纤维，品质优良，且目前在纺织衣用及装饰行业采用最多的一种麻纤维，据报道亚麻及其混纺织物在服装面料中占50%的比重。亚麻可同所有的天然纤维及化纤、合纤等进行混合使用，亚麻织物细软强韧、吸湿性强、透气、散湿散热快，织物易洗、凉爽宜人、服用性能好，因此被称为“能够自然呼吸的产品”。亚麻纤维卫生、护肤等天然优点是其他纤维无可比拟的，它不仅能防蚊。而且有很强的抑制细菌作用，具有保健性能的亚麻凉席将日渐受宠。亚麻纤维银白色、有光泽，可利用这些特点开发保健、装饰用品和抽绣工艺用布，织造各种高档床单、床罩、窗帘、台布、桌布和餐巾以及纺制粗支纱，生产高档西装面料。

图2－9　亚麻纤维

3.2.3　大麻

1）大麻植物（图2－10）

别名：汉麻、火麻、枲麻、花麻、滹麻、苴麻、种麻、线麻、魁麻、开麻、井麻、府麻、好麻等。

学名：*Cannabis sativa*，*L.*

英文名称：Hemp，Common hemp，True hemp

2）大麻纤维（图2－11）

大麻纤维韧性强，弹性大，束纤维长度100cm～200cm，纤维纤细、洁白、柔软、强力高，具丝状，吸湿性好，散水散热快，耐腐蚀，还具有抑菌保健的特殊功能，比苎麻、亚麻细，纤维强度比棉花高，与苎麻接近；平均长度略长于棉花；织物回潮率变化大，吸湿散热敏感，手感挺括、滑爽，具有麻的风格，棉的舒适，丝的光泽。可与棉、毛、涤等混纺多种

图 2－10　大麻

花色品种的纺织品，织出的高档服装面料，畅销国际市场，是国际公认和推崇的绿色环保型纤维；能织成多种风格的台布、窗帘、床罩、贴墙布等装饰用布；可造高档纸、可作造船或管道的填缝品，还可以制绳和地毯、织麻布。

图 2－11　大麻纤维

3.2.4　黄麻

1）黄麻植物（图 2－12、图 2－13）

别名：绿麻、络麻、荚头麻、草麻等。

学名：圆果种黄麻，*Corchorus capsularis*, *L.* 长果种黄麻，*Corchorus olitorius*, *L.*
英文名称：Jute

图 2－12　圆果黄麻

图 2－13　长果黄麻

2）黄麻纤维（图 2－14）

黄麻有圆果黄麻和长果黄麻两种，圆果黄麻束纤维长度 100cm～205cm，长果黄麻长度 100cm～350cm，细度 200 支～450 支。黄麻纤维在工业上的用途非常广泛，主要用于制作包装材料，如麻袋及麻绳。在经过变性等特殊处理后，也可织成装饰用布，如：床单、窗帘布、蚊帐布和台布等，还可用作地毯、草席及造纸原料。

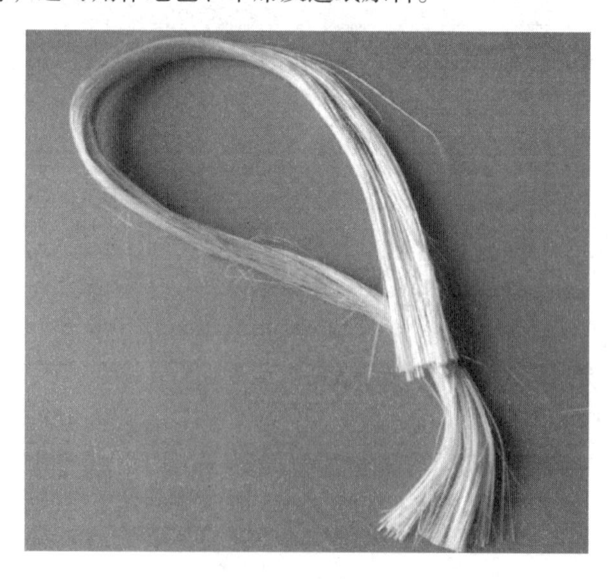

图 2－14　黄麻纤维

3.2.5 红麻

1）红麻植物（图2－15）

别名：洋麻、槿麻、肯纳富麻、安培利麻、野麻等。

学名：*Hibiscus cannabinus*, *L.*

英文名称：Kenaf, Amberi hemp, Meshta

图2－15　红麻

2）红麻纤维（图2－16）

红麻束纤维长度100cm～350cm，细度150支～300支。红麻的性能及用途与黄麻极为相近，且在我国分布广，种植量也高。主要用于制作包装材料，如麻袋及麻绳。在经过变性等特殊处理后，也可织成装饰用布，如：床单、窗帘布、蚊帐布和台布等，还可用作地毯、草席及造纸原料。

图2－16　红麻纤维

3.2.6 剑麻

1）剑麻植物（图 2－17）

别名：西沙尔麻。

学名：*Agave rigida*，*M.*

英文名称：Sisal fibre

图 2－17 剑麻

2）剑麻纤维（图 2－18）

剑麻束纤维长度 60cm～120cm。剑麻纤维具有坚韧、耐海水浸泡、耐摩擦的特点，主要用于制作航海、渔业和林业用绳缆、麻袋、帽子、网具、马具及加工建筑材料的加强筋等。在经过深加工处理后，也可织成装饰用布和包装用布。

图 2－18 剑麻纤维

3.2.7　蕉麻

1）蕉麻植物（图 2－19）

别名：马尼拉麻、菲律宾麻草。

学名：*Musa textilis*, *Luis Nee*

英文名称：Manila hamp, Abaca

图 2－19　蕉麻

2）蕉剑麻纤维（图 2－20）

图 2－20　蕉麻纤维

蕉麻纤维从叶鞘抽取，束纤维长 1m ~ 3m，最长可达 5m；纤维细胞长 6mm ~ 7mm，宽 12μm ~ 40μm，居热带硬质纤维首位。纤维韧性强，耐摩擦，浸水中不伸缩，可供制帽子、船舶绳索及包装用布等。

3.2.8 竹原纤维

1）慈竹（图 2 – 21）

目前用于开发原纤维的品种以慈竹、云竹为主，见图 2 – 21。

图 2 – 21　慈竹

2）竹原纤维（图 2 – 22）

图 2 – 22　竹原纤维

竹纤维是天然抗菌，与通过化学处理的抗菌织物大不相同，它具有手感滑爽，对皮肤有很好的呵护作用。

3.3　目前此类纺织纤维鉴别的检测技术及标准概况

目前国内外纺织标准均将麻类纤维作为大类进行区分，只能鉴别出是否属于麻纤维，不能进一步区分麻的具体属性（苎麻、亚麻、大麻、黄麻、红麻、剑麻、蕉麻等）。日本纤维鉴别标准中也只有采用红外光谱法对亚麻和苎麻进行鉴别。

竹原纤维的鉴别方法，尚未见到相关公开报道的资料。

3.4　研究的意义

麻类纤维和天然竹纤维作为绿色环保型特种纤维原材料，在我国纺织工业中占有极其重要的地位。近年来，相关产业的发展速度惊人，并具有十分广阔的发展前景，相关的检验鉴定科研工作已明显滞后，有必要迎头赶上，以促进产业的进一步升级，提高经济效益。

麻类纤维、天然竹纤维在纺织业中的应用迅速发展，但与之相配套的检测技术研究严重滞后，其中最急切需要的是各种麻纤维、竹纤维的定性鉴别方法。纺织品的纤维定性分析是纺织品在加工、贸易和使用过程中不可缺少的重要质量指标，长期以来一直是纺织品的重要测试项目之一。纺织品和服装使用说明中最关键的一项就是纤维成分含量的标识，而在含量分析之前必须进行纤维的鉴别。目前，国标和行业标准中只能鉴别出是否属于麻类纤维，但没有对各种麻纤维的分类鉴别方法，随着各种麻纤维产品的生产量的不断扩大，麻纤维被广泛用于纺织加工，不同种类的麻纤维特性有较大的差异，价格、性能差别极大；行业中，甚至存在以一种麻纤维冒充另一种麻纤维的行为，以谋取不正当的利益。不同的麻纤维可制成风格迥异的各种面料、服装及装饰用品，在这些产品中，麻纤维起着至关重要的作用。

虽然天然竹纤维在纺织领域的应用历史较短，但因其具有独特的优良特性，其发展势头不可忽视。因此，迫切需要对麻类纤维、天然竹纤维的鉴别方法进行研究，这对麻类纤维、天然竹纤维的产品开发、生产加工、贸易有重要的指导作用和实际意义，同时为反欺诈行为提供技术支持。

3.5　实验

3.5.1　样品

3.5.1.1　试样

1）苎麻：湖南

2）亚麻：哈尔滨、湖南

3）大麻：湖南

4）黄麻：东华大学纺材教研室

5）红麻：东华大学纺材教研室

6）剑麻：广东

7）蕉麻：菲律宾

8）竹原纤维：浙江竹纤维研究所。

3.5.1.2 试样准备

脱胶退浆：酶 MPA5g/L，60℃～70℃，保温 40min 后水洗；煮炼：30g/L NaOH + 2-204 精练剂 5g/L + 渗透剂 2g/L，煮沸 60min；氯漂：次氯酸钠 5g/L，浸泡 30min 后水洗；氧漂：双氧水 5g/L，加稳定剂（水玻璃）煮沸 30min 后水洗，烘干。浴比：1∶20。

3.5.2 实验与结果分析

3.5.2.1 湿态纤维干燥过程旋转方向法

3.5.2.1.1 仪器

快速卤素干燥仪：温度范围 50℃～200℃。

3.5.2.1.2 测试程序

将一根单纤维浸入水中，使其充分湿透以便内应力释放后，用手或镊子钳住纤维的一端，让自由端朝向观察者并靠近热源，使水分快速挥发，观察其自由端的旋转方向。

3.5.2.1.3 观察结果

将纤维的自由端靠近热源（快速卤素干燥仪），此时面向固定端观察其自由端的旋转方向，结果见表 2-8。

表 2-8 湿态纤维干燥过程中的旋转方向

纤维	苎麻	亚麻	大麻	红麻	剑麻	蕉麻	竹原纤维	棉
旋转特性	顺时针	顺时针	逆时针	逆时针	逆时针	逆时针	逆时针	顺时针

3.5.2.1.4 结果讨论

从表中可以看出，通过此项试验可以方便地将苎麻、亚麻与其他麻纤维及竹原纤维分开。

3.5.2.2 纤维灼烧残留物特征分析法

3.5.2.2.1 灼烧残留物形态特征分析

1）仪器：马佛炉，灼烧条件：温度 500℃，时间 10min。

2）测试程序：取约 1.0g 试样，置于有盖钳锅中，将钳锅移入马福炉中，揭开钳锅盖，使之在 500℃的温度条件下灼烧 10min，冷却后取出钳锅，用镊子取适量灰烬置于载玻片上，加上一滴甘油（或其他透明剂），用拔针搅拌，使灰烬颗粒变细并充分均匀分布，盖上盖玻片（注意不要带入气泡），放在 100～500 倍显微镜的载物台上观察灼烧剩余灰烬的形态特征。

3）观察结果

观察灼烧灰烬显微镜图像特征，结果见表 2-9 和图 2-23、图 2-24 和图 2-25。

表 2－9　显微镜下纤维灼烧灰烬的特征

纤维	苎麻、亚麻、大麻、黄麻、红麻	剑麻	蕉麻	竹原纤维
灰烬特征	微细颗粒，未见结晶颗粒	有棒状黑炭色结晶体。 见图 2－23	有长条形结晶体，同侧边缘有圆孔或半圆孔（个别有双侧）。 见图 2－24	有不规则石块状亮光、透明结晶颗体。 见图 2－25

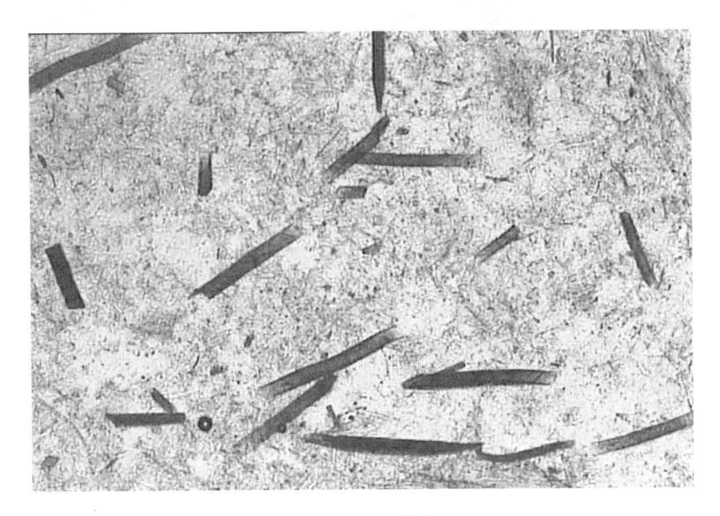

图 2－23　剑麻

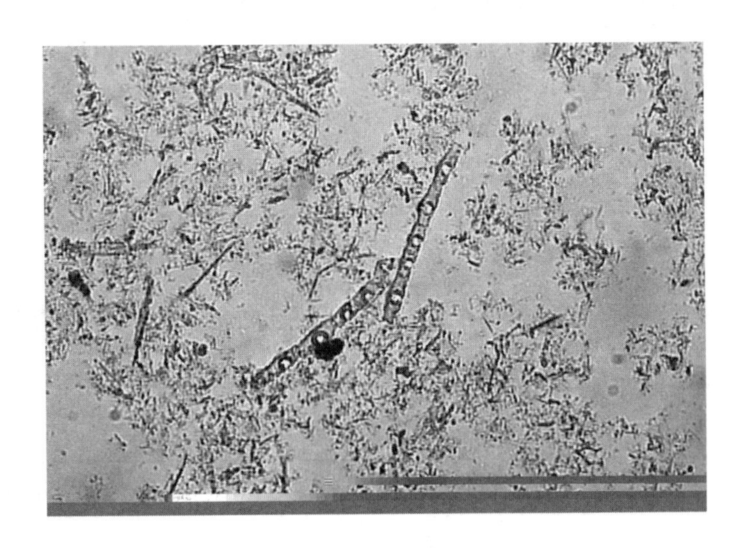

图 2－24　蕉麻

4）结果讨论

从表 2－9、图 2－23、图 2－24 和图 2－25，可以明显地看出各自的差异，剑麻、蕉麻、

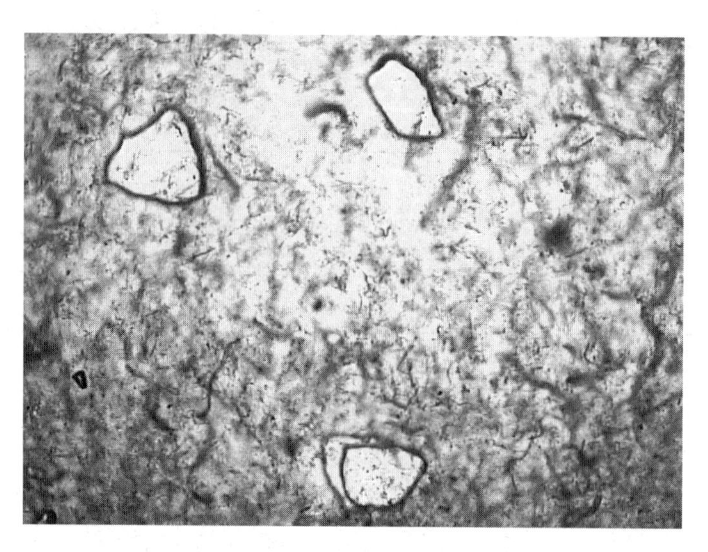

图 2－25　竹原纤维

竹原纤维与其他麻纤维的明显不同特征，并通过此项试验可轻易地把剑麻、蕉麻、竹原纤维与其他纤维区分开。

3.5.2.2.2　灼烧残留物成分分析

1）仪器：红外光谱仪，傅里叶变换红外光谱仪；X－荧光光谱仪。

2）测试程序

（1）红外光谱分析法

对于各类样品灼烧残渣，取少许样品，加入约100mg KBr粉末，研磨均匀后，压制成透明薄片，直接进行红外光谱测定，采集数据时，分辨率为$4cm^{-1}$，扫描次数为32次，扫描范围为$4000cm^{-1}$～$400cm^{-1}$。

（2）X－荧光光谱分析法

取少许待分析样品－灼烧残渣，加入适量的硼酸，研磨均匀后，压制成测试用样品，进行X－荧光光谱分析。

3）测试结果

（1）采用红外光谱法对经灼烧后的残渣中有结晶体的三种纤维的结晶体成分进行了分析，结果见表2－10。

表 2－10　灼烧残留物结晶体成分红外光谱分析结果

纤维	剑麻	蕉麻	竹原纤维
灰烬结晶体主要成分	碳酸钙 见图 2－26	碳酸钙和硝酸钾 见图 2－27	含铁无机颜料、碳酸钙、硫酸钾 见图 2－28

（2）采用X－荧光光谱法对三种残渣的结晶体成分进行了分析，结果见表2－11。

表 2－11　灼烧残渣 X－荧光光谱分析结果

剑　麻		蕉　麻		竹纤维	
元素	含量/%	元素	含量/%	元素	含量/%
Ca	55.488	Ca	34.912	Ca	24.821
Fe	2.263	Fe	1.862	Fe	32.819
K	19.381	K	51.404	K	12.670
Sr	6.820	Sr	6.708	Sr	0.000
S	1.746	S	1.498	S	7.304
O	8.845	Cl	0.957	Cs	9.809
Ba	2.323	Na	0.415	Mg	0.393
Na	0.383	Mg	0.087	Al	0.526
Mg	0.116	Al	0.201	Si	0.528
Al	0.083	P	0.213	P	0.752
Si	0.148	Mn	0.828	Cl	1.596
P	0.229	Cu	0.233	Ti	1.681
Cl	0.545	Zn	0.216	Ni	1.244
Mn	1.137	Br	0.408	Cu	3.646
Cu	0.256	Rb	0.057	Zn	2.394
Zn	0.184	Pb	0.000		
Y	0.055	Ra	0.000		

3.5.2.2.3　结果讨论

通过上述对残渣结晶体的红外光谱和 X－荧光光谱结果分析，可以看出：

图 2－26 为剑麻灼烧残渣的红外光谱图，从图中可以看出，剑麻灼烧残渣的主要成分为碳酸钙，X－荧光光谱分析结果表 2－11 也表明，其残渣中金属离子主要为钙离子，两者的分析结果吻合。

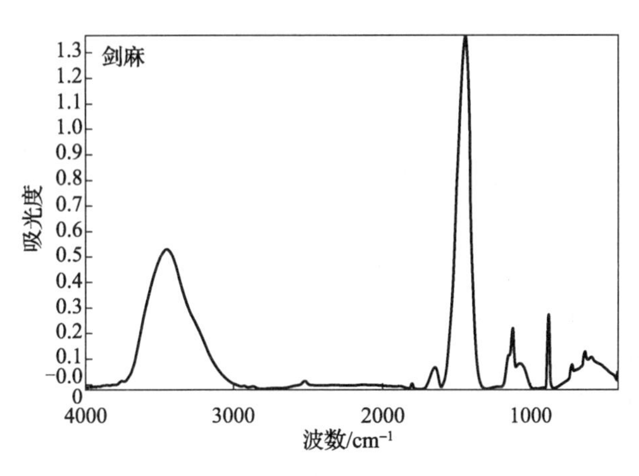

图 2－26　剑麻灼烧残渣的红外光谱图

图2－27为蕉麻灼烧残渣的红外光谱图，从图中可以看出，蕉麻灼烧残渣的主要成分为碳酸钙和硝酸钾，X－荧光光谱分析结果表2－11也表明，其残渣中金属离子主要为钙离子和钾离子，两者的分析结果吻合。

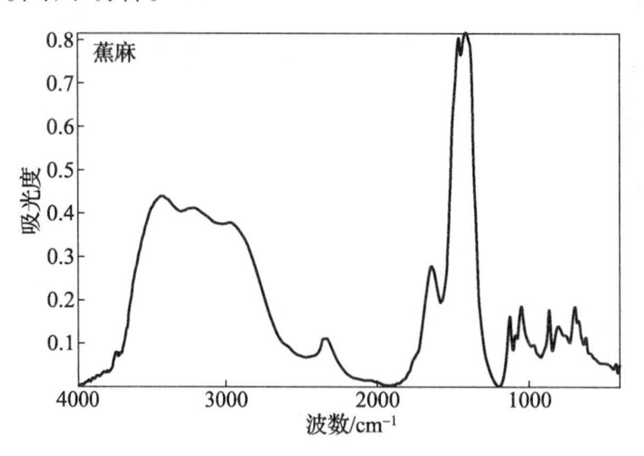

图2－27　蕉麻灼烧残渣的红外光谱图

图2－28为竹纤维灼烧残渣的红外光谱图，从图中可以看出，竹纤维灼烧残渣的主要成分为含铁无机颜料、碳酸钙、硫酸钾，X－荧光光谱分析结果表2－11表明，其残渣中离子主要为铁、钙、钾、硫，两者的分析结果吻合。

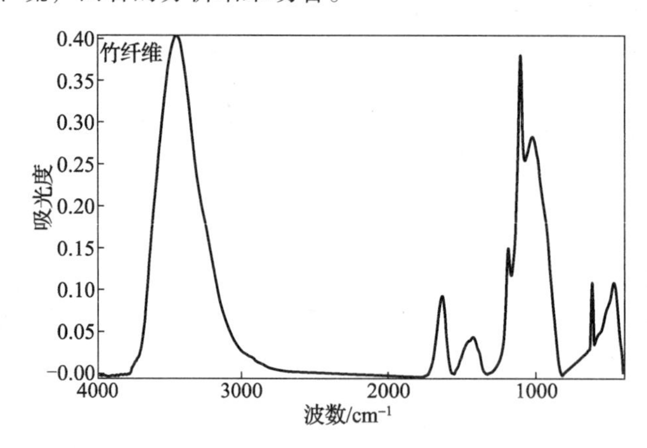

图2－28　竹纤维灼烧残渣的红外光谱图

综合上述图表的分析结果表明：

1）通过对灼烧灰烬的红外光谱分析，可得知剑麻、蕉麻、竹原纤维结晶体中的主要成份，并将三种纤维区分开来。

2）通过对灼烧灰烬的X荧光光谱分析，可得出剑麻、蕉麻、竹原纤维灼烧结晶体中的具体成份，并将三种纤维区分开来。

3）两者的分析结果一致。

3.5.2.3　红外光谱分析法

1）仪器

红外光谱仪：傅里叶变换红外光谱仪，配有Ge晶体的单反射ATR附件和OMNI采样器。

2）测试原理

红外光谱是一种常用的定性分析手段，物质吸收红外光的辐射波后，由于分子结构的不同而引起对某些特定波长的红外光的不同程度的吸收，从而可得到其特定的红外光谱，不同物质的红外光谱各有其特征吸收光谱，因此可借助红外光谱来定性鉴别不同的物质。各种麻类物质以及竹纤维的结构基本相同，均有细胞结构，其主要成分均为纤维素，此外还含有半纤维素、果胶、木质素以及结合水、蛋白质、蜡质、颜料、无机物等微量组分。纤维素主要集中在细胞壁中，半纤维素是支链化的聚糖，部分麻类的化学成分见表 2－12。从表中可以清楚地看出，不同种类的麻的纤维素含量相差不是太大，但其木质素的含量则相差很大。不同物质的红外光谱各有其特征吸收峰，因此不同麻类的红外光谱也因其各组分含量的差异而有所不同。但是，在其红外光谱中，均存在表征木质素和纤维素的特征谱峰。其中出现在 $1598cm^{-1}$附近的吸收峰归属于 C＝C 拉伸振动，可用于表征木质素，出现在 $1110cm^{-1}$附近的吸收峰归属于葡糖苷中 C－O－C 拉伸振动，可用于表征纤维素。这两个特征吸收峰的强度与化合物中木质素、纤维素含量之间存在一定的关系，这两个吸收峰强度之比可以在某种程度上反映出化合物中木质素与纤维素之间的相对含量，因此，本研究对这两个吸收峰的强度比值进行了研究，通过计算这两个吸收峰的峰面积比值，定性地反映出某种麻类中纤维素和木质素的比例。

表 2－12　麻类的化学组成　　%

种类	纤维素	半纤维素	木质素	果胶质	水溶物	脂肪和蜡	灰分
苎麻	65～75	14～16	0.8～1.5	4～5	4～8	0.5～1.0	2～5
亚麻	70～80	8～11	1.5～7	1～4	1～2	2～4	0.5～2.5
大麻	55～67	16～18.5	6.3～9.3	3.8～6.8	10～13	1～1.2	1.6～4.6
黄麻	50～60	12～18	10～15	0.5～1.0	1.5～2.5	0.3～1.0	0.5～1.0
剑麻	73.1	13.3	11.0	0.9	1.3	0.3	—
蕉麻	70.2	21.8	5.7	0.6	1.6	0.2	—
红麻	70～76		13～20	7～8	—	—	2
竹纤维	45～55		20～25	20～30	0.5～1.5	7.5～12.5	—

3）测试程序

直接将纤维置于红外光谱分析仪的 OMNI 采样器的 Ge 晶体上，旋紧 OMNI 采样器固定钮，压住样品，直接进行测定，采集数据时，分辨率为 $4cm^{-1}$，扫描次数为 64 次，扫描范围为 $4000cm^{-1}$～$675cm^{-1}$。

OMNI 采样器附件使用的晶体为 Ge 晶体，其折射率为 4.0（$1000cm^{-1}$处），水平方向放置，入射角为 45°，晶体接触样品的上表面为球面形状，测量波数范围为 $5500cm^{-1}$～$675cm^{-1}$。红外光辐射穿透样品的深度 d_p 与波长 λ、晶体折射率 n_1、样品折射率 n_s、入射角 θ 有如下关系：$d_p=(\lambda/n_1)/2\pi[\sin^2\theta-(n_s/n_1)^2]^{1/2}$。一般来说，其穿透深度只有几个微米。由于穿透深度与波长有关，用 ATR 方法进行测量时，在高波数范围内会出现歧视现象，因此必须利用仪器提供的软件对 ATR 谱进行校正。

4）测试结果

图 2－29 至图 2－36 分别为苎麻、亚麻、大麻、黄麻、红麻、剑麻、蕉麻 6 种麻及竹原纤维的红外光谱图，各红外光谱峰的归属见表 2－13。

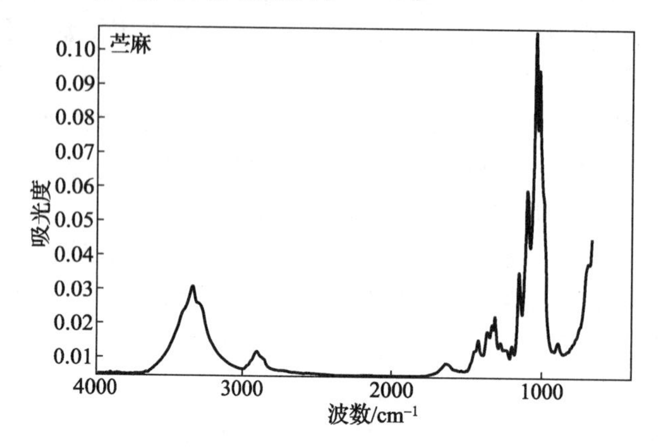

图 2－29　苎麻的红外光谱图

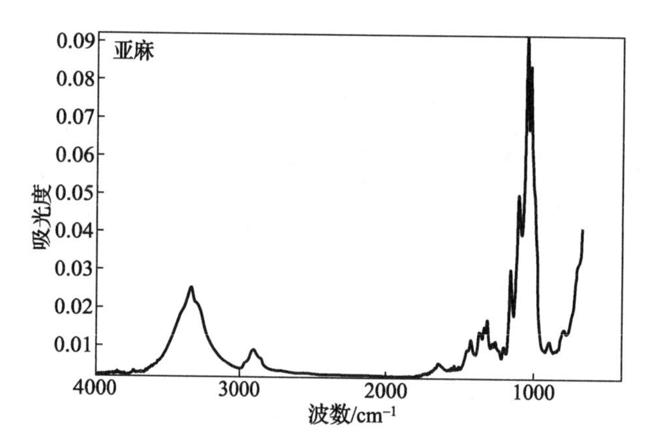

图 2－30　亚麻的红外光谱图

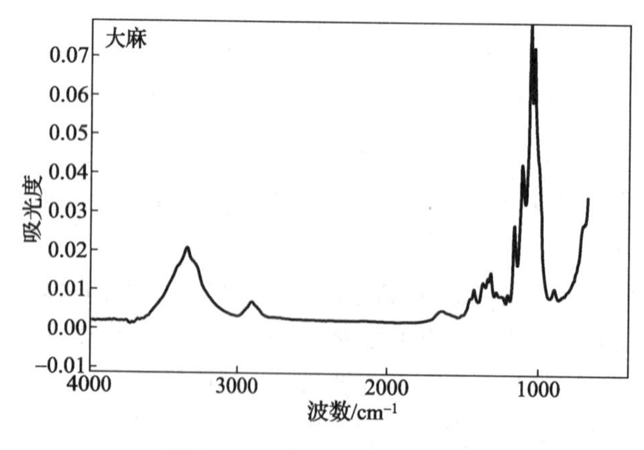

图 2－31　大麻的红外光谱图

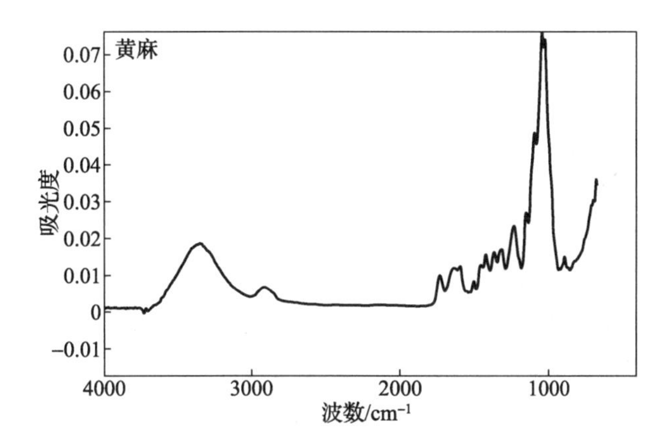

图 2－32　黄麻的红外光谱图

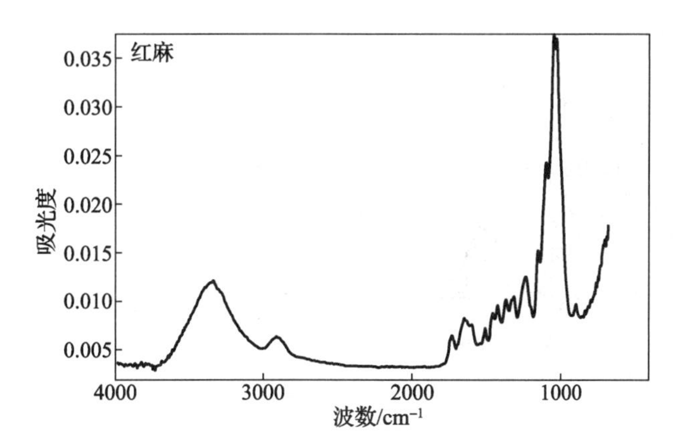

图 2－33　红麻的红外光谱图

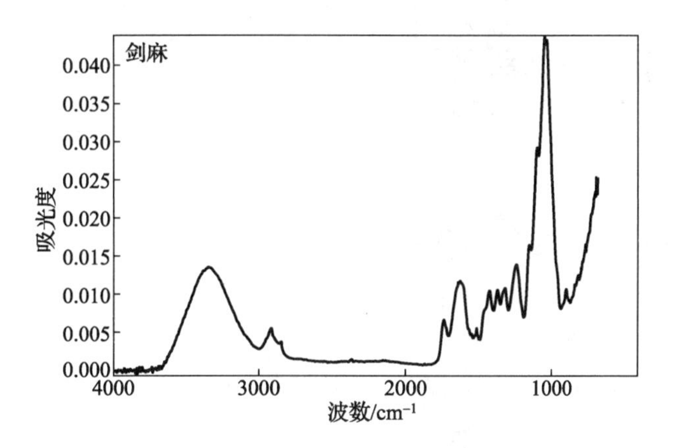

图 2－34　剑麻的红外光谱图

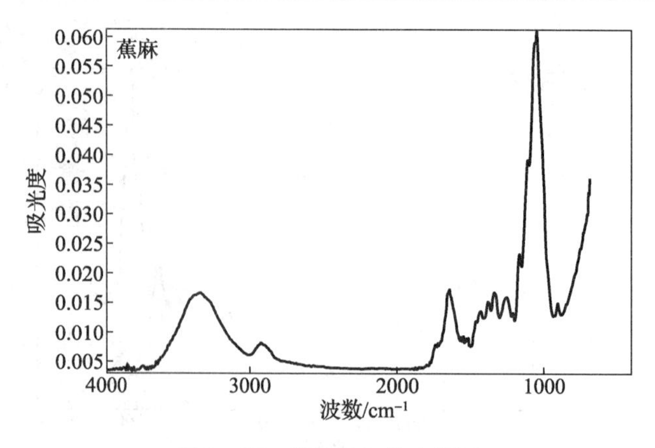

图 2-35　蕉麻的红外光谱图

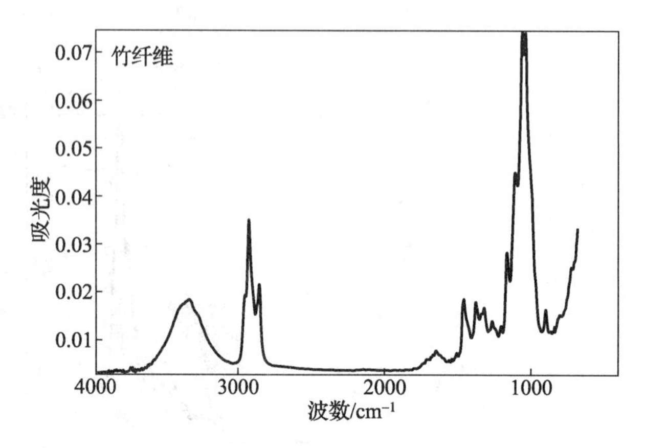

图 2-36　竹纤维的红外光谱图

表 2-13　红外光谱峰的归属

谱峰位置	指　　标	谱峰位置	指　　标
3340	自由 -OH 伸缩振动	1315	C-H 摇摆振动
2900	C-H 伸缩振动	1280	CH_2 摇摆振动
2850	CH_2 对称伸缩振动	1235	C-OH 面外摇摆振动
1740	C=O 伸缩振动	1205	C-OH 摇摆振动
1650	吸附水	1160	C-C 不对称伸缩振动
1595	芳环 C=C 面内骨架伸缩振动	1105	葡糖苷 C-O-C 伸缩振动
1505	芳环 C=C 面内骨架伸缩振动	1056	C-OH 伸缩振动
1475	CH_2 剪式摇摆振动	1033	C-OH 伸缩振动
1455	C-OH 中 C-H 摇摆振动	1005	C-H 面外摇摆振动
1427	C-H 摇摆振动	985	C-H 面外摇摆振动
1371	C-H 摇摆振动	900	C-O-C 面对对称伸缩振动
1335	CH_2 摇摆振动		

出现在 $1595cm^{-1}$ 附近的吸收峰归属于 C = C 拉伸振动，可用于表征木质素，出现在 $1105cm^{-1}$ 附近的吸收峰归属于葡糖苷中 C – O – C 拉伸振动，可用于表征纤维素，因此，计算出现在 1595、$1105cm^{-1}$ 附近的吸收峰的强度比值 $R(I_{1595}/I_{1105})$ 就可以定性地反映出不同麻中木质素和纤维素的比例。

5）结果讨论

从图 2－29～图 2－36 可以看出。上述 8 种纤维的红外光谱可以分为四组：一组为蕉麻和剑麻，一组为黄麻和红麻，一组为亚麻、大麻、苎麻，一组为竹纤维。

在蕉麻和剑麻的红外光谱中，在 $1700cm^{-1}$～$1554cm^{-1}$ 范围内均出现一个强吸收峰，该吸收峰宽度相当大；在 $1450cm^{-1}$～$1310cm^{-1}$ 范围均出现四个吸收峰，这四个吸收峰的相对强度又各有特色，在剑麻的红外光谱中，出现在 $1315cm^{-1}$ 附近的谱峰强度明显大于其他三个，而在蕉麻的红外光谱中，则是出现在 $1334cm^{-1}$ 附近的谱峰的强度明显大于其他三个。因此，根据出现在 $1430cm^{-1}$～$1310cm^{-1}$ 范围内的四个吸收峰的相对强度就可以区分剑麻和蕉麻。

在黄麻和红麻的红外光谱中，在 $1700cm^{-1}$～$1554cm^{-1}$ 范围内均出现两个中等强度的吸收峰，其主峰位置分别为 $1650cm^{-1}$ 和 $1595cm^{-1}$，且这两个吸收峰的相对强度又有所差别。在黄麻的红外光谱中，$1595cm^{-1}$ 峰较高，在红麻的红外光谱中，却是 $1650cm^{-1}$ 峰明显较高。根据这一差别就可以区分黄麻和红麻。为了更清楚地说明这一点，将这一区域内的谱图进行放大，结果见图 2－37。

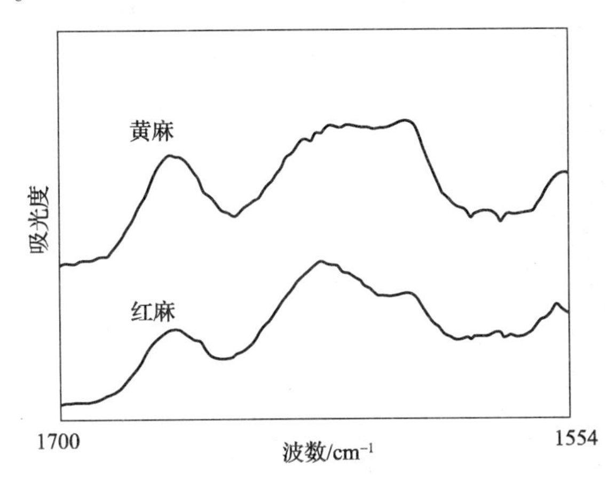

图 2－37　黄麻和红麻红外光谱局部放大图

此外，黄麻、红麻在 $1450cm^{-1}$～$1310cm^{-1}$ 范围均出现 5 个吸收峰，而这 5 个谱峰明显分成三组，一组出现在 1456、$1427cm^{-1}$ 附近，一组除现在 1370、$1334cm^{-1}$ 附近，一个出现 $1310cm^{-1}$ 附近。这一现象在竹纤维和其他 5 种麻纤维中均没有观测到，可根据这一现象将黄麻、红麻从其他几种化合物中区分开来。

在亚麻、大麻、苎麻的红外光谱中，在 $1700cm^{-1}$～$1554cm^{-1}$ 范围内均只出现一个强度较小的吸收峰。亚麻、大麻、苎麻在 $1450cm^{-1}$～$1310cm^{-1}$ 范围均出现 5 个吸收峰，其中在 $1450cm^{-1}$～$1430cm^{-1}$ 范围内有一组两个吸收峰，在 $1370cm^{-1}$～$1310cm^{-1}$ 范围内有一组三个吸收峰。

在竹纤维的红外光谱中，在 $1700cm^{-1}$－$1554cm^{-1}$ 范围内只出现一个强度较小的吸收峰，在 1450cm^{-1} ~ 1310cm^{-1}范围出现四个吸收峰。竹纤维在 2950cm^{-1} ~ 2850cm^{-1}范围内出现两个强吸收峰，它们分别由 $-CH_3$、$-CH_2$ 振动吸收所产生。其他 7 种麻类虽然在此位置也出现相应的吸收峰，但其强度却远远小于这两个吸收峰的强度，根据这一特点，可将竹纤维与其他 7 种麻类纤维区分开来。

红外谱图中出现在 1595cm^{-1}峰代表木质素，1105cm^{-1}峰代表纤维素，2900cm^{-1}峰代表全部全部有机物，分别测定这三个峰的强度，并计算了 $R_1(I_{1595}/I_{1105})$ 和 $R_2(I_{1595}/I_{2900})$ 值，结果发现不同的麻类，其 R_1 和 R_2 值区别很大。本研究对这 8 种纤维的 R 值进行了测定，结果见表 2 - 14。

表 2 - 14　不同纤维的 R_1 和 R_2 值

种类	R	测定值									平均值	RSD/%
亚麻	R_1	0.3142	0.3335	0.3266	0.3903	0.3798	0.3765	0.3917	0.3500	0.3383	0.3557	8.26
	R_2	0.5334	0.5638	0.5831	0.5747	0.5764	0.5570	0.6123	0.5622	0.5565	0.5688	3.83
大麻	R_1	0.4211	0.4896	0.5397	0.5093	0.4545	0.5680	0.5439	0.5304	0.5713	0.5142	9.92
	R_2	0.8745	0.7674	0.8577	0.8010	0.7133	0.8354	0.8265	0.8761	0.7310	0.8092	7.47
苎麻	R_1	0.5024	0.4996	0.5021	0.5226	0.5306	0.4178	0.4589	0.5132	0.4992	0.4940	7.07
	R_2	0.7137	0.8409	0.9380	0.9685	0.9455	0.7547	0.7281	0.8155	0.7710	0.8307	11.86
竹纤维	R_1	0.4820	0.5222	0.5480	0.5860	0.6813	0.6659	0.6523	0.5913	0.6979	0.6030	7.65
	R_2	0.3383	0.4228	0.4263	0.3739	0.5063	0.5560	0.4496	0.3919	0.4323	0.4331	8.10
蕉麻	R_1	1.0710	1.0923	0.9524	0.9415	0.9891	1.1051	1.1467	1.1098	1.0561	1.0516	6.99
	R_2	1.4128	1.3940	1.5250	1.3615	1.3581	1.4264	1.3725	1.2565	1.3288	1.3817	5.32
剑麻	R_1	1.0385	1.1533	1.2558	1.2631	1.1588	1.2582	1.1614	1.2461	1.2680	1.2003	6.50
	R_2	2.1785	2.1956	2.2428	1.8598	1.9163	2.0337	2.0594	2.2218	1.9278	2.0706	7.04
红麻	R_1	0.2483	0.2583	0.2373	0.2370	0.2387	0.2300	0.2575	0.2167	0.1998	0.2359	7.99
	R_2	0.4600	0.4187	0.4845	0.4670	0.4047	0.4150	0.4667	0.3970	0.4642	0.4420	7.40
黄麻	R_1	0.2301	0.2109	0.2060	0.2244	0.2270	0.2174	0.2102	0.2168	0.2444	0.2208	5.43
	R_2	0.5002	0.4418	0.4455	0.4246	0.4675	0.4639	0.4636	0.4049	0.5149	0.4586	7.53

虽然不能直接用红外光谱图区分大麻、亚麻和苎麻，但表 2 - 14 结果表明，这组麻中，亚麻的 R_1 和 R_2 值均明显小于大麻和苎麻，从而可将亚麻与大麻、苎麻区分开来。

从表 2 - 14 还可以看出，蕉麻和剑麻的 R_1 和 R_2 值均远远大于其他几种化合物，表 2 - 13 中的数据表明，蕉麻和剑麻的木质素含量较高，这充分说明这两组数据是相互吻合的。蕉麻和剑麻的 R_1 值虽然比较接近，但其 R_2 值却相差较大，剑麻的 R_2 值远远大于蕉麻。这一点也可用于区分蕉麻和剑麻。

3.5.2.4　显微镜观察法

1）仪器

莱卡显微镜：LEICA DMLS

纤维横截面切片器：WIRA precision microtome

2）测试程序

（1）纵面观察

将少许纤维排列整齐，置于载玻片上，加上一滴甘油（或其他透明剂），盖上盖玻片（注意不要带入气泡），放在 100 ~ 500 倍显微镜的载物台上观察其形态。

（2）横截面观察

利用纤维横截面切片器（WIRA precision microtome 或其他具有同等功能的切片器）制作厚度约 10μm 纤维横面切片，将切片置于载玻片上，加上一滴甘油（或其他透明剂），盖上盖玻片（注意不要带入气泡），放在 100 ~ 500 倍显微镜的载物台上观察其形态。

3）观察结果

显微镜下观察几种纤维的纵向和横截面外观特征结果见表 2 – 15。

表 2 – 15　纤维纵向和横截面特征

纤维	纵向特征	横截面特征
苎麻	单纤维：呈圆管状，表面粗糙，有明显横节及纵向条纹，并有左右倾斜或交叉裂纹，可清晰细胞腔，同一根纤维上各区段宽度不一致，有的部位宽有的部位窄，纤维两端渐尖，呈钝圆形或锥形；少数纤维呈带状，有天然扭转，扭转僵硬。 见图 2 – 38a	呈六角形或椭圆形，有较大的细胞中腔，从外边缘至中腔分布有辐线状的裂纹，此裂纹与纤维纵向观察到的纵向裂纹相对应。 见图 2 – 38b
亚麻	单纤维：圆柱杆状，表面较平滑，中段直径均匀，两端逐渐变细，端头尖削，有明显的横节纹及竹节状的膨胀节，横节与纵向基本垂直，纤维末端较尖锐；少数纤维呈带状，有纵向裂纹，无明显横节。 见图 2 – 39a	呈六角形，纤维壁厚，有椭圆形中腔。 见图 2 – 39b
大麻	单纤维：不规则椭圆形管状或呈三角形带状，表面粗糙，有不规则横节纹、左右倾斜裂纹；有天然扭转，扭转僵硬。 见图 2 – 40a	单纤维：不规则椭圆形，部分呈三角形，有中腔，中腔不规则椭圆形。 见图 2 – 40b
黄麻	单纤维：呈管状，部分呈带状，表面粗糙，有轻微横节纹，与纤维纵向垂直；有不连续中腔，中腔宽窄不一，部分区域中腔消失；纤维中段直径均匀，末端尖锐。 束纤维：表面粗糙，纵向有条纹，条纹产生于单根纤维的结合部，有轻微横节纹，偶尔可见竹节状膨胀节。 见图 2 – 41a	单纤维：不规则椭圆形或多边形，纤维壁厚，有不规则椭圆形中腔，中腔细小，大小不一，部分纤维没有中腔。 束纤维：呈多孔蜂窝状，孔径大小不一。 见图 2 – 41b

续表

纤维	纵向特征	横截面特征
红麻	单纤维：呈管状，部分呈带状，表面粗糙，有轻微横节纹，与纤维纵向垂直；有不连续中腔，中腔宽窄不一，部分区或中腔消失；纤维中段直径均匀，末端尖锐。 束纤维：表面粗糙，纵向有条纹，条纹产生于单根纤维的结合部，有轻微横节纹，偶尔可见竹节状膨胀节。 见图2－42a	单纤维：不规则椭圆形或多边形，纤维壁厚，有不规则椭圆形中腔，中腔细小，大小不一，部分纤维没有中腔。 束纤维：呈多孔蜂窝状，孔径大小不一。 见图2－42b
剑麻	单纤维：多数呈圆柱状，少数呈带状，表面较平滑，在长度方向上，纤维直径较均匀。细胞壁较厚，有轻微横节纹，有较大中腔，宽窄不一，纤维端部较尖 束纤维：表面平滑，纵向有条纹，条纹产生于单根纤维的结合部。 见图2－43a	单纤维：呈六角形或不规则椭圆形，中空，中腔呈圆形或椭圆形。 束纤维：束内纤维呈腰形分布，呈多孔蜂窝状。 见图2－43b
蕉麻	单纤维：表面平滑，有少许横节，横节与纵向垂直，纤维间直径均匀，部分有少许扭转，僵硬，纵向有条纹（中空条纹）。 束纤维：表面较平滑，纵向有条纹，条纹产生于单根纤维的结合部，有明显横纹，横节与纵向垂直，在长度方向上，纤维直径较均匀。 见图2－44a	单纤维：呈圆形或椭圆形，中空。 束纤维：呈多孔蜂窝状。 见图2－44b
竹原纤维	单纤维：表面较粗糙，呈圆柱状或带状，有中腔，纤维壁较厚，纤维中段直径均匀，端部逐渐变细，尖锐，僵硬，弯曲少。 束纤维：表面粗糙，纵向有条纹，条纹产生于单根纤维的结合部，在长度方向上，纤维直径较均匀。 见图2－45a	单纤维：呈六角形或不规则椭圆形，中空，中腔呈圆形或椭圆形，纤维壁厚。 束纤维：呈蜂窝状密集排布。 见图2－45b

苎麻

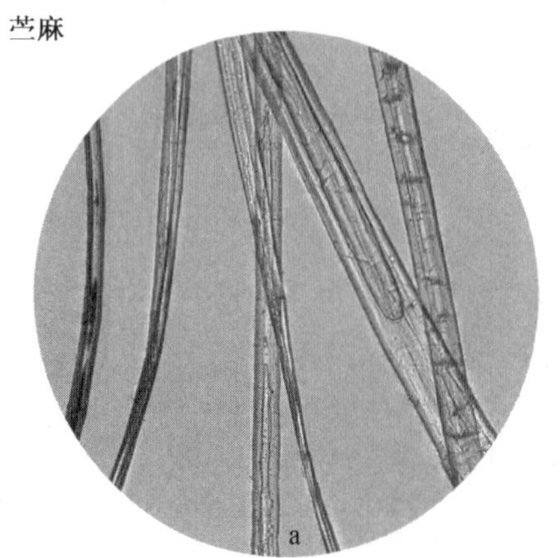

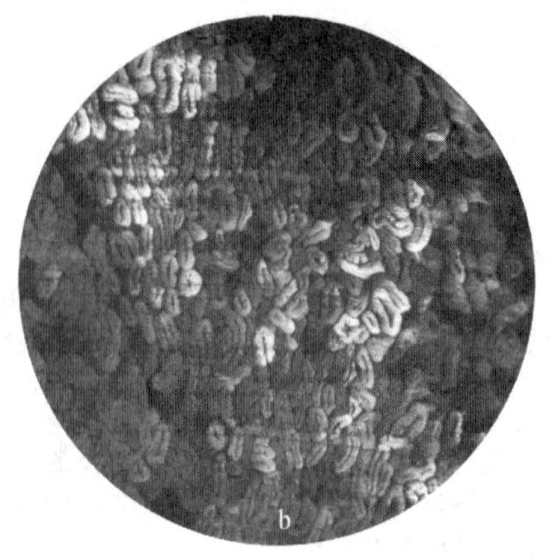

图2－38　苎麻显微照片

a—纵向200X；b—横截面200X

亚麻

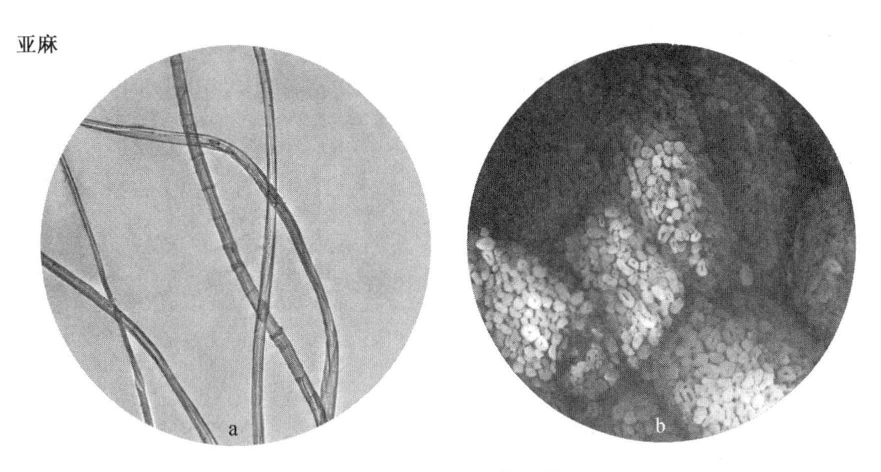

图2－39　亚麻显微照片

a—纵向200X；b—横截面200X

大麻

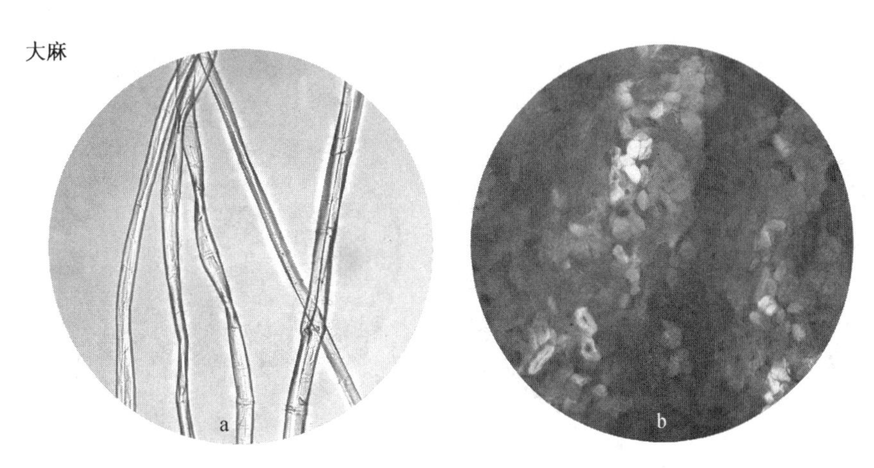

图2－40　大麻显微照片

a—纵向200X；b—横截面200X

黄麻

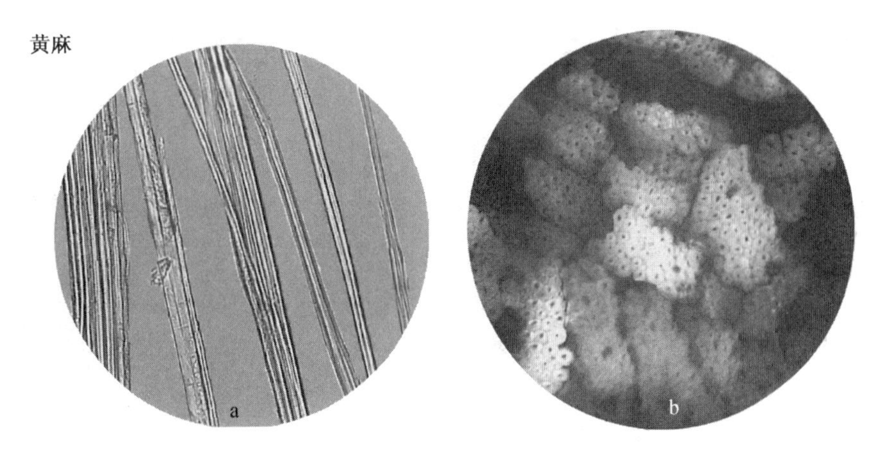

图2－41　黄麻显微照片

a—纵向200X；b—横截面200X

红麻

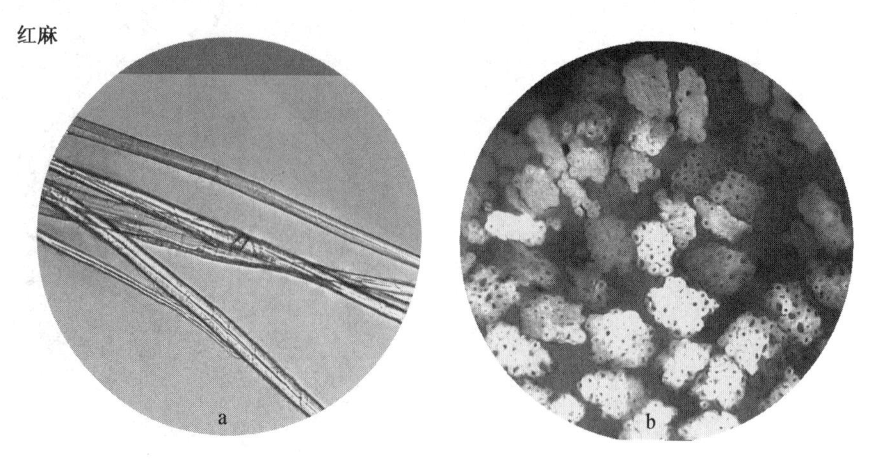

图 2-42　红麻显微照片

a—纵向 200X；b—横截面 200X

剑麻

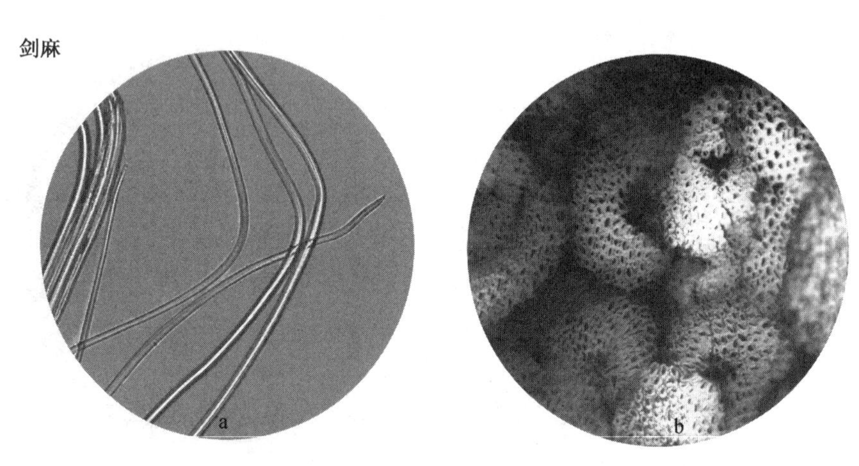

图 2-43　剑麻显微照片

a—纵向 200X；b—横截面 200X

蕉麻

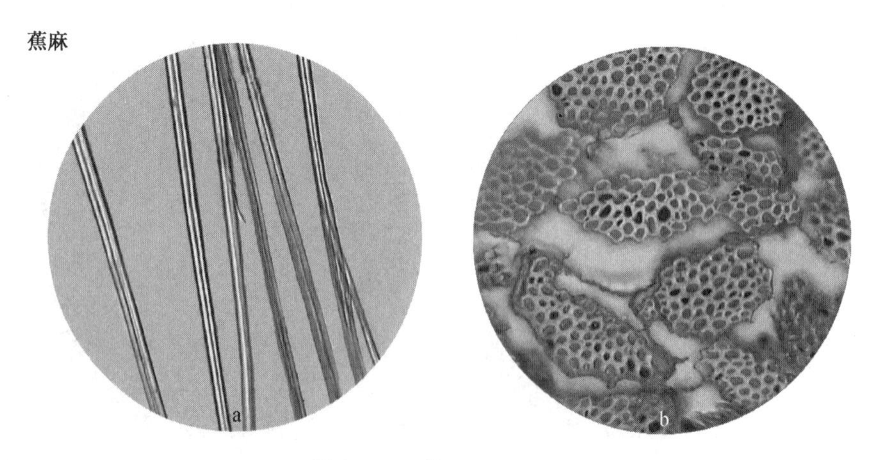

图 2-44　蕉麻显微照片

a—纵向 200X；b—横截面 200X

竹原纤维

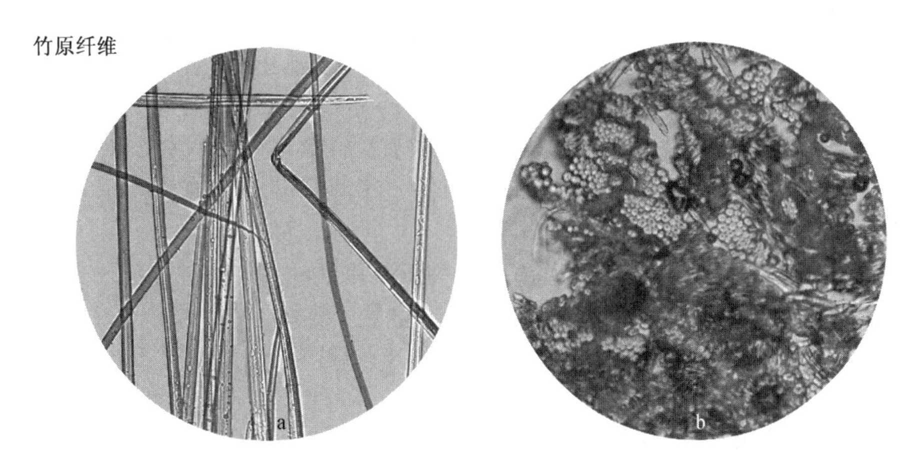

图2-45　竹原纤维显微照片

a—纵向200X；b—横截面200X

4）结果讨论

从表2-15和图2-38～图2-45中可以看出，除黄麻和红麻外，几种纤维均具有自己独特的显微特征，对于有经验的检验人员，除黄麻和红麻外，可以基本上区分纤维的属性，但是对于经精练处理纺纱、织布、染色处理后的常用苎麻、亚麻，可以通过显微镜下观察显微特征加以区分。而其他几种麻纤维因脱胶处理及后加工的程度不同，多数情况下仍处于束纤维状态，纵向特征有时些难以区分，并且，由于对产品中的纤维进行鉴别时，缺乏相互间的比较，需要相当的经验。

3.5.2.5　着色剂显色法

1）仪器：

低温烘箱：(37±2)℃。

2）着色剂

(1) SHIRLASTAINA 着色剂 A

(2) Herzberg 着色剂

Herzberg 着色剂由下列两种溶液配制而成：

① 氯化锌饱和溶液：将氯化锌加入到约100mL温水中，直到剩余溶质不再溶解，让其冷却至室温，并观察有氯化锌结晶出现，贮存此溶液于棕色试剂瓶中备用。

② 碘溶液：混合2.1g碘化钾和0.1g碘，用移液管缓慢加入5mL水，边加边搅拌，使其混合。

注：如果碘有残留而未被溶解，则可能是由于水加入太快，此溶液已报废需重配。

将15mL氯化锌溶液、1mL水和所有的碘溶液混合，静置6h以上，使任何沉淀物都沉降下去，轻轻倒出清液到棕色滴瓶中，并加入1小片碘。

注：不用时放在暗处，每两个月制备一次新液，并在使用前用已知纤维检查。

(3) GRAFF“C”显色剂

GRAFF“C”显色剂由下列4种溶液混合而成：

① 氯化铝溶液：（20℃，ρ = 1. 16g/mL），溶解约40g六水合氯化铝于10mL水中。

② 氯化钙溶液：（20℃，ρ = 1. 37g/mL），溶解约100g氯化钙于150mL水中。

③ 氯化锌溶液：（20℃，ρ = 1. 82g/mL），在约50mL温水中加入约100g干燥的氯化锌直至剩余溶质不再溶解，让其冷却至室温，并观察有少许氯化锌结晶体析出。

④ 碘溶液：将0. 9g碘化钾和0. 65g碘混合后，用滴管逐滴地加入50mL水，边加边搅拌，使其混合。

用移液管取20mL氯化铝溶液、10mL氯化钙溶液和10mL氯化锌溶液于一个容量瓶中使之混合均匀，再加入12. 5mL碘溶液进一步混合，静置于暗处，12h～24h后使任何沉淀物都沉降下去，轻轻倒出清液入棕色滴瓶中，并加入1小片碘。

（4）着色剂1号

由3种染料及蒸馏水配成：

分散黄SE－6GFL 3. 0g；

阳离子红X－GRL 2. 0g；

直接耐晒蓝B2RL 8. 0g；

以上三种染料溶于1000mL蒸馏水，作为贮备液，使用时稀释5倍。

（5）着色剂4号

由3种染料及蒸馏水配成：

分散黄SE－6GFL 3. 0g；

阳离子蓝X－GRRL 2. 5g；

直接桃红12B 3. 5g；

以上三种染料溶于1000mL蒸馏水，作为贮备液，使用时稀释5倍。

3）试验程序

不同纤维对不同染料或着色剂的染色性能不同，着色量不同，色相和颜色深浅会有不同程度的差别。

（1）SHIRLASTAINA着色剂染色

取织物试样约2cm×2cm，纱线试样10cm以上，散纤维试样0. 5g试样，用水充分浸透，取出沥干或用滤纸吸干，使含液率为100%，然后放入50mL的三角烧瓶中，按20∶1的浴比加入SHIRLASTIANA染色剂，常温振荡2min，然后充分水洗，取出沥干或用滤纸吸干，观察试样湿润状态下的颜色，然后将试样在室温下晾干或放在不超过37℃的烘箱内烘干，再观察试样干燥状态下的颜色，包括色相差别和颜色深浅差别。

（2）Herzberg着色剂染色

取织物试样约2cm×2cm，纱线试样10cm以上，散纤维试样0. 5g，用水充分浸透，取出沥干或用滤纸吸干，使含液率为100%，然后放入50mL的三角烧瓶中，按20∶1的浴比加入Herzberg着色剂，常温振荡3min，尔后充分水洗，取出沥干或用滤纸吸干，观察试样湿润状态下的颜色；然后将试样在室温下晾干或放在不超过37℃的烘箱内烘干，再观察试样干燥状态下的颜色，包括色相差别和颜色深浅差别。

（3）GRAFF“C”显色剂染色

取约0. 2克试样放入一试管中，加入约1mL GRAFF“C”显色剂，用玻璃棒挤压2min，使纤维充分染色后，取出沥干并用滤纸吸去多余液体，立即观察试样湿润状态下的颜色，包括色相差别和颜色深浅差别。

注：经 GRAFF“C”染色的纤维会很快褪色，如果是比较几个样品的染色差异，试验需同时进行。

（4）着色剂 1 号和着色剂 4 号试验

着色剂 1 号和着色剂 4 号试验的试验方法相同，取织物试样约 2cm × 2cm，纱线试样 10cm 以上，散纤维试样 0.5g，浸入 40℃水中缓慢搅拌 10min，使纤维充分浸透。将湿透的试样取出沥干并用滤纸吸去多余液体，放入煮沸的着色剂中煮沸 1min，立即取出，用自来水充分冲洗，观察试样湿润状态下的颜色；然后将试样在室温下晾干或放在不超过 37℃的烘箱内烘干，再观察试样干燥状态下的颜色，包括色相差别和颜色深浅差别。

4）测试结果与讨论

（1）SHIRLASTAINA 着色剂试验结果见表 2 – 16。

表 2 – 16　SHIRLASTAINA 着色剂 A 对各纤维的染色结果

纤　维		苎麻	亚麻	大麻	红麻	黄麻	剑麻	蕉麻	竹原纤维
本色	干态	紫红色（深）	闪蝶紫	闪蝶紫（浅）	金棕色	金棕色	金黄色	金黄色	丁香紫
漂白	干态	紫水晶	木槿紫	雪青灰	丁香紫	丁香紫	金黄色	金黄色	丁香紫

从表 2 – 16 可以看出，经过 SHIRLASTAINA 着色剂的着色试验可以将几种纤维分为二组，即苎麻、亚麻、大麻、竹原纤维一组；红麻、黄麻、剑麻和蕉麻一组。因此，用此法可作为区分几种纤维的辅助鉴别方法。

（2）Herzberg 着色剂试验结果见表 2 – 17。

表 2 – 17　Herzberg 着色剂对各纤维的染色结果

纤　维		苎麻	亚麻	大麻	红麻	黄麻	剑麻	蕉麻	竹原纤维
本色	湿态	酒红色	酒红色	酒红色	酒红色	酒红色	浅酒红色	浅酒红色	深酒红色
漂白	湿态	酒红色	酒红色	酒红色	酒红色	酒红色	浅酒红色	浅酒红色	深酒红色

从表 2 – 17 可以看出，Herzberg 着色剂进行显色试验，几种纤维的着色没有明显差异，因此，用此两种着色剂无法区分这几种纤维。

（3）GRAFF“C”着色剂试验结果

用 GRAFF“C”着色剂分别对未漂白和已漂白的各样品着色，结果与 Herzberg 着色剂显色效果相同。

（4）1 号着色剂试验结果

分别对未漂白和已漂白的各样品着色，结果见表 2 – 18。

表 2 – 18　1 号着色剂对各纤维的染色结果

纤　维		苎麻	亚麻	大麻	红麻	黄麻	剑麻	蕉麻	竹原纤维
本色	干态	藏蓝色	藏蓝色	龙胆紫	雪紫	雪紫	雪紫	深烟红	藏黑蓝
漂白	干态	藏蓝色	藏蓝色	藏蓝色	雪紫	雪紫	雪紫	深烟红	藏黑蓝

从表2－18可以看出，经过1号着色剂的着色试验可以将几种纤维分为三组，即苎麻、亚麻、竹原纤维一组；大麻、红麻、黄麻、剑麻一组和蕉麻。因此，用此法可作为区分几种纤维的辅助鉴别方法。

（5）4号着色剂试验结果

分别对未漂白和已漂白的各样品着色，结果见表2－19。

表2－19　4号着色剂对各纤维的染色结果

纤　维		苎麻	亚麻	大麻	红麻	黄麻	剑麻	蕉麻	竹原纤维
本色	干态	凤仙紫	凤仙紫	龙胆紫	钛青	钛青	钛青	钛青	藏黑蓝
漂白	干态	凤仙紫	木槿紫	丁香紫	钛青	钛青	钛青	钛青	藏黑蓝

从表2－19可以看出，经过4号着色剂的着色试验可以将几种纤维分为三组，即苎麻、亚麻、大麻一组；红麻、黄麻、剑麻、蕉麻一组和竹原纤维。因此，用此法可作为区分几种纤维的辅助鉴别方法。

综合上述结果比较后，推荐采用1号着色剂和4号着色剂作为几种纤维鉴别的验证手段。

3.5.2.6　化学溶解试验法

1）试剂

以下所用试剂均为分析纯

（1）98%硫酸

（2）70%硫酸

（3）36%～38%盐酸

（4）15%盐酸

（5）硝酸

（6）混酸溶液

（7）次氯酸钠

（8）氧化铜氨溶液

（9）二甲基亚砜

2）试验程序

在直径为18mm的试管中加入约10mg的试样和15mL的试剂，按规定的温度和时间处理，观察各试剂对纤维的溶解状况。常温溶解：搅动5min溶解；立即溶解：1min溶解；溶解：3min溶解。

3）试验结果

因同为纤维素纤维，化学性能相近，为进一步了解各种纤维的溶解特性是否有一些细微的差异，采用纤维定性常用的98% H_2SO_4、70% H_2SO_4、混酸、37% HCl、15% HCl、硝酸、次氯酸钠、氧化铜胺、二甲基亚砜分别在常温和沸腾条件下对8种纤维进行溶解试验，结果发现8种纤维具有一致的溶解特性。

但在进行盐酸溶解试验中发现各种纤维的变色反应存在明显差异。

取约 0.5g 左右的试样放入试管中，加入 5mL15% 的 HCl，常温浸泡 5min，再用酒精灯加热至沸腾，观察纤维的颜色变化情况见表 2－20 和图 2－46。

表 2－20　各纤维在盐酸溶液中的颜色变化

纤维	苎麻	亚麻	大麻	红麻	黄麻	剑麻	蕉麻	竹原纤维
本色	不变色	不变色	不变色	深砖红	深砖红	浅砖红	褪色	褪色
漂白	不变色	不变色	不变色	砖红	砖红	浅砖红	不变色	不变色

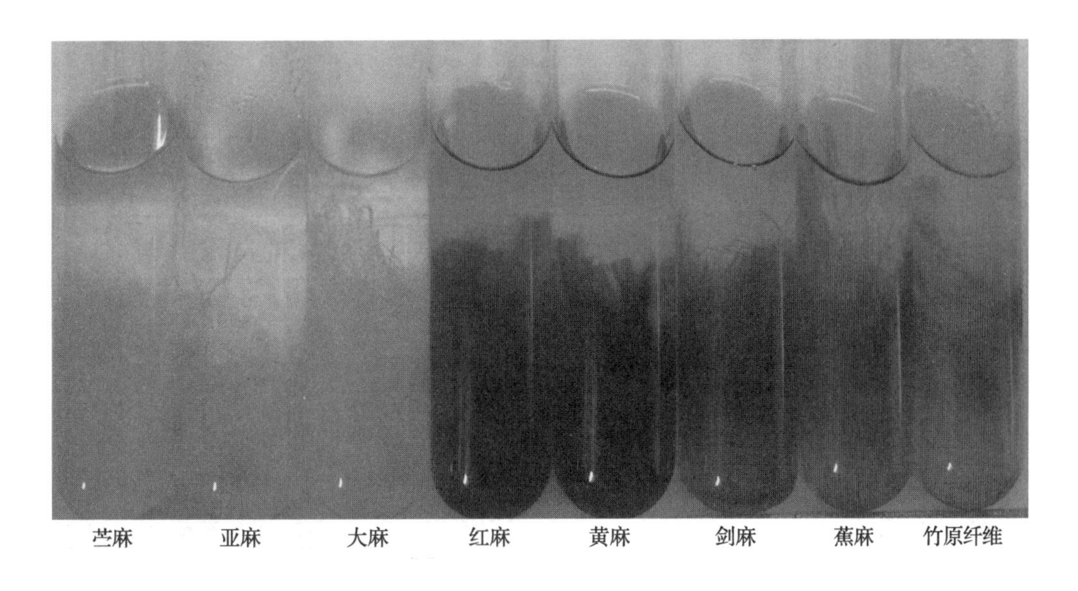

图 2－46　纤维在盐酸溶液中的颜色变化

4）结果讨论

从表 2－20 可以看出，经过盐酸变色试验可以将几种纤维分为三组，即苎麻、亚麻、大麻相同；红麻、黄麻、剑麻相同；蕉麻、竹原纤维。因此，用此法可作为区分各纤维的辅助鉴别方法。如：用于大麻与黄红麻的区分时非常方便。

3.6　结论

结合上述六种纤维鉴别法的研究分析结果，依据各种纤维的旋转方向，纵、横截面的显微形态特征，灼烧残留物的特征，盐酸溶液中的显色反应，红外光谱特征以及木质素与纤维素的比值等加以系统分析，综合利用各项特征，得出一个系统的麻类纤维及竹原纤维的鉴别方法，见图 2－47。按照此系统鉴别方法，可对常用麻类纤维及竹原纤维实现快速、准确、灵活、简便的鉴别，进一步完善现有纺织纤维的鉴别方法体系。

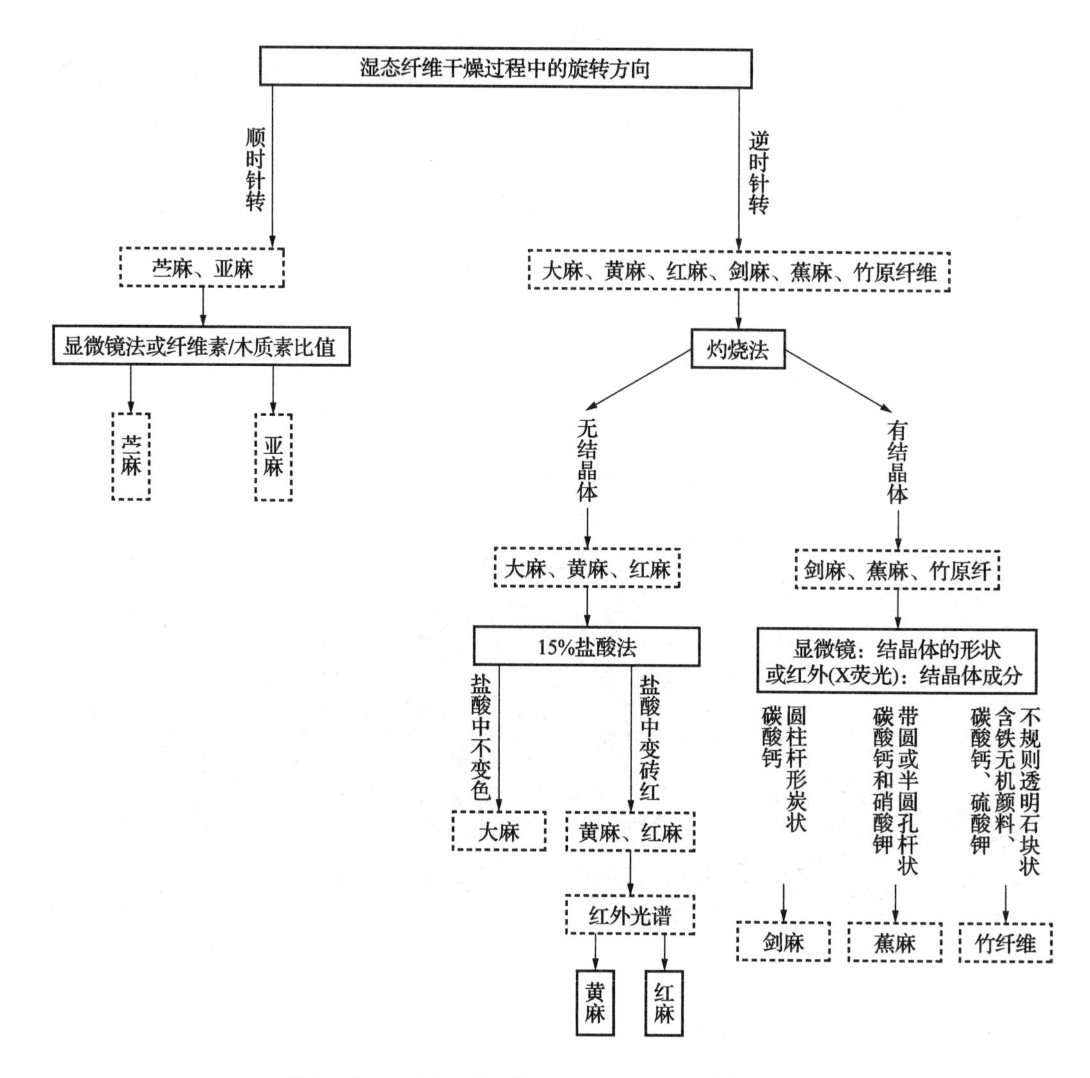

图 2－47　常用麻类纤维及竹原纤维的系统鉴别方法

第 4 节　新型再生纤维素纤维与棉的定量分析方法研究

4.1　概述

建立棉纤维和新型再生纤维素纤维（包括：再生竹纤维，铜氨纤维，莫代尔，天丝，丽赛、纽代尔、圣麻纤维）混纺产品的定量分析方法。由于再生纤维素纤维的性质与棉纤维极为相近，因此其相互间的混纺产品的定量分析一直是纺织检测分析中的一项难题。整体研究实验分为四部分：第一部分是确认现有国内外方法标准的适用性，发现并解决存在的问题，确定其适用范围；第二部分是尝试不同于现行国内外标准方法中涉及的试剂的可行性，并确定其方法的技术参数和适用范围，然后从各可行的方法中选出并推荐操作性强、成本低、环保无毒的可行性方法；第三部分是探讨可行的仪器分析手段在棉与再生纤维素纤维定性定量分析上的应用；第四部分是探讨几种再生纤维素纤维之间的定量分析的可行性方法。最终力求找到一个系统、完整，并且可操作性强的定量分析方法，以进一步完善现有纺织纤维含量分析方法体系。

4.2　目前此类纺织纤维鉴别的检测技术及标准概况

4.2.1　国内外标准现状

国际标准：ISO 1833 -5：2006 Textiles - Quantitative chemical analysis - Part 5：Mixtures of viscosw，cupro or modal and cotton fibres（method using sodium zincate）、ISO 1833 -6：2006 Textiles - Quantitative chemical analysis - Part 6：Mixtures of viscosw orcertain typer of cupro or modal or lyocell and cotton fibres（method using formic acid and zinc chloride）

美国国家标准：AATCC 20A -2007 Fiber Analysis：Quantitative 纤维分析：定量。

澳大利亚国家标准：AS2001. 7. 2005 纺织品测试方法 - 纤维混合物定量分析（BS4407：1988MOD）。

英国国家标准：BS 4407 -1988 纤维混合物的定量分析。

日本国家标准：JISL 1030 -2 纤维混合物数量分析的测试方法　第2部分：纤维混合物定量分析。

德国国家标准：DIN54200 -1974 纺织品的检验，用溶解法测定纤维混纺成分的定量测定，原理及应用范围。

中国国家标准：GB/T 2910. 5—2009 纺织品　定量化学分析　第5部分：粘胶纤维、铜氨纤维或莫代尔纤维与棉的混合物（锌酸钠法）、GB/T 2910. 6—2009 纺织品　定量化学分析　第6部分：粘胶纤维、某些铜氨纤维、莫代尔纤维或莱赛尔纤维与棉的混合物(甲酸 - 氯化锌法)。

4.2.2　国内外标准中的方法分析

目前可查到的正式发布的标准中含有再生纤维素纤维与棉的混纺含量分析方法如下：

1）国际标准 ISO 1833 -5《锌酸钠法》其适用范围为：适用于已除去非纤维物质后的粘胶、大多数铜氨纤维、莫代尔纤维和原棉、煮炼棉、漂白棉的两组分混合物。国际标准 ISO 1833 -6《甲酸/氯化锌法》适用范围为：适用于已除去非纤维物质后的粘胶、某些铜氨、莫代尔、莱赛尔与棉纤维的两组分混合物。但该方法受到以下严格的使用限制：

（1）如试样中有铜氨或高湿模量纤维存在时，则应预先试验是否溶于试剂。

（2）该方法不适用于下述两种情况：混合物中的棉已经受到严重的化学降解；粘胶、铜氨、莫代尔或莱赛尔纤维中存在不能完全去除的耐久性整理剂或活性染料，致使其不能完全溶解。

也就是说，该方法在用于新型再生纤维素纤维时，除再生竹纤维外，均需①进行预试验，以确认其是否溶于试剂；②确认混纺产品中的棉是否已经受到严重的化学降解；

确认纤维中是否存在不能完全去除的耐久性整理剂；③确认产品中是否使用了活性染料。

2）中国标准 GB/T 2910.5 和 GB/T 2910.6 等同采用了 ISO 标准中的《锌酸钠法》和《甲酸/氯化锌法》。

3）美国 AATCC 标准 2000 版中的《59.5% 硫酸溶解法》适用于除去非纤维物质后的粘胶与棉、麻的二组分混纺产品。但新的标准增补内容中声明，该方法结果不准确。

4）日本 JISL 标准中《60% 的硫酸法》适用于去除了非纤维物质后的粘胶与棉、亚麻或苎麻纤维的二种纤维混用纺织品，该方法与美标的《59.5% 硫酸溶解法》所限定的溶液密度范围一致，结果的准确性受到了质疑；《混酸法》适用于去除了非纤维物质后的经丝光处理后的棉与高湿模量的粘胶纤维（富纤）的二种纤维混用纺织品；《锌酸钠法》和《甲酸/氯化锌法》等同采用了 ISO 标准中的方法。

综上所述，在已发布的标准方法中，可用于再生纤维素纤维与棉的含量分析的方法，均受到一定的限制。而可用于高湿模量的再生纤维素纤维与棉的定量分析的方法只有《锌酸钠法》、《甲酸/氯化锌法》和《混酸法》，但是前两种方法不适用于含活性染料的产品，而活性染料是目前应用于纤维素纤维产品染色的最常用染料，后一种方法又仅适用于丝光棉，因此适用范围受到了严重的限制，急需再开展新的方法进行补充。

4.3 研究的意义

进入新世纪，资源与环境问题引起了人们越来越多的关注。在这一背景下，天然纤维素再次得到了重视。自然界纤维素年产量约 1000 亿吨，大约只有 2.5% 是通过再生途径制作成纤维等加以利用的。纤维素资源十分丰富，纤维素是可再生的自然资源，具有可持续性；且纤维素具有环保性，可参与自然界的生态循环。作为纺织纤维，纤维素纤维具有优良的吸湿性、穿着舒适性，一直是纺织品和卫生用品的重要原料。所以纤维素纤维是新世纪最理想、最有前途的纺织原料之一。近年来，出现了众多新型纤维如 Modal、Tencel 等新一代再生纤维素纤维，且已从实验室研制产品发展为批量生产的市场商品，其中以再生竹纤维、木代尔纤维（modal）、天丝纤维（lyocell）、丽赛（richcel）等纤维的开发利用成效最为突出，成为重要的纺织原材料，已被广泛应用于服装面料的生产；该类纤维的生产及相关产品的开发、生产加工、贸易已成为纺织行业发展的新亮点，是纺织行业进行产品革新、实现产品升级换代、增加产品附加值的主要手段。因该类新型再生纤维具备天然纤维的优异特性而获消费者青睐，为相应的产品开发、生产加工、贸易提供了广阔的市场前景，已成为纺织业发展的新增长点。

与突飞猛进的新型纤维生产技术发展和产品开发相比，由于生产技术涉及商业机密，相应的检测技术明显落后，虽然再生竹纤维、木代尔纤维（modal）、天丝纤维（lyocell）、丽赛（richcel）等纤维的化学成分与粘胶纤维基本相同，但由于生产工艺技术的差异，化学结构就存在着细微的差异，化学特性特别是溶解特性发生了较大的变化，以前适用于粘胶纤维含量的检测方法，现已无法适用于上述新型再生纤维素纤维的分析。

纤维含量分析是进出口服装检测的重要内容，是纺织品在加工、贸易和使用过程中不可缺少的重要检测指标，也是反欺诈检验工作的重要部分，长期以来一直是纺织品的重要测试项目之一。GB 5296.4《纺织品和服装使用说明》中最关键的一项就是纤维含量分析。各国法规也均有对纤维含量标识的要求。缺乏分析鉴别方法，则会导致在进出口商品监督管理中缺乏相应技术支持，使相关产品的采购、验收、推广应用及监督管理缺乏依据，造成市场混乱，在一定程度上也会制约新型纤维产品的开发和贸易发展。因此，新型再生纤维素定量分析方法的研究具有迫切性和实用意义，将对相关产业的发展起着重要促进作用。

4.4　近年来新开发的再生纤维素纤维的种类与特征

4.4.1　各种再生纤维素纤维的生产原理

1）粘胶：它是以天然纤维素为原料，经碱化、老化、黄化等工序制成可溶性纤维素黄酸酯，再溶于稀碱液制成粘胶，经湿法纺丝而制成，聚合度大约在250～300，结晶度为30%左右。粘胶纤维的具体生产工艺流程如下：

纤维素→碱化→老成→黄化→溶解→熟成→过滤→脱泡→纺丝→集束→水洗→脱硫→水洗→漂白→水洗→酸洗→水洗→上油→脱水→切断→烘干→包装→成品。

2）铜氨：它是将棉短绒等天然纤维素原料溶解在氢氧化铜或碱性铜盐的浓氨溶液内，配成纺丝液，在凝固浴中铜氨纤维素分子化学物分解再生出纤维素，生成的水合纤维素经后加工即得到铜氨纤维。其聚合度比普通粘胶的大，可达450～550。

3）再生竹纤维：第一类：天然竹纤维——竹原纤维是采用物理、化学相结合的方法制取的天然竹纤维。制取过程：竹材→制竹片→蒸竹片→压碎分解→生物酶脱胶→梳理纤维→纺织用纤维。第二类：化学竹纤维——化学竹纤维包括再生竹纤维和竹炭纤维。再生竹纤维是一种将竹片做成浆，其制作加工过程基本与粘胶相似，聚合度在400～500，结晶度在40%左右。但在加工过程中竹子的天然特性遭到破坏，纤维的除臭、抗菌、防紫外线功能明显下降。竹炭纤维是选用纳米级竹香炭微粉，经过特殊工艺加入粘胶纺丝液中，再经近似常规纺丝工艺纺织出的纤维产品。

4）莫代尔纤维：莫代尔纤维是一种高湿模量再生纤维素纤维，该纤维的原料采用欧洲的榉木，先将其制成木浆，再通过专门的纺丝工艺加工成纤维，其聚合度为410～450，结晶度大约为44%。纤维的整个生产过程中没有任何污染。它的干强接近于涤纶，湿强要比普通粘胶提高了许多，光泽、柔软性、吸湿性、染色性、染色牢度均优于纯棉产品。

5）中国台湾莫代尔纤维：也称Formotex纤维，是一种新型纤维素纤维，是中国台湾化学纤维股份有限公司生产的一种木浆纤维，属于纯天然纤维素，是以木材为原料，经新工艺和高科技手段加工而成的。Formotex纤维比重与竹纤维接近。纤维含杂少。纤维大分子上含有大量的亲水性基团，吸湿性好，回潮率接近于竹纤维和粘胶纤维，结晶度比粘胶大。

6）丽赛纤维：丽赛（也称Richcel，学名Polynosic）纤维是日本东洋纺公司生产的一种新型的高湿模量纤维素纤维，聚合度为550~650，结晶度在48%左右。它是用100%高纯度精制木浆制成的浆粕，用日本东洋纺高湿模量纤维Tufce专有技术的粘胶法生产的新型纤维。丽赛既有传统粘胶纤维较好的服用性能，又有优异的湿态强力，并有良好的耐碱性，可以进行丝光处理。

7）莱赛尔纤维：天丝（Tencel）是Lyocell纤维的商品名，聚合度在500~600之间，结晶度大约是50%，是一种溶剂型纤维素纤维，是最典型的绿色环保纤维。其环保特点：原料来自木材，可不断自然再生，将木材制成木浆，采用（NMMO）纺丝工艺，将木浆溶解在氧化铵溶剂直接纺丝，完全在物理作用下完成，氧化铵溶剂循环使用，回收率达99%以上，无毒、无污染，天丝产品使用后可生化降解，不会对环境造成污染。Lyocell纤维有长丝和短纤维，短纤维分为普通型（未交联型）和交联型，前者就是天丝G100，后者是天丝A100。

8）纽代尔纤维：纽代尔纤维（Newdal）是以可再生的优质棉/木浆为原料生产的一种高湿模量纤维，聚合度在380~410左右，具有较高的强力，性能和莫代尔相似。

9）圣麻纤维：圣麻纤维是以广泛盛产的麻材为原料，采用自有的专利技术开发的一种新型纤维素纤维，该纤维具有干湿强度高、吸湿透气性好、抑菌防霉等特性，其织物具有手感滑爽、悬垂性好、色泽亮丽、布面组织丰满圆滑的个性，是一种新型、健康、时尚、绿色环保的生态纺织纤维。圣麻纤维的聚合度为400~500，结晶度为25%~40%，取向度为84.3%，对酸和氧化剂的抵抗力差，而对碱的抵抗力较强，其稳定性低于天然纤维素纤维。

4.4.2 对再生纤维素纤维和棉纤维的纤维结构分析

1）棉纤维

棉纤维的结构一般包括大分子结构，超分子结构和形态结构，前两者合称为微观结构。成熟的棉纤维绝大部分由纤维素组成。

棉纤维的大分子结构：纤维素是天然高分子化合物，其分子式为（$C_6H_{10}O_5$）$_n$，大分子结构式如图2-48所示。

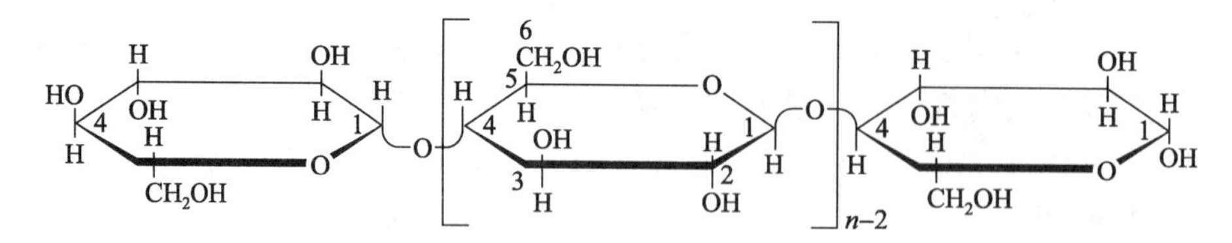

图2-48 纤维素的大分子结构式

纤维素是一种多糖物质，每个纤维素大分子是由n个葡萄糖剩基（葡萄糖酐），彼此以1~4甙键（氧桥）联结而形成的。所以纤维素大分子的基本链节（基本单元或单基）是葡萄糖剩基，在大分子结构式中为不对称的六环形结构，也称氧六环。相邻两个氧六环彼此的位置扭转180°，依靠甙键（—O—）连成一个重复单元，即大分子单元结构是纤维素双糖（即纤维糖酐，是由两个葡萄糖酐组成），长度为1.03nm（即10.3Å），是纤维素大分子结构的恒等周期。纤维素大分子的官能团是羟基和甙链。羟基是亲水性基团，使棉纤维具有一定的吸湿能力；而甙键对酸敏感，所以棉纤维比较耐碱而不耐酸。

棉纤维的超分子结构：超分子结构是指大于分子范围的结构，又称聚集态结构。大分子之间依靠分子结合力能形成多级的超分子结构。各种单基组成的各种聚合度的直线链状大分子，在纤维内一般具有相对稳定的三维的空间几何形状，几根直线链状大分子互相平行，按一定距离、一定位相、一定相对形状，比较稳定地结合在一起，成为结晶态的很细的大分子束，纤维素大分子之间是依靠范德华力和氢键而结合的，一根棉纤维中同时存在着结晶区和无定形区，其结晶度约为 70% 。

棉纤维的形态结构：形态结构一般是指测试手段能观察辨认的具体结构，其尺寸随着测试手段的发展不断变小。形态结构又分微型态结构和宏形态结构。微型态结构是指电子显微镜能观察到的结构，如微纤、微孔和裂缝等。

2）再生纤维素纤维

从生产工艺看，目前再生纤维素纤维基本可分为两类：一类是以粘胶纤维为代表的传统型生产工艺产品，这其中包括普通粘胶纤维、高湿模量粘胶纤维、Modal 纤维等；另一类是以 Lyocell 纤维为代表的新型溶剂法，即 NMMO 生产工艺。

从大分子结构看，几种再生纤维素纤维均是由纤维素大分子构成。它们的结构特征见表 2－21。

表 2－21　各种纤维的微观指标

指　标	纤　　维			
	聚合度	结晶度	取向度	密度/(g/cm^3)
普通粘胶	250～300	30%	0.510	1.51
高湿模量粘胶纤维	350～450	44%	0.600	
富强纤维	500	48	0.700	
再生竹纤维	400～500	40%	0.376	1.49
铜氨纤维	450～550	较高	未知	1.52
莫代尔纤维	410～450	44%	0.6	
丽赛纤维	550～650	48%	0.7	
天丝纤维	500～600	50%	0.998	
纽代尔纤维	380～410	30%	未知	
圣麻纤维	400～500	25% ～40%	0.843	
棉	10000～15000	50% ～70%（64.5）	60% ～70%	1.54

Lyocell 纤维与富强纤维的聚合度高于普通粘胶纤维和高湿模量粘胶纤维。Lyocell 纤维有更集中的分子量分布。纤维的聚合度对纤维物理机械性质，尤其是对断裂强度、勾强和疲劳强度有一定影响。一般情况下随着纤维素聚合度的增加，纤维的强度有所增加。

超分子结构要素主要包括结晶度、晶粒大小、结构单元沿纤维轴的取向度等。每一结构要素对纤维的物理机械性能都有一定的影响。使用不同结构因素相结合的方法，可以在很广的范围内改变和调节纤维的物理结构，从而改变纤维的物理机械性能。各种再生纤维素纤维的品种较多，各品种的物理机械性能差别较大，主要是使用不同的成形工艺，获得具有不同结构的纤维，因而纤维的性质也各异。

Tencel 纤维属单斜晶系纤维素Ⅱ晶型。Tencel 纤维的结晶度高于其他各种再生纤维素纤维。Tencel 纤维比其他各种再生纤维素纤维有更高的取向度和沿纤维轴向的规整性。Tencel 纤维内部结构紧密，缝隙孔洞少。由于 Tencel 纤维取向度很高，纤维易于原纤化。

富强纤维的超分子结构特点是有较高的结晶度，晶粒大，有较高的取向度。由于富强纤维的大晶粒结构，纤维脆性较高，疲劳性能较差，勾强也较低。

竹纤维的结晶结构也为纤维素Ⅱ晶型，结晶度、聚合度与普通粘胶纤维相接近，取向度最低。

高湿模量粘胶纤维超分子结构特点是聚合度、结晶度与取向度高于普通粘胶纤维，小于富纤与 Tencel 纤维，结晶颗粒较富强纤维小，适中。

4.5 实验

4.5.1 样品

4.5.1.1 试样

1）棉：原棉、棉坯布和经煮炼、漂白和丝光、染色工艺处理后的织物。

2）粘胶：短纤（兰精）。

3）铜氨：长丝（旭化成）。

4）天丝：短纤，A100，G100，两种（兰精）。

5）莫代尔：短纤，普通和超细两种（兰精），我国台湾产 1 种。

6）丽赛：短纤，山东和上海产，两种。

7）再生竹纤维：短纤，河北产。

8）纽代尔：短纤，青岛产。

9）圣麻纤维：短纤，青岛产。

4.5.1.2 试样准备

对待测样品进行适当的预处理，使之充分疏松并去除非纤维物质。

染色所用染料为活性染料：Bes 金黄，Bes 红，Bet 军蓝 3 种搭配。

4.5.2　主要研究内容

到目前为止用于纤维含量分析的方法主要有两类：一是化学试剂溶解法，二是显微投影法，除此之外，近年来出现了有关利用紫外分光法和近红外光谱法进行纤维含量分析的初步探讨研究。因此，本研究也将从多种方法和角度探讨其可行性。但化学试剂溶解法是最为方便快捷方法，故将研究的重点放在利用两种纤维的水解性差异找出可行的试剂溶解法，并尝试紫外分光法的可行性。

4.5.2.1　化学溶解法的研究

4.5.2.1.1　纤维素纤维结构及溶解特性分析

纤维素大分子的基本链节是葡萄糖基。相邻的葡萄糖剩基转过 180°，彼此以甙键 - O - 相连而形成大分子，其链节结构为纤维素甙糖。葡萄糖剩基的氧六环上有三个羟基 - OH，羟基和甙键是纤维素大分子的官能团，他们决定纤维素纤维比较耐碱不耐酸（甙键对酸比较敏感）紫外线会使甙键变弱，发生氧化降解作用，使纤维强力下降。

由表 2 - 21 可以看出，虽然同属纤维素纤维，但是棉与其他再生纤维素纤维的聚合度、结晶度以及取向度都存在差异，这样就为化学溶解法测棉与再生纤维素纤维的混纺比提供了可能。

1）纤维素在酸中的溶解机理

纤维素大分子的 1，4 甙键对酸的稳定性很低，在适当的氢离子浓度、温度以及时间条件下，会发生水解而降解，使相邻两葡萄糖单体间碳原子和氧原子所形成的化学键发生断裂。

用浓 H_2SO_4 和浓 HCL 进行水解时，发生均相水解，水解反应以均匀的速度进行，反应产物就是 D—葡萄糖。

稀酸对纤维素的水解反应是在多相介质中进行的。过程初期，试剂迅速渗入纤维的无定形区，使这个区域的大分子降解，这时水解速率很快，当无定形区全部被破坏后，由于试剂向结晶区内渗透较为困难，所以只能使结晶区发生由表及里的水解反应，这时水解反应速率明显降低，同时纤维素发生解体。

因此，可以利用棉纤维与相关再生纤维素纤维的聚合度、结晶度等性质差异，选择一定配方的酸性试剂溶解再生纤维素纤维，保留棉纤维，然后计算得到两组分的含量即混纺比例。水解过程示意图见图 2 - 49。

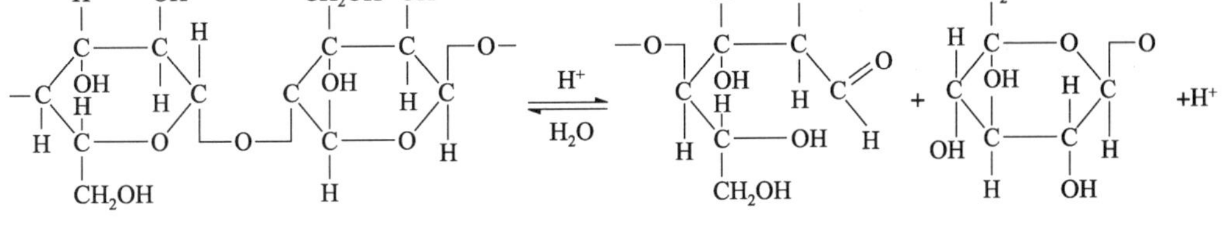

图 2 - 49　纤维素溶解酸性条件下水解过程示意图

2）纤维素在离子液体中的溶解机理

纤维素在离子液体溶剂体系中的溶解机理可以按照 EDA（电子设计自动化）理论进行解释。溶解过程可描述如下：纤维素 - OH 基的氧原子和氢原子参与 EDA 的相互作用，氧原子起了电子对给予体的作用，而氢原子作为电子接受体。离子液体溶解纤维素的过程见图 2 - 50。

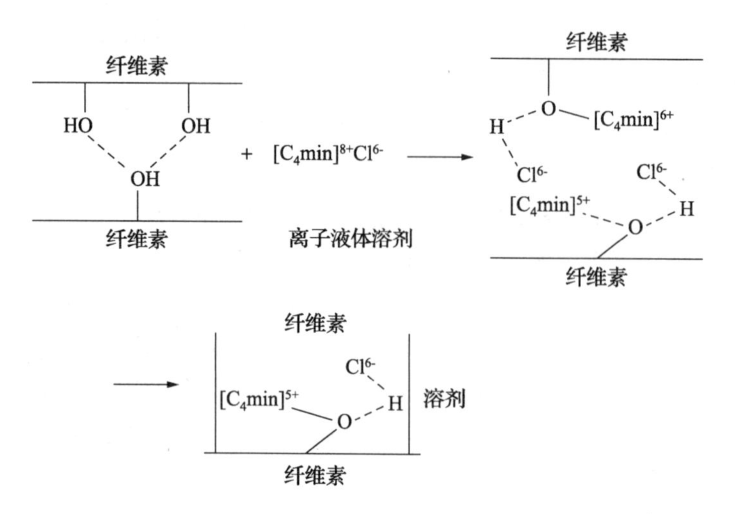

图 2 - 50　纤维素在离子液体中的溶解机理

例如，1 - 丁基 - 3 - 甲基咪唑氯盐离子液体中的咪唑阳离子是一个电子接受体中心，而阴离子 Cl^- 作为电子给予体中心，两个中心在空间的位置适合与 - OH 基的氧原子和氢原子相互作用，引起 - OH 基的氧原子和氢原子分离，使纤维素中分子链间的氢键打开，从而实现纤维素的溶解。

3）有机溶剂体系溶解机理

有机溶剂体系如 LiCl - DMAc（二甲基乙酰胺）体系和 4 - 甲基吗啉 - N - 氧化物（NMMO）/水体系。

（a）LiCl - DMAc 体系

二甲基乙酰胺（DMAc）分子中存在着电负性高的 N 原子和 O 原子，由于 N 原子和 O 原子含有孤对电子，它们易与具有空轨道的原子形成配位键。当 DMAc 与 LiCl 相作用时，生成 Li - O 配位键，同时生成了 $Li^+(DMAc)_X$ 大阳离子。这使 Li^+ 与 Cl^- 离子之间的电荷分布发生变化，氯离子带有更多的负电荷，从而增强了氯离子进攻纤维素羟基上的氢的能力，使纤维素与 DMAc - LiCl 之间形成了强烈的氢键，因而也使纤维素得以以大分子形式存在，得到真溶液，溶解机理如图 2 - 51。

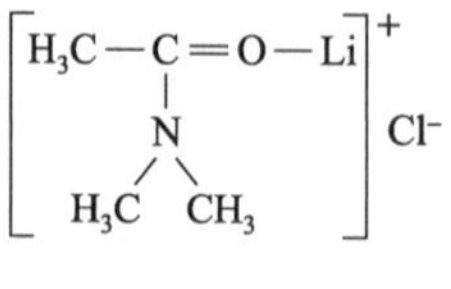

$$\left[\begin{array}{c} H_3C-C=O-Li \\ | \\ N \\ / \quad \backslash \\ H_3C \quad CH_3 \end{array}\right]^+ Cl^-$$

图 2 - 51　LiCl - DMAc 配位机理

（b）NMMO 体系

NMMO 属于环状叔胺氧化物，熔点 184.2℃，易溶于水，并能与 1－4 分子的水形成结晶水化物。通常情况下，NMMO 以一水化合物存在，熔点为 72℃。NMMO 与纤维素作用的机理：从 NMMO 结构上看，六元环上的 N 原子提供一对电子与具有空轨道的 O 原子形成配位键，使 O 原子上的电子云密度增加，N 原子周围的电子云密度降低，从而增强了 N→O 基团进攻纤维素上的羟基的能力，使纤维素与 NMMO 溶剂间形成了新的氢键，切断了纤维素分子间的氢键，最终使纤维素以分子的形式溶解在 NMMO 中，形成分散均匀的均相溶液，如图 2－52 所示。

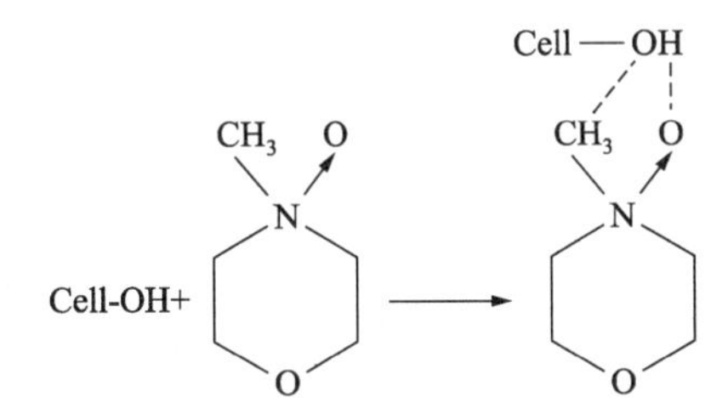

图 2－52　溶解机理

（c）NaOH/尿素或硫脲/水体系

此体系属于水溶剂体系，在水溶剂体系中除了以铜氨溶液为代表的配合物类外，目前研究较多的是基于碱金属氢氧化物的溶剂体系。由于纤维素结构中的羟基本身是有极性的，因此各种碱液是纤维素良好的润胀剂。碱溶液中的金属通常以"水合离子"形式存在，半径很小，很容易进入纤维素分子之间，打开它们之间的作用力，使纤维素溶于碱液中，将一定量的尿素和硫脲加入氢氧化钠水溶液中可以改善纤维素的溶解性能，溶解机理如图 2－53 所示。

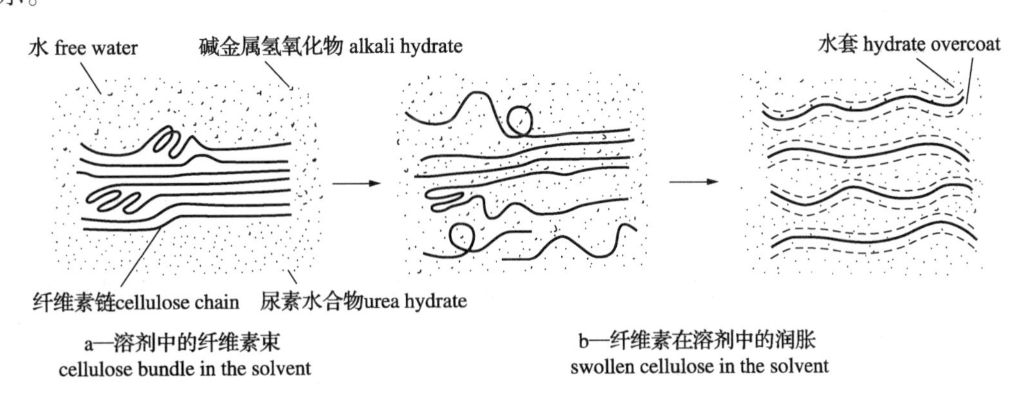

图 2－53　溶解机理

NaOH/尿素或硫脲/水体系的溶解原理是：第一步是纤维素在氢氧化钠的作用下生成带负电荷的碱纤维素，使纤维素剧烈溶胀而拆散无定形区和部分晶区大分子间的结合力；第二步是硫脲和尿素小分子随纤维素溶胀的进行扩散到纤维素的结晶区，拆散纤维素结晶区大分子间剩余的结合力，从而使纤维素溶解于该体系。纤维素在氢氧化钠/硫脲/尿素/水溶液溶解中形成的不是一个稳定的体系，温度过高或过低都可能导致溶液凝胶化。

（d）多聚甲醛/二甲基亚砜（PF/DMSO）体系

多聚甲醛/二甲基亚砜是纤维素的一种优良无降解的溶剂体系，其溶解机理为 PF 受热分解产生的甲醛与纤维素的羟基反应生成羟甲基纤维素，羟甲基纤维素能溶解在 DMSO 中，反应式如下式。其中 DMSO 的作用有两点：1）促进纤维素溶胀；2）使生成的羟甲基纤维素稳定的溶解，阻止羟甲基纤维素分子链聚集。该溶剂溶解纤维素，具有原料易得、溶解迅速、无降解、溶液黏度稳定、过滤容易等优点，但存在溶剂回收困难，生成的纤维结构有缺陷、品质不均一等缺点。纤维素在 PF/DMSO 体系中的溶解反应式如图 2－54：

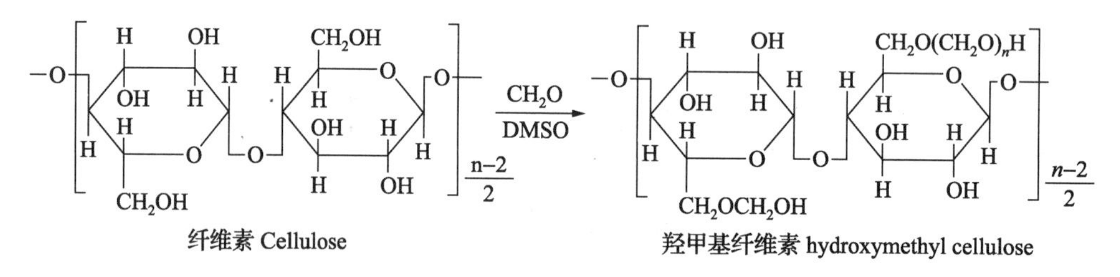

图 2－54 纤维素在 PF/DMSO 体系中的溶解反应式

4）氯盐体系溶解机理

Cl^- 是一种强氢键接受体，可进入纤维素晶区和无定形区与纤维素分子上的羟基形成氢键，从而使纤维素分子间或分子内的氢键作用减弱，并在其他离子的共同作用下最终导致纤维素溶解。但是仅仅是用氯盐处理纤维素纤维，在一定温度下一段时间后只能使纤维发生膨胀，不会使纤维溶解，但 $ZnCl_2$ 除外，它可以溶解部分的纤维素纤维，原因是 $ZnCl_2$ 是一种中强性路易斯酸。

4.5.2.1.2 试剂的筛选

从以上四大纤维素溶解体系中进行试剂的筛选，目标是：①确认现有国内外方法标准的适用性，发现并解决存在的问题；②寻找尝试不同于现行国内外标准方法中涉及的试剂的可行性，并确定其方法的技术参数；③从各可行的方法中选出并推荐操作性强、成本低、环保无毒的可行性方法；④探讨几种再生纤维素纤维之间的定量分析的可行性方法。

溶解技术参数的确定内容主要包括：试剂浓度/复配比；溶解温度；溶解时间；浴比；未溶解纤维修正系数等。

4.5.2.1.2.1 现已有标准中的方法确认

现已有标准中的方法包括：甲酸－氯化锌法、锌酸钠法、60% 硫酸法、混酸法（盐酸硫酸复配）

1）甲酸/氯化锌法

试剂的配制：甲酸浓度按 88% 计 174g 氯化锌＋550mL 甲酸＋24mL 水。

浴比：1∶100。

试验一：保持温度分别为：40℃，55℃，60℃，65℃，70℃，观察溶解情况。

（1）40℃条件下各类纤维溶解状况：

表 2－22　甲酸/氯化锌法 40℃条件下各类纤维溶解状况

纤维种类	溶解情况
粘胶（兰精）	28min 完全溶解
再生竹纤维（河北）	28min 完全溶解
木代尔（兰精）	52min 完全溶解
细木代尔（兰精）	28min 完全溶解
木代尔（中国台湾）	32min 完全溶解
铜氨（旭化成）	41min 完全溶解
丽赛（山东）	52min 完全溶解
丽赛（上海）	41min 完全溶解
天丝 A100（兰精）	3h 部分溶解
天丝 G100（兰精）	52min 完全溶解
纽代尔（青岛）	32min 完全溶解
圣麻（青岛）	32min 完全溶解

结果分析：ISO 标准中的溶解条件为 40℃ ±2℃，恒温水浴中，保温 2.5h。上述结果表明，天丝 A100 不适用于该标准方法，其他纤维溶解时间 1h 即可。

据此结果我们对溶解时间 60min 条件下的棉纤维的修正系数进行了确定试验。在溶液预热至 40℃后，保温 60min，甲酸/氯化锌对漂白、丝光、煮炼棉、原棉的修正系数如下。

对丝光棉的修正系数试验结果见表 2－23。

表 2－23　40℃/60min 丝光棉的修正系数

序号	纤维原重/g	处理后重量/g	修正系数
1	1.015	0.997	1.018
2	1.044	1.028	1.016
3	1.0001	0.977	1.024
4	1.007	0.989	1.018
5	1.001	0.986	1.015
6	1.004	0.983	1.021
7	1.003	0.991	1.012
8	1.004	0.984	1.020
9	1.005	0.986	1.019
10	1.005	0.983	1.022
11	1.007	0.985	1.022
修正系数平均值：1.019，$S=0.0034$，$G<G_{0.05,11}(2.23)$			

对漂白棉的修正系数试验结果见表2－24。

表2－24　漂白棉的修正系数

序号	纤维原重/g	处理后重量/g	修正系数
1	1.002	0.993	1.009
2	1.003	0.993	1.010
3	1.004	0.994	1.010
4	1.003	0.991	1.012
5	1.002	0.998	1.004
6	1.002	0.997	1.005
7	1.004	0.995	1.009
8	1.001	0.995	1.006
9	1.001	0.995	1.006
10	1.001	0.993	1.008
11	1.002	0.995	1.007
修正系数平均值：1.008，$S=0.0023$，$G<G_{0.05,11}(2.23)$			

对煮炼棉的修正系数试验结果见表2－25。

表2－25　40℃/60min煮炼棉的修正系数

序号	纤维原重/g	处理后重量/g	修正系数
1	1.012	1.002	1.010
2	1.005	0.993	1.012
3	1.007	0.996	1.011
4	1.007	0.996	1.011
5	1.004	0.991	1.013
6	1.006	0.996	1.010
7	1.009	0.994	1.015
8	1.008	0.994	1.014
9	1.007	0.989	1.018
10	1.006	0.988	1.018
11	1.000	0.989	1.011
修正系数平均值：1.013，$S=0.0028$，$G<G_{0.05,11}(2.23)$			

对原棉的修正系数试验结果见表2－26。

表2－26 40℃/60min原棉的修正系数

序号	纤维原重/g	处理后重量/g	修正系数
1	1.032	1.024	1.008
2	1.026	1.014	1.012
3	1.015	1.007	1.007
4	1.005	0.996	1.009
5	1.013	1.006	1.007
6	1.006	0.997	1.009
7	1.015	1.004	1.011
8	1.022	1.013	1.009
9	1.048	1.041	1.007
10	1.019	1.009	1.010
11	1.018	1.009	1.009
修正系数平均值：1.009，$S=0.0016$，$G<G_{0.05,11}(2.23)$			

（2）55℃条件下各类纤维溶解状况见表2－27。

表2－27 55℃纤维溶解状况

纤维种类	时间/min					
	10	15	20	25	30	
粘胶（兰精）	S					
再生竹纤维（河北）	S					
木代尔（兰精）	S					
细木代尔（兰精）	S					
木代尔（中国台湾）	S					
铜氨（旭化成）	S					
丽赛（山东）	S					
丽赛（上海）					S	
天丝A100（兰精）	P	P	P	P	P	135min溶解
天丝G100（兰精）	P	S				
纽代尔（青岛）	S					
圣麻（青岛）	S					

注：表中“S”表示“完全溶解”，“P”表示“部分溶解”。下同

结果分析：如将温度提升至55℃，保温2.5h后以上再生纤维素纤维均可溶解，但是对棉的损伤太大，已部分溶解无法冲洗。

（3）60℃条件下各类纤维溶解状况见表2－28。

表 2-28 60℃纤维溶解状况

纤维种类	时间/min						
	15	20	25	30	40	50	70
再生竹纤维（河北）	S						
木代尔（兰精）	S						
细木代尔（兰精）	P						
天丝 A100（兰精）	P	P	P	P	P	P	S
天丝 G100（兰精）	P	S					

结果分析：如将温度提升至 60℃，保温 70min 后以上再生纤维素纤维均可溶解，但是试验对棉的损伤太大，方法不适用。

（4）65℃条件下各类纤维溶解状况见表 2-29。

表 2-29 65℃纤维溶解状况

纤维种类	时间/min					
	10	15	20	25	30	40
再生竹纤维（河北）	S					
木代尔（兰精）	S					
细木代尔（兰精）	S					
天丝 A100（兰精）	P	P	P	P	P	S
天丝 G100（兰精）	P	S				

结果分析：65℃，40min 条件下，棉已部分溶解，方法不适用。

（5）70℃条件下各类纤维溶解状况见表 2-30。

表 2-30 70℃纤维溶解状况

纤维种类	时间/min		
	10	15	20
粘胶（兰精）	P	S	
再生竹纤维（河北）	S		
木代尔（兰精）	S		
细木代尔（兰精）	S		
木代尔（中国台湾）		S	
铜氨（旭化成）	S		
丽赛（山东）	S		
丽赛（上海）	S		

续表

纤维种类	时间/min		
	10	15	20
天丝 A100（兰精）	P	P	S
天丝 G100（兰精）	P	S	
纽代尔（青岛）	S		
圣麻（青岛）	S		

结果分析：ISO 标准中的溶解条件为 70℃ ±2℃ 水浴下保温 20min，与现 GB 标准相一致，但经试验表明试剂一定要预热到 70℃后，方可放入试样开始计时，否则天丝 A100 不能溶解，需延长至 25min，且不同批次的天丝溶解性能有差异，存在不完全溶解的可能，因此对于天丝纤维来说，在含量测试前需要进行预试验。

试验二：ISO 标准 70℃ ±2℃ 条件下对棉纤维的损伤试验

因日常检测工作中发现该条件下对各类棉纤维的损伤差异较大，按原标准中的 1.02 计算往往与设计配比相差太大，故对该标准条件进行了各类棉纤维的操作试验，结果见表 2 -31 ~ 表 2 -34。

表 2 -31　70℃/20min 丝光棉修正系数

序号	纤维原重/g	处理后重量/g	修正系数
1	1.012	0.909	1.113
2	1.063	0.954	1.114
3	1.042	0.929	1.121
4	1.023	0.917	1.116
5	1.031	0.926	1.113
6	1.012	0.908	1.115
7	1.056	0.945	1.117
8	1.024	0.918	1.115
9	1.009	0.906	1.114
10	1.012	0.904	1.119
11	1.023	0.919	1.113
修正系数平均值：1.115，$S=0.0026$，$G<G_{0.05,11}(2.23)$			

表 2 -32　70℃/20min 漂白棉修正系数

序号	纤维原重/g	处理后重量/g	修正系数
1	1.018	0.994	1.024
2	1.020	0.993	1.027

续表

序号	纤维原重/g	处理后重量/g	修正系数
3	1.039	1.010	1.029
4	1.005	0.980	1.026
5	1.023	0.996	1.027
6	1.008	0.983	1.025
7	1.013	0.990	1.023
8	1.018	0.989	1.029
9	1.034	1.009	1.025
10	1.035	1.011	1.024
11	1.016	0.990	1.026
修正系数平均值：1.026，$S=0.0020$，$G<G_{0.05,11}(2.23)$			

表2-33　70℃/20min 煮炼棉修正系数

序号	纤维原重/g	处理后重量/g	修正系数
1	1.008	0.965	1.045
2	1.016	0.959	1.059
3	1.050	0.994	1.056
4	1.010	0.942	1.072
5	1.011	0.955	1.059
6	1.013	0.961	1.054
7	1.011	0.972	1.040
8	1.008	0.949	1.062
9	1.008	0.941	1.071
10	1.012	0.952	1.063
11	1.009	0.958	1.053
12	1.013	0.960	1.055
13	1.005	0.946	1.062
修正系数平均值：1.058，$S=0.0090$，$G<G_{0.05,13}(2.33)$			

表2-34　70℃/20min 原棉修正系数

序号	纤维原重/g	处理后重量/g	修正系数
1	1.032	0.992	1.040
2	1.034	1.003	1.031
3	1.032	1.001	1.031

续表

序号	纤维原重/g	处理后重量/g	修正系数
4	1.013	0.978	1.036
5	1.018	0.985	1.034
6	1.025	0.987	1.039
7	1.016	0.984	1.033
8	1.034	0.998	1.036
9	1.023	0.988	1.035
10	1.004	0.971	1.034
11	1.027	0.989	1.038
修正系数平均值：1.035，$S=0.0030$，$G<G_{0.05,11}(2.23)$			

试验三：活性染料对纤维溶解性能的影响

鉴于 ISO 和 GB 标准中均注明甲酸/氯化锌法不适用于经活性染料染色后的纺织品，课题组对此进行了两种条件下的经活性染料染色与未经染色的比对试验。

（1）40℃，浴比：1∶100，结果见表 2－35。

表 2－35　40℃条件纤维溶解状况

纤维种类	未染色纤维溶解情况	染色纤维溶解情况
粘胶（兰精）	28min 完全溶解	2.5h 部分溶解
再生竹纤维（河北）	28min 完全溶解	
木代尔（兰精）	52min 完全溶解	
细木代尔（兰精）	28min 完全溶解	
木代尔（中国台湾）	32min 完全溶解	
铜氨（旭化成）	41min 完全溶解	
丽赛（山东）	52min 完全溶解	
丽赛（上海）	41min 完全溶解	
天丝 A100（兰精）	170min 部分溶解	
天丝 G100（兰精）	52min 完全溶解	
纽代尔（青岛）	32min 完全溶解	
圣麻（青岛）	32min 完全溶解	

结果分析：ISO 标准中的溶解条件为 40℃ ±2℃水浴中保温 2.5h，不适用于所有本次试验的经活性染料染色后的再生纤维素纤维。

（2）70℃，浴比：1∶100，结果见表 2－36。

表 2-36　70℃条件纤维溶解状况

纤维种类	时间/min			
	未染色纤维溶解情况		染色纤维溶解情况	
	10	20	10	20
粘胶（兰精）		S	S	
再生竹纤维（河北）	S			S
木代尔（兰精）	S		S	
细木代尔（兰精）	S			S
木代尔（中国台湾）		S		S
铜氨（旭化成）	S		S	
丽赛（山东）	S		S	
丽赛（上海）	S		S	
天丝 A100（兰精）		S	S	
天丝 G100（兰精）		S	S	
纽代尔（青岛）	S			S
圣麻（青岛）	S			S

注：表中“S”表示“完全溶解”。

结果分析：ISO 标准中的溶解条件为 70℃ ±2℃ 水浴中保温 20min，适用于所有本次试验的经活性染料染色后的再生纤维素纤维。

小结：

（1）甲酸/氯化锌法在 ISO 和 GB 标准中的溶解条件之一为：40℃ ±2℃ 水浴中保温 2.5h，验证试验表明，天丝不适用于该标准方法，其他再生纤维素纤维溶解时间 1h 即可。通过试验确定了溶解时间 1h 条件下甲酸/氯化锌对丝光、漂白、煮炼棉、原棉的修正系数分别为：1.02，1.01，1.01，1.01。

（2）甲酸/氯化锌法在 ISO 和 GB 标准中的另一溶解条件为：70℃ ±2℃ 水浴中保温 20min，经试验表明此法适用于本次研究的所有再生纤维素纤维，但对于不同品种天丝溶解现象有差异，故建议再进行棉和天丝混纺产品定量分析前需进行预试验。经试验证实该条件下对丝光、漂白、煮炼棉、原棉的修正系数差异较大，分别为：1.12，1.03，1.06，1.04。

（3）鉴于 ISO 标准备注中说明甲酸/氯化锌法不适用于经活性染料染色后的纺织品，对此进行了两种条件下的经活性染料染色和未经染色的比对试验，结果表明：标准中的溶解条件为 40℃ ±2℃ 水浴中保温 2.5h，不适用于所有本次试验的经活性染料染色后的再生纤维素纤维；标准中的溶解条件为 70℃ ±2℃ 水浴中保温 20min，适用于所有本次试验的经活性染料染色后的再生纤维素纤维。

2）锌酸钠法

试剂的配制：锌酸钠：水 =1：2。

浴比：1：100

试验一：溶解温度的验证。

因 ISO 和 GB 标准中该方法的溶解温度为常温，试温度分别在 25℃、35℃条件下观察对溶解结果的影响情况。

（1）恒温水浴 25℃，振幅 150r/min，结果见表 2－37。

表 2－37　水浴 25℃条件纤维溶解状况

纤维种类	时间/min						
	5	8	12	14	20	30	
粘胶（兰精）	P	S					
再生竹纤维（河北）	P	S					
木代尔（兰精）	P	P	S				
细木代尔（兰精）	P	P	P	P	S		
木代尔（中国台湾）	P	P	P	P	S		
铜氨（旭化成）							4h 部分溶解
丽赛（山东）							3h 部分溶解
丽赛（上海）						S	
天丝 A100（兰精）							3h 部分溶解
天丝 G100（兰精）							3h 部分溶解
纽代尔（青岛）				S			
圣麻（青岛）	S						

结果分析：ISO 标准条件为：常温下振荡 20min。从上述结果来看，25℃条件下有多种纤维不溶解，试提高温度至 35℃观察纤维溶解状况。

（2）恒温水浴 35℃，振幅 150r/min。结果见表 2－38。

表 2－38　水浴 35℃条件纤维溶解状况

纤　维	溶解情况	现　象
天丝 G	45min，不完全溶解	有拉丝
天丝 A		果冻状
铜氨		有拉丝
丽赛		有拉丝

结果分析：温度提至 35℃效果不明显。ISO 标准中的条件：常温，振荡 20min。说明原标准条件不适用于丽赛、天丝两类纤维，本次试验的铜氨也不溶解，说明只适用于部分铜氨纤维。

试验二：观察对丝光棉的损伤情况

锌酸钠，浴比 1∶150，25℃，振荡 20min，对丝光棉的修正系数，结果见表 2－39。

表 2－39　25℃振荡 20min 丝光棉的修正系数

序号	纤维原重/g	处理后重量/g	修正系数
1	1.007	0.978	1.030
2	1.009	0.981	1.029
3	1.004	0.982	1.022
4	1.015	0.987	1.028
5	1.009	0.984	1.025
6	1.001	0.973	1.029
7	1.015	0.989	1.026
8	1.008	0.982	1.026
9	1.004	0.977	1.028
10	1.003	0.980	1.023
11	1.018	0.993	1.025
修正系数平均值：1.026，$S=0.0026$，$G<G_{0.05,11}$(2.23)			

试验三：试剂浓度对溶解性能的影响

改变溶剂的浓度，将锌酸钠：水改为 1：1.5 观察结果。

锌酸钠：水改为 1：1.5，水浴温度 25℃，振幅 150r/min。结果见表 2－40。

表 2－40　水浴温度 25℃，振幅 150r/min 条件下纤维溶解状况

纤维	溶解情况	10min	50min
天丝 G	50min，不完全溶解	稠	拉丝
天丝 A		稠	拉丝
铜氨		有团状物	有团状物
丽赛		已无拉丝，有凝胶状	30min 仍有少量凝胶，40min 可过滤，但有极少量凝胶

结果分析：改变溶剂的浓度，效果不明显。

试验四：活性染料对纤维溶解性能的影响

各种再生纤维素纤维经活性染料染色后，锌酸钠：水＝1：2，25℃条件下，振荡 1.5h，均不溶解。

小结：

（1）锌酸钠法在 ISO 标准中的溶解条件为常温下振荡 20min。验证结果说明原标准条件不适用于丽赛、天丝两类纤维，本次试验的铜氨也不溶解，说明该方法只适用于部分铜氨纤维，因此进行铜氨纤维含量分析时需要进行预试验。

（2）锌酸钠法试提高溶液的浓度对提高溶解性效果不明显。

（3）鉴于 ISO 标准备注中说明锌酸钠法不适用于经活性染料染色后的纺织品，对此进

行了2种条件下的经活性染料染色和未经染色的比对试验，结果表明，此方法不适用于所有本次试验的经活性染料染色后的再生纤维素纤维。

3）硫酸法

试剂的配制：60%的硫酸，25℃下，严格控制密度为1.4948。

浴比：1∶100

试验一：溶解温度的验证

因原AATCC标准溶解温度为15℃～25℃，硫酸浓度59.5%，现行JISL标准中该方法的溶解温度为23℃～25℃，硫酸浓度60%。试温度分别在25℃、35℃条件下观察对溶解结果的影响情况。

（1）60%硫酸，恒温水浴25℃，振幅150r/min。结果见表2-41。

表2-41　60%硫酸，25℃，振幅150r/min条件下纤维溶解状况

纤维种类	时间/min							
	15	20	25	30	35	40	60	80
粘胶（兰精）		S						
再生竹纤维（河北）		S						
木代尔（兰精）		S						
细木代尔（兰精）		S						
中国台湾木代尔		S						
铜氨（旭化成）						S		
丽赛（山东）	S							
丽赛（上海）			S					
天丝A100（兰精）								P
天丝G100（兰精）								P
纽代尔（青岛）						S		
圣麻（青岛）		S						

结果分析：AATCC20A标准中的溶解条件为59.5%硫酸，15℃～25℃，30min。JISL1030-2：2006标准中的溶解条件为60%硫酸，23℃～25℃，20min，上述结果表明，铜氨、部分木代尔、天丝A100、天丝G100、纽代尔在25℃条件下不适用于该标准方法。

（2）60%硫酸，恒温水浴35℃，振幅150r/min，结果见表2-42。

表2-42　60%硫酸，35℃，振幅150r/min条件下纤维溶解状况

纤维种类	时间/min				
	10	15	20	25	30
粘胶（兰精）		S			
再生竹纤维（河北）	S				

续表

纤维种类	时间/min				
	10	15	20	25	30
木代尔（兰精）	S				
细木代尔（兰精）	S				
木代尔（中国台湾）	S				
铜氨（旭化成）			S		
丽赛（山东）	S				
丽赛（上海）			S		
天丝 A100（兰精）					S
天丝 G100（兰精）				S	
纽代尔（青岛）	S				
圣麻（青岛）	S				

结果分析：60% 硫酸，水浴 35℃，20min。原 25℃条件下不溶解的部分木代尔和纽代尔纤维溶解，延长溶解时间至 30min 以上各种再生纤维素纤维均可溶解。

试验二：确定棉纤维的修正系数

（1）因 JIS 标准中未给出丝光棉的修正系数，因此加以验证。

60% 硫酸，25℃，振荡 10min，静置 5min，再振荡 5min，对丝光棉修正系数结果见表 2－43。

表 2－43　60%硫酸，25℃，振荡 10min 条件下丝光棉修正系数

序号	纤维原重/g	处理后重量/g	修正系数
1	1.005	0.977	1.029
2	1.007	0.974	1.034
3	1.006	0.974	1.033
4	1.014	0.983	1.032
5	1.006	0.979	1.028
6	1.001	0.972	1.030
7	1.009	0.975	1.035
8	1.000	0.969	1.032
9	1.005	0.973	1.033
10	1.008	0.981	1.028
11	1.001	0.967	1.035
修正系数平均值：1.032，$S=0.0026$，$G<G_{0.05,11}(2.23)$			

（2）确定60%硫酸，35℃，30min，振幅150r/min，对丝光、漂白、煮炼棉、原棉的修正系数。

对丝光棉的修正系数结果见表2－44。

表2－44　60%硫酸，35℃，振荡30min条件下丝光棉的修正系数

序号	纤维原重/g	处理后重量/g	修正系数
1	1.005	0.912	1.102
2	1.007	0.911	1.105
3	1.004	0.905	1.110
4	1.007	0.906	1.112
5	1.004	0.903	1.112
6	1.003	0.901	1.113
7	1.002	0.913	1.111
8	1.002	0.903	1.110
9	1.009	0.903	1.117
10	1.008	0.908	1.110
11	1.000	0.905	1.105
修正系数平均值：1.110，$S=0.0042$，$G<G_{0.05,11}(2.23)$			

对漂白棉的修正系数结果见表2－45。

表2－45　60%硫酸，35℃，振荡30min条件下漂白棉的修正系数

序号	纤维原重/g	处理后重量/g	修正系数
1	1.009	0.971	1.039
2	1.006	0.969	1.038
3	1.008	0.971	1.038
4	1.005	0.973	1.033
5	1.002	0.968	1.035
6	1.005	0.965	1.041
7	1.007	0.973	1.035
8	1.003	0.961	1.044
9	1.000	0.962	1.039
10	1.008	0.966	1.043
11	1.009	0.969	1.041
修正系数平均值：1.039，$S=0.0033$，$G<G_{0.05,11}(2.23)$			

对煮炼棉的修正系数结果见表2－46。

表 2－46　60%硫酸，35℃，振荡 30min 条件煮炼棉的修正系数

序号	纤维原重/g	处理后重量/g	修正系数
1	1.007	0.970	1.038
2	1.003	0.965	1.039
3	1.005	0.965	1.041
4	1.009	0.971	1.039
5	1.001	0.963	1.040
6	1.007	0.966	1.042
7	1.008	0.971	1.038
8	1.005	0.964	1.042
9	1.006	0.970	1.037
10	1.002	0.964	1.039
11	1.005	0.967	1.039
修正系数平均值：1.039，$S=0.0016$，$G<G_{0.05,11}(2.23)$			

对原棉的修正系数结果见表 2－47。

表 2－47　60%硫酸，35℃，振荡 30min 条件原棉的修正系数

序号	纤维原重/g	处理后重量/g	修正系数
1	1.029	0.991	1.038
2	1.063	1.03	1.032
3	1.014	0.982	1.033
4	1.002	0.971	1.032
5	1.028	0.997	1.031
6	1.006	0.975	1.032
7	1.016	0.984	1.033
8	1.065	1.028	1.036
9	1.037	1.006	1.031
10	1.006	0.973	1.034
11	1.03	0.994	1.036
修正系数平均值：1.033，$S=0.0023$，$G<G_{0.05,11}(2.23)$			

结果分析：采用60%硫酸作为溶剂时，从温度25℃和35℃的试验结果对比来看，不同温度对适用范围有明确影响，建议采用（35±2）℃为宜。另外，此方法对丝光棉的损伤较重，因此丝光产品不建议选用该法。

试验三：活性染料对纤维溶解性能的影响

结果：分别采用 60% 硫酸，35℃水浴中保温 20min，本次试验经活性染料染色后的再生纤维素纤维全部溶解。

小结：

（1）60% 的硫酸法在 JISL1030 – 2：2006 标准中的溶解条件为 23℃ ~25℃下，振荡 20min，试验结果表明，在 25℃条件下，不适用于铜氨、天丝、纽代尔；提高水浴至 35℃，振荡 30min，适用于本次试验的各种再生纤维素纤维，丝光、漂白、煮炼棉、原棉的修正系数分别为：1.11，1.04，1.04，1.03。采用 60% 硫酸作为溶剂时，从温度 25℃和 35℃的试验结果对比来看，不同的温度条件对适用范围有明显影响，建议采用（35 ±2）℃为宜。另外，此方法对丝光棉的损伤较重，因此丝光产品不建议选用该法。

（2）60% 的硫酸法适用于所有本次试验的经活性染料染色后的再生纤维素纤维。

4）混酸法

试剂的配制：25℃条件下，混比：35% 的盐酸（密度 1.175，20℃）：70% 的硫酸（密度 1.606，25℃）=40：1。

溶解条件：JISL1030 – 2：2006 中 23℃ ~25℃条件下，浴比：1：100，振荡 10min。

试验一：溶解时间的确定

25℃条件下，观察溶解情况。结果见表 2 – 48。

表 2 – 48　25℃条件下纤维溶解状况

纤维种类	时间/min			
	10	15	20	25
粘胶（兰精）	S			
再生竹纤维（河北）	S			
木代尔（兰精）	S			
细木代尔（兰精）	S			
木代尔（中国台湾）	S			
铜氨（旭化成）	S			
丽赛（山东）			S	
丽赛（上海）			S	
天丝 A100（兰精）				S
天丝 G100（兰精）		S		
纽代尔（青岛）	S			
圣麻（青岛）	S			

结果分析：JISL1030 – 2：2006 中 23℃ ~25℃条件下，振荡 10min，丽赛、天丝纤维不溶解，不适用，溶解时间需加长至 30min。

试验二：确定棉纤维的修正系数

（1）混酸法（35% 盐酸：70% 硫酸，体积比 40：1），25℃，振荡 10min，振幅 90r/min，JIS 标准中只给出了丝光棉的修正系数，因此需要确定对漂白棉、煮炼棉、原棉的修正系数。

漂白棉修正系数，结果见表 2－49。

表 2－49　漂白棉的修正系数

序号	纤维原重/g	处理后重量/g	修正系数
1	1.045	1.037	1.007
2	1.016	1.004	1.012
3	1.006	0.997	1.009
4	1.013	1.004	1.009
5	1.027	1.017	1.010
6	1.015	1.007	1.008
7	1.003	0.993	1.010
8	1.014	1.001	1.013
9	1.013	1.006	1.007
10	1.002	0.995	1.007
11	1.003	0.993	1.010
修正系数平均值：1.009，$S=0.0020$，$G<G_{0.05,11}(2.23)$			

煮炼棉修正系数，结果见表 2－50。

表 2－50　煮炼棉的修正系数

序号	纤维原重/g	处理后重量/g	修正系数
1	1.013	1.005	1.008
2	1.021	1.014	1.007
3	1.013	1.004	1.009
4	1.006	0.997	1.009
5	1.002	0.993	1.009
6	1.008	1.003	1.005
7	1.006	0.995	1.011
8	1.007	0.997	1.010
9	1.001	0.994	1.007
10	1.009	1.003	1.006
11	1.014	1.007	1.007
修正系数平均值：1.008，$S=0.0018$，$G<G_{0.05,11}(2.23)$			

原棉修正系数，结果见表 2－51。

表 2－51　原棉的修正系数

序号	纤维原重/g	处理后重量/g	修正系数
1	1. 015	0. 999	1. 016
2	1. 003	0. 985	1. 018
3	1. 008	0. 993	1. 015
4	1. 024	1. 009	1. 015
5	1. 005	0. 987	1. 018
6	1. 013	0. 993	1. 020
7	1. 015	0. 999	1. 016
8	1. 021	1. 002	1. 019
9	1. 006	0. 986	1. 020
10	1. 013	0. 998	1. 015
11	1. 025	1. 010	1. 015
修正系数平均值：1. 017，$S=0.0020$，$G<G_{0.05,11}$（2. 23）			

（2）混酸法（35% 盐酸：70% 硫酸，40：1），25℃，振荡 30min，振幅 90r/min，对丝光、漂白、煮炼棉、原棉的修正系数。

丝光棉修正系数，结果见表 2－52。

表 2－52　丝光棉的修正系数

序号	纤维原重/g	处理后重量/g	修正系数
1	1. 003	0. 947	1. 059
2	1. 005	0. 945	1. 063
3	1. 001	0. 940	1. 065
4	1. 006	0. 950	1. 059
5	1. 007	0. 949	1. 061
6	1. 000	0. 946	1. 057
7	1. 003	0. 950	1. 056
8	1. 005	0. 945	1. 063
9	1. 003	0. 948	1. 058
10	1. 002	0. 948	1. 057
11	1. 007	0. 949	1. 061
修正系数平均值：1. 060，$S=0.0029$，$G<G_{0.05,11}$（2. 23）			

漂白棉修正系数，结果见表 2－53。

表 2-53 漂白棉的修正系数

序号	纤维原重/g	处理后重量/g	修正系数
1	1.003	0.985	1.018
2	0.998	0.981	1.017
3	1.006	0.989	1.017
4	1.010	0.995	1.015
5	1.002	0.986	1.016
6	1.003	0.988	1.015
7	1.004	0.990	1.014
8	1.002	0.987	1.015
9	1.010	0.997	1.013
10	1.006	0.990	1.016
11	1.004	0.989	1.015
修正系数平均值：1.016，$S=0.0014$，$G<G_{0.05,11}(2.23)$			

煮炼棉修正系数，结果见表 2-54。

表 2-54 煮炼棉的修正系数

序号	纤维原重/g	处理后重量/g	修正系数
1	1.000	0.982	1.018
2	1.006	0.990	1.016
3	1.011	0.992	1.019
4	1.002	0.984	1.018
5	1.004	0.987	1.017
6	1.002	0.986	1.016
7	0.999	0.983	1.016
8	1.006	0.990	1.016
9	1.004	0.986	1.018
10	1.000	0.986	1.014
11	1.009	0.994	1.015
修正系数平均值：1.017，$S=0.0015$，$G<G_{0.05,11}(2.23)$			

原棉修正系数，结果见表 2-55。

表 2－55　原棉的修正系数

序号	纤维原重/g	处理后重量/g	修正系数
1	1.027	0.997	1.030
2	1.011	0.986	1.025
3	1.010	0.986	1.024
4	1.013	0.990	1.023
5	1.016	0.995	1.021
6	1.011	0.987	1.024
7	1.016	0.995	1.021
8	1.007	0.981	1.027
9	1.021	0.994	1.027
10	1.009	0.984	1.025
11	1.013	0.990	1.023
修正系数平均值：1.025，$S=0.0027$，$G<G_{0.05,11}(2.23)$			

试验三：试改变盐酸硫酸配比为 20∶1。

结果：各种再生纤维素的溶解情况与配比为 40∶1 时无明显差异。

试验四：活性染料对纤维溶解性能的影响

结果：采用混酸法，25℃水浴中，保温 30min，适用于所有本次试验的经活性染料染色后的再生纤维素纤维。

小结：

（1）混酸法在 JISL 1030－2：2006 中溶解条件为：23℃～25℃，振荡 10min，验证结果表明：25℃条件下，此法不适用于丽赛、天丝纤维；棉的修正系数分别为：丝光棉 1.05，漂白棉 1.01，煮炼棉 1.01，原棉，1.02。

（2）加长溶解时间至 30min，本次试验的所有纤维均可溶解，经试验得出加长时间后，棉的修正系数分别为：丝光棉 1.060，漂白棉 1.016，煮炼棉 1.017，原棉 1.025。

（3）改变混酸法的混合比例对提高溶解性效果不明显。

（4）混酸法适用于所有本次试验的经活性染料染色后的再生纤维素纤维。

4.5.2.1.2.2　其他试剂的探讨

其他可行性试剂的探讨包括以下几种试剂：盐酸法、氯盐法、有机溶剂法、离子液体法等。

1）盐酸法

试验一：盐酸浓度与溶解时间的选择

（1）盐酸浓度 33.2%（密度 1.165），常温（28℃）。

结果：1 小时，各种纤维均不能全部溶解。

（2）盐酸浓度 37%，常温（28℃），各种纤维的溶解情况，结果见表 2－56。

表 2-56　各种纤维的溶解状况

纤维种类	时间/min			
	5	10	15	20
木代尔	P	S		
细木代尔	P	S		
丽赛	P	S		
丽赛（上海）	P	S		
再生竹纤维	P	S		
天丝 A100	P	P	P	S
天丝 G100	P	P	S	

注：表中“S”表示“完全溶解”，“P”表示“部分溶解”。下同

结果分析：常温下保温 20min 以上纤维均可溶解，但通常采购回来的盐酸很难保证其浓度能达到 37%，因此，可操作性存在问题，故舍弃。

（3）盐酸浓度 35%，密度 1.175（20℃），水浴 25℃，振幅 90r/min，结果见表 2-57。

表 2-57　各种纤维的溶解状况

纤维种类	时间/min								
	10	15	20	30	35	40	45	50	60
粘胶（兰精）	S								
再生竹纤维（河北）	S								
木代尔（兰精）	S								
细木代尔（兰精）	S								
木代尔（中国台湾）	S								
铜氨（旭化成）			S						
丽赛（山东）		S							
丽赛（上海）		S							
天丝 A100（兰精）								S	
天丝 G100（兰精）					S				
纽代尔（青岛）	S								
圣麻（青岛）	S								

结果分析：经 50min，几种再生纤维素纤维均可溶解，故取溶解时间为 60min。

（4）盐酸浓度 36%，密度 1.180（20℃），水浴 25℃，振幅 90r/min，结果见表 2-58。

表 2－58　各种纤维溶解状况

纤维种类	时间/min			
	5	20	30	40
粘胶（兰精）			S	
再生竹纤维（河北）	S			
木代尔（兰精）		S		
细木代尔（兰精）		S		
木代尔（中国台湾）	S			
铜氨（旭化成）				
丽赛（山东）		S		
丽赛（上海）		S		
天丝 A100（兰精）			S	
天丝 G100（兰精）			S	
纽代尔（青岛）	S			
圣麻（青岛）	S			

结果分析：经 30min，几种－再生纤维素纤维均可溶解，故取溶解时间为 40min。

试验二：棉纤维修正系数的确定

（1）盐酸浓度 35%，密度 1.175（20℃），溶液温度：25℃，溶解时间：1h，振幅：90r/min 条件下，对各种棉的修正系数的确定。

对丝光棉修正系数，结果见表 2－59。

表 2－59　丝光棉的修正系数

序号	纤维原重/g	处理后重量/g	修正系数
1	1.000	0.919	1.088
2	0.999	0.921	1.085
3	1.006	0.926	1.086
4	1.005	0.926	1.085
5	1.006	0.929	1.083
6	1.006	0.925	1.088
7	1.007	0.921	1.093
8	1.006	0.921	1.092
9	1.007	0.919	1.096
10	1.011	0.926	1.092
11	1.010	0.924	1.093
修正系数平均值：1.089，$S=0.0040$，$G<G_{0.05,11}(2.23)$			

对漂白棉修正系数，结果见表2－60。

表2－60　漂白棉的修正系数

序号	纤维原重/g	处理后重量/g	修正系数
1	1.006	0.971	1.036
2	1.005	0.971	1.035
3	1.008	0.977	1.032
4	1.006	0.976	1.031
5	1.009	0.977	1.033
6	1.004	0.972	1.033
7	1.006	0.975	1.032
8	1.002	0.965	1.038
9	1.000	0.969	1.032
10	1.001	0.970	1.032
11	1.001	0.966	1.036
修正系数平均值：1.034，$S=0.0021$，$G<G_{0.05,11}$(2.23)			

对煮炼棉修正系数，结果见表2－61。

表2－61　煮炼棉的修正系数

序号	纤维原重/g	处理后重量/g	修正系数
1	1.014	0.983	1.032
2	1.011	0.975	1.037
3	1.014	0.984	1.030
4	1.011	0.974	1.038
5	1.009	0.973	1.037
6	1.010	0.980	1.031
7	1.011	0.974	1.038
8	1.011	0.979	1.033
9	1.011	0.982	1.030
10	1.011	0.976	1.036
11	1.015	0.979	1.037
修正系数平均值：1.034，$S=0.0033$，$G<G_{0.05,11}$(2.23)			

对原棉的修正系数，结果见表2－62。

表 2－62　原棉的修正系数

序号	纤维原重/g	处理后重量/g	修正系数
1	1.043	1.010	1.033
2	1.030	0.997	1.033
3	1.035	1.003	1.032
4	1.025	0.993	1.032
5	1.027	0.990	1.037
6	1.008	0.974	1.035
7	1.014	0.983	1.032
8	1.001	0.968	1.034
9	1.021	0.989	1.032
10	1.023	0.987	1.036
11	1.017	0.983	1.035
修正系数平均值：1.034，$S=0.0018$，$G<G_{0.05,11}(2.23)$			

（2）盐酸浓度 36%，密度 1.180（温度 20℃），水浴：25℃，溶解时间 40min，振幅：90r/min 条件下，对各种棉的修正系数的确定。

对丝光棉修正系数，结果见表 2－63。

表 2－63　丝光棉的修正系数

序号	纤维原重/g	处理后重量/g	修正系数
1	1.071	0.964	1.111
2	1.025	0.913	1.123
3	1.020	0.908	1.123
4	1.058	0.939	1.127
5	1.052	0.933	1.128
6	1.006	0.887	1.134
7	1.060	0.941	1.126
8	1.005	0.893	1.125
9	1.006	0.894	1.125
10	1.008	0.893	1.129
11	1.004	0.892	1.126
修正系数平均值：1.126，$S=0.0019$，$G<G_{0.05,11}(2.23)$			

对漂白棉修正系数，结果见表 2－64。

表 2－64　漂白棉的修正系数

序号	纤维原重/g	处理后重量/g	修正系数
1	1.008	0.969	1.040
2	1.001	0.966	1.036
3	1.005	0.968	1.038
4	1.000	0.966	1.035
5	1.002	0.962	1.042
6	1.002	0.965	1.038
7	1.003	0.964	1.040
8	1.007	0.968	1.040
9	1.004	0.966	1.039
10	1.004	0.962	1.044
11	1.007	0.971	1.037
修正系数平均值：1.039，$S=0.0025$，$G<G_{0.05,11}(2.23)$			

对煮炼棉修正系数，结果见表 2－65。

表 2－65　煮炼棉的修正系数

序号	纤维原重/g	处理后重量/g	修正系数
1	1.009	0.966	1.045
2	1.004	0.965	1.040
3	1.005	0.962	1.045
4	1.000	0.958	1.044
5	1.005	0.964	1.043
6	1.003	0.965	1.039
7	1.008	0.962	1.048
8	1.002	0.961	1.043
9	1.005	0.959	1.048
10	1.002	0.958	1.046
11	1.011	0.970	1.042
修正系数平均值：1.044，$S=0.0028$，$G<G_{0.05,11}(2.23)$			

对原棉修正系数，结果见表 2－66。

表 2－66　原棉的修正系数

序号	纤维原重/g	处理后重量/g	修正系数
1	1.008	0.977	1.032
2	1.001	0.972	1.030
3	1.004	0.966	1.039
4	1.013	0.981	1.033
5	1.005	0.968	1.038
6	1.003	0.966	1.038
7	1.003	0.975	1.029
8	1.010	0.980	1.031
9	1.021	0.988	1.033
10	1.011	0.977	1.035
11	1.006	0.975	1.032
修正系数平均值：1.034，$S=0.0034$，$G<G_{0.05,11}$(2.23)			

试验三：活性染料对纤维溶解性能的影响

结果：采用盐酸法，浓度 35%，密度 1.175（20℃），水浴 25℃，振荡 60min 条件下，适用于所有本次试验的经活性染料染色后的再生纤维素纤维。

小结：

（1）在盐酸浓度 35%，密度 1.175（20℃），水浴 25℃，振荡 60min 条件下，及在盐酸浓度 36%，密度 1.180（20℃），水浴 25℃，振荡 40min 条件下，适用于本次研究的所有再生纤维素纤维与棉的混纺产品的含量分析。棉纤维的修正系数分别为：丝光棉 1.089，漂白棉 1.034，煮炼棉 1.038，原棉 1.034 和丝光棉 1.126，漂白棉 1.039，煮炼棉 1.044，原棉 1.034。久置的盐酸密度可能 <1.180，且用 36% 的盐酸时，棉的修正系数均大于 35% 的盐酸条件，故选 35% 的盐酸浓度为宜。

（2）由于实验室购买的盐酸比重随着放置时间的长短有所变化，对各纤维的溶解时间影响很大，因此，在用盐酸法时需测量盐酸的密度控制其浓度。

（3）活性染料对盐酸溶解纤维素纤维的性能没有影响。

（4）丝光棉纤维采用该方法时，修正系数偏大，建议选用其他方法。

2）氯化锌

溶液配制：氯化锌 120g 加入 43mL 水，浓度 73.62%。

70℃，用丝光棉，再生竹纤维和天丝 A100 进行实验，5min 时，再生竹纤维，天丝均为黏稠状，80min 再生竹纤维，天丝仍为很粘稠状，丝光棉部分溶解，缩为一团。将三种纤维溶液分别倒入 3 个烧杯中加热至沸腾，很快全部溶解。

结果分析：氯化锌虽可溶解纤维素纤维，但各种再生纤维素纤维与棉的溶解现象接近，难以将它们分开，故此法不适用。

3）*N*－甲基吗啉一水合物溶解体系

依据 RomanovV. V. 的研究，含水量为 13.3% 的一水化合物（NMMO · H_2O）最适合溶解纤维素；吴翠玲等研究，NMMO · H_2O 在 77℃下，可溶解纤维素纤维。在此基础上进行溶解参数的选择。

试验一：浴比的选择

取含水量为 13% 的 NMMO，在 77℃条件下，浴比为 1 : 100 ~ 1 : 500，观察对本次研究的 12 种再生纤维素纤维的溶解情况，结果表明：①当浴比小于 1 : 200 时各种纤维均不能完全溶解；②溶液非常容易结晶，冲洗时用热水仍比较困难。

试验二：溶剂含水量的选择

在含水率为 12% ~20% 范围内改变溶液的含水率，依据吴翠玲等研究，NMMO · H_2O 在 77℃下可溶解纤维素纤维，因此选择观察 77℃时的溶解情况，浴比 1 : 200，样品选择了最好溶解的粘胶来观察，结果见表 2－67。

表 2－67　各种纤维的溶解状况（1）

溶液含水率/%	溶　解　情　况
12	15min 粘胶溶解，溶液易结晶
13	15min ~ 20min 粘胶溶解，溶液含水率越低，越容易结晶
14	
15	
16	
17	
18	
19	
20	25min 粘胶未完全溶解

结果分析：13% ~19% 含水率的溶液对粘胶的溶解性能比较接近，含水率小于 19% 时可以溶解粘胶，但含水率越低溶解过程中越容易结晶，含水率越高溶解速度越慢，故选定 15% 。

试验三：改善溶液结晶性能试验

无水乙醇的极性小于水，因此试在溶解体系中加入无水乙醇可降低溶液的极性，以求改善其结晶现象。

比较在 5mL 溶液中，分别加入 0.2，0.3，0.5mL 的无水乙醇来改善溶液的结晶性能，77℃，浴比 1 : 200，并选择加入样品－粘胶纤维观察其溶解情况，结果见表 2－68。

表 2－68　各种纤维的溶解状况（2）

加入乙醇量/mL	溶液结晶情况	纤维溶解情况
0.2	15min 开始结晶	10min 均部分溶解，20min 均全部溶解，3 种情况，溶解情况差不多
0.3	17min 开始结晶	
0.5	1h10min 开始结晶	

结果分析：加入 1% 的无水乙醇，可以明显改善溶液的快速结晶现象，使该方法具有常规条件下的可操作性。

试验四：溶解时间的确定

含水率 15%，浴比 1∶200，77℃，另加入 1% 的无水乙醇来改善其结晶性能。

观察所有再生纤维素纤维的溶解情况，结果见表 2－69。

表 2－69　各种纤维的溶解状况（3）

纤维种类	时间/min						
	10	20	25	30	35	45	60
粘胶（兰精）		S					
再生竹纤维				S			
木代尔（兰精）		S					
细木代尔		S					
中国台湾木代尔		S					
铜氨（旭化成）			S				
丽赛（山东）				S			
丽赛（上海）			S				
天丝 A100（兰精）							P
天丝 G100（兰精）							P
纽代尔（青岛）						S	
圣麻（青岛）					S		

结果分析：本方法溶解时间 1h，天丝不溶解，故该方法不适用于天丝；其他再生纤维素纤维在 45min 内可溶解。

试验五：棉纤维修正系数的确定

经试验表明：在此条件下，棉纤维的修正系数均为 1.00。

试验六：改变溶解温度试验

考虑溶剂对棉纤维无损伤，故在其他参数不变的前提下，试提高温度至沸腾，观察天丝的溶解情况。结果天丝 G100 经 30min 后溶解，天丝 A100 经 1.5h 后仍不能完全溶解，故该方法提高温度仍不能适用于天丝 A。

试验七：改变浴比试验

因试剂成本较高，试提高温度后降低浴比的可行性。

选择最难溶解的天丝 G，沸腾 30min 时，两种浴比的溶解情况如下：

浴比为 1∶100 时，坩埚底沾有少量凝胶。

浴比为 1∶150 时，可以滤净。

结果表明：降低浴比至 1∶150 可行，故，在沸腾条件下，选择浴比为：1∶150。

试验八：确定棉纤维的修正系数

浴比 1∶150，水浴锅中沸腾，30min。丝光棉，修正系数结果见表 2－70。

表 2－70　丝光棉的修正系数

序号	纤维原重/g	处理后重量/g	修正系数
1	0.519	0.513	1.012
2	0.504	0.498	1.012
3	0.511	0.508	1.006
4	0.502	0.496	1.012
5	0.500	0.494	1.012
6	0.499	0.496	1.006
修正系数平均值：1.010，$S=0.0031$，$G<G_{0.05,6}(1.82)$			

漂白棉，修正系数结果见表 2－71。

表 2－71　漂白棉的修正系数

序号	纤维原重/g	处理后重量/g	修正系数
1	0.516	0.509	1.014
2	0.504	0.499	1.010
3	0.520	0.515	1.010
4	0.500	0.492	1.016
5	0.499	0.496	1.006
6	0.503	0.498	1.010
修正系数平均值：1.011，$S=0.0035$，$G<G_{0.05,6}(1.82)$			

煮炼棉，修正系数结果见表 2－72。

表 2－72　煮炼棉的修正系数

序号	纤维原重/g	处理后重量/g	修正系数
1	0.506	0.497	1.018
2	0.510	0.502	1.016
3	0.509	0.503	1.012
4	0.504	0.496	1.016
5	0.510	0.503	1.014
6	0.512	0.504	1.016
修正系数平均值：1.015，$S=0.0021$，$G<G_{0.05,6}(1.82)$			

原棉，修正系数结果见表 2－73。

表 2－73　原棉的修正系数

序号	纤维原重/g	处理后重量/g	修正系数
1	0.501	0.503	0.996
2	0.504	0.503	1.002
3	0.505	0.506	0.998
4	0.509	0.509	1.000
5	0.504	0.503	1.002
6	0.510	0.509	1.002
修正系数平均值：1.000，$S=0.0025$，$G<G_{0.05,6}(1.82)$			

结果分析：含水量为 15% 的 N－甲基吗啉水溶液，在沸腾条件下，30min，浴比 1∶150 时，对棉纤维的修正系数分别为：丝光棉：1.010，漂白棉 1.011，煮炼棉 1.015，原棉 1.000。

小结：

1）含水量为 15% 的 N－甲基吗啉水溶液，在沸腾条件下，30min，浴比 1∶150，可溶解除天丝 A 以外所有本次研究所择再生纤维素纤维的样品。棉纤维的修正系数分别为：丝光棉：1.010，漂白棉 1.011，煮炼棉 1.015，原棉 1.000。

2）N－甲基吗啉水溶液法不适用于所有本次试验的经活性染料染色后的再生纤维素纤维。

3）氢氧化钠－硫脲－尿素溶解体系

依据周晓东等及王怀芳等的研究结果，可利用氢氧化钠/硫脲/尿素溶剂体系对纤维素纤维溶解用于粘胶生产，因此尝试了该溶解体系用于棉与再生纤维定量分析中的可能性研究。

试剂：氢氧化钠（AR）、硫脲（AR）、脲素（AR）按一定比例配备，现配现用。

设备：冰箱冷冻室，温度：－20℃～24℃。

试验一：最佳溶剂配比的确定

（1）以氢氧化钠、硫脲、尿素在溶剂体系中的质量分数为影响因素，每个因素取 4 个水平，设计正交试验，分别取四水平，采用三因素四水平正交表，见表 2－74。

表 2－74　正交试验设计图

水平	氢氧化钠/%	硫脲/%	尿素/%
1	6	6	3
2	6.5	7	5
3	7	8	7
4	7.5	9	8

（2）试验编号，见表 2－75。

表 2-75　试验编号

试验号	氢氧化钠/%	硫脲/%	尿素/%
1	6	6	3
2	6	7	5
3	6	8	7
4	6	9	8
5	6.5	6	5
6	6.5	7	3
7	6.5	8	8
8	6.5	9	7
9	7	6	7
10	7	7	8
11	7	8	3
12	7	9	5
13	7.5	6	8
14	7.5	7	7
15	7.5	8	5
16	7.5	9	3

（3）试验方法：将 20mL 溶剂放置冰箱冷冻室内至溶液成固态（约 2.5h），取出，迅速将约 0.1g 各纤维（已拆散）放入瓶中，经振荡使纤维与溶液混合约 5min，然后放置至溶解，然后用 2 号坩埚过滤。

（4）试验结果，见表 2-76。

表 2-76　各种纤维的溶解状况

试验号	天丝 A	天丝 G	铜氨	丽赛（上海）	其他
1	部分溶解	2h 滤净	2h 不滤，有小团状	2h 有少量散纤维，滤净	2h 滤净
2	部分溶解	2h 部分溶解	2h 部分溶解	2h 滤净	2h 滤净
3	部分溶解	195min 滤净，慢	2h 滤净	2h 滤净	2h 滤净
4	部分溶解	2h 部分溶解	2h 部分溶解	2h 滤净	2h 滤净
5	部分溶解	2h 滤净，仍能看到细散纤维	2h 滤净，仍能看到细散纤维	2h 滤净	2h 滤净
6	部分溶解	2h 滤净	2h 不滤，有小团状	2h 有少量散纤维，滤净	2h 滤净

续表

试验号	天丝 A	天丝 G	铜氨	丽赛（上海）	其他
7	部分溶解	2h 滤净	2h 滤净	2h 滤净	2h 滤净
8	3h 部分溶解	2h 滤净	2h 滤净	1.5h 滤净	1.5h 滤净
9	3h 部分溶解	2h 滤净	2h 滤净	1.5h 滤净	1.5h 滤净
10	3h 溶解	2h 滤净	2h 滤净	2h 滤净	2h 滤净
11	3h 溶解	2h 滤净	2h 滤净	2h 滤净	2h 滤净
12	3h 溶解	2h 滤净	2h 滤净	2h 滤净	2h 滤净
13	2h 滤净，溶液澄清	1h 滤净	1h 滤净	1h 滤净	1h 滤净
14	2h 滤净，溶液浑浊	1h 滤净	1h 滤净	1h 滤净	1h 滤净
15	2.5h 滤净	>2h 滤净	>2h 滤净	>2h 滤净	>2h 滤净
16	3h 滤净	3h 滤净	3h 滤净	2.5h 滤净	2h 滤净

结果分析：依据上述试验结果可选定 13#试剂配比，即氢氧化钠/硫脲/尿素为 7.5%/6%/8%。

试验二：溶解温度和时间的选择

氢氧化钠/硫脲/尿素：7.5%/6%/8%，浴比 1∶100。

（1）20℃条件下

考虑到纺织实验室的恒温室温度为 20℃，此温度条件容易实现，故首先选择了 20℃进行观察试验。

方法：氢氧化钠/硫脲/尿素溶液在恒温室中放置一段时间，溶液温度，环境温度均为 20℃，加入纤维样品后，放置 15min，中间摇 2 次。

试验结果：粘胶、再生竹纤维、3 种木代尔、纽代尔、圣麻纤维均能在 5min ~ 10min 完全溶解，但铜氨、丽赛、天丝 2h 不溶解。

（2）依据王怀芳等的研究结果，低温下有利于纤维素纤维的溶解，尝试降低温度后观察难溶的丽赛、铜氨、天丝的溶解情况，结果见表 2-77。

表 2-77　低温条件下纤维溶解状况

样品	-3℃	-6℃	-9℃	-12℃
木代尔	2min 滤净	5min 滤净	8min 滤净	10min 滤净
丽赛	10min 滤净	10min 滤净	5min 滤净	7min 滤净
丽赛（上海）	16min 溶液澄清，可过滤，但坩埚堵，不好过水	20min 滤净	20min 滤净	24min 滤净
铜氨	30min 滤净，但有少量散纤维	35min 滤净	25min 滤净	25min 滤净
天丝 G100	30min 过滤慢，坩埚堵	30min 滤净	27min 滤净	15min 滤净
天丝 A100	2h23min 滤净	2h22min 滤净	2h12min 滤净	

结果分析：从上表结果可以选定温度为 -9℃时，除天丝 A 以外其他纤维的溶解时间可选定为 30min。

试验三：溶解对棉纤维的损伤试验

（1）氢氧化钠/硫脲/尿素溶液在恒温室中放置一段时间，溶液温度，环境温度均为 20℃，加入纤维样品后，放置 15min，中间摇 2 次。对丝光、漂白、煮炼棉、原棉的修正系数。

对丝光棉修正系数，结果见表 2 - 78。

表 2 - 78　20℃/15min 丝光棉修正系数

序号	纤维原重/g	处理后重量/g	修正系数
1	1.010	0.994	1.016
2	1.002	0.985	1.017
3	1.002	0.989	1.013
4	1.002	0.988	1.014
5	1.002	0.986	1.016
6	1.004	0.988	1.016
7	1.004	0.989	1.015
8	1.003	0.987	1.016
9	1.002	0.987	1.015
10	1.003	0.985	1.018
11	1.005	0.989	1.016
修正系数平均值：1.016，$S = 0.0014$，$G < G_{0.05,11}$(2.23)			

对漂白棉修正系数，结果见表 2 - 79。

表 2 - 79　20℃/15min 漂白棉修正系数

序号	纤维原重/g	处理后重量/g	修正系数
1	1.018	1.006	1.012
2	1.013	1.003	1.010
3	1.001	0.988	1.013
4	0.999	0.987	1.012
5	1.004	0.992	1.012
6	1.006	0.995	1.011
7	1.006	0.996	1.010
8	1.003	0.992	1.011
9	1.001	0.986	1.015
10	1.003	0.989	1.014
11	1.001	0.990	1.011
修正系数平均值：1.012，$S = 0.0016$，$G < G_{0.05,11}$(2.23)			

对煮炼棉修正系数，结果见表2－80。

表2－80　20℃/15min 煮炼棉修正系数

序号	纤维原重/g	处理后重量/g	修正系数
1	0.999	0.984	1.015
2	0.998	0.983	1.015
3	1.000	0.986	1.014
4	1.007	0.990	1.017
5	1.009	0.995	1.014
6	0.999	0.980	1.019
7	1.003	0.987	1.016
8	1.006	0.985	1.021
9	1.013	0.996	1.017
10	1.016	0.999	1.017
11	1.002	0.983	1.019
修正系数平均值：1.017，$S=0.0022$，$G<G_{0.05,11}(2.23)$			

对原棉修正系数，结果见表2－81。

表2－81　20℃/15min 原棉修正系数

序号	纤维原重/g	处理后重量/g	修正系数
1	1.015	1.004	1.011
2	1.015	1.005	1.010
3	1.003	0.998	1.005
4	1.023	1.017	1.006
5	1.019	1.014	1.005
6	1.006	0.993	1.013
7	1.018	1.010	1.008
8	1.011	1.000	1.011
9	1.008	1.000	1.008
10	1.020	1.014	1.006
11	1.013	1.008	1.005
修正系数平均值：1.008，$S=0.0029$，$G<G_{0.05,11}(2.23)$			

（2）氢氧化钠/硫脲/尿素：7.5%/6%/8%，温度：－9℃，加入样品后振荡，常温放置30min。

对棉的损伤情况。

丝光棉的修正系数，结果见表2－82。

表2－82　－9℃/30min 丝光棉修正系数

序号	纤维原重/g	处理后重量/g	修正系数
1	1.026	0.982	1.045
2	1.000	0.952	1.050
3	0.997	0.950	1.049
4	1.003	0.957	1.048
5	1.004	0.957	1.049
6	1.005	0.958	1.049
7	1.004	0.960	1.046
8	1.025	0.981	1.045
9	0.997	0.943	1.057
10	1.004	0.948	1.059
11	1.000	0.971	1.030
修正系数平均值：1.048，$S=0.0071$，$G<G_{0.05,11}(2.23)$			

对漂白棉的修正系数，结果见表2－83。

表2－83　－9℃/30min 漂白棉修正系数

序号	纤维原重/g	处理后重量/g	修正系数
1	1.017	0.942	1.080
2	1.011	0.938	1.078
3	1.010	0.933	1.083
4	1.006	0.930	1.082
5	1.010	0.931	1.085
6	1.015	0.930	1.091
7	0.998	0.911	1.095
8	0.999	0.922	1.084
9	1.005	0.926	1.085
10	1.003	0.932	1.076
11	1.009	0.940	1.073
修正系数平均值：1.083，$S=0.0060$，$G<G_{0.05,11}(2.23)$			

对煮炼棉的修正系数，结果见表2－84。

表 2－84　－9℃/30min 煮炼棉修正系数

序号	纤维原重/g	处理后重量/g	修正系数
1	1.006	0.982	1.024
2	1.007	0.987	1.020
3	1.004	0.978	1.027
4	1.003	0.979	1.025
5	1.037	1.011	1.026
6	1.005	0.986	1.019
7	1.012	0.991	1.021
8	1.020	0.993	1.027
9	1.006	0.984	1.022
10	1.009	0.993	1.016
11	1.003	0.978	1.026
修正系数平均值：1.023，$S=0.0037$，$G<G_{0.05,11}$(2.23)			

对原棉的修正系数，结果见表 2－85。

表 2－85　－9℃/30min 原棉修正系数

序号	纤维原重/g	处理后重量/g	修正系数
1	1.006	0.952	1.057
2	1.010	0.966	1.046
3	1.005	0.957	1.050
4	1.027	0.981	1.046
5	1.000	0.947	1.056
6	1.020	0.971	1.050
7	1.008	0.958	1.052
8	1.007	0.955	1.054
9	1.011	0.962	1.051
10	1.003	0.955	1.050
11	1.013	0.960	1.055
修正系数平均值：1.052，$S=0.0037$，$G<G_{0.05,11}$(2.23)			

试验四：温度条件的再选择

从上述－9℃条件下对棉纤维的损伤试验结果来看，该条件下棉纤维的修正系数偏大，因此考虑略提高温度进行再探讨。考虑到现实的可行性和可操作性，选择了冰点 0℃条件下观察各种再生纤维素纤维的溶解现象。

结果：除2种天丝纤维外，其他纤维均可在20min内完全溶解。

试验五：对棉的损伤试验

氢氧化钠/硫脲/尿素：7.5%/6%/8%，温度：0℃，加入样品振摇后，常温放置20min，中间振摇2次~3次，观察对棉的损伤情况。

对丝光棉修正系数，结果见表2-86。

表2-86　0℃/20min 丝光棉修正系数

序号	纤维原重/g	处理后重量/g	修正系数
1	1.007	0.974	1.034
2	1.017	0.981	1.037
3	1.003	0.970	1.034
4	1.012	0.980	1.033
5	1.009	0.972	1.038
6	1.015	0.985	1.030
7	1.003	0.968	1.036
8	1.010	0.976	1.035
9	1.009	0.977	1.033
10	1.024	0.990	1.034
11	1.005	0.970	1.036
修正系数平均值：1.035，$S=0.0022$，$G<G_{0.05,11}(2.23)$			

对漂白棉修正系数，结果见表2-87。

表2-87　0℃/20min 漂白棉修正系数

序号	纤维原重/g	处理后重量/g	修正系数
1	1.010	0.945	1.069
2	1.016	0.947	1.073
3	1.014	0.956	1.061
4	1.005	0.945	1.063
5	1.012	0.956	1.059
6	1.006	0.942	1.068
7	1.008	0.978	1.031
8	1.015	0.958	1.059
9	1.001	0.937	1.068
10	1.017	0.958	1.062
11	1.009	0.947	1.065
修正系数平均值：1.062，$S=0.0111$，$G<G_{0.05,11}(2.23)$			

对煮炼棉修正系数，结果见表 2－88。

表 2－88　0℃/20min 煮炼棉修正系数

序号	纤维原重/g	处理后重量/g	修正系数
1	1.005	0.989	1.016
2	1.005	0.988	1.017
3	1.008	0.995	1.013
4	1.012	1.000	1.012
5	1.005	0.995	1.010
6	1.009	0.991	1.018
7	1.013	0.998	1.015
8	1.001	0.984	1.017
9	1.010	0.999	1.011
10	1.010	0.994	1.016
11	1.006	0.995	1.011
修正系数平均值：1.014，$S=0.0029$，$G<G_{0.05,11}(2.23)$			

对原棉修正系数，结果见表 2－89。

表 2－89　0℃/20min 原棉修正系数

序号	纤维原重/g	处理后重量/g	修正系数
1	1.007	0.978	1.030
2	1.003	0.981	1.022
3	1.024	0.985	1.040
4	1.006	0.979	1.028
5	1.013	0.980	1.034
6	1.015	0.989	1.026
7	1.013	0.977	1.037
8	1.009	0.979	1.031
9	1.004	0.980	1.024
10	1.015	0.988	1.027
11	1.013	0.986	1.027
修正系数平均值：1.030，$S=0.0055$，$G<G_{0.05,11}(2.23)$			

试验六：活性染料对溶解性能的影响

条件：温度降到－9℃后，在混合溶液中加入试样，浴比 1∶100，振荡 30min，观察溶解情况。

表 2-90 活性染料染色纤维的溶解情况

纤维种类	活性染料染色纤维的溶解情况
纽代尔	5h 均为部分溶解，溶解性排序：铜氨，纽带尔，天丝 A，天丝 G
天丝 G	
天丝 A	
铜氨	
其他纤维	4h 均不溶解

结果分析：上述试验说明，该方法不适用于经活性染料染色的纤维素纤维纺织制品。

小结：

1）配比为 7.5%/6%/8% 的氢氧化钠－硫脲－尿素混合溶液，在温度降到 -9℃后，浴比 1:100，加入试样振摇后，常温放置 30min，可用于棉与粘胶、再生竹纤维、铜氨、莫代尔、丽赛、天丝 G、纽代尔、圣麻纤维混合物的定量分析。丝光、漂白、煮炼棉、原棉的修正系数分别为：1.048，1.083，1.023，1.052。

2）配比为 7.5%/6%/8% 的氢氧化钠－硫脲－尿素混合溶液，在 20℃下，浴比 1:100，加入试样振摇后，放置 15min，中间摇 2 次，可用于棉与粘胶、再生竹纤维、莫代尔、纽代尔、圣麻纤维混合物的定量分析。对丝光、漂白、煮炼棉、原棉的修正系数分别为：1.016、1.012、1.017、1.008。

3）配比为 7.5%/6%/8% 的氢氧化钠－硫脲－尿素混合溶液，在 0℃条件下，浴比 1:100，加入试样振摇后，常温放置 20min，中间摇 3 次，可用于棉与粘胶、再生竹纤维、莫代尔、铜氨、丽赛、纽代尔、圣麻纤维混合物的定量分析。对丝光、漂白、煮炼棉、原棉的修正系数分别为：1.035、1.062、1.014、1.030。

4）氢氧化钠－硫脲－尿素混合溶液法，经活性染料染色和未经染色的比对试验，结果表明氢氧化钠－硫脲－尿素混合溶液法不适用于所有本次试验的经活性染料染色后的再生纤维素纤维。

5）LiCl/DMAc 体系（氯化锂/二甲基乙酰胺）

（1）可行性理论支持

A. 天然纤维素是纤维素Ⅰ型，再生纤维素是纤维素Ⅱ型。目前通常认为纤维素Ⅰ型的微纤丝内纤维素是平行排列的，而Ⅱ型纤维素的微纤丝中纤维素分子是反向平行排列的，Ⅱ型纤维素在热力学上最稳定，而天然形态的Ⅰ型纤维素则处于亚稳态，其原因是纤维素Ⅱ型的分子更加伸展，形成的氢键也较Ⅰ型多。McCormick 认为纤维素在 LiCl/DMAc 中的溶解速率主要取决于样品中存在的氢键的数量，氢键的破坏会显著加快溶解的速度。再生纤维素的分子间氢键较多，破坏较困难，因此较天然纤维素难溶解。

B. 大部分的再生纤维素纤维取向度要大于棉的（0.5~0.7），分子间相互作用力大，溶解困难。

C. 再生纤维素纤维结构比较致密规整，纤维表面光滑，不利于溶剂分子的渗透，溶解困难。

（2）实验步骤

将棉、竹纤维、上海丽赛、圣麻、莫代尔、台湾莫代尔、纽代尔、天丝 A100、天丝

G100、铜氨、丽赛、粘胶等纤维进行活化处理：蒸馏水浸泡24h，抽干后甲醇浸泡1h，接着抽干后用 $N-N$ 二甲基乙酰胺浸泡1h，抽干。

LiCl/DMAc 配制：将氯化锂真空干燥≥12小时（最好24h），取足量的干燥后的氯化锂与 $N-N-$ 二甲基乙酰胺配成质量分数分别为5%、6%、7%、8%、9%的溶液待用。

分别用 LiCl/DMAc 混合溶液对纤维 1g：100mL、1g：200mL 的比例对各纤维进行处理，理论上应溶解棉纤维，但结果表明：室温下震荡各纤维的变化差异不大；水浴加热到60℃、100℃，各纤维仍然无明显变化。

（3）实验操作失败的原因

试样的活化以及实验操作环境尤其是湿度对试剂溶解性能的影响非常大，配好的 LiCl/DMAc 溶液每小时的吸水量高达7%还不包括在配制过程中的吸水，另外应该还有试样大小的影响，因为初次实验试样量少抽干比较彻底，并且反应时与溶液接触面积较大所以效果较好，此次试验由于试样量的增多限制了试样的干燥以及与溶液的有效接触。

（4）结果分析

此体系对纤维的溶解性能将会受以下几个因素的影响：LiCl 的烘干、配制 LiCl/DMAc 时间，操作环境，纤维试样的活化过程及干燥程度等。

资料显示，LiCl/DMAc 体系在溶解纤维素时不论是体系本身还是试样中水的含量不能超过5%，因为水分子的存在会影响到溶剂与纤维素的络合并会促进纤维素大分子的聚合。而 LiCl、DMAc 还有纤维素纤维都是非常容易吸水的，因此整个实验应在相对湿度较低的环境中操作（最好不要超过40%），水分子的存在将会直接影响到纤维的溶解。

LiCl 在烘干过程中真空泵必须一直开着，及时把烘出的水分子抽出；配置 LiCl/DMAc 的温度可以控制在60℃～80℃，溶解时间在20min左右，可以防止挥发，最好是油浴避免水的干扰。

试样的每一步活化干燥是很关键的，因为液体浸泡是为了扩大纤维素大分子间的空隙，如果是普通干燥，分子变形就会在烘干时恢复，因此必须是真空抽滤，使变形得到保持，最后抽完干后干燥保存待用。试样剪碎会提高溶解效率。

（5）小结

该方法检测成本高，步骤繁琐，对操作人员和设备的要求高，可操作性差，故舍弃。

4.5.2.1.3 验证试验

1）甲酸/氯化锌法1-2：40℃的甲酸/氯化锌溶液，浴比1：100，振幅90r/min，振荡1h。结果见表2-91。

表2-91 验证试验结果

实际含量/%（光棉/天丝 G）	测定含量/%	偏差/%	结果
49.8/50.2	50.0/50.0	0.2	偏差均小于1%
33.5/66.5	33.9/66.1	0.4	
77.5/22.5	77.7/22.3	0.2	

2）60%的硫酸法2：35℃下，60%的硫酸（密度1.4948（25℃）），浴比1：100，振荡30min，振幅150r/min。结果见表2-92。

表 2-92 试验结果

实际含量/%（漂白棉/天丝）	测定含量/%	偏差/%	结果
20.2/79.8	20.3/79.7	0.1	偏差均小于1%
50.0/50.0	50.5/49.5	0.5	
80.1/19.9	80.9/19.1	0.8	

3）混酸法2：25℃下，混酸（35%盐酸：70%硫酸，40：1）溶液，浴比1：100，振荡30min。

除对25℃条件下进行了准确性验证试验外，同时进行了温差在±2℃的影响试验。每组取4个样品，煮炼棉和木代尔的混合物，配比约为20/80；40/60；60/40；80/20，分别在23℃，25℃，27℃的水浴条件下，用混酸溶液处理30min，结果见表2-93。

表 2-93 验证试验结果

温度/℃	纤维重量/g	理论百分比/%	实际百分比/%	偏差/%
23	0.202/0.807	20.02/79.98	20.32/79.68	0.3
	0.403/0.607	39.90/60.10	40.09/59.91	0.19
	0.602/0.409	59.55/40.45	59.53/40.47	0.02
	0.806/0.210	79.33/20.67	78.81/21.19	0.52
25	0.203/0.808	20.08/79.92	20.18/79.82	0.1
	0.401/0.609	39.70/60.30	39.89/60.11	0.19
	0.608/0.404	60.08/39.92	59.37/40.63	0.71
	0.807/0.211	79.27/20.73	78.85/21.15	0.42
27	0.210/0.802	20.75/79.25	20.06/79.94	0.69
	0.400/0.650	39.80/60.20	39.99/60.01	0.18
	0.604/0.407	59.74/40.26	59.32/40.68	0.42
	0.801/0.208	79.39/20.61	78.44/21.56	0.95

煮炼棉 $d=1.02$，偏差平均值：-0.2625%，$S=0.4139$，$G_{0.05,12}=2.29$，$G=\frac{|x-\bar{x}|}{s}<G_{0.05,12}$

表中数据说明，25℃条件下实测含量与设计含量偏差均小于1%。温差在（25±2）℃对结果无显著性影响。

4）盐酸法1：盐酸溶液35%，密度1.175（20℃），水浴25℃条件下，浴比1：100，振幅90r/min，振荡60min。结果见表2-94。

表 2－94　验证试验结果（一）

实际含量/%（漂白棉/天丝 A）	测定含量/%	偏差/%	结果
30.4/69.6	30.0/70.0	－0.4	偏差均小于 1%
49.4/50.6	49.5/50.5	0.1	
70.7/29.3	71.2/28.8	0.5	

5）盐酸法 2：盐酸浓度 36%，密度 1.180（20℃），水浴 25℃条件下，浴比 1：100，振幅 90r/min，振荡 40min，d＝1.04。结果见表 2－95。

表 2－95　验证试验结果（二）

实际含量/%（棉/粘胶）	样品重量/g	处理后棉纤维重量/g	测定含量/%	含量偏差/%	结果
40/60	1.0470	0.4048	40.2/59.8	0.2	偏差均小于 1%
50/50	1.8970	0.9703	50.0/50.0	0.0	
60/40	0.9860	0.5731	60.4/39.6	0.4	
70/30	1.5943	1.0743	70.1/29.9	0.1	
80/20	1.3154	1.0175	80.4/19.6	0.4	
90/10	1.1862	1.0316	90.4/9.6	0.4	

6）配比为 7.5%/6%/8% 的氢氧化钠－硫脲－尿素混合溶液，在温度降到－9℃后，浴比 1：100，加入试样振摇后，常温放置 30min。结果见表 2－96。

表 2－96　验证试验结果（三）

实际含量/%（丝光棉/天丝 G）	测定含量/%	偏差/%	结果
79.9/20.1	79.3/20.7	0.6	偏差均小于 1%
50.0/50.0	50.2/49.8	0.2	
19.8/80.2	19.8/80.2	0	

7）配比为 7.5%/6%/8% 的氢氧化钠－硫脲－尿素混合溶液，在 20℃下，浴比 1：100，加入试样振摇后，放置 15min，中间摇 2 次。结果见表 2－97。

表 2－97　验证试验结果（四）

实际含量/%	测定含量/%	偏差/%	结果
丝光棉/莫代尔 50.4/49.6	50.9/49.1	0.5	偏差均小于 1%
丝光棉/竹纤维 60.4/39.6	60.4/39.6	0	
丝光棉/莫代尔 30.7/69.3	31.1/68.9	0.4	

8）配比为 7.5%/6%/8% 的氢氧化钠－硫脲－尿素混合溶液，在 0℃下，加入试样后振

摇，浴比1∶100，放置20min，中间摇3次，过滤后用原液冲洗2次。

除对0℃条件下进行了准确性验证试验外，同时进行了在4℃时温差的影响试验。分两组每组取5个样品，均为漂白棉/丽赛（上海）的混合样品，比例分别约为20/80，40/60，50/50，60/40，80/20。结果见表2－98。

表2－98　验证试验结果（五）

温度/℃	纤维重量/g	理论百分比/%	实际百分比/%	偏差/%
0	0.207/0.800	20.56/79.44	21.05/78.95	0.49
	0.404/0.609	39.88/60.12	40.29/59.71	0.41
	0.502/0.500	50.10/49.90	50.14/49.86	0.04
	0.603/0.402	60.00/40.00	59.70/40.30	－0.30
	0.800/0.202	79.84/20.16	79.55/20.45	－0.29
4	0.205/0.804	20.32/79.68	20.70/79.30	0.38
	0.404/0.608	39.92/60.08	40.95/59.05	1.03
	0.506/0.502	50.20/49.80	51.53/48.47	1.33
	0.600/0.404	59.76/40.24	61.23/38.77	1.47
	0.803/0.203	79.82/20.18	81.66/18.34	1.84
漂白棉 $d=1.06$，偏差平均值：0.64%，$S=0.712321$，$G_{0.05,10}=2.18$，$G=\frac{\lvert x-\bar{x}\rvert}{s}<G_{0.05,10}$				

表中数据说明，0℃条件下实测含量与设计含量偏差均小于1%。温差在＋4℃对结果虽无显著性影响，但偏差超过1%，且均为棉含量偏大说明溶解度下降，因此建议取温度范围为：0℃～2℃。

4.5.2.2　仪器分析法的研究

4.5.2.2.1　概述

采用仪器分析手段在棉与再生纤维素纤维含量分析上的应用研究。用分光光度计测定溶液的吸光度，然后根据比尔定律对再生纤维素纤维进行定量分析。

4.5.2.2.2　实验部分

4.5.2.2.2.1　主要仪器和样品

紫外－可见分光光度计；数字式恒温水浴振荡器；卤素水分烘干仪。

65%硫酸由实验室自己配制。样品与溶解法采用同一批作为本研究的试样。

4.5.2.2.2.2　测试条件

超低速扫描，采样间隔：0.1nm，扫描波长范围：200nm～500nm，狭缝宽度：0.2；光源波长转换波长：300nm，吸收池光程：10mm。

4.5.2.2.2.3　测试方法

将在卤素水分烘干仪上称取好的样品置于150mL磨口锥形瓶中，加入50mL65%硫酸，在 70℃恒温水浴振荡 30min，然后用冰水混合物迅速冷却至室温，立即测定其紫外 - 可见吸收光谱。

4.5.2.3　结果与讨论

4.5.2.3.1　定性测定原理

紫外光谱是电子能谱，是分子吸收光能后使电子跃迁到较高的能级而产生的。在有机化合物分子中，电子通常处于较低能级的分子轨道中，该状态被称为基态（E_0），分子吸收一定能量的光能后，使某些处于基态的电子跃迁到较高能级的空轨道中去，该状态被称为激发态（E_1）。根据量子理论，电子跃迁吸收的能量是量子化的，吸收的光能等于这二个能级之差，即 $h\nu = E_1 - E_0$。因此，当用一束光照射有机化合物分子时，可能对某一定波长的光有很强的吸收，而对其他波长的光吸收很弱，甚至根本就不发生吸收。这样在紫外光谱中，在强吸收部分会出现吸收峰，而在不吸收或弱吸收部分出现波谷。

有机化合物分子中主要有三种价电子：σ 电子、π 电子和 n 电子，紫外光谱中吸收峰的位置取决于电子跃迁能量的大小、分子结构、溶剂效应等因素，其电子跃迁一般有 σ→σ＊、π→π＊、n→π＊、n→σ＊等几种类型，如图 2－55 所示：

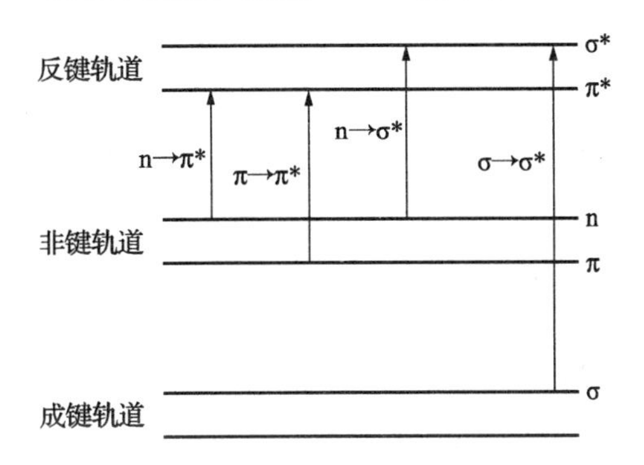

图 2－55　电子跃迁能量示意图

其中 $\sigma\to\sigma^*$、$\pi\to\pi^*$、$n\to\pi^*$ 跃迁最为常见。饱和烃类化合物分子中只含有 C—C 和 C—H 键，只能发生 $\sigma\to\sigma^*$ 跃迁。但 σ 电子不容易被激发，跃迁时需要的能量较大，一般只能在波长小于 200nm 的区域才能发生。当饱和烃类化合物中的 H 原子部分被 O、S、N、卤素原子或含这些元素的基团取代后，这些原子的 n 轨道可以发生 $n\to\sigma^*$ 跃迁。当有机化合物中含有 C ═O、N ═O、C ═S、N ═N 等基团时，由于这些基团中同时存在双键和孤电子对，因此不仅能发生 $\pi\to\pi^*$ 跃迁，也能发生 $n\to\pi^*$ 跃迁。

紫外光谱通常在溶剂中进行测量，由于溶剂与溶质分子间形成氢键、偶极极化的影响，可使溶质分子的吸收波长发生位移，这种效应就是溶剂效应。例如 $\pi\to\pi^*$ 跃迁，其激发态比基态的极性大，极性溶剂对它的作用比基态强，所以激发态的能量降低较多，基态与激发态之间能阶减少，吸收波长向长波长方向位移，即发生红移。

由于紫外光谱存在溶剂效应，因此测定紫外光谱时，选择合适的溶剂是非常重要的。在本课题中，研究对象为丝光棉、煮炼棉、漂白棉、莫代尔、超细莫代尔、丽赛、上海丽赛、天丝 A100、天丝 G100、竹纤维、纽代尔、圣麻、粘胶、铜氨等 15 种纤维素纤维。一般情况下，可以采用75%硫酸来溶解所有这15种纤维，而甲酸/氯化锌溶液也可以溶解除棉以外的其他12种纤维。

本研究参考文献的实验结果，也采用甲酸/氯化锌和75%硫酸溶剂体系对所研究的样品进行处理。由于棉不溶于甲酸/氯化锌中，因此只对除棉外的其他12种纤维进行研究。分别称取待测纤维样品0.500g，加入50mL甲酸/氯化锌，在70℃下恒温水浴振荡30min，结果发现所有12种待测纤维样品均完全溶解，均得到清澈透明的溶液。将此溶液在冰水混合物中迅速冷却至室温，然后在室温条件下测定其紫外可见吸收光谱。

图2－56和图2－57分别是所用的两种溶剂体系的紫外－可见吸收光谱图，甲酸/氯化锌溶剂体系中含有大量的甲酸，在甲酸分子中，羧基碳原子以sp^2杂化轨道分别与烃基和两个氧原子形成3个σ键，这3个σ键位于同一平面上，剩余的一个p电子与氧原子形成π键，构成了羧基中C=O的π键，羧基中－OH氧上还有一对未共用电子，与π见形成p－π共轭体系。由于p－π共轭效应，使其$\pi \rightarrow \pi^*$跃迁对应的紫外吸收峰相对于一般的C=O发生红移，出现在210nm附近。从图2－56中可以清楚地看出，甲酸/氯化锌溶剂体系在250nm以上区域的吸收很小，且吸收值十分稳定，而当波长小于250nm时，吸收值迅速增大，超出了仪器的测量范围。硫酸本身没有紫外吸收，因此图2－57中吸收值相当稳定，且其值较小。

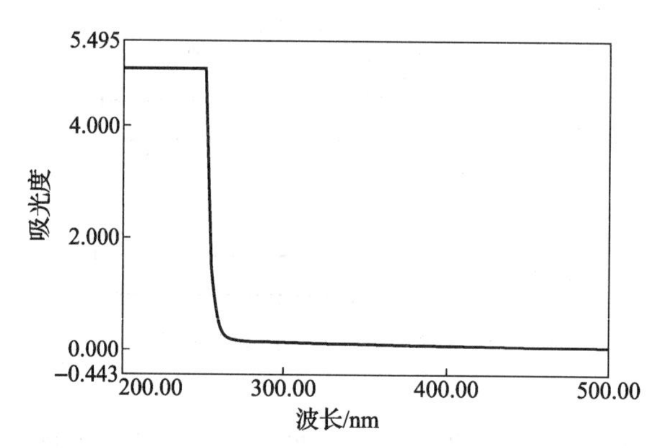

图2－56　甲酸/氯化锌的紫外可见吸收光谱

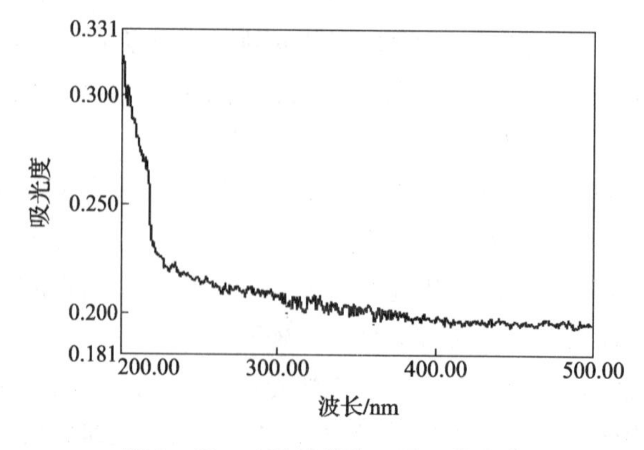

图2－57　硫酸的紫外可见吸收光谱

所有再生纤维素纤维均是以纤维素纤维为原料进行加工而得到的，其组成均是各种纤维素纤维。纤维素的结构单元是D－吡喃式葡萄糖基（即脱水葡萄糖），各结构单元彼此间通过1，4－苷键连接，每个结构单元含有三个－OH基。研究结果表明，纤维素葡萄糖基环中游离羟基处于2、3、6位，其中在第6位碳原子C_6上的羟基为伯醇羟基，而在第2、第3位碳原子C_2、C_3上的羟基是仲醇羟基。这些不同羟基的存在直接影响到纤维素的化学性质，如纤维素的酯化，不同碳原子上的羟基的反应活性是各不相同的。

氯化锌是一种中等强度的路易斯酸，在加热至70℃后，甲酸/氯化锌溶液能很好地溶解各种再生纤维素纤维，形成澄清透明的溶液。再生纤维素中含有大量的－OH基，而－OH基的n→σ＊跃迁对应的紫外吸收峰出现在190nm附近。在甲酸/氯化锌的再生纤维素溶液中，甲酸和－OH基的大量存在使其相对应的紫外吸收峰的强度非常大。图2－58为天丝G100在甲酸氯化锌溶液中的紫外可见吸收光谱图，从图2－58可以看出，在350nm～500nm区域内，其吸光度几乎为一恒定值，在260nm～350nm区域内，其吸光度随波长的减小而略有增加，当波长小于260nm时，吸光度迅速增加而超过仪器的测定范围。其他11种纤维的紫外可见吸收光谱几乎与天丝G100的完全相同。为突出其差异，将12种纤维在260nm～500nm区域内的吸收光谱列于图2－59中。从图2－59可以清晰地看出，竹纤维在此区域内

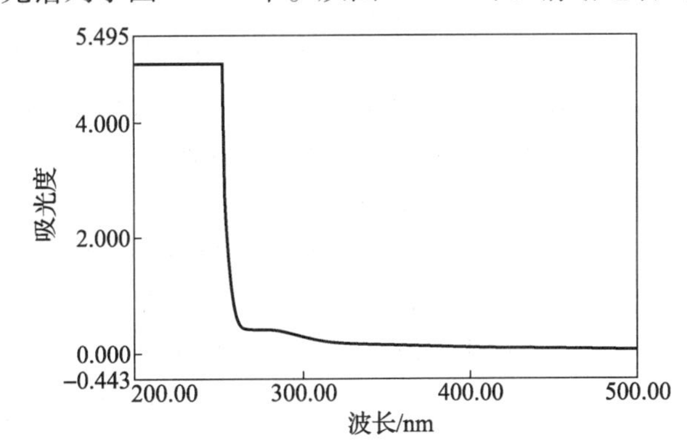

图2－58　甲酸/氯化锌溶液中天丝G100的紫外可见吸收光谱

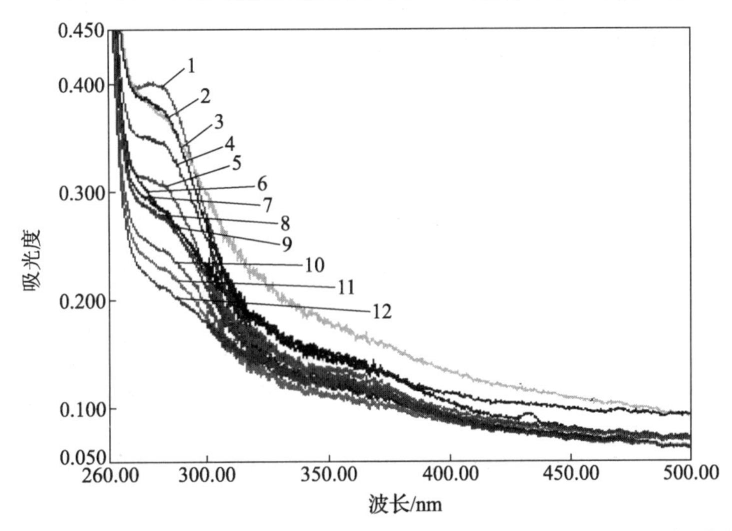

图2－59　甲酸/氯化锌溶液中12种再生纤维素紫外可见吸收光谱局部放大图

1. 天丝G100　2. 天丝A100　3. 竹纤维　4. 圣麻　5. 中国台湾木代尔　6. 铜氨纤维　7. 木代尔　8. 超细木代尔　9. 粘胶纤维　10. 上海丽赛　11. 丽赛　12. 纽代尔

的吸光度明显高于其他纤维，大约是其他纤维吸光度的两倍左右，其他11种再生纤维素纤维的吸收光谱则几乎一致。因此，根据紫外可见光谱判断，可以将竹纤维与其余11种再生纤维素纤维区别开来。但对于其余11种再生纤维素纤维，采用紫外可见光谱并不能将其进一步区分开来。

75%硫酸也是用于溶解纤维素纤维的一种常用试剂，有研究表明，用75%硫酸溶解竹纤维和粘胶纤维后，所得溶液在423.5nm下测试时，其吸光度均很稳定。本研究参考的研究成果，用75%硫酸对所研究的12种再生纤维素纤维和棉纤维进行处理。

每个纤维素结构单元中存在三个 - OH 基，部分 - OH 基之间会形成氢键。纤维素分子呈丝状，这些分子以氢键的形式连接成纤维素胶束。胶束中氢键的数目很多，所以结合得很牢固，物理和化学性质比较稳定。纤维素跟较浓的硫酸作用时，纤维素中的游离羟基按一般醇的方式起酯化作用，生成硫酸氢酯，同时纤维素在葡萄糖残基之间以氧原子连接的地方逐渐水解为较小的分子，从而使纤维素溶解。硫酸在室温下和较短的时间内往往只能溶解纤维表面一层。纤维的部分水解产物是分子量大的粉纤维和水解纤维素等，这些水解产物往往较牢固地粘附在纤维的表面。只有对硫酸略做加热处理，才能使纤维素完全溶解。这时水解的程度增大，在水解时生成六糖、四糖和三糖等产物，最后生成纤维二糖和葡萄糖。这些化合物能溶于水，并含有游离的半缩醛羟基。因此本研究采用的处理条件为：称取一定质量的样品，进行充分的疏松处理后，置于150mL锥形瓶中，加入50mL75%硫酸，在50℃水浴中恒温振荡30min，取出后用冰水混合物迅速冷却至室温，立即进行紫外 - 可见光谱测定。

图2 - 60是75%硫酸溶液中天丝G100的紫外 - 可见吸收光谱图，其中天丝G100的浓度为0.2%。从图2 - 60中可以看出，它在238nm、300nm、428nm附近各有一个吸收峰。出现在300nm附近的紫外吸收峰是醛类化合物中的n→π * 跃迁所产生的，该吸收峰的出现表明天丝G100溶解在75%硫酸溶液中时发生了降解。出现在428nm附近的吸收峰是硫酸氢酯的紫外吸收峰。对于不同的纤维素纤维，该峰的强度和位置稍有不同，且纤维素纤维的浓度较高时，该峰分裂成2个峰，一个峰蓝移至415nm附近，另一个峰则红移至450nm附近。为了更好地说明这一点，在图2 - 61中给出了12种再生纤维素纤维在该吸收峰附近区域的局部放大图，该系列谱图对应的纤维素浓度为0.8%。

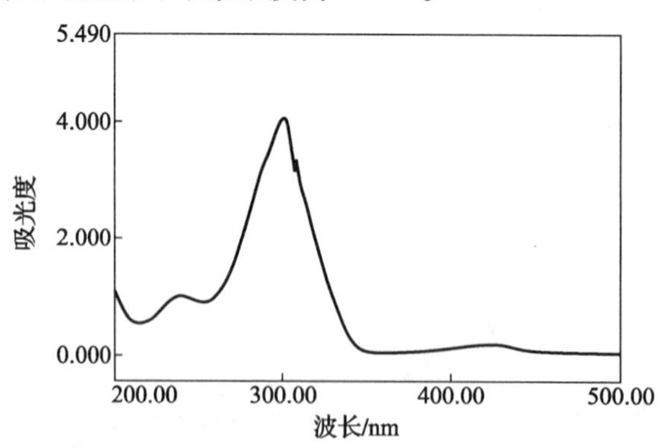

图2 - 60　75%硫酸中天丝G100的紫外 - 可见吸收光谱（浓度为0.2%）

图2 - 62是75%硫酸溶液中3种再生纤维素（天丝G100、铜氨纤维和天丝A100）的紫外可见吸收光谱局部放大图。从图中可以看出，不同纤维素纤维的紫外 - 可见吸收光谱差异

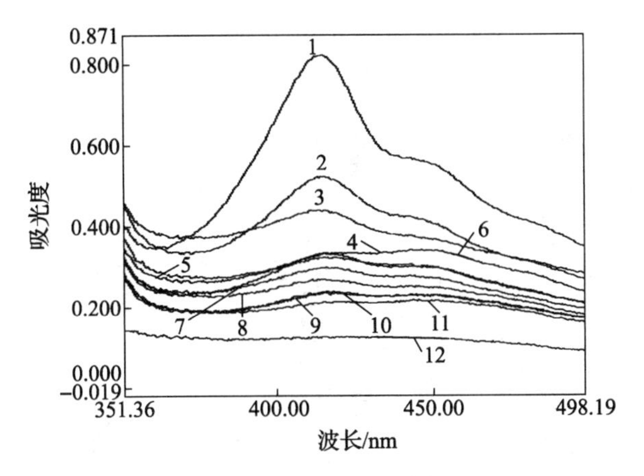

图2-61　5%硫酸溶液中12种再生纤维素紫外可见吸收光谱局部放大图（浓度为0.8%）

1. 天丝G100　2. 圣麻　3. 竹纤维　4. 木代尔　5. 粘胶　6. 超细木代尔　7. 铜氨纤维　8. 纽代尔　9. 丽赛　10. 上海丽赛　11. 纽代尔　12. 天丝A100

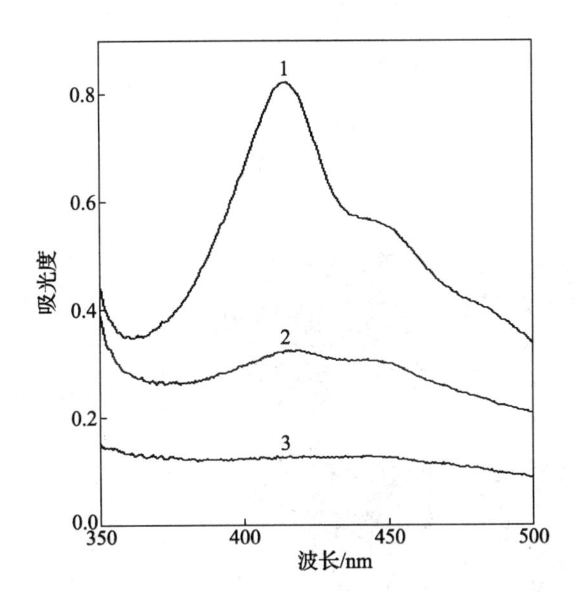

图2-62　75%硫酸溶液中3种再生纤维素紫外可见吸收光谱局部放大图（浓度为0.8%）

1. 天丝G100　2. 铜氨纤维　3. 天丝A100

较大，在该区域内，天丝G100的吸收率最大，天丝A100的吸收率最小，天丝G的吸收率远远大于天丝A100的吸收率。天丝G、天丝A、铜氨纤维的结构极为相似，图2-63、图2-64分别是这三种纤维的显微镜纵截面和横截面图，从图2-63、图2-64中可以清楚地看出，这三种纤维极其相似，很难区分开来。这3种纤维各项性能均相当接近，现有已知的技术手段均不能有效地分辨天丝G100、天丝A100、铜氨纤维，这3种纤维的定性鉴定是纺织纤维定性鉴定中尚未解决的难题之一。

从图2-62中可以看出，根据其吸收率的差异，可以将天丝G100、铜氨、天丝A100区分开来。而这3种纤维目前其他的技术手段均不能有效地将其区分。

图 2－63　天丝 G、天丝 A 和铜氨纤维的显微镜纵截面

a—天丝 A100　b—天丝 G100　c—铜氨纤维

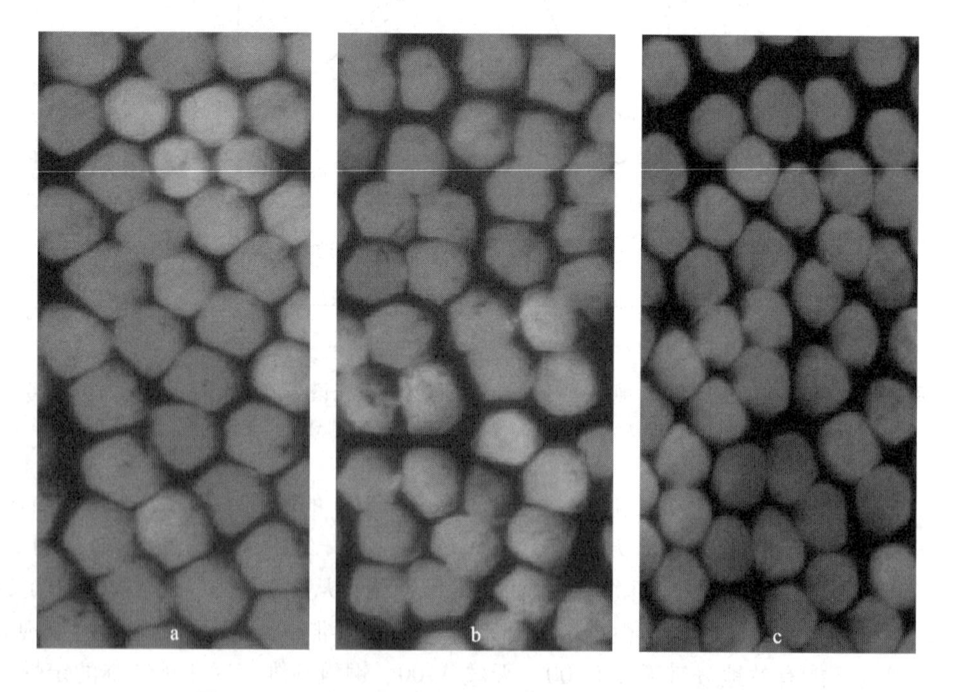

图 2－64　天丝 G、天丝 A 和铜氨纤维的显微镜横截面

a—天丝 A100　b—天丝 G100　c—铜氨纤维

棉制品一般分原棉、丝光棉、煮炼棉和漂白棉四种，图 2 - 65 是这四种棉的紫外 - 可见吸收光谱的局部放大图。从图 2 - 65 可以看出，四种棉的紫外 - 可见吸收光谱的特征基本一致，均分别在 425、450nm 附近各出现一个吸收峰，在浓度相近的条件下，原的吸光度最大，丝光棉次之，漂白棉、煮炼棉比较小。

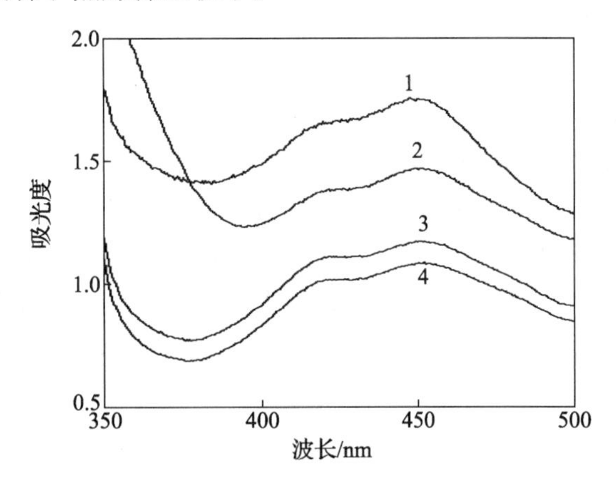

图 2 - 65　75% 硫酸中 2.0% 的四种棉紫外 - 可见吸收光谱局部放大图

1. 原棉　2. 丝光棉　3. 漂白棉　4. 煮炼棉

由于 75% 硫酸溶液中纤维素纤维的紫外 - 可见吸收光谱特征与其浓度密切相关，本研究对不同浓度的纤维素纤维的紫外 - 可见吸收光谱进行了研究，图 2 - 66 给出了 75% 硫酸溶液中不同浓度的铜氨纤维的紫外 - 可见吸收光谱。从图 2 - 66 可以清楚地看出，75% 硫酸溶液中纤维素浓度不同时，其紫外 - 可见吸收光谱中吸收峰的位置有一定的位移，且 428nm 附近吸收峰的形状也有所变化。因此，在应用紫外 - 可见吸收光谱来进行定量测定时，必须选择合适的测量波长。

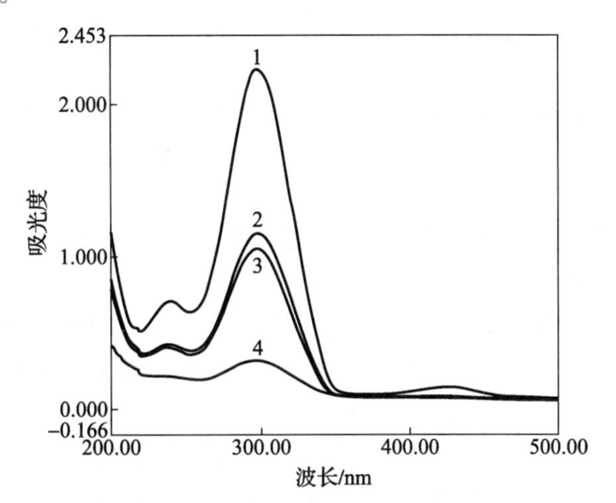

图 2 - 66　75% 硫酸中不同浓度的铜氨纤维的紫外 - 可见吸收光谱图

1. 0.30%　2. 0.20%　3. 0.15%　4. 0.05%

75% 硫酸溶液中再生纤维素纤维在 423.5nm 下的吸光度很稳定，但我们认为这一结论是不可靠的。75% 硫酸与再生纤维素纤维之间发生持续的酯化反应，同时再生纤维素纤维在

75% 硫酸的作用下持续发生降解，从而出现在 300nm、428nm 附近的吸收峰的强度应该会随着放置时间的增加而增加。为了验证这一设想，本研究对 75% 硫酸溶液中不同浓度的纤维素纤维的紫外 - 可见吸收光谱随时间的变化进行了研究，结果表明，对于所有的 15 种纤维素纤维，不论其浓度大小，随着放置时间的增加，300nm、428nm 附近吸收峰的强度确实增加。图 2 - 67 列出了 75% 硫酸溶液中 0. 20% 的天丝 A100 的紫外 - 可见吸收光谱随时间的变化。曲线 5 是用冰水冷却至室温后立即测定得到的紫外 - 可见吸收光谱，曲线 4、3、2、1 分别是放置 2h、4h、6h、24h 后测定得到的紫外 - 可见吸收光谱。随着放置时间的增加，出现在 428nm 附近的吸收峰的位置逐渐蓝移，其强度逐渐增加。立即测定时，该吸收峰的位置为 430nm，分别放置 2h、4h、6h、24h 后，该吸收峰分别蓝移至 428nm、426nm、425nm、424nm 处。如果在 430nm 处进行吸光率测定，其吸光率分别为 0. 102、0. 153、0. 175、0. 215、0. 492。由此可见，即使在 2 个 h 内，其吸光度的变化也超过 50% 。

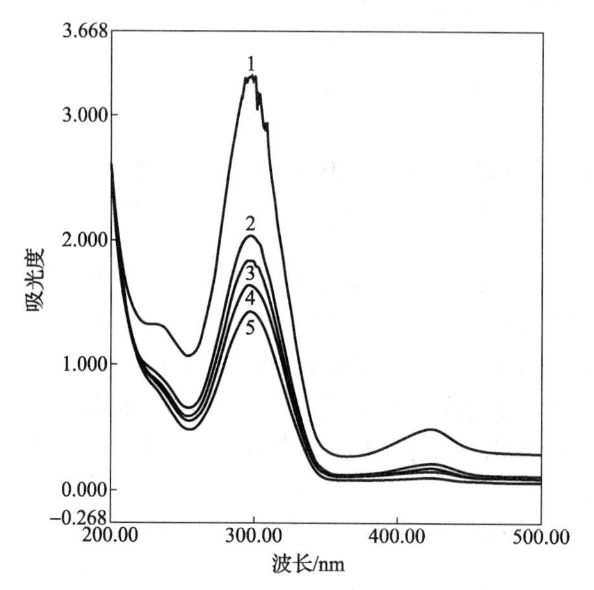

图 2 - 67　75% 硫酸溶液中 0. 20% 天丝 A100 的紫外 - 可见吸收光谱随时间的变化

1. 24h　2. 6h　3. 4h　4. 2h　5. 立即测定

为了进一步详细研究纤维素纤维在 75% 硫酸溶液中的紫外 - 可见吸收光谱的稳定性，本研究选取丝光棉作为棉的代表、选取天丝 G 作为再生纤维素纤维的代表，对其在 75% 硫酸溶液中的紫外 - 可见吸收光谱的时间稳定性进行了进一步的研究。分别称取约 0. 3g 样品，加入 50mL75% 硫酸，在 50℃ 下恒温水浴振荡处理 30min，然后用冰水混合物将其迅速冷却至室温，分别放置 0、5min、10min、15min、20min、25min、30min、35min、40min、45min、50min、55min，进行紫外 - 可见吸收光谱测定，在 450nm 下测定了其吸光度，结果列于表 2 - 99 中。图 2 - 68、图 2 - 69 给出了部分紫外 - 可见吸收光谱的局部放大图。从图 2 - 68、图 2 - 69 中可以清楚地看出，随着放置时间的增加，其吸光度也随之增加。从表 2 - 1 中可以看出，在 75% 硫酸中 0. 6% 丝光棉放置 10min 后测定，在 450nm 处其吸光度增加 3. 2% ，放置 15min 后增加了 4. 6% 。天丝 G 的吸光度随放置时间的增加变化较大，放置 5min 后就增加了 3. 8% ，放置 10min 后增加了 9. 0% 。由此可知，在 75% 硫酸溶液中，棉和再生纤维

素纤维的紫外 – 可见吸收光谱在特定波长处的吸光度均随放置时间的增加而显著增加。标准 FZ/T01053 – 2007 要求的允差范围为 ±5%，很显然，75% 硫酸体系带来的测量误差较大，很难满足该标准的要求。

表 2 – 99　75% 硫酸中 0.6% 丝光棉和天丝 G100 的吸光度（λ = 450nm）

放置时间/min		0	5	10	15	20	25	30	35	40	45	50	55
丝光棉	吸光度	0.282	0.287	0.291	0.295	0.299	0.301	0.303	0.306	0.311	0.317	0.322	0.330
	增加比例/%	0	1.8	3.2	4.6	6.0	6.7	7.4	8.5	10.3	12.4	14.2	17.0
天丝G	吸光度	0.345	0.358	0.376	0.390	0.411	0.425	0.446	0.465	0.486	0.504	0.523	0.543
	增加比例/%	0	3.8	9.0	3.0	19.1	23.2	29.3	34.8	40.9	46.1	51.6	57.4

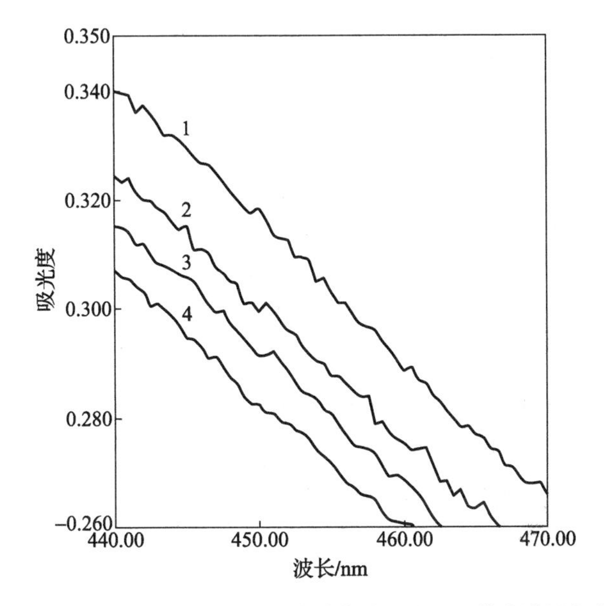

图 2 – 68　75% 硫酸中 0.6% 丝光棉的紫外 – 可见吸收光谱局部放大图

1. 放置 45min 后测定　2. 放置 30min 后测定　3. 放置 15min 后测定　4. 立即测定

我们的实验结果表明，75% 硫酸溶液中纤维素纤维的紫外 – 可见吸收光谱随时间变化而迅速变化，在任何波长处测量，其吸光度都不可能在较长的时间内稳定。这一结论与郭超红的结论是恰好相反的。这一研究结果表明，75% 硫酸溶液中纤维素纤维的紫外 – 可见吸收光谱虽可用于部分纤维素纤维的定性鉴别，但用于其定量测定则必须在反应完毕很短时间内进行。

不同浓度的硫酸对纤维素的溶解能力各不相同，硫酸浓度越低，其溶解能力越小。为了寻找合适的定量测定溶液体系，针对不同浓度的硫酸溶液的紫外 – 可见吸收光谱进行了研究。

分别采用 75%、70%、65%、60% 硫酸对这 15 种纤维素纤维进行溶解，测定其紫外 – 可见吸收光谱随放置时间的变化，结果发现，随着硫酸浓度的降低，其紫外 – 可见吸收光谱随时间增加而变化的程度降低。当采用 60% 硫酸溶液时，在放置 2h 后，其紫外 – 可见吸收

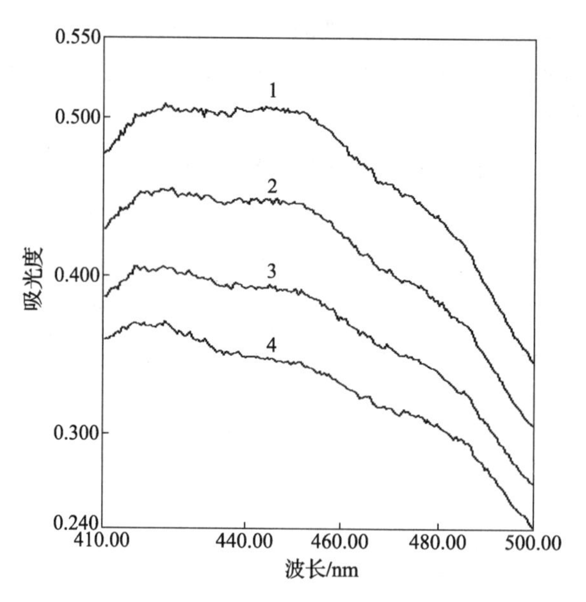

图 2-69　75%硫酸中 0.6%天丝 G100 的紫外-可见吸收光谱局部放大图

1. 放置 45min 后测定　2. 放置 30min 后测定　3. 放置 15min 后测定　4. 立即测定

光谱中吸收峰增加不超过 10%。图 2-70 是 60%硫酸中 0.4%天丝 G100 的紫外-可见吸收光谱图，在 430nm 下进行测定，0.4%天丝 G100 的吸光度为 0.118，放置 2h 后再进行测定，则其吸光度为 0.127，增加约 7.6%，即每小时增加 3.8%。

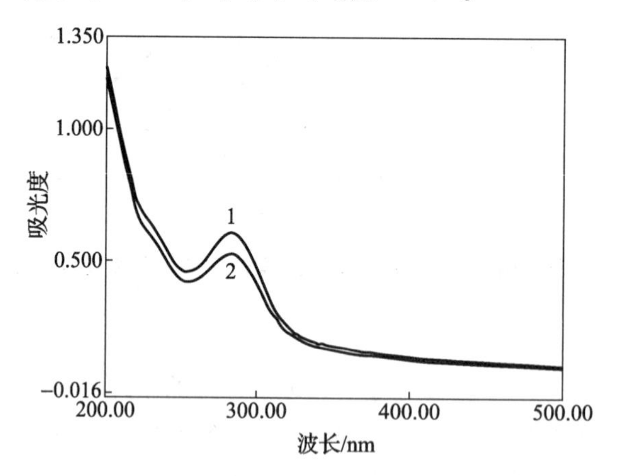

图 2-70　60%硫酸中 0.4%天丝 G100 的紫外-可见吸收光谱随时间的变化（60℃处理）

1. 放置 2h 后测定　2. 立即测定

采用上述硫酸溶液体系溶解再生纤维素纤维时，均是在 50℃水浴中恒温振荡 30min。从图 2-70 可以看出，采用 60%硫酸来溶解纤维素时，430nm 附近的吸收峰并不出现。这个吸收峰是纤维素被硫酸酯化后产生的，该吸收峰不出现说明此时硫酸酯化的程度很低。硫酸酯化过程是一个热力学吸热过程，升高反应体系的温度可以大大加快该反应的进行。

分别选取水浴温度为 50℃、55℃、60℃、65℃、70℃进行对比实验，结果发现，随着水浴温度的升高，溶液的颜色逐渐加深，随之在其紫外-可见吸收光谱中在 450nm 附近出现了硫酸氢酯的吸收峰，且其吸光度逐渐增加。图 2 – 71 是 0.3% 超细木代尔在 65% 硫酸中 70℃ 恒温水浴处理后得到的紫外 – 可见吸收光谱图。从图 2 – 71 可以看出，提高恒温水浴温度后，硫酸酯化纤维素的速度大大加快，出现了较强的硫酸氢酯的紫外吸收峰，其吸收峰的位置为 455nm。在 455nm 下进行吸光度的测定，0.3% 超细木代尔的吸光度为 0.353，放置 5h 后再进行测定，其吸光度增加为 0.382，约增加 8.2%，即每小时增加 1.6%。很显然，这样的增加速度不会对紫外 – 可见吸收光谱的测定造成太大的影响。

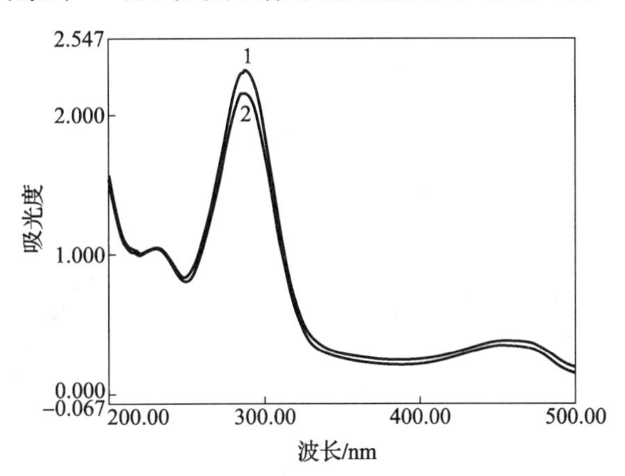

图 2 – 71　65% 硫酸中 0.3% 超细木代尔的紫外 – 可见吸收光谱随时间的变化（70℃ 处理）

1. 放置 5h 后测定　2. 立即测定

但是 60% 硫酸不能溶解棉，而能溶解棉的硫酸的最低浓度要求是 65%。采用 65% 硫酸对丝光棉、漂白棉和煮炼棉进行处理，结果发现，当水浴温度低于 70℃ 时，所得溶液中均有少量的絮状不溶物，从而对其紫外 – 可见分光光谱的测定带来不利影响；而当水浴温度升高到 70℃ 后，所得溶液澄清透明。因此，本研究最终选用的条件为：65% 硫酸作为溶解介质，水浴温度为 70℃，恒温水浴振荡 30min 后，立即用冰水混合物进行充分冷却，然后立即进行紫外 – 可见吸收光谱测试。图 2 – 72 是 15 种纤维在 65% 硫酸中的紫外 – 可见吸收光谱局部放大图。为了清楚起见，在图 2 – 73 中将图 2 – 72 中部分纤维素纤维的紫外 – 可见吸收光谱进行进一步的放大处理。

从图 2 – 73 可以清楚地看出，所有 15 种被研究的纤维均在 450nm 附近出现一个吸收峰，该吸收峰是硫酸氢酯产生的。在这 15 种纤维中，天丝 G100 的吸光度最大，远远大于其他纤维，而天丝 A100 的吸光度最小，远远小于其他纤维。因此，根据紫外 – 可见吸收光谱特征，可以清晰地将天丝 G100、天丝 A100 与其他 13 种纤维完全区别开来。

4.5.2.3.2　定量分析部分

通常情况下，混纺纤维的混纺比例的测定一般采用溶解、密度和光谱方法，但是部分混纺纤维中的几种纤维的性质十分接近，采用这些方法很难将其分离开来。为此，尝试采用其他手段来进行测定。

紫外 – 可见吸收光谱是一种常用的定量分析手段，其原理是根据 Lamber – Beer 定律，溶液的吸光度值与溶液的浓度成正比。对于溶液中含有两种组分的体系，在二元体系中，当两种物质之间的作用是相互独立时，其溶解度存在一定的关系，如式（2 – 1）表述如下：

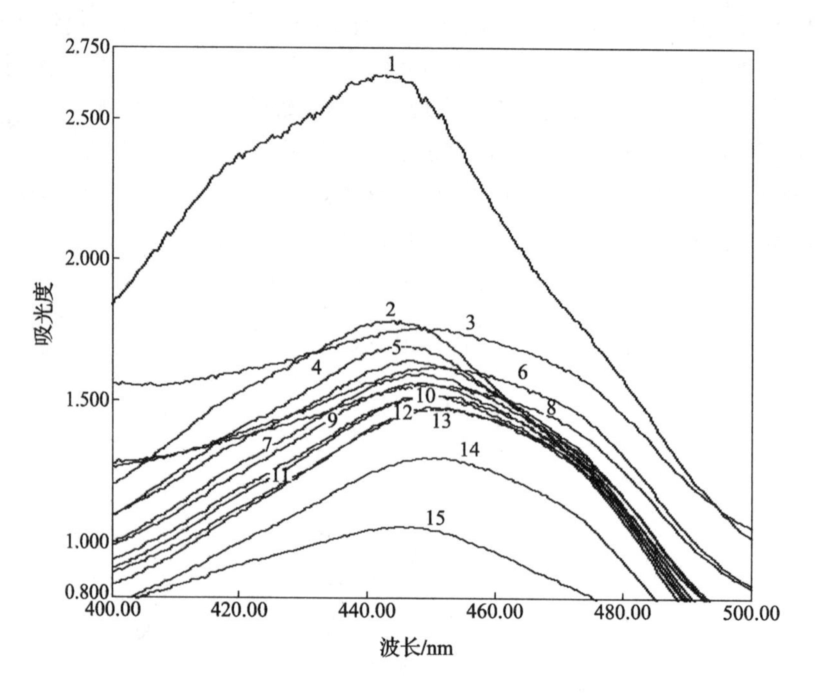

图 2-72　65%硫酸中 1%纤维素纤维的紫外-可见吸收光谱局部放大图（70℃处理）

1. 天丝 G　2. 圣麻　3. 丝光棉　4. 木代尔　5. 竹纤维　6. 漂白棉　7. 粘胶　8. 超细木代尔　9. 煮炼棉　10. 上海丽赛　11. 木代尔　12. 丽赛　13. 纽代尔　14. 铜氨纤维　15. 天丝 A

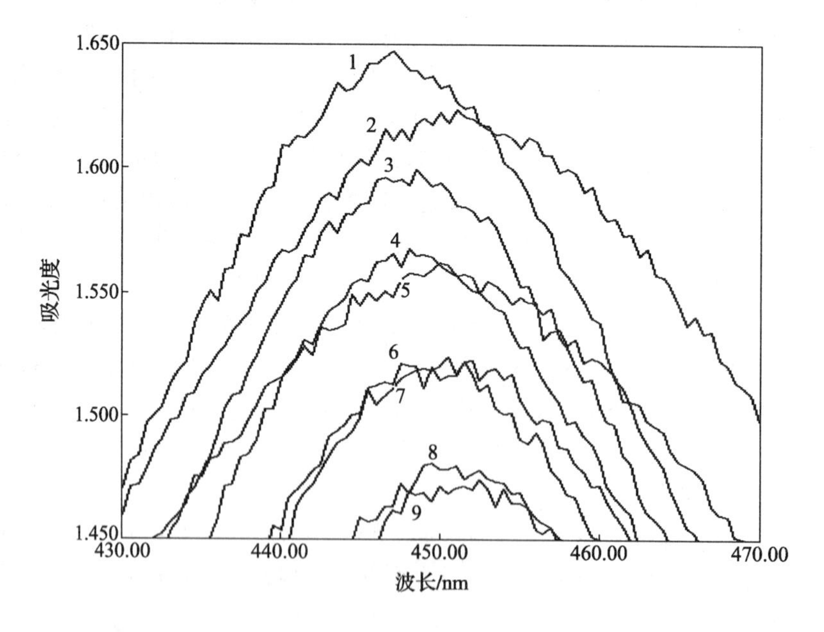

图 2-73　65%硫酸中 1%部分再生纤维素纤维的紫外-可见吸收光谱局部放大图（70℃处理）

1. 竹纤维　2. 漂白棉　3. 粘胶　4. 超细木代尔　5. 煮炼棉

6. 上海丽赛　7. 木代尔　8. 丽赛　9. 纽代尔

$$K=\frac{K_A+(K_A-K_B)F}{F+\alpha(1-F)} \tag{2-1}$$

式中：K——二元体系的溶解度；

K_A——组分 A 的溶解度；

K_B——组分 B 的溶解度；

F——组分 A 的比例；

α——系数。

根据 Lamber - Beer 定律，溶液的吸光度值与溶液的浓度成正比，在其他条件一定的条件下，溶液对光的吸收量只与溶液中物质的浓度有关，因此成立关系式（2 - 2）：

$$A=\frac{A_A+(A_A-A_B)F}{F+\alpha(1-F)} \tag{2-2}$$

式中：A——二元体系的吸光度；

A_A——组分 A 的吸光度；

A_B——组分 B 的吸光度。

由式（2 - 2）可以得到下列两个关系式：

$$F=\frac{1}{1+\dfrac{A_A-A}{\alpha(A-A_B)}} \tag{2-3}$$

$$\alpha=\frac{A_A-A}{A-A_B}\times\frac{F}{1-F} \tag{2-4}$$

本研究针对纤维素纤维混纺产品，采用不同的溶剂和前处理温度对样品进行前处理，然后研究了采用紫外 - 可见分光光度法测定纤维素纤维混纺产品的混纺比例的可能性，并取得了一定的研究成果。本研究主要研究了两大类纤维素纤维混纺体系：棉/再生纤维素纤维混纺体系、再生纤维素纤维之间混纺体系。

4. 5. 2. 3. 2. 1　棉/天丝混纺产品的定量分析

棉制品一般使用丝光棉、煮炼棉和漂白棉三种原料，各取约 0. 5g 样品，分别加入 50mL65% 硫酸溶液，在 70℃下恒温水浴振荡处理 30min，然后用冰水混合物将其迅速冷却至室温，立即测定其紫外 - 可见吸收光谱，图 2 - 74 是这 3 种棉的紫外 - 可见吸收光谱的局部放大图。从图 2 - 74 可以看出，3 种棉的紫外 - 可见吸收光谱的特征基本一致，均在 450nm 附近出现一个吸收峰，在浓度相近的条件下，丝光棉的吸光度最大，漂白棉次之，煮炼棉最小。

天丝常见的有两种，即天丝 G 和天丝 A。这两种天丝的最大差别在于其结构的致密度不同。图 2 - 75 是这丝光棉、煮炼棉、天丝 G 和天丝 A 的紫外 - 可见吸收光谱的局部放大图。从图 2 - 75 可以看出，这四种物质均在 450nm 附近出现一个吸收峰，在相近的浓度下，天丝 G 的吸光度最大，丝光棉次之，再次是煮炼棉，天丝 A 的吸光度最小。分别选取天丝 A/丝光棉、天丝 G/煮炼棉二元混合物体系，采用紫外 - 可见分光光度法测定其混纺比。

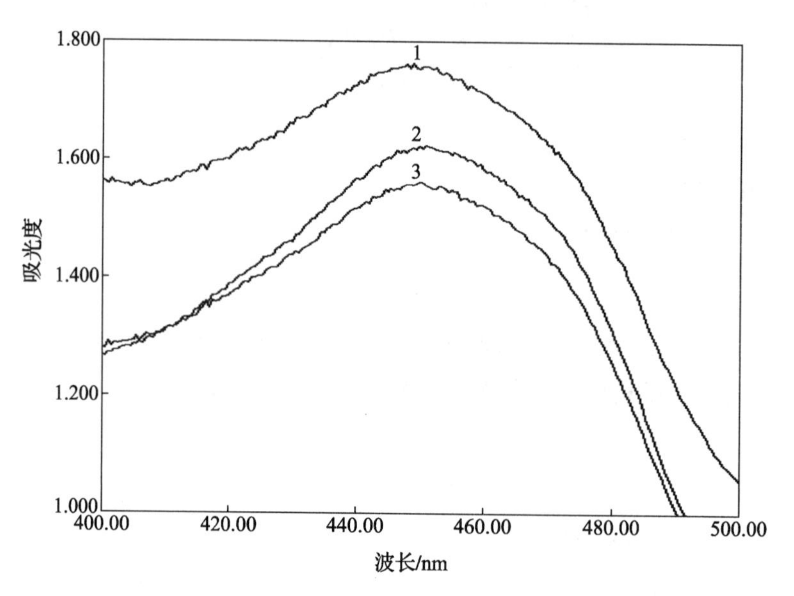

图 2 – 74　65%硫酸中 1.0%的三种棉紫外 – 可见吸收光谱局部放大图

1. 丝光棉　2. 漂白棉　3. 煮炼棉

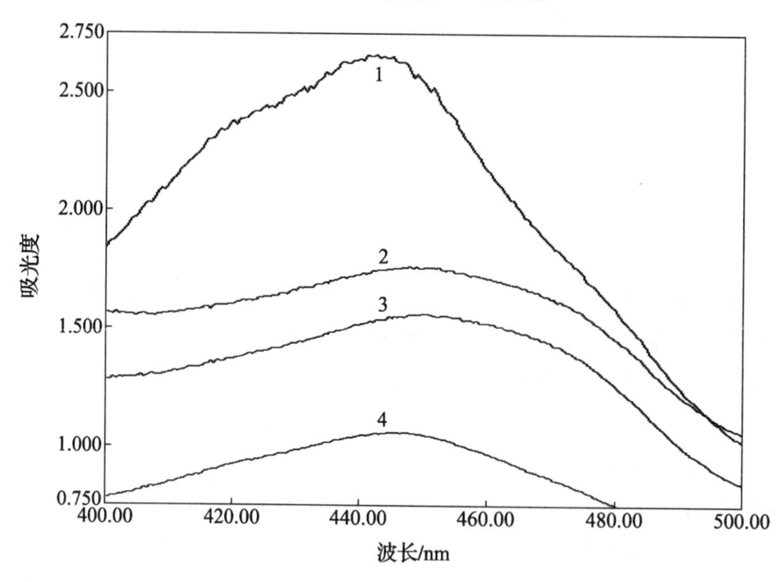

图 2 – 75　65%硫酸中 1.0%样品的紫外 – 可见吸收光谱局部放大图

1. 天丝 G　2. 丝光棉　3. 煮炼棉　4. 天丝 A

（1）天丝 A/丝光棉二元混纺物的混纺比的测定

称取不同干重的丝光棉样品，分别加入 50mL65% 硫酸，在 70℃下恒温水浴振荡处理 30min，然后用冰水混合物将其迅速冷却至室温，立即进行测定，在选定的波长处测定其吸光度，做出其浓度 – 吸光度关系曲线。不同浓度的丝光棉在 448nm 处的吸光度见表 2 – 100。从表 2 – 100 可以得到丝光棉吸光度随浓度变化的曲线（图 2 – 76）。从图 2 – 76 可以看出，在 0.124% ~1.216% 浓度范围内，丝光棉的吸收度随浓度的增加而线性增加，其线性方程为 $A = 1.4119c - 0.0674$，$r = 0.9990$。

表 2－100　丝光棉的吸光度

浓度 c/%	0.124	0.200	0.300	0.402	0.498	0.610	0.718	0.820	0.914	1.000	1.114	1.216
吸光度 A	0.144	0.210	0.351	0.511	0.626	0.757	0.950	1.055	1.237	1.342	1.498	1.687

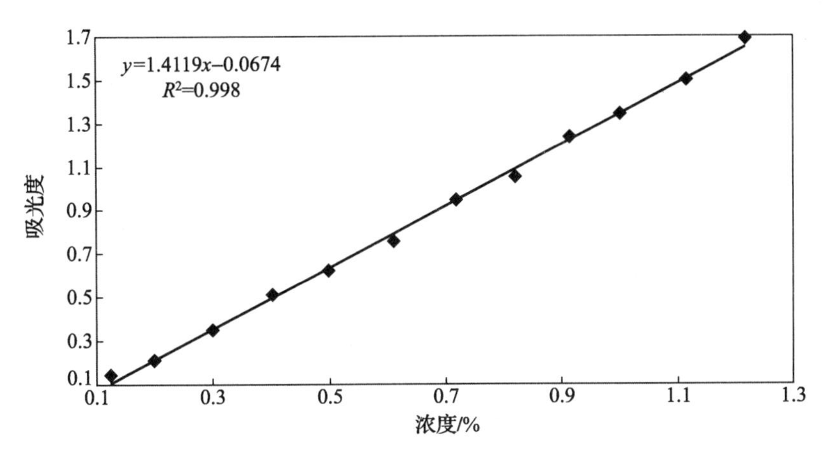

图 2－76　丝光棉的浓度－吸光度曲线

图 2－77 是不同浓度的丝光棉的紫外－可见吸收光谱的局部放大图，为了简洁起见，该图只给出了部分浓度的丝光棉的紫外－可见吸收光谱图。从图 2－77 中可以清楚地看出，随着浓度的增加，其在特定波长处的吸光度线性增加。

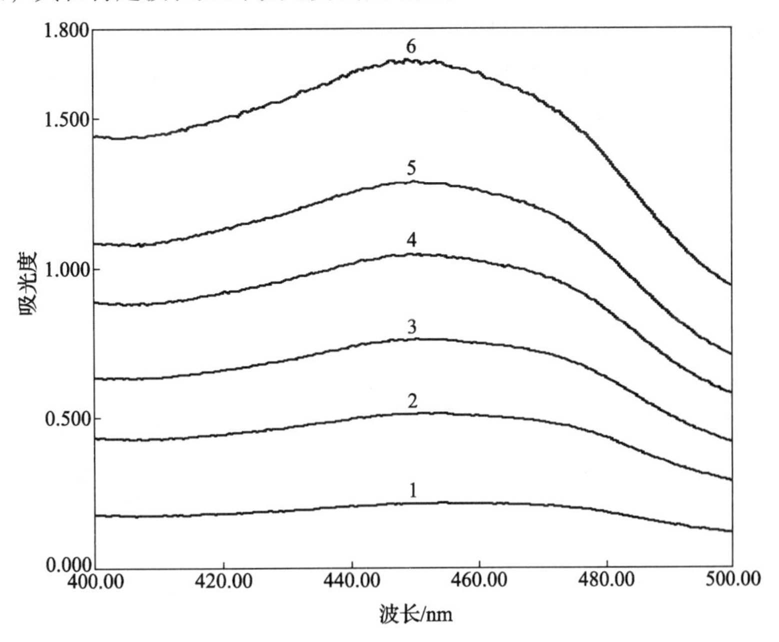

图 2－77　不同浓度的丝光棉的紫外－可见吸收光谱局部放大图

1. 0.200%　2. 0.402%　3. 0.610%　4. 0.820%　5. 1.000%　6. 1.216%

称取不同干重的天丝 A 样品，分别加入 50mL65% 硫酸，在 70℃ 下恒温水浴振荡处理 30min，然后用冰水混合物将其迅速冷却至室温，立即进行测定，在选定的波长处测定其吸光度，做出其浓度－吸光度关系曲线。不同浓度的天丝 A 在 448nm 处的吸光度见表 2－101。从表 2－101 可以得到天丝 A 吸光度随浓度变化的曲线（图 2－78）。从图 2－78 可以看出，在 0.132% ～1.222% 浓度范围内，天丝 A 的吸收度随浓度的增加而线性增加，其线性方程为 $A=0.883c-0.0608$，$r=0.9986$。

表 2－101　天丝 A 的吸光度

浓度 c/%	0.132	0.206	0.282	0.396	0.514	0.604	0.700	0.806	0.876	0.992	1.090	1.222
吸光度 A	0.075	0.129	0.184	0.284	0.370	0.484	0.545	0.628	0.733	0.806	0.894	1.043

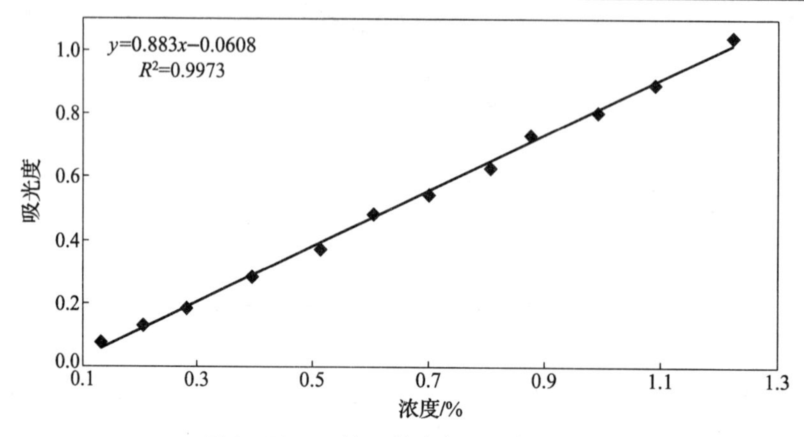

图 2－78　天丝 A 的浓度－吸光度曲线

图 2－79 是不同浓度的天丝 A100 的紫外－可见吸收光谱的局部放大图，为了简洁起见，该图只给出了部分浓度的天丝 A100 的紫外－可见吸收光谱图。从图 2－79 中可以清楚地看出，随着浓度的增加，其在特定波长处的吸光度线性增加。

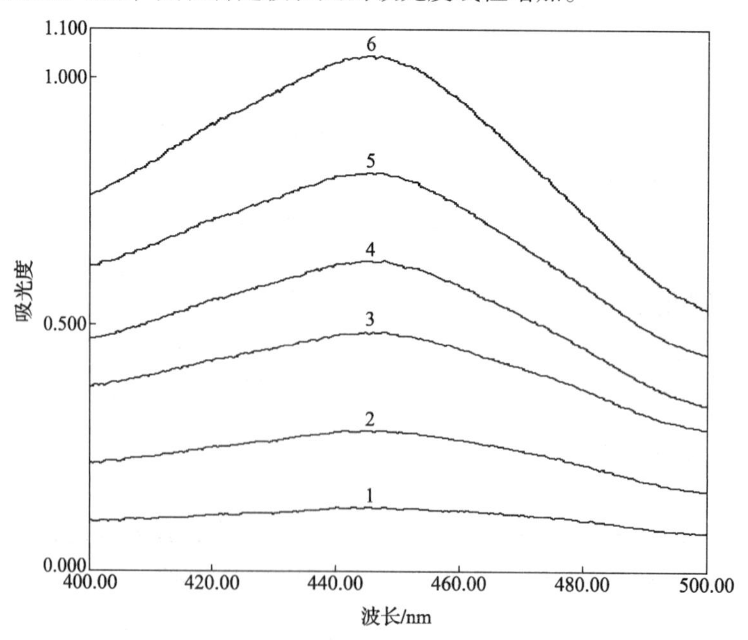

图 2－79　不同浓度的天丝 A100 的紫外－可见吸收光谱局部放大图

1. 0.206%　2. 0.396%　3. 0.604%　4. 0.806%　5. 0.992%　6. 1.222%

按表 2－102 所设计的比例配制天丝 A/丝光棉二组分混合物，加入 50mL65% 硫酸，70℃恒温水浴振荡 30min，然后用冰水混合物迅速冷却至室温，立即在 448nm 处测定溶液的吸光度值，结果见表 2－102。根据表 2－102 中的混合物浓度，从天丝 A、丝光棉的线性方程计算得到该配比下各自的吸光度，计算结果列入表 2－102 中。根据式（2－4）计算每个配比下的 α 值，计算得到的 α 值也列于表 2－102 中。从表 2－102 可以看出，计算得到的 α 值分布范围较窄，为 2.3025－2.5505，其平均值为 2.441，RSD 为 3.505%。

表 2－102　丝光棉（C）/天丝 A_A 混合物定量分析数据

C/A 设计比例	C 干重 /g	A 干重 /g	C 浓度 /%	A 浓度 /%	总浓度 /%	A_C（计算值）	A_A（计算值）	吸光度 A（实测值）	α
15/85	0.073	0.426	0.146	0.852	0.998	1.342	0.820	0.854	2.4897
17/83	0.084	0.414	0.168	0.828	0.996	1.339	0.819	0.857	2.5505
20/80	0.100	0.401	0.200	0.802	1.002	1.347	0.824	0.872	2.4677
23/77	0.115	0.386	0.230	0.772	1.002	1.347	0.824	0.879	2.5353
26/74	0.130	0.373	0.260	0.746	1.006	1.353	0.827	0.891	2.5355
29/71	0.147	0.363	0.294	0.726	1.020	1.373	0.840	0.914	2.5057
33/67	0.166	0.335	0.332	0.670	1.002	1.347	0.824	0.910	2.5188
36/64	0.179	0.320	0.358	0.640	0.998	1.342	0.820	0.917	2.4600
39/61	0.191	0.316	0.382	0.632	1.014	1.364	0.835	0.937	2.5211
43/57	0.214	0.284	0.428	0.568	0.996	1.339	0.819	0.938	2.5312
46/54	0.230	0.270	0.460	0.540	1.000	1.345	0.822	0.954	2.5239
50/50	0.245	0.248	0.490	0.496	0.986	1.325	0.810	0.963	2.3332
51/49	0.259	0.247	0.518	0.494	1.012	1.361	0.833	0.995	2.3689
53/47	0.266	0.236	0.532	0.472	1.004	1.350	0.826	0.995	2.3649
58/42	0.284	0.210	0.568	0.420	0.988	1.328	0.812	0.999	2.3711
58/42	0.290	0.207	0.580	0.414	0.994	1.336	0.817	1.010	2.3654
61/39	0.308	0.195	0.616	0.390	1.006	1.353	0.827	1.029	2.5395
63/37	0.315	0.189	0.630	0.378	1.008	1.356	0.829	1.039	2.5174
65/35	0.330	0.176	0.660	0.352	1.012	1.361	0.833	1.065	2.3937
69/31	0.340	0.155	0.680	0.310	0.990	1.330	0.813	1.063	2.3495
71/29	0.355	0.147	0.710	0.294	1.004	1.350	0.826	1.086	2.4510
75/25	0.373	0.127	0.746	0.254	1.000	1.345	0.822	1.112	2.3563
78/22	0.389	0.111	0.778	0.222	1.000	1.345	0.822	1.137	2.3100
82/18	0.408	0.092	0.816	0.184	1.000	1.345	0.822	1.166	2.3025
85/15	0.421	0.072	0.842	0.144	0.986	1.325	0.810	1.177	2.3527

为了进行方法的准确度分析，本研究利用自己配制的已知比例的天丝 A/丝光棉混合物进行分析，对计算结果与真实配比进行了比较。

根据表 2 - 103 所设计的比例配制天丝 A/丝光棉 C 二组分混合物，加入 50mL65% 硫酸，70℃恒温水浴振荡 30min，然后用冰水混合物迅速冷却至室温，立即在 448nm 处测定溶液的吸光度值，利用式（2 - 3）计算其配比，计算结果及其与真实配比的差值也列于表 2 - 103 中。

表 2 - 103 方法的准确度实验

C/A 设计比例	C 干重/g	A 干重/g	A_C/%	A_A/%	偏差/%
15/85	0.075	0.427	14.94	12.61	-2.33
18/82	0.091	0.411	18.13	18.74	0.61
23/77	0.114	0.387	22.75	22.64	-0.11
28/72	0.142	0.359	28.34	26.06	-2.28
30/70	0.152	0.351	30.22	28.09	-2.12
34/66	0.169	0.330	33.87	34.52	0.65
36/64	0.182	0.320	36.25	36.88	0.62
40/60	0.201	0.302	39.96	37.73	-2.23
44/56	0.221	0.281	44.02	42.08	-1.95
48/52	0.242	0.257	48.50	47.41	-1.09
52/48	0.261	0.241	51.99	52.90	0.91
56/44	0.281	0.222	55.86	56.71	0.84
60/40	0.301	0.198	60.32	60.03	-0.29
64/36	0.324	0.178	64.54	64.23	-0.31
68/32	0.343	0.158	68.46	69.88	1.42
72/28	0.362	0.141	71.97	72.90	0.93
74/26	0.372	0.129	74.25	73.75	-0.50
78/22	0.391	0.111	77.89	80.21	2.32
82/18	0.411	0.091	81.87	81.35	-0.52
85/15	0.426	0.075	85.03	83.14	-1.89

从表 2 - 103 的数据可以看出，分析结果与实际配比的偏差范围为 -2.33% ~2.32%，根据 FZ/T 01053—2007《纺织品纤维含量的标识》的规定，纺织品成分分析结果应该在 ±5% 的允差范围内。表 2 - 103 的数据表明，采用分光光度法对已知比例的天丝 A/丝光棉二组分混合物进行定量分析，实际测量结果的比例误差全部在标准的允差范围内，这充分说明采用该方法来进行定量测定是准确可靠的。

本研究采用测定值与实际配比值的百分比作为判断方法精密度的依据，为了对方法的精密度进行研究，本研究配制了三个级别的天丝 A/丝光棉混合物，每个级别测定 9 个平行样。根据表 2 - 104 所设计的比例配制天丝 A/丝光棉二组分混合物，加入 50mL65% 硫酸，70℃恒温水浴振荡 30min，然后用冰水混合物迅速冷却至室温，立即在 448nm 处测定溶液的吸光度值，利用式（2－3）计算其配比，然后计算该值相对于真实配比的百分比，结果列于表 2－104 中。从表 2－104 中数据可以看出，对于三个级别的天丝 A/丝光棉混合物，测定值与实际配比值相差很少，测定值为实际配比值的 96.01%～103.41%，其变异系数分别为 3.34%、2.25% 和 1.88%。因此该方法的精密度相当高。

表 2－104　方法的精密度实验

C/A 设计比例	C 干重/g	A 干重/g	计算值 F_{CJ}	测定值 F_{CM}	F_{CM}/F_{CJ}	平均值	RSD/%
30/70	0.149	0.353	29.68	30.61	103.13	99.28	3.34
30/70	0.151	0.352	30.02	29.06	96.79		
30/70	0.148	0.351	29.66	28.63	96.53		
30/70	0.147	0.354	29.34	30.27	103.18		
30/70	0.151	0.349	30.20	29.30	97.01		
30/70	0.152	0.346	30.52	30.83	101.02		
30/70	0.151	0.347	30.32	29.25	96.46		
30/70	0.148	0.353	29.54	28.36	96.01		
30/70	0.149	0.354	29.62	30.63	103.41		
50/50	0.251	0.254	49.70	48.05	96.67	99.82	2.25
50/50	0.250	0.251	49.90	48.82	97.83		
50/50	0.249	0.253	49.60	50.66	102.13		
50/50	0.248	0.254	49.40	50.20	101.61		
50/50	0.246	0.256	49.00	48.80	99.59		
50/50	0.252	0.246	50.60	52.10	102.96		
50/50	0.253	0.245	50.80	51.42	101.21		
50/50	0.255	0.248	50.70	49.49	97.62		
50/50	0.246	0.257	48.91	48.31	98.79		
70/30	0.351	0.152	69.78	71.21	102.05	99.80	1.88
70/30	0.353	0.149	70.32	70.79	100.67		
70/30	0.348	0.153	69.46	68.08	98.01		
70/30	0.347	0.155	69.12	67.87	98.18		
70/30	0.354	0.148	70.52	69.67	98.80		
70/30	0.355	0.146	70.86	69.56	98.16		
70/30	0.351	0.147	70.48	69.20	98.19		
70/30	0.352	0.152	69.84	71.01	101.68		
70/30	0.349	0.154	69.38	71.06	102.41		

（2）天丝 G/煮炼棉二元混纺物的混纺比的测定

称取不同干重的煮炼棉样品，分别加入 50mL65% 硫酸，在 70℃下恒温水浴振荡处理 30min，然后用冰水混合物将其迅速冷却至室温，立即进行测定，在选定的波长处测定其吸光度，做出其浓度 - 吸光度关系曲线。不同浓度的丝光棉在 450nm 处的吸光度见表 2 - 105。从表 2 - 105 可以得到煮炼棉吸光度随浓度变化的曲线（图 2 - 80）。从图 2 - 80 可以看出，在 0.128% ~1.524% 浓度范围内，煮炼棉的吸收度随浓度的增加而线性增加，其线性方程为 $A=1.2982c-0.0618$，$r=0.9993$。

表 2 - 105　不同浓度煮炼棉的吸光度

浓度 c/%	0.128	0.212	0.310	0.410	0.506	0.616	0.710	0.816
吸光度 A	0.135	0.236	0.347	0.443	0.572	0.701	0.860	0.985
浓度 c/%	0.916	1.022	1.098	1.212	1.332	1.416	1.524	
吸光度 A	1.148	1.256	1.383	1.513	1.651	1.800	1.917	

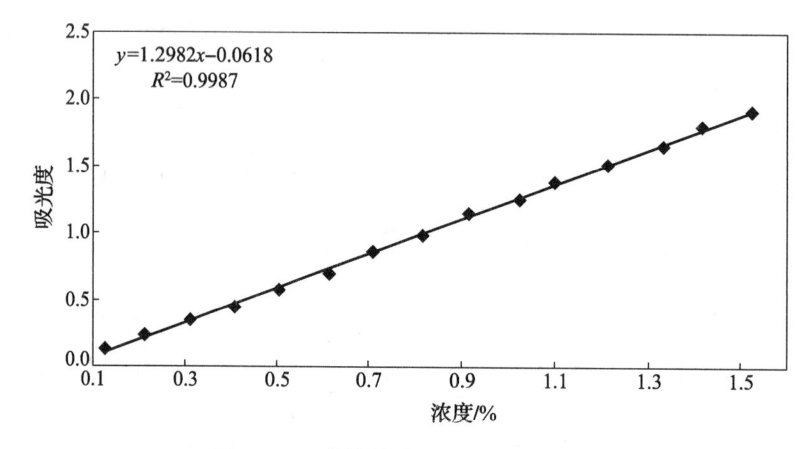

图 2 - 80　煮炼棉的浓度 - 吸光度曲线

图 2 - 81 是不同浓度的煮炼棉的紫外 - 可见吸收光谱的局部放大图，为了简洁起见，该图只给出了部分浓度的煮炼棉的紫外 - 可见吸收光谱图。从图 2 - 81 中可以清楚地看出，随着浓度的增加，其在特定波长处的吸光度线性增加。

称取不同干重的天丝 G 样品，分别加入 50mL65% 硫酸，在 70℃下恒温水浴振荡处理 30min，然后用冰水混合物将其迅速冷却至室温，立即进行测定，在选定的波长处测定其吸光度，做出其浓度 - 吸光度关系曲线。不同浓度的天丝 G 在 450nm 处的吸光度见表 2 - 106。从表 2 - 106 可以得到天丝 G 吸光度随浓度变化的曲线（图 2 - 82）。从图 2 - 82 可以看出，在 0.120% ~0.794% 浓度范围内，天丝 G 的吸收度随浓度的增加而线性增加，其线性方程为 $A=2.2271c-0.1611$，$r=0.9967$。

表 2 - 106　不同浓度天丝 G 的吸光度（450nm）

浓度 c/%	0.120	0.210	0.292	0.400	0.486	0.596	0.692	0.794
吸光度 A	0.152	0.303	0.510	0.674	0.857	1.186	1.368	1.657

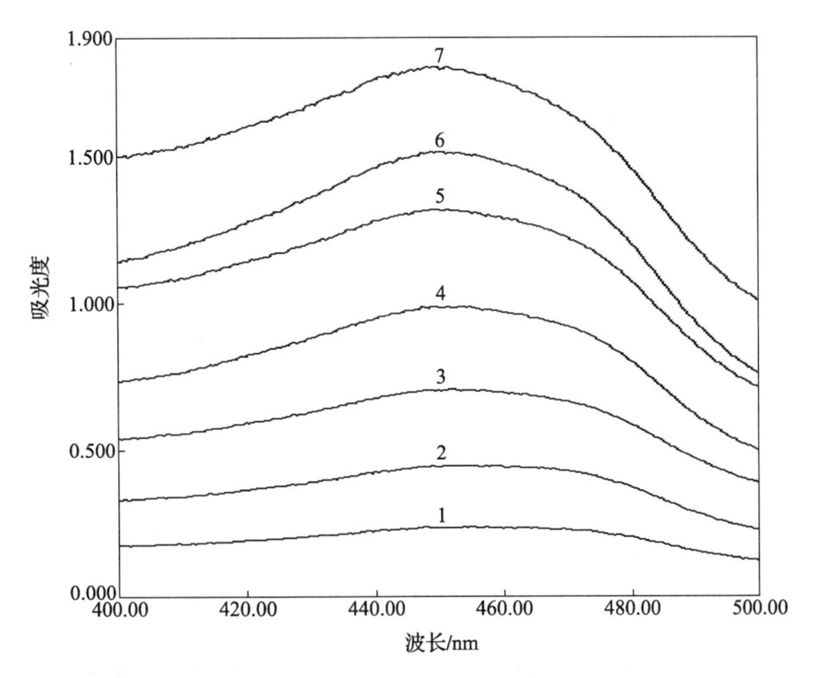

图 2-81　不同浓度的煮炼棉的紫外-可见吸收光谱局部放大图

1. 0.212%　2. 0.410%　3. 0.616%　4. 0.816%　5. 1.022%　6. 1.212%　7. 1.416%

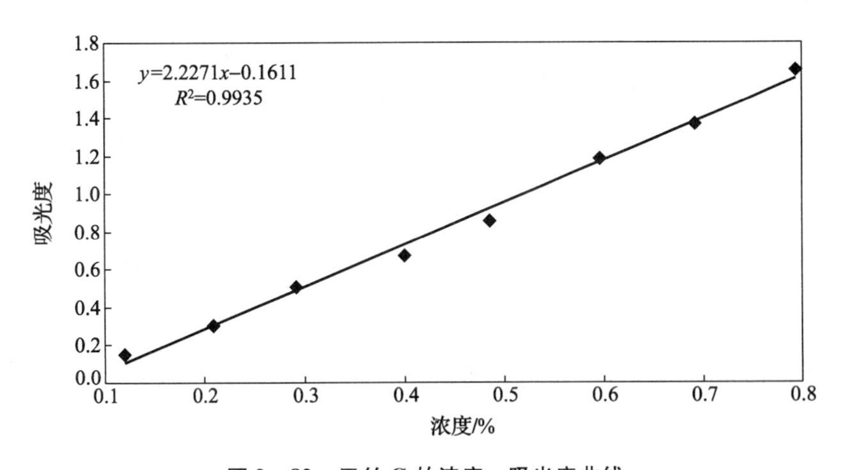

图 2-82　天丝 G 的浓度-吸光度曲线

图 2-83 是不同浓度的天丝 G100 的紫外-可见吸收光谱的局部放大图，为了简洁起见，该图只给出了部分浓度的天丝 G100 的紫外-可见吸收光谱图。从图 2-83 中可以清楚地看出，随着浓度的增加，其在特定波长处的吸光度线性增加。

按表 2-107 所设计的比例配制天丝 G/煮炼棉二组分混合物，加入 50mL65% 硫酸，70℃恒温水浴振荡 30min，然后用冰水混合物迅速冷却至室温，立即在 450nm 处测定溶液的吸光度值，结果见表 2-107。根据表 2-107 中的混合物浓度，从天丝 G、煮炼棉的线性方程计算得到该配比下各自的吸光度，计算结果列入表 2-107 中。根据式（2-4）计算每个配比下的 α 值，计算得到的 α 值也列于表 2-107 中。从表 2-107 可以看出，计算得到的 α

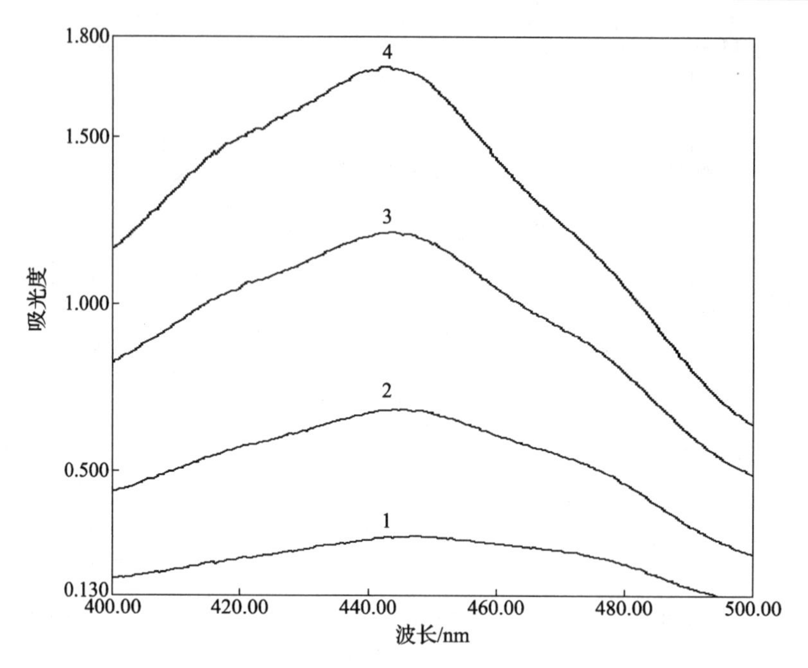

图 2-83 不同浓度的天丝 G100 的紫外-可见吸收光谱局部放大图

1. 0.210%　2. 0.400%　3. 0.596%　4. 0.794%

值分布范围较窄，为 1.3669-1.5595，其平均值为 1.4649，RSD 为 4.195%。

表 2-107 天丝 G(G)/煮炼棉（C）混合物定量分析数据

设计比例 G/C	G 干重 /g	C 干重 /g	G 浓度 /%	C 浓度 /%	总浓度 /%	计算值 A_G	计算值 A_C	实测值吸光度 A	α
15/85	0.038	0.257	0.076	0.514	0.590	1.153	0.704	0.743	1.5595
17/83	0.058	0.245	0.116	0.490	0.606	1.189	0.725	0.791	1.4239
20/80	0.063	0.240	0.126	0.480	0.606	1.189	0.725	0.799	1.3801
23/77	0.070	0.233	0.140	0.466	0.606	1.189	0.725	0.808	1.3758
26/74	0.079	0.223	0.158	0.446	0.604	1.184	0.722	0.816	1.3918
29/71	0.085	0.213	0.170	0.426	0.596	1.166	0.712	0.815	1.3599
33/67	0.097	0.203	0.194	0.406	0.600	1.175	0.717	0.832	1.4273
36/64	0.105	0.194	0.210	0.388	0.598	1.171	0.715	0.834	1.5253
39/61	0.114	0.189	0.228	0.378	0.606	1.189	0.725	0.863	1.4219
43/57	0.121	0.177	0.242	0.354	0.596	1.166	0.712	0.862	1.3859
46/54	0.127	0.165	0.254	0.330	0.584	1.140	0.696	0.856	1.3669
50/50	0.143	0.161	0.286	0.322	0.608	1.193	0.728	0.899	1.5226
51/49	0.154	0.143	0.308	0.286	0.594	1.162	0.709	0.898	1.5058
53/47	0.162	0.137	0.324	0.274	0.598	1.171	0.715	0.917	1.4817

续表

设计比例 G/C	G 干重 /g	C 干重 /g	G 浓度 /%	C 浓度 /%	总浓度 /%	计算值 A_G	计算值 A_C	实测值吸光度 A	α
58/42	0. 174	0. 131	0. 348	0. 262	0. 610	1. 197	0. 730	0. 949	1. 5074
58/42	0. 183	0. 121	0. 366	0. 242	0. 608	1. 193	0. 728	0. 958	1. 5418
61/39	0. 189	0. 112	0. 378	0. 224	0. 602	1. 180	0. 720	0. 961	1. 5290
63/37	0. 200	0. 102	0. 400	0. 204	0. 604	1. 184	0. 722	0. 983	1. 5124
65/35	0. 209	0. 092	0. 418	0. 184	0. 602	1. 180	0. 720	0. 998	1. 4826
69/31	0. 215	0. 087	0. 430	0. 174	0. 604	1. 184	0. 722	1. 012	1. 4679
71/29	0. 222	0. 073	0. 444	0. 146	0. 590	1. 153	0. 704	1. 004	1. 5100
75/25	0. 235	0. 062	0. 470	0. 124	0. 594	1. 162	0. 709	1. 036	1. 4596
78/22	0. 247	0. 057	0. 494	0. 114	0. 608	1. 193	0. 728	1. 073	1. 5048
82/18	0. 251	0. 055	0. 502	0. 110	0. 612	1. 202	0. 733	1. 085	1. 5141
85/15	0. 257	0. 043	0. 514	0. 086	0. 600	1. 175	0. 717	1. 085	1. 4648

为了进行方法的准确度分析，本研究利用自己配制的已知比例的天丝 G/煮炼棉混合物进行分析，对计算结果与真实配比进行了比较。

根据表 2 – 108 所设计的比例配制天丝 G/煮炼棉二组分混合物，加入 50mL65% 硫酸，70℃恒温水浴振荡 30min，然后用冰水混合物迅速冷却至室温，立即在 450nm 处测定溶液的吸光度值，利用式（2 – 3）计算其配比，计算结果及其与真实配比的差值也列于表 2 – 108 中。

表 2 – 108　方法的准确度实验

设计比例 G/C	G 干重/g	C 干重/g	计算值 F_{GJ}/%	测定值 F_{GM}/%	偏差/%
15/85	0. 051	0. 252	16. 83	15. 64	– 1. 19
18/82	0. 063	0. 241	20. 72	19. 35	– 1. 38
23/77	0. 073	0. 228	24. 25	25. 82	1. 56
28/72	0. 085	0. 214	28. 43	27. 41	– 1. 02
30/70	0. 096	0. 203	32. 11	32. 66	0. 56
34/66	0. 105	0. 197	34. 77	36. 39	1. 62
36/64	0. 116	0. 185	38. 54	36. 42	– 2. 12
40/60	0. 125	0. 174	41. 81	39. 71	– 2. 10
44/56	0. 136	0. 166	45. 03	45. 98	0. 94
48/52	0. 145	0. 157	48. 01	46. 44	– 1. 57
52/48	0. 155	0. 144	51. 84	50. 77	– 1. 07
56/44	0. 164	0. 137	54. 49	53. 93	– 0. 55

续表

设计比例 G/C	G 干重/g	C 干重/g	计算值 F_{GJ}/%	测定值 F_{GM}/%	偏差/%
60/40	0.176	0.125	58.47	60.34	1.86
64/36	0.183	0.118	60.80	60.13	-0.67
68/32	0.194	0.107	64.45	65.84	1.38
72/28	0.203	0.098	67.44	66.63	-0.81
74/26	0.219	0.082	72.76	74.87	2.11
78/22	0.232	0.069	77.08	76.34	-0.74
82/18	0.243	0.059	80.46	81.00	0.54
85/15	0.251	0.048	83.95	85.17	1.22

从表 2-108 的数据可以看出，分析结果与实际配比的偏差范围为 -2.12 ~ 2.11，根据 FZ/T 01053—2007《纺织品 纤维含量的标识》的规定，纺织品成分分析结果应该在 ±5% 的允差范围内。表 2-10 的数据表明，采用分光光度法对已知比例的天丝 G/煮炼棉二组分混合物进行定量分析，实际测量结果的比例误差全部在标准的允差范围内，这充分说明采用该方法来进行定量测定是准确可靠的。

本研究采用测定值与实际配比值的百分比作为判断方法精密度的依据，为了对方法的精密度进行研究，本书配制了三个级别的天丝 G/煮炼棉混合物，每个级别测定 9 个平行样。根据表 2-109 所设计的比例配制天丝 G/煮炼棉二组分混合物，加入 50mL65% 硫酸，70℃ 恒温水浴振荡 30min，然后用冰水混合物迅速冷却至室温，立即在 450nm 处测定溶液的吸光度值，利用式（2-3）计算其配比，然后计算该值相对于真实配比的百分比，结果列于表 2-109 中。从表 2-109 中数据可以看出，对于三个级别的天丝 G/煮炼棉混合物，测定值与实际配比值相差很少，测定值为实际配比值的 96.06% ~ 104.84%，其变异系数分别为 3.75%、2.16% 和 2.06%。因此该方法的精密度相当高。

表 2-109　方法的精密度实验

设计比例 G/C	G 干重/g	C 干重/g	计算值 F_{GJ}	测定值 F_{GM}	F_{GM}/F_{GJ}	平均值	RSD/%
30/70	0.090	0.211	29.90	28.74	96.12	99.28	3.75
30/70	0.089	0.212	29.57	30.31	102.51		
30/70	0.090	0.209	30.10	29.27	97.24		
30/70	0.088	0.213	29.24	29.79	101.89		
30/70	0.090	0.212	29.80	28.48	95.56		
30/70	0.091	0.211	30.13	31.08	103.14		
30/70	0.092	0.210	30.46	29.26	96.06		
30/70	0.090	0.211	29.90	31.35	104.84		
30/70	0.088	0.212	29.33	28.21	96.17		

续表

设计比例 G/C	G 干重/g	C 干重/g	计算值 F_{GJ}	测定值 F_{GM}	F_{GM}/F_{GJ}	平均值	RSD/%
50/50	0.151	0.152	49.83	48.88	98.08	99.91	2.16
50/50	0.150	0.151	49.83	51.06	102.45		
50/50	0.148	0.153	49.17	50.16	102.01		
50/50	0.149	0.151	49.67	48.88	98.41		
50/50	0.149	0.152	49.50	48.12	97.20		
50/50	0.152	0.149	50.50	51.50	101.99		
50/50	0.151	0.151	50.00	49.40	98.81		
50/50	0.152	0.150	50.33	49.40	98.16		
50/50	0.150	0.149	50.17	51.22	102.10		
70/30	0.211	0.090	70.10	68.79	98.13	100.21	2.06
70/30	0.212	0.090	70.20	71.15	101.36		
70/30	0.209	0.092	69.44	68.60	98.79		
70/30	0.209	0.090	69.90	71.21	101.87		
70/30	0.210	0.091	69.77	68.21	97.76		
70/30	0.210	0.089	70.23	71.59	101.93		
70/30	0.211	0.089	70.33	71.82	102.12		
70/30	0.212	0.091	69.97	68.32	97.65		
70/30	0.210	0.092	69.54	71.15	102.32		

4.5.2.3.2.2　再生纤维素纤维之间混纺产品的定量分析

对于再生纤维素纤维混纺产品，前述工作的研究结果表明，可以采用 65% 硫酸对其进行溶解，这样得到的溶液在相当长的时间内其吸光度十分稳定。本研究针对市场销售的天丝/铜氨混纺产品、天丝/木代尔混纺产品以及不同天丝混纺产品等建立了紫外 - 可见分光光度法测定其混纺比。图 2 - 84 给出了这些再生纤维素纤维的紫外 - 可见吸收光谱局部放大图。

（1）天丝 G100/天丝 A100 混纺产品的定量分析

称取不同重量的再生纤维素纤维，加入 50mL65% 硫酸，70℃ 恒温水浴处理 30min，然后用冰水混合物迅速冷却至室温，在 444nm 处测定溶液的吸光度值，做其重量 - 吸光度关系曲线。

不同重量浓度的天丝 G 在 444nm 处测定的吸光度见表 2 - 110，从表 2 - 110 数据可得到天丝 G 吸光度随浓度变化的曲线（图 2 - 85）。从图 2 - 85 可以看出，在 0.120% ~0.794% 浓度范围内，天丝 G 的吸收度随浓度的增加而线性增加，其线性方程为 $A = 2.3102c - 0.1803$，$r = 0.9967$。

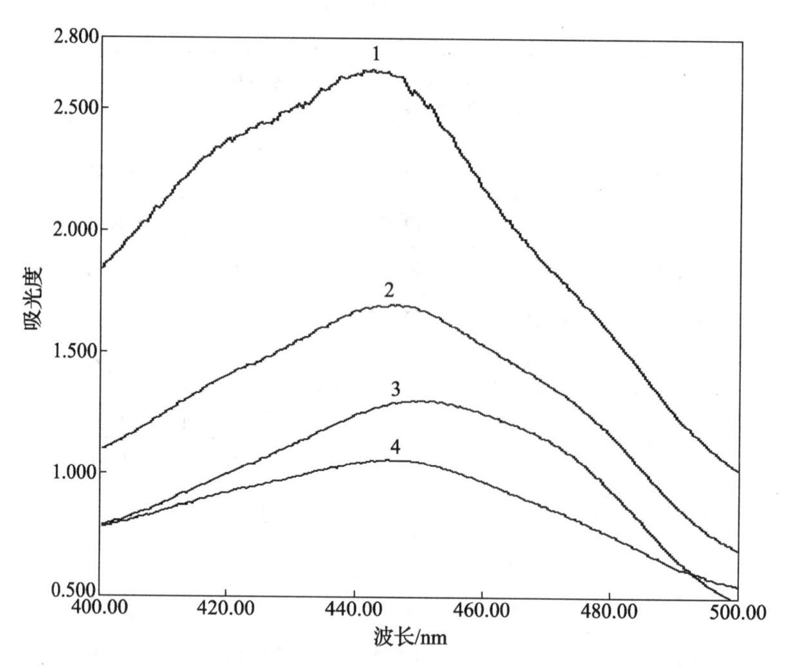

图 2-84　65%硫酸中部分再生纤维素纤维的紫外-可见吸收光谱局部放大图

1. 天丝 G100　2. 中国台湾木代尔　3. 铜氨纤维　4. 天丝 A100

表 2-110　不同浓度天丝 G 的吸光度（444nm）

浓度 c/%	0.120	0.210	0.292	0.400	0.486	0.596	0.692	0.794
吸光度 A	0.148	0.302	0.510	0.685	0.877	1.215	1.408	1.706

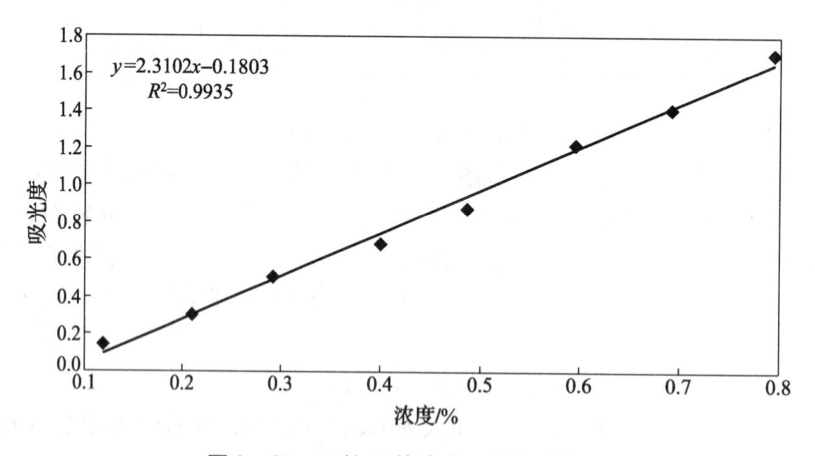

图 2-85　天丝 G 的浓度-吸光度曲线

不同重量浓度的天丝 A 在 444nm 处测定的吸光度见表 2-111，从表 2-111 数据可得到天丝 A 吸光度随浓度变化的曲线（图 2-86）。从图 2-86 可以看出，当天丝 A 的浓度在 0.132%～1.222%的范围内，其吸光度与浓度成线性关系，其线性方程为 $A=0.8763c-0.0592$，$r=0.9984$。

表 2－111　不同浓度天丝 A 的吸光度

浓度 c/%	0.132	0.206	0.282	0.396	0.514	0.604	0.700	0.806	0.876	0.992	1.090	1.222
吸光度 A	0.075	0.129	0.185	0.283	0.371	0.483	0.534	0.627	0.728	0.807	0.879	1.041

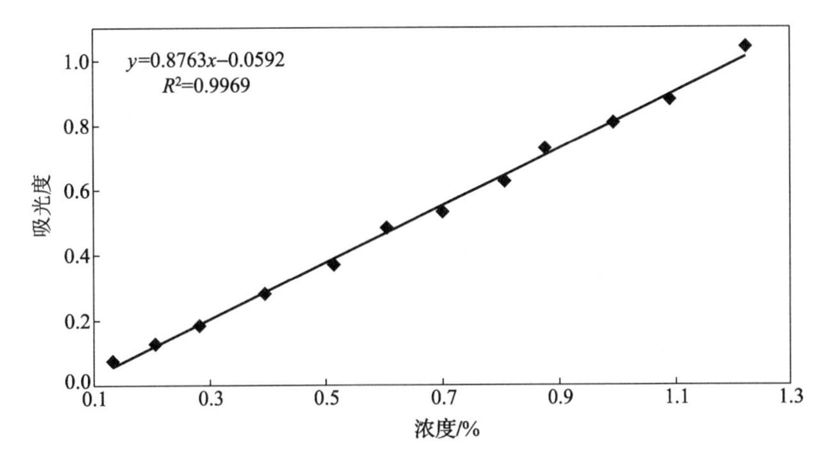

图 2－86　天丝 A 的浓度－吸光度曲线

按表 2－14 所设计的比例配制天丝 G100/天丝 A100 二组分混合物，加入 50mL65% 硫酸，70℃恒温水浴处理 30min，然后用冰水混合物迅速冷却至室温，在 444nm 处测定溶液的吸光度值，结果见表 2－112。根据表 2－112 中的混合物浓度，从天丝 G100、天丝 A100 的线性方程计算得到该配比下各自的吸光度，计算结果列入表 2－14 中。根据式（2－4）计算每个配比下的 α 值，计算得到的 α 值也列于表 2－112 中。从表 2－112 可以看出，计算得到的 α 值分布范围较窄，为 2.2904～2.5689，其平均值为 2.4266，RSD 为 3.319%。

表 2－112　天丝 G_G/天丝 A_A 混合物定量分析数据

设计比例 G/A	G 干重 /g	A 干重 /g	G 浓度 /%	A 浓度 /%	总浓度 /%	计算值 A_G	计算值 A_A	吸光度实测值 A	α
15/85	0.044	0.254	0.088	0.508	0.596	1.197	0.463	0.513	2.3719
17/83	0.054	0.249	0.108	0.498	0.606	1.220	0.472	0.531	2.5245
20/80	0.064	0.238	0.128	0.476	0.604	1.215	0.470	0.545	2.4052
23/77	0.072	0.227	0.144	0.454	0.598	1.201	0.465	0.546	2.5602
26/74	0.081	0.221	0.162	0.442	0.604	1.215	0.470	0.567	2.4509
29/71	0.092	0.213	0.184	0.426	0.610	1.229	0.475	0.587	2.4832
33/67	0.097	0.204	0.194	0.408	0.602	1.210	0.468	0.589	2.4488
36/64	0.108	0.194	0.216	0.388	0.604	1.215	0.470	0.608	2.4504
39/61	0.115	0.184	0.230	0.368	0.598	1.201	0.465	0.619	2.3602
43/57	0.127	0.176	0.254	0.352	0.606	1.220	0.472	0.651	2.2904
46/54	0.134	0.168	0.268	0.336	0.604	1.215	0.470	0.661	2.3148

续表

设计比例 G/A	G 干重 /g	A 干重 /g	G 浓度 /%	A 浓度 /%	总浓度 /%	计算值 A_G	计算值 A_A	吸光度实测值 A	α
50/50	0.146	0.158	0.292	0.316	0.608	1.224	0.474	0.685	2.3572
51/49	0.154	0.146	0.308	0.292	0.600	1.206	0.467	0.695	2.3589
53/47	0.163	0.139	0.326	0.278	0.604	1.215	0.470	0.710	2.4686
58/42	0.173	0.128	0.346	0.256	0.602	1.210	0.468	0.735	2.4097
58/42	0.183	0.122	0.366	0.244	0.610	1.229	0.475	0.765	2.4024
61/39	0.190	0.114	0.380	0.228	0.608	1.224	0.474	0.785	2.3511
63/37	0.200	0.105	0.400	0.210	0.610	1.229	0.475	0.815	2.3212
65/35	0.207	0.094	0.414	0.188	0.602	1.210	0.468	0.829	2.3290
69/31	0.217	0.086	0.434	0.172	0.606	1.220	0.472	0.844	2.5471
71/29	0.228	0.076	0.456	0.152	0.608	1.224	0.474	0.878	2.5689
75/25	0.232	0.067	0.464	0.134	0.598	1.201	0.465	0.895	2.4648
78/22	0.243	0.058	0.486	0.116	0.602	1.210	0.468	0.935	2.4729
82/18	0.249	0.054	0.498	0.108	0.606	1.220	0.472	0.961	2.4385
85/15	0.256	0.045	0.512	0.090	0.602	1.210	0.468	0.983	2.5140

根据表 2－113 所设计的比例配制天丝 G 天丝 A 二组分混合物，加入 50mL65% 硫酸，70℃恒温水浴处理 30min，然后用冰水混合物迅速冷却至室温，在 444nm 处测定溶液的吸光度值，结果见表 2－113。根据表 2－113 得到的吸光度值，利用式（2－3）计算其配比，计算结果及其与真实配比的差值也列于表 2－113 中。

表 2－113　方法的准确度实验

设计比例 G/A	G 干重/g	A 干重/g	计算值 F_G/%	测定值 F_G/%	偏差/%
15/85	0.050	0.252	16.56	17.24	0.69
20/80	0.065	0.236	21.59	20.85	-0.75
25/85	0.076	0.245	23.68	24.12	0.45
30/70	0.087	0.212	29.10	29.92	0.82
30/70	0.098	0.204	32.45	31.55	-0.90
35/65	0.107	0.194	35.55	33.94	-1.61
40/60	0.118	0.183	39.20	40.52	1.32
40/60	0.129	0.170	43.14	44.01	0.87
40/60	0.137	0.164	45.51	47.35	1.84
45/55	0.148	0.153	49.17	48.36	-0.81
50/50	0.159	0.142	52.82	51.31	-1.52
55/45	0.167	0.129	56.42	57.34	0.92

续表

设计比例 G/A	G 干重/g	A 干重/g	计算值 F_G/%	测定值 F_G/%	偏差/%
60/40	0.176	0.125	58.47	56.78	-1.69
60/40	0.187	0.115	61.92	62.71	0.79
65/35	0.198	0.101	66.22	65.62	-0.60
70/30	0.205	0.096	68.11	67.07	-1.03
70/30	0.217	0.085	71.85	70.64	-1.21
80/20	0.226	0.073	75.59	77.02	1.44
80/20	0.238	0.065	78.55	77.92	-0.63
85/15	0.247	0.055	81.79	82.59	0.81

从表 2-113 的数据可以看出，分析结果与实际配比的偏差范围为 -1.69 ~ 1.84，根据 FZ/T 01053—2007《纺织品　纤维含量的标识》的规定，纺织品成分分析结果应该在 ±5% 的允差范围内。表 2-15 的数据表明，采用分光光度法对已知比例的天丝 G/天丝 A 二组分混合物进行定量分析，实际测量结果的比例误差全部在标准的允差范围内，这充分说明采用该方法来进行定量测定是准确可靠的。

本研究采用测定值与实际配比值的百分比作为判断方法精密度的依据，为了对方法的精密度进行研究，本课题配制了三个级别的天丝 G/天丝 A 混合物，每个级别测定 9 个平行样。根据表 2-114 所设计的比例配制天丝 G/天丝 A 二组分混合物，加入 50mL65% 硫酸，70℃ 恒温水浴振荡 30min，然后用冰水混合物迅速冷却至室温，在 444nm 处测定溶液的吸光度值，利用式（2-3）计算其配比，然后计算该值相对于真实配比的百分比，结果列于表 2-16 中。从表 2-114 中数据可以看出，对于三个级别的天丝 G/天丝 A 混合物，测定值与实际配比值相差很少，测定值为实际配比值的 95.53% ~ 104.64%，其变异系数分别为 3.90%、2.11% 和 1.64%。因此该方法的精密度相当高。

表 2-114　方法的精密度实验

设计比例 G/A	G 干重/g	A 干重/g	计算值 F_{GJ}	测定值 F_{GM}	F_{GM}/F_{GJ}	平均值	RSD/%
30/70	0.090	0.211	29.90	30.94	103.48	100.91	3.04
30/70	0.091	0.208	30.43	31.69	104.12		
30/70	0.091	0.210	30.23	29.84	98.70		
30/70	0.092	0.209	30.56	29.62	96.90		
30/70	0.090	0.212	29.80	30.24	101.47		
30/70	0.092	0.209	30.56	29.84	97.62		
30/70	0.089	0.213	29.47	28.91	98.09		
30/70	0.088	0.211	29.43	30.59	103.93		
30/70	0.089	0.212	29.57	30.72	103.90		

续表

设计比例 G/A	G 干重/g	A 干重/g	计算值 F_{GJ}	测定值 F_{GM}	F_{GM}/F_{GJ}	平均值	RSD/%
50/50	0.151	0.148	50.50	49.88	98.77	100.44	2.03
50/50	0.148	0.151	49.50	50.86	102.75		
50/50	0.149	0.152	49.50	50.18	101.37		
50/50	0.152	0.151	50.17	49.17	98.02		
50/50	0.150	0.151	49.83	49.20	98.72		
50/50	0.151	0.148	50.50	51.50	101.99		
50/50	0.148	0.153	49.17	50.34	102.38		
50/50	0.147	0.152	49.16	50.21	102.13		
50/50	0.152	0.150	50.33	49.27	97.88		
70/30	0.211	0.090	70.10	69.19	98.70	99.84	1.43
70/30	0.212	0.089	70.43	71.00	100.80		
70/30	0.209	0.092	69.44	68.84	99.14		
70/30	0.208	0.091	69.57	71.04	102.12		
70/30	0.210	0.092	69.54	68.83	98.98		
70/30	0.213	0.089	70.53	69.52	98.56		
70/30	0.211	0.090	70.10	70.55	100.64		
70/30	0.209	0.092	69.44	70.44	101.44		
70/30	0.212	0.091	69.97	68.70	98.19		

（2）天丝 G/铜氨纤维混纺产品的定量分析

称取不同重量的再生纤维素纤维，加入 50mL65% 硫酸，70℃恒温水浴处理 30min，然后用冰水混合物迅速冷却至室温，在 444nm 处测定溶液的吸光度值，做其重量－吸光度关系曲线。

不同重量、浓度的铜氨纤维在 444nm 处测定的吸光度见表 2－115，从表 2－115 数据可得到铜氨纤维吸光度随浓度变化的曲线（图 2－87）。从图 2－87 可以看出，当铜氨纤维的浓度在 0.108% ～1.512% 的范围内，其吸光度与浓度成线性关系，其线性方程为 $A = 1.2256c - 0.0537$，$r = 0.9990$。

表 2－115　铜氨纤维的吸光度

浓度 c/%	0.108	0.202	0.290	0.404	0.502	0.600	0.700	0.784
吸光度 A	0.097	0.201	0.289	0.419	0.573	0.664	0.795	0.882
浓度 c/%	0.902	0.986	1.096	1.208	1.302	1.396	1.512	
吸光度 A	1.067	1.204	1.289	1.406	1.561	1.685	1.760	

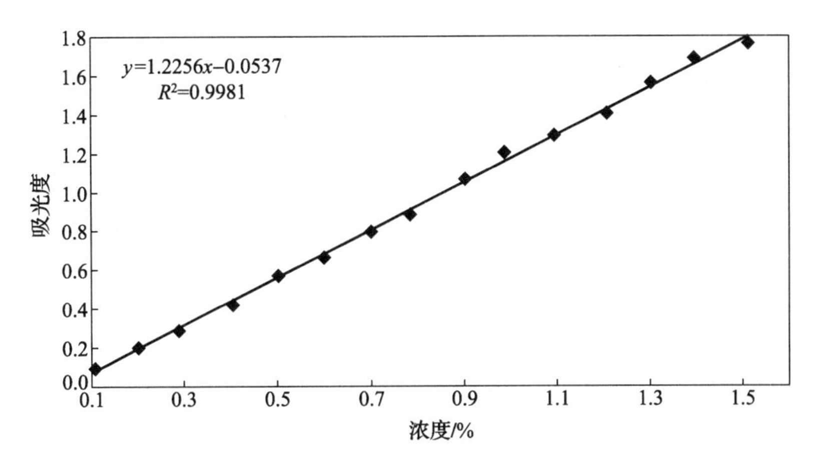

图2－87　铜氨纤维的浓度－吸光度曲线

图2－88是不同浓度的铜氨纤维的紫外－可见吸收光谱的局部放大图，为了简洁起见，该图中只给出了部分浓度的铜氨纤维的紫外－可见吸收光谱图。从图2－88可以清楚地看出，随着浓度的增加，其吸光度也随之增加。

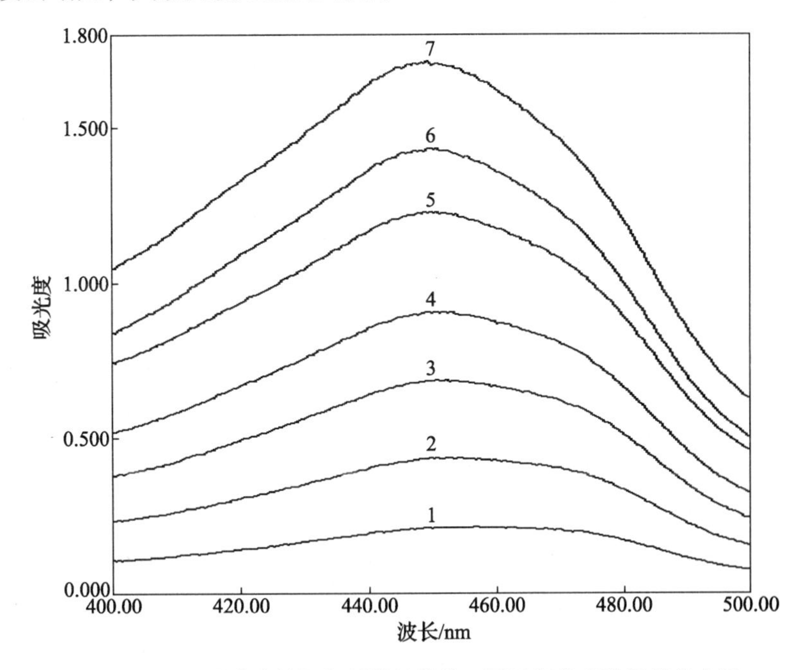

图2－88　不同浓度的铜氨纤维的紫外－可见吸收光谱局部放大图

1. 0.202%　2. 0.404%　3. 0.600%　4. 0.784%　5. 0.986%　6. 1.208%　7. 1.396%

按表2－116所设计的比例配制天丝G100/铜氨纤维两组分混合物，加入50mL65%硫酸，70℃恒温水浴振荡30min，然后用冰水混合物迅速冷却至室温，在444nm处测定溶液的吸光度值，结果见表2－116。根据表2－116中的混合物浓度，从铜氨纤维、天丝G100的线性方程计算得到该配比下各自的吸光度，计算结果列入表2－116中。根据式（2－4）计算每个配比下的α值，计算得到的α值也列于表2－116中。从表2－116可以看出，计算得

到的 α 值分布范围较窄，为 1.1095 ~ 1.2704，其平均值为 1.2064，RSD 为 3.38%。

表 2-116　天丝 G100(G)/铜氨纤维（T）混合物定量分析数据

设计比例 G/T	G 干重 /g	T 干重 /g	G 浓度 /%	T 浓度 /%	总浓度 /%	计算值 AG	计算值 AT	实测值吸光度 A	α
15/85	0.046	0.252	0.092	0.504	0.596	1.197	0.677	0.749	1.1309
17/83	0.056	0.247	0.112	0.494	0.606	1.220	0.689	0.773	1.2058
20/80	0.065	0.236	0.130	0.472	0.602	1.210	0.684	0.781	1.2208
23/77	0.073	0.228	0.146	0.456	0.602	1.210	0.684	0.793	1.2274
26/74	0.082	0.220	0.164	0.440	0.604	1.215	0.687	0.809	1.2361
29/71	0.093	0.211	0.186	0.422	0.608	1.224	0.691	0.832	1.2304
33/67	0.098	0.202	0.196	0.404	0.600	1.206	0.682	0.835	1.1732
36/64	0.109	0.190	0.218	0.380	0.598	1.201	0.679	0.851	1.1695
39/61	0.117	0.184	0.234	0.368	0.602	1.210	0.684	0.871	1.1549
43/57	0.124	0.173	0.248	0.346	0.594	1.192	0.674	0.875	1.1320
46/54	0.134	0.167	0.268	0.334	0.602	1.210	0.684	0.905	1.1095
50/50	0.146	0.158	0.292	0.316	0.608	1.224	0.691	0.919	1.2399
51/49	0.156	0.146	0.312	0.292	0.604	1.215	0.687	0.931	1.2417
53/47	0.164	0.138	0.328	0.276	0.604	1.215	0.687	0.942	1.2704
58/42	0.173	0.130	0.346	0.260	0.606	1.220	0.689	0.965	1.2280
58/42	0.179	0.123	0.358	0.246	0.604	1.215	0.687	0.975	1.2112
61/39	0.190	0.114	0.380	0.228	0.608	1.224	0.691	1.002	1.1931
63/37	0.200	0.101	0.400	0.202	0.602	1.210	0.684	1.014	1.1792
65/35	0.209	0.094	0.418	0.188	0.606	1.220	0.689	1.032	1.2166
69/31	0.216	0.086	0.432	0.172	0.604	1.215	0.687	1.041	1.2334
71/29	0.227	0.073	0.454	0.146	0.600	1.206	0.682	1.058	1.2214
75/25	0.234	0.068	0.468	0.136	0.604	1.215	0.687	1.075	1.2408
78/22	0.243	0.055	0.486	0.110	0.596	1.197	0.677	1.083	1.2353
82/18	0.250	0.052	0.500	0.104	0.604	1.215	0.687	1.108	1.2213
85/15	0.256	0.046	0.512	0.092	0.604	1.215	0.687	1.119	1.2362

根据表 2-117 所设计的比例配制天丝 G/铜氨二组分混合物，加入 50mL65% 硫酸，70℃恒温水浴处理 30min，然后用冰水混合物迅速冷却至室温，在 444nm 处测定溶液的吸光度值，结果见表 2-117。根据表 2-117 得到的吸光度值，利用式（2-3）计算其配比，计算结果及其与真实配比的差值也列于表 2-117 中。

表 2－117　方法的准确度实验

设计比例 G/T	G 干重/g	T 干重/g	计算值 F_G/%	测定值 F_G/%	偏差/%
15/85	0.051	0.251	16.89	16.30	－0.59
20/80	0.066	0.233	22.07	23.04	0.97
25/85	0.075	0.226	24.92	23.94	－0.98
30/70	0.088	0.213	29.24	29.78	0.54
30/70	0.097	0.205	32.12	31.41	－0.70
35/65	0.108	0.195	35.64	34.04	－1.61
40/60	0.117	0.185	38.74	38.08	－0.66
40/60	0.128	0.173	42.52	43.27	0.75
40/60	0.136	0.165	45.18	46.98	1.80
45/55	0.149	0.152	49.50	50.45	0.95
50/50	0.158	0.141	52.84	53.88	1.03
55/45	0.166	0.133	55.52	55.21	－0.31
60/40	0.175	0.127	57.95	58.81	0.86
60/40	0.186	0.116	61.59	61.01	－0.58
65/35	0.197	0.104	65.45	64.79	－0.66
70/30	0.206	0.095	68.44	66.77	－1.67
70/30	0.215	0.086	71.43	70.70	－0.73
80/20	0.225	0.076	74.75	73.52	－1.23
80/20	0.237	0.064	78.74	79.40	0.67
85/15	0.248	0.053	82.39	83.14	0.75

从表 2－117 的数据可以看出，分析结果与实际配比的偏差范围为－1.67～1.80，根据 FZ/T 01053—2007《纺织品　纤维含量的标识》的规定，纺织品成分分析结果应该在±5% 的允差范围内。表 2－117 的数据表明，采用分光光度法对已知比例的天丝 G/铜氨纤维二组分混合物进行定量分析，实际测量结果的比例误差全部在标准的允差范围内，这充分说明采用该方法来进行定量测定是准确可靠的。

本研究采用测定值与实际配比值的百分比作为判断方法精密度的依据，为了对方法的精密度进行研究，本研究配制了三个级别的天丝 G/铜氨纤维混合物，每个级别测定 9 个平行样。根据表 2－118 所设计的比例配制天丝 G/铜氨纤维二组分混合物，加入 50mL65% 硫酸，70℃恒温水浴振荡 30min，然后用冰水混合物迅速冷却至室温，在 444nm 处测定溶液的吸光度值，利用式（2－3）计算其配比，然后计算该值相对于真实配比的百分比，结果列于表 2－118 中。从表 2－118 中数据可以看出，对于三个级别的天丝 G/铜氨纤维混合物，测定值与实际配比值相差很少，测定值为实际配比值的 96.13%～104.73%，其变异系数分别为 3.06%、2.39% 和 1.89%。因此该方法的精密度相当高。

表 2-118 方法的精密度实验

设计比例 G/T	G 干重/g	T 干重/g	计算值 F_{GJ}	测定值 F_{GM}	F_{GM}/F_{GJ}	平均值	RSD/%
30/70	0.090	0.212	29.80	31.21	104.73	99.90	3.06
30/70	0.091	0.212	30.03	30.59	101.85		
30/70	0.092	0.210	30.46	30.19	99.09		
30/70	0.088	0.213	29.24	28.12	96.19		
30/70	0.089	0.212	29.57	30.40	102.80		
30/70	0.090	0.211	29.90	28.74	96.13		
30/70	0.089	0.213	29.47	29.16	98.94		
30/70	0.091	0.210	30.23	30.81	101.90		
30/70	0.092	0.207	30.77	29.99	97.47		
50/50	0.150	0.152	49.67	48.64	97.93	100.24	2.39
50/50	0.151	0.148	50.50	51.39	101.76		
50/50	0.149	0.153	49.34	48.26	97.81		
50/50	0.152	0.146	51.01	53.02	103.95		
50/50	0.150	0.149	50.17	51.01	101.67		
50/50	0.148	0.153	49.17	48.72	99.09		
50/50	0.152	0.147	50.84	49.65	97.67		
50/50	0.153	0.148	50.83	50.45	99.25		
50/50	0.148	0.153	49.17	50.64	102.99		
70/30	0.211	0.090	70.10	71.23	101.61	100.19	1.89
70/30	0.212	0.091	69.97	68.80	98.33		
70/30	0.209	0.093	69.21	68.24	98.60		
70/30	0.208	0.091	69.57	71.02	102.09		
70/30	0.210	0.091	69.77	70.70	101.34		
70/30	0.212	0.090	70.20	68.95	98.22		
70/30	0.208	0.093	69.10	70.17	101.54		
70/30	0.213	0.089	70.53	68.95	97.76		
70/30	0.211	0.091	69.87	71.42	102.22		

4.5.2.3.2.3 中国台湾木代尔/天丝 A 混纺产品的定量分析

称取不同重量的再生纤维素纤维，加入 50mL65% 硫酸，70℃恒温水浴处理 30min，然后用冰水混合物迅速冷却至室温，在 444nm 处测定溶液的吸光度值，做其重量 - 吸光度关系曲线。

不同重量浓度的台湾木代尔在 444nm 处测定的吸光度见表 2-119，从表 2-119 数据可得到中国台湾木代尔吸光度随浓度变化的曲线（图 2－89）。从图 2－89 可以看出，当中国台湾木代尔的浓度在 0.102% ～1.500% 的范围内，其吸光度与浓度成线性关系，其线性方程为 $A=1.9612c-0.2522$，$r=0.9963$。

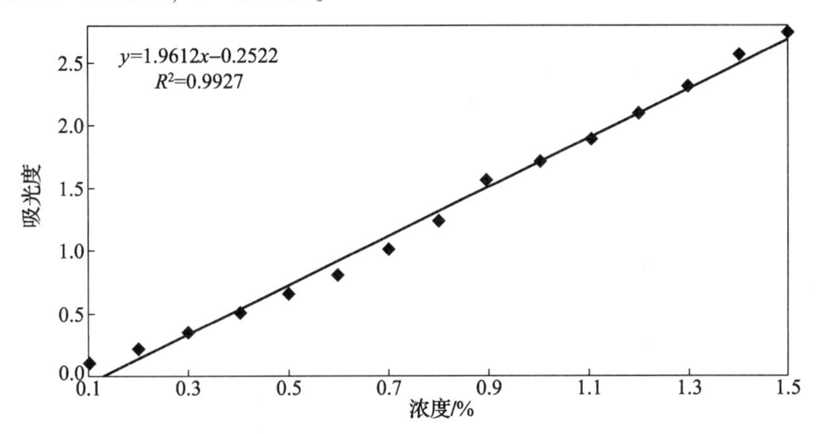

图 2－89　中国台湾木代尔的浓度－吸光度曲线

表 2－119　不同浓度木代尔的吸光度

浓度 c/%	0.102	0.202	0.300	0.404	0.500	0.598	0.700	0.800
吸光度 A	0.101	0.218	0.345	0.504	0.658	0.807	1.011	1.238
浓度 c/%	0.896	1.004	1.104	1.200	1.298	1.402	1.500	
吸光度 A	1.563	1.714	1.895	2.093	2.311	2.569	2.744	

图 2－90 是不同浓度的中国台湾木代尔的紫外－可见吸收光谱的局部放大图，为了简洁起见，该图中只给出了部分浓度的中国台湾木代尔的紫外－可见吸收光谱图。从图 2－90 可

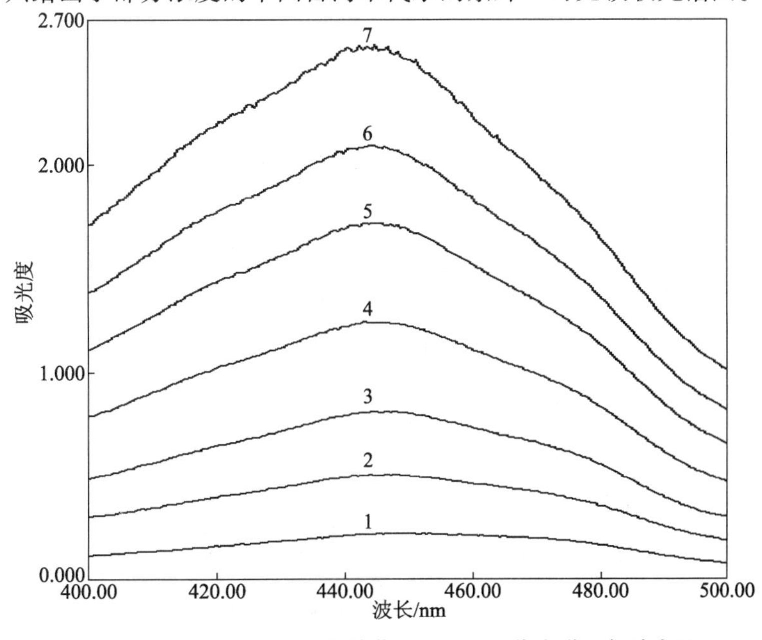

图 2－90　中国台湾木代尔的紫外－可见吸收光谱局部放大图

1. 0.202%　2. 0.404%　3. 0.598%　4. 0.800%　5. 1.004%　6. 1.200%　7. 1.402%

以清楚地看出，随着浓度的增加，其吸光度也随之增加。

按表 2－120 所设计的比例配制台湾木代尔/天丝 A100 二组分混合物，加入 50mL65% 硫酸，70℃恒温水浴振荡 30min，然后用冰水混合物迅速冷却至室温，在 444nm 处测定溶液的吸光度值，结果见表 2－120。根据表 2－120 2 中的混合物浓度，从中国台湾木代尔、天丝 A100 的线性方程计算得到该配比下各自的吸光度，计算结果列入表 2－120 中。根据式（2－4）计算每个配比下的 α 值，计算得到的 α 值也列于表 2－120 中。从表 2－120 可以看出，计算得到的 α 值分布范围较窄，为 1.3403～1.5521，其平均值为 1.4721，RSD 为 3.884%。

表 2－120　中国台湾木代尔（M）/天丝 A100（A）混合物定量分析数据

设计比例 M/A	M 干重 /g	A 干重 /g	M 浓度 /%	A 浓度 /%	总浓度 /%	计算值 A_M	计算值 A_A	吸光度 A（实测值）	α
15/85	0.074	0.427	0.148	0.854	1.002	1.713	0.819	0.912	1.4901
17/83	0.093	0.410	0.186	0.820	1.006	1.721	0.822	0.948	1.3951
20/80	0.105	0.394	0.210	0.788	0.998	1.705	0.815	0.957	1.4074
23/77	0.122	0.379	0.244	0.758	1.002	1.713	0.819	0.992	1.3403
26/74	0.134	0.367	0.268	0.734	1.002	1.713	0.819	1.001	1.4271
29/71	0.153	0.349	0.306	0.698	1.004	1.717	0.821	1.018	1.5521
33/67	0.165	0.336	0.330	0.672	1.002	1.713	0.819	1.039	1.5033
36/64	0.182	0.319	0.364	0.638	1.002	1.713	0.819	1.064	1.5102
39/61	0.197	0.307	0.394	0.614	1.008	1.725	0.824	1.092	1.5155
43/57	0.212	0.293	0.424	0.586	1.010	1.729	0.826	1.129	1.4312
46/54	0.223	0.272	0.446	0.544	0.990	1.689	0.808	1.135	1.3914
50/50	0.243	0.258	0.486	0.516	1.002	1.713	0.819	1.163	1.5050
51/49	0.257	0.244	0.514	0.488	1.002	1.713	0.819	1.187	1.5047
53/47	0.272	0.229	0.544	0.458	1.002	1.713	0.819	1.209	1.5342
58/42	0.286	0.215	0.572	0.430	1.002	1.713	0.819	1.238	1.5072
58/42	0.300	0.202	0.600	0.404	1.004	1.717	0.821	1.272	1.4636
61/39	0.315	0.184	0.630	0.368	0.998	1.705	0.815	1.297	1.4504
63/37	0.329	0.170	0.658	0.340	0.998	1.705	0.815	1.313	1.5247
65/35	0.347	0.156	0.694	0.312	1.006	1.721	0.822	1.355	1.5275
69/31	0.361	0.142	0.722	0.284	1.006	1.721	0.822	1.382	1.5389
71/29	0.375	0.126	0.750	0.252	1.002	1.713	0.819	1.412	1.5099

续表

设计比例 M/A	M 干重 /g	A 干重 /g	M 浓度 /%	A 浓度 /%	总浓度 /%	计算值 A_M	计算值 A_A	吸光度 A（实测值）	α
75/25	0.391	0.112	0.782	0.224	1.006	1.721	0.822	1.449	1.5140
78/22	0.406	0.097	0.812	0.194	1.006	1.721	0.822	1.492	1.4299
82/18	0.414	0.086	0.828	0.172	1.000	1.709	0.817	1.507	1.4095
85/15	0.427	0.075	0.854	0.150	1.004	1.717	0.821	1.538	1.4193

根据表 2－121 所设计的比例配制台湾木代尔/天丝 A100 两组分混合物，加入 50mL65% 硫酸，70℃恒温水浴处理 30min，然后用冰水混合物迅速冷却至室温，在 444nm 处测定溶液的吸光度值，结果见表 2－121。根据表 2－121 得到的吸光度值，利用式（2－3）计算其配比，计算结果及其与真实配比的差值也列于表 2－121 中。

表 2－121　方法的准确度实验

设计比例 M/A	M 干重/g	A 干重/g	计算值 F_M/%	测定值 F_M/%	偏差/%
15/85	0.075	0.426	14.97	14.47	－0.50
20/80	0.092	0.411	18.29	18.88	0.59
25/85	0.114	0.385	22.85	23.22	0.38
30/70	0.136	0.365	27.15	26.53	－0.61
30/70	0.153	0.351	30.36	31.04	0.68
35/65	0.176	0.323	35.27	33.87	－1.40
40/60	0.200	0.301	39.92	41.80	1.88
40/60	0.213	0.289	42.43	41.99	－0.44
40/60	0.234	0.267	46.71	47.95	1.24
45/55	0.256	0.243	51.30	51.94	0.64
50/50	0.274	0.227	54.69	53.49	－1.20
55/45	0.291	0.211	57.97	56.75	－1.22
60/40	0.304	0.201	60.20	61.22	1.02
60/40	0.321	0.181	63.94	62.34	－1.60
65/35	0.335	0.166	66.87	67.59	0.73
70/30	0.351	0.151	69.92	70.28	0.36
70/30	0.362	0.142	71.83	70.56	－1.27
80/20	0.382	0.121	75.94	74.71	－1.23
80/20	0.403	0.099	80.28	81.47	1.19
85/15	0.424	0.077	84.63	85.21	0.58

表 2-122 方法的精密度实验

设计比例 M/A	M 干重/g	A 干重/g	计算值 FMJ	测定值 FMM	FMM/FMJ	平均值	RSD/%
30/70	0.151	0.351	30.08	31.11	103.43	100.67	2.98
30/70	0.150	0.352	29.88	30.84	103.22		
30/70	0.149	0.352	29.74	29.26	98.40		
30/70	0.152	0.349	30.34	29.67	97.79		
30/70	0.148	0.353	29.54	30.07	101.80		
30/70	0.151	0.352	30.02	29.20	97.28		
30/70	0.149	0.352	29.74	31.01	104.27		
30/70	0.153	0.348	30.54	31.41	102.86		
30/70	0.150	0.352	29.88	28.96	96.93		
50/50	0.250	0.251	49.90	50.52	101.24	99.95	2.00
50/50	0.251	0.248	50.30	49.62	98.65		
50/50	0.252	0.248	50.40	49.66	98.54		
50/50	0.249	0.253	49.60	50.33	101.47		
50/50	0.248	0.253	49.50	50.98	102.99		
50/50	0.251	0.251	50.00	48.82	97.64		
50/50	0.252	0.249	50.30	49.36	98.13		
50/50	0.248	0.253	49.50	48.89	98.77		
50/50	0.250	0.251	49.90	50.98	102.17		
70/30	0.351	0.150	70.06	71.18	101.59	100.39	1.51
70/30	0.352	0.149	70.26	69.50	98.92		
70/30	0.350	0.151	69.86	69.20	99.05		
70/30	0.349	0.153	69.52	70.48	101.38		
70/30	0.348	0.153	69.46	70.98	102.19		
70/30	0.350	0.151	69.86	69.10	98.91		
70/30	0.351	0.148	70.34	71.00	100.94		
70/30	0.352	0.149	70.26	69.20	98.49		
70/30	0.349	0.152	69.66	71.08	102.04		

4.5.2.3.2.4 粘胶/再生竹纤维混纺产品的定量分析

粘胶以天然纤维素为原料，经碱化、老化、黄化等工序制成可溶性纤维素黄酸酯，再溶于稀碱液制成粘胶，经湿法纺丝而制成，结晶度约 30%，聚合度 250～300。竹纤维可分为天然竹纤维和化学竹纤维。天然竹纤维以竹为原料，采用物理、化学相结合的方法制备。化学纤维包括竹浆纤维和竹碳纤维。竹浆纤维以竹为原料，将其先加工成竹浆，再经湿法纺丝制成竹纤维，其制作加工过程与粘胶相似，产品的结晶度约 40%，聚合度 400 ~ 500。

竹浆纤维具有优良的服用性能，而竹浆纤维与粘胶的性能十分接近，价格则远远高于粘胶，因此市场上常有不法分子用粘胶假冒竹浆纤维来牟利。建立一个能有效鉴别竹浆纤维和粘胶的定性定量分析方法，具有十分重要的意义。目前，粘胶/竹纤维混纺物的定量分析一直是一个没有很好解决的问题，采用通常使用的几种溶解介质都能很好地溶解。如采用硫酸为溶解介质时，当硫酸浓度分别为 75%、70%、65%、60% 时，粘胶和竹纤维均能很好地溶解，但其紫外 - 可见吸收光谱表明，粘胶和竹纤维的吸光度均相当接近，从而无法采用紫外 - 可见吸收光谱将其区分开来。采用锌酸钠溶液作为溶解介质时也存在同样的问题。采用甲酸 - 氯化锌作为溶解介质时，在相同浓度时，同一波长处竹纤维的吸光度大约是粘胶的两倍。采用 NaOH - 硫脲 - 尿素水溶液时，也可以观察到同样的结果。图 2 - 91 给出了粘胶和竹纤维用这四种溶解介质处理后的紫外 - 可见吸收光谱。从图 2 - 91 可以看出，采用硫酸和锌酸钠作为溶解介质时，在特定波长下，同一浓度的粘胶和竹纤维的吸光度很接近，因此不可能采用紫外 - 可见吸收光谱来对粘胶/竹纤维混纺物的混纺比进行测定。采用甲酸 - 氯化锌和 NaOH - 硫脲 - 尿素水溶液作为溶解介质时，在特定波长下，同一浓度的竹纤维的吸光度大约是粘胶的两倍，因此这两种情况下均可采用紫外 - 可见吸收光谱来进行粘胶/竹纤维混纺产品的混纺比的测定。考虑到 NaOH - 硫脲 - 尿素水溶液体系无论从溶液配制的可操作性还是从对分光光度计的腐蚀性方面与甲酸 - 氯化锌相比均有其优越性，因此，我们选择了 NaOH - 硫脲 - 尿素水溶液体系作为溶解介质。并且目前尚未见以 NaOH - 硫脲 - 尿素水溶液体系为溶解介质采用分光光度法测定粘胶/竹纤维混纺物的混纺比的报道。本研究以 NaOH - 硫脲 - 尿素水溶液体系为溶解介质，采用紫外 - 可见吸收光谱对粘胶/竹纤维混纺产品的混纺比进行了测定。

在碱溶液中的金属离子通常以水合离子的形式存在。纤维素结构中存在大量的羟基，而羟基本身是极性的，因此各种碱液是纤维素良好的润胀剂。水合离子化的金属离子很容易进入到纤维素分子之间，使纤维素溶解于碱溶液中。将一定量的硫脲和尿素加入到 NaOH 水溶液中，可以进一步改善纤维素的溶解性能，因此 NaOH - 硫脲 - 尿素溶剂体系对纤维素溶解能力很强。研究结果表明，在该体系中纤维素的溶解过程分为两步，第一步是纤维素在 NaOH 的作用下生成带负电荷的碱纤维素，使纤维素剧烈溶胀，从而拆散纤维素无定形区和部分结晶区大分子间的结合力，第二步是硫脲和尿素小分子随纤维素溶胀的进行而扩散到纤维素的结晶区，拆散纤维素结晶区大分子间剩余的结合力，从而使纤维素溶解。在硫酸体系中，纤维素溶解过程中发生了硫酸氢酯化反应，因此在 450nm 附近产生一个吸收峰。在其他三个体系中均未发生化学反应，因此其紫外 - 可见吸收光谱中均未产生新的吸收峰。这一点也可以从图 2 - 91 中可以清楚地看出。

研究结果表明，NaOH - 硫脲 - 尿素溶剂体系中各组分的不同比例对溶解性能有较大的影响，且温度对溶解性能影响很大。本课题参考溶解实验的研究成果，最终确定的溶剂体系为：NaOH7. 5g、硫脲 6g、尿素 8g，溶解于 78. 5mL 水中，并冷却至 20℃。该溶剂必须现配

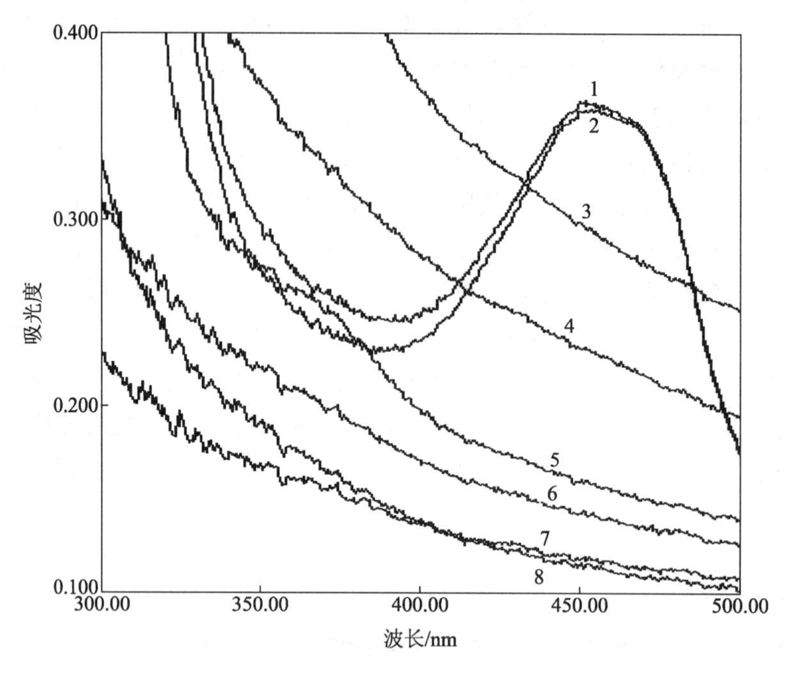

图 2-91 粘胶、竹纤维的紫外-可见吸收光谱

1. 0.2% 竹纤维（用60% 硫酸溶解、70℃处理30min） 2. 0.2% 粘胶（用60% 硫酸溶解、70℃处理30min） 3. 1% 竹纤维（用 NaOH-硫脲-尿素水溶液溶解） 4. 1% 竹纤维（用甲酸-氯化锌溶解） 5. 1% 粘胶（用 NaOH-硫脲-尿素水溶液溶解） 6. 1% 竹纤维（用锌酸钠溶解） 7. 1% 粘胶（用锌酸钠溶解） 8. 1% 粘胶（用甲酸-氯化锌溶解）

现用。

称取一定质量的粘胶，分别加入 50mL 溶剂，振荡使纤维素溶解，在 20℃ 下放置 30min，然后进行紫外-可见吸收光谱测定。由于该体系在 300nm 以下区间吸光度大于 5，因此其紫外-可见吸收光谱只采集 300nm～500nm 区间的数据。

在 450nm 波长下测定吸光度，其结果见表 2-123，从表 2-123 可以得到粘胶吸光度随浓度变化的曲线（图 2-92）。从图 2-92 可以看出，在 0.104%～1.204% 范围内，其吸光度与浓度成线性关系，其线性方程为 $A=0.0706c-0.0081$，$r=0.9982$。

表 2-123 不同浓度粘胶的吸光度

浓度 c/%	0.104	0.208	0.308	0.406	0.498	0.598
吸光度 A	0.002	0.008	0.012	0.018	0.025	0.035
浓度 c/%	0.694	0.804	0.896	1.006	1.104	1.204
吸光度 A	0.041	0.049	0.055	0.063	0.070	0.078

图 2-93 是不同浓度的粘胶的紫外-可见吸收光谱图，为简洁起见，该图中只给出了部分浓度的粘胶的紫外-可见吸收光谱图。从图 2-93 中可以清楚地看出，随着浓度的增加，其吸光度也随之增加。

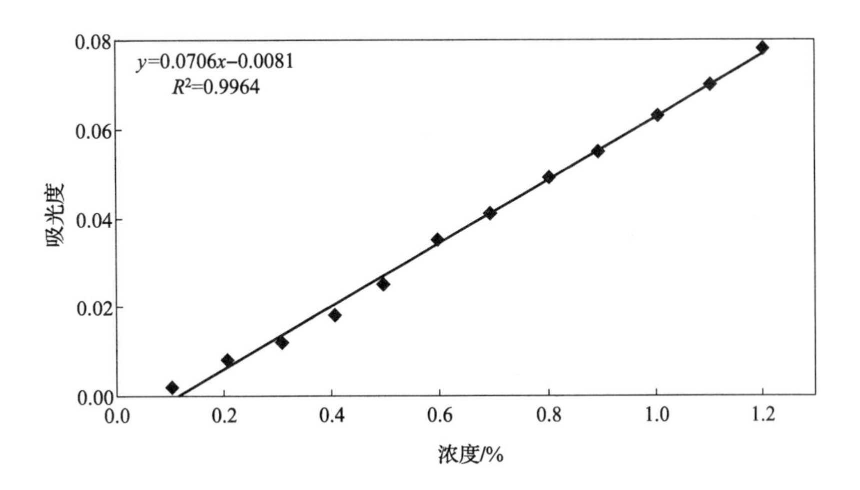

图 2-92　粘胶的浓度-吸光度曲线

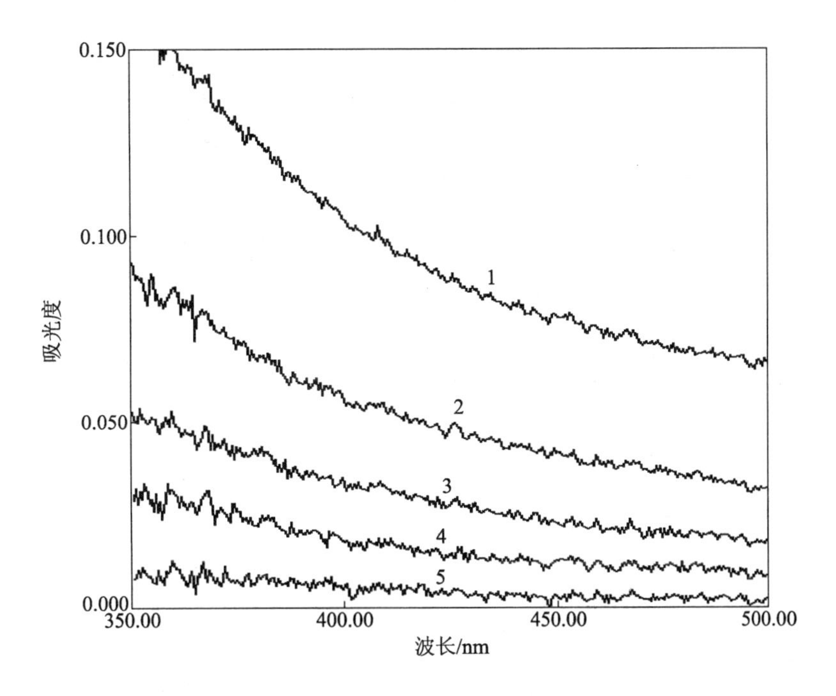

图 2-93　不同浓度的粘胶的紫外-可见吸收光谱图

1. 1.204%　2. 0.694%　3. 0.498%　4. 0.308%　5. 0.104%

称取一定质量的竹纤维，分别加入 50mL 溶剂，振荡使纤维素溶解，在 20℃下放置 30min，然后进行紫外-可见吸收光谱测定。由于该体系在 300nm 以下区间吸光度大于 5，因此其紫外-可见吸收光谱只采集 300nm～500nm 区间的数据。

在 450nm 波长下测定吸光度，其结果见表 2-124，从表 2-124 可以得到竹纤维吸光度随浓度变化的曲线（图 2-94）。从图 2-94 可以看出，在 0.104%～1.504% 范围内，其吸光度与浓度成线性关系，其线性方程为 $A = 0.1459c + 0.00006$，$r = 0.9991$。

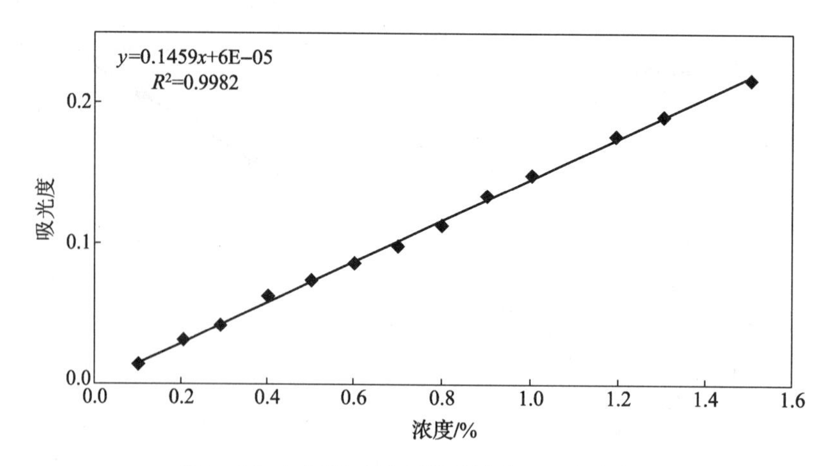

图 2－94　不同浓度竹纤维的浓度－吸光度曲线

表 2－124　竹纤维的吸光度

浓度 c/%	0.104	0.204	0.294	0.402	0.502	0.602	0.700
吸光度 A	0.014	0.031	0.042	0.063	0.074	0.086	0.098
浓度 c/%	0.802	0.902	1.004	1.194	1.304	1.504	
吸光度 A	0.113	0.134	0.149	0.177	0.191	0.217	

图 2－95 是不同浓度的竹纤维的紫外－可见吸收光谱图，为简洁起见，该图中只给出了部分浓度的粘胶的紫外－可见吸收光谱图。从图 2－95 中可以清楚地看出，随着浓度的增加，其吸光度也随之增加。

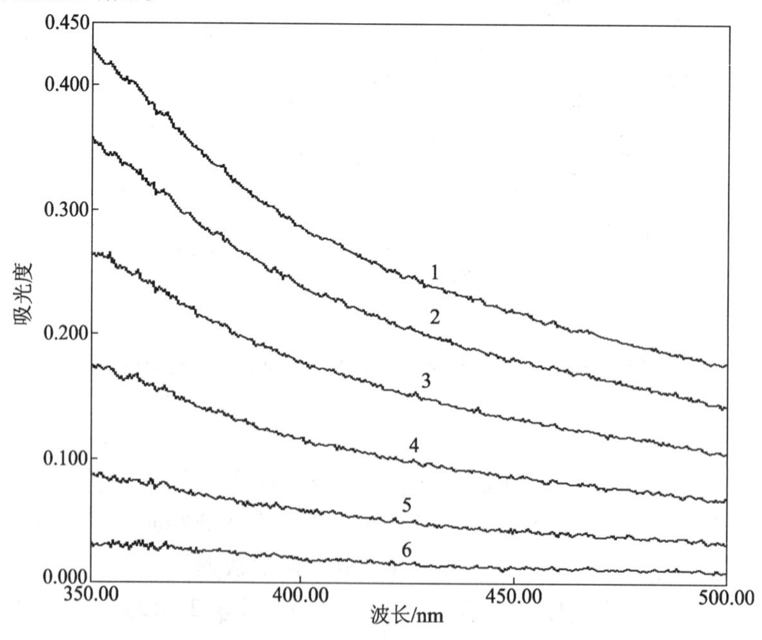

图 2－95　不同浓度的粘胶的紫外－可见吸收光谱图

1. 1.504%　2. 1.194%　3. 0.902%　4. 0.602%　5. 0.294%　6. 0.104%

保证不同浓度的粘胶、竹纤维的紫外 – 可见吸收光谱的稳定性对于定量分析来说是十分重要的，将不同浓度的粘胶、竹纤维的溶液放置一定时间后再进行紫外 – 可见吸收光谱测定，结果发现，竹纤维十分稳定，即使放置 24h 后，其紫外 – 可见吸收光谱几乎无变化，粘胶则稍有变化，但即使放置 24h 后，其变化不超过 10%。在实验中，NaOH – 硫脲 – 尿素溶剂是现配现用的，每个样品均是放置 30min 后立即进行测定，很显然，在整个实验过程中，其紫外 – 可见吸收光谱的变化是可以忽略不计的。

按表 2 – 125 配制粘胶（N）/竹纤维（Z）二组分混合物，分别加入 50mL 溶剂，振荡使纤维素溶解，在 20℃ 下放置 30min，然后进行紫外 – 可见吸收光谱测定，在 450nm 处测定的吸光度列于表 2 – 125 中。根据表 2 – 125 中各组分的浓度，从粘胶、竹纤维的线性方程计算得到各自的吸光度，计算结果也列于表 2 – 125 中。根据式（2 – 4）计算每个配比时的 α 值，结果也列于表 2 – 26 中。从表 2 – 125 可以看出，计算得到的 α 值分布范围较窄，为 2.2610 ~ 2.5325，其平均值为 2.3637，RSD 为 3.48%。

表 2 – 125　粘胶/竹纤维混合物定量分析数据

设计比例 Z/N	Z 干重 /g	N 干重 /g	Z 浓度 /%	N 浓度 /%	总浓度 /%	计算值 A_Z	计算值 A_N	吸光度 A 实测值	α
15/85	0.078	0.424	0.156	0.848	1.004	0.147	0.063	0.069	2.2943
17/83	0.090	0.411	0.180	0.822	1.002	0.146	0.063	0.070	2.2690
20/80	0.107	0.395	0.214	0.790	1.004	0.147	0.063	0.071	2.4902
23/77	0.122	0.381	0.244	0.762	1.006	0.147	0.063	0.073	2.3464
26/74	0.134	0.367	0.268	0.734	1.002	0.146	0.063	0.074	2.3225
29/71	0.152	0.353	0.304	0.706	1.010	0.147	0.063	0.076	2.4037
33/67	0.166	0.334	0.332	0.668	1.000	0.146	0.063	0.077	2.3637
36/64	0.182	0.322	0.364	0.644	1.008	0.147	0.063	0.079	2.4165
39/61	0.196	0.304	0.392	0.608	1.000	0.146	0.063	0.080	2.4301
43/57	0.212	0.293	0.424	0.586	1.010	0.147	0.063	0.082	2.5186
46/54	0.224	0.278	0.448	0.556	1.004	0.147	0.063	0.083	2.5325
50/50	0.243	0.263	0.486	0.526	1.012	0.148	0.063	0.087	2.3716
51/49	0.257	0.244	0.514	0.488	1.002	0.146	0.063	0.089	2.2877
53/47	0.269	0.231	0.538	0.462	1.000	0.146	0.063	0.090	2.3697
58/42	0.286	0.213	0.572	0.426	0.998	0.146	0.062	0.092	2.4311
58/42	0.300	0.197	0.600	0.394	0.994	0.145	0.062	0.095	2.3166
61/39	0.313	0.187	0.626	0.374	1.000	0.146	0.063	0.096	2.4962
63/37	0.331	0.166	0.662	0.332	0.994	0.145	0.062	0.101	2.2584
65/35	0.347	0.155	0.694	0.310	1.004	0.147	0.063	0.104	2.3107
69/31	0.362	0.141	0.724	0.282	1.006	0.147	0.063	0.107	2.3203

续表

设计比例 Z/N	Z 干重 /g	N 干重 /g	Z 浓度 /%	N 浓度 /%	总浓度 /%	计算值 A_Z	计算值 A_N	吸光度 A 实测值	α
71/29	0.378	0.126	0.756	0.252	1.008	0.147	0.063	0.111	2.2610
75/25	0.393	0.112	0.786	0.224	1.010	0.147	0.063	0.114	2.3086
78/22	0.402	0.097	0.804	0.194	0.998	0.146	0.062	0.116	2.2922
82/18	0.410	0.091	0.820	0.182	1.002	0.146	0.063	0.118	2.2993
85/15	0.424	0.077	0.848	0.154	1.002	0.146	0.063	0.121	2.3827

根据表 2－126 所设计的比例配粘胶/竹纤维两组分混合物，分别加入 50mL 溶剂，振荡使纤维素溶解，在20℃下放置30min，然后进行紫外－可见吸收光谱测定，在450nm 处测定的吸光度，结果见表 2－126。根据表 2－126 得到的吸光度值，利用式（2－3）计算其配比，计算结果及其与真实配比的差值也列于表 2－126 中。

表 2－126　方法的准确度实验

设计比例 Z/N	Z 干重/g	N 干重/g	计算值 FZ/%	测定值 FZ/%	偏差/%
15/85	0.076	0.426	15.14	15.93	0.79
20/80	0.091	0.410	18.16	18.57	0.41
25/85	0.115	0.384	23.05	23.63	0.58
30/70	0.134	0.367	26.75	25.05	－1.69
30/70	0.152	0.349	30.34	31.01	0.67
35/65	0.177	0.324	35.33	34.72	－0.61
40/60	0.198	0.301	39.68	38.84	－0.84
40/60	0.215	0.286	42.91	43.21	0.29
40/60	0.233	0.266	46.69	48.36	1.67
45/55	0.254	0.247	50.70	49.28	－1.42
50/50	0.273	0.228	54.49	56.12	1.63
55/45	0.289	0.212	57.68	57.40	－0.28
60/40	0.303	0.198	60.48	59.88	－0.60
60/40	0.322	0.180	64.14	62.01	－2.13
65/35	0.336	0.165	67.07	68.80	1.74
70/30	0.352	0.151	69.98	69.39	－0.59
70/30	0.361	0.141	71.91	70.61	－1.31
80/20	0.381	0.121	75.90	77.11	1.21
80/20	0.402	0.099	80.24	79.84	－0.40
85/15	0.426	0.075	85.03	83.02	－2.01

从表2－126的数据可以看出，分析结果与实际配比的偏差范围为－2.13～1.74，根据FZ/T 01053—2007《纺织品　纤维含量的标识》的规定，纺织品成分分析结果应该在±5%的允差范围内。表2－126的数据表明，采用分光光度法对已知比例的竹纤维/粘胶两组分混合物进行定量分析，实际测量结果的比例误差全部在标准的允差范围内，这充分说明采用该方法来进行定量测定是准确可靠的。

本研究采用测定值与实际配比值的百分比作为判断方法精密度的依据，为了对方法的精密度进行研究，本课题配制了三个级别的竹纤维/粘胶混合物，每个级别测定9个平行样。根据表2－127所设计的比例配制竹纤维/粘胶二组分混合物，分别加入50mL溶剂，振荡使纤维素溶解，在20℃下放置30min，然后进行紫外－可见吸收光谱测定，在450nm处测定的吸光度，利用式（2－3）计算其配比，然后计算该值相对于真实配比的百分比，结果列于表2－127中。从表2－127中数据可以看出，对于三个级别的竹纤维/粘胶混合物，测定值与实际配比值相差很少,测定值为实际配比值的95.21%～104.27%，其变异系数分别为2.98%、2.00%和1.51%。因此该方法的精密度相当高。

表2－127　方法的精密度实验

设计比例Z/N	Z干重/g	Z干重/g	计算值 FZJ	测定值 FZM	FZM/FZJ	平均值	RSD/%
30/70	0.149	0.352	29.74	31.01	104.27	100.32	3.37
30/70	0.150	0.352	29.88	30.69	102.72		
30/70	0.151	0.348	30.26	29.72	98.20		
30/70	0.152	0.349	30.34	29.08	95.84		
30/70	0.150	0.353	29.82	30.38	101.87		
30/70	0.151	0.352	30.02	30.38	101.20		
30/70	0.149	0.352	29.74	31.01	104.27		
30/70	0.153	0.348	30.54	29.08	95.21		
30/70	0.148	0.352	29.60	29.40	99.32		
50/50	0.251	0.250	50.10	49.28	98.37	100.39	2.54
50/50	0.248	0.251	49.70	51.24	103.11		
50/50	0.248	0.252	49.60	49.55	99.90		
50/50	0.253	0.249	50.40	49.02	97.26		
50/50	0.253	0.248	50.50	52.11	103.20		
50/50	0.251	0.251	50.00	50.45	100.90		
50/50	0.249	0.252	49.70	49.28	99.16		
50/50	0.253	0.248	50.50	49.28	97.59		
50/50	0.251	0.250	50.10	52.11	104.02		

续表

设计比例 Z/N	Z 干重/g	Z 干重/g	计算值 FZJ	测定值 FZM	FZM/FZJ	平均值	RSD/%
70/30	0.350	0.150	70.00	72.01	102.88	100.33	2.23
70/30	0.351	0.149	70.20	71.04	101.19		
70/30	0.350	0.151	69.86	68.80	98.49		
70/30	0.348	0.153	69.46	70.82	101.96		
70/30	0.349	0.153	69.52	67.54	97.15		
70/30	0.350	0.151	69.86	68.80	98.49		
70/30	0.351	0.150	70.06	68.80	98.21		
70/30	0.349	0.152	69.66	70.82	101.67		
70/30	0.349	0.153	69.52	71.59	102.97		

4.5.2.3.3　实验结论

1）用常规方法难以进行定性分析的普通粘胶与再生竹纤维及天丝 A、天丝 G、铜氨纤维 3 种纤维的定性分析方法，利用紫外分光光度法来解决是可行的。

2）当 2 种纤维混合溶液的吸光度之差在 2 倍以上时，分光光度法可实现快速、准确、灵活、简便地进行两组分混合物的定量分析。

4.6　结论与分析

4.6.1　结论

经以上研究过程和对大量的试验数据进行分析汇总，可得出以下结论：

1）经验证甲酸/氯化锌法在 ISO 和 GB 标准中的溶解条件之一：(40 ±2)℃水浴中保温 2.5h，也适用于再生竹纤维和纽代尔、圣麻纤维，但不适用于天丝纤维。经验证试验提出了溶解时间可缩短为 1h，并确定了溶解时间 1h 条件下，丝光、漂白、煮炼棉、原棉的修正系数分别为：1.02，1.01，1.01，1.01。经活性染料染色和未经染色的比对试验结果表明，该方法不适用于所有本次研究的经活性染料染色后的再生纤维素纤维。

2）经验证甲酸/氯化锌法在 ISO 和 GB 标准中的溶解条件之二：70℃ ±2℃水浴中保温 20min，也适用于再生竹纤维、天丝和纽代尔、圣麻纤维。并给出了各种棉纤维的修正系数分别为：丝光棉 1.12，漂白棉 1.03，煮炼棉 1.06，原棉 1.04。这也说明对丝光棉的损伤较大，应尽量避免用此方法。经活性染料染色和未经染色的比对试验结果表明，该方法适用于所有本次研究的经活性染料染色后的再生纤维素纤维。

3）经验证锌酸钠法在 ISO 标准中的溶解条件：常温下振荡 20min，也适用于再生竹纤维和纽代尔、圣麻纤维，但不适用于丽赛、天丝两类纤维。并给出了丝光棉的修正系数为 1.03。

经活性染料染色和未经染色的比对试验结果表明，该方法不适用于所有本次研究的经活性染料染色后的再生纤维素纤维。

4）经验证 60% 的硫酸法在 JIS L1030 - 2：2006 标准中的溶解条件为 23℃ ~25℃下，振荡 20 分钟，也适用于再生竹纤维、莫代尔和圣麻纤维，但不适用于铜氨、天丝、纽代尔纤维。并给出了丝光棉的修正系数为 1.03。

5）提出了 60% 的硫酸法在 35℃条件下，振荡 30min，适用于本次研究的 8 种再生纤维素纤维，并给出了丝光、漂白、煮炼棉、原棉的修正系数分别为：1.11，1.04，1.04，1.03。也说明此方法对丝光棉的损伤较大，应尽量避免使用。

6）经验证混酸法在 JIS L 1030 - 2：2006 标准中溶解条件：（25 ±2)℃下振荡 10min，适用于普通粘胶、再生竹纤维、铜氨、木代尔、纽代尔和圣麻纤维，但不适用于丽赛、天丝纤维。并给出了各种棉纤维的修正系数分别为：丝光棉 1.05，漂白棉 1.01，煮炼棉 1.01，原棉 1.02。

7）提出了混酸法加长溶解时间至 30min，适用于本次研究的 8 种再生纤维素，并给出了棉的修正系数分别为：丝光棉 1.06，漂白棉 1.02，煮炼棉 1.02，原棉 1.03。

8）提出了在盐酸浓度 35%，密度 1.17580（20℃），恒温水浴 25℃中，振荡 60min 条件下，适用于本次研究的 8 种再生纤维素纤维与棉的混纺产品的含量分析，并给出了丝光、漂白、煮炼棉、原棉的修正系数分别为：1.09，1.03，1.04，1.03。

9）提出了在盐酸浓度 36%，密度 1.180（20℃），恒温水浴 25℃中，振荡 40min 条件下，适用于本次研究的所有 8 种再生纤维素纤维与棉的混纺产品的含量分析，并给出了丝光、漂白、煮炼棉、原棉的修正系数分别为：1.13，1.04，1.04，1.03。也说明此方法对丝光棉的损伤较大，应尽量避免使用。

10）以上 9 种方法溶解过程对丝光棉的损伤程度均大于其他棉纤维，因此，有必要单独给出对丝光棉的修正系数，且对丝光产品进行含量分析时需谨慎考虑溶解方法的选择。

11）验证了 3 种以酸为溶剂（硫酸、盐酸、混酸）的溶解方法，经活性染料染色和未经染色的比对试验结果表明，适用于所有本次研究的经活性染料染色后的再生纤维素纤维。

12）提出了含水率为 15% 的 *N* - 甲基吗啉水溶液，浴比为 1∶150，沸腾条件下，适用于棉与除天丝以外的 7 种再生纤维素纤维混合物的含量分析。为改善其溶液的结晶性能，可选择在 NMMO 溶液中加入 10% 的无水乙醇。并给出了棉的修正系数分别为：丝光棉 1.01，漂白棉 1.01，煮炼棉 1.02，原棉 1.00。经活性染料染色和未经染色的比对试验结果表明，该方法不适用于所有本次研究的经活性染料染色后的再生纤维素纤维。

13）首次提出了配比为 7.5%/6%/8% 的氢氧化钠 - 硫脲 - 尿素混合溶液，在温度降到 -9℃后，浴比 1∶100，加入试样振摇后，常温放置 30min，可用于棉与粘胶、再生竹纤维、铜氨、莫代尔、丽赛、天丝 G、纽代尔、圣麻纤维混合物的定量分析。并给出了丝光、漂白、煮炼棉、原棉的修正系数分别为：1.05，1.08，1.02，1.05。此法对煮炼棉的损伤较大，因此不适用。

14）首次提出了配比为 7.5%/6%/8% 的氢氧化钠 - 硫脲 - 尿素混合溶液，在 20℃下，浴比 1∶100，加入试样振摇后，常温放置 15min，中间摇 3 次，可用于棉与粘胶、再生竹纤维、莫代尔、纽代尔、圣麻纤维混合物的定量分析。对丝光、漂白、煮炼棉、原棉的修正系数分别为：1.02、1.01、1.02、1.01。

15）首次提出了配比为 7.5%/6%/8% 的氢氧化钠 - 硫脲 - 尿素混合溶液，在 0℃条件下，浴比 1∶100，加入试样振摇后，常温放置 20min，中间摇 3 次，可用于棉与粘胶、再生竹纤维、莫代尔、铜氨、丽赛、纽代尔、圣麻纤维混合物的定量分析。对丝光、漂白、煮炼棉、原棉的修正系数分别为：1.03、1.06、1.01、1.03。

16）经活性染料染色和未经染色的比对试验结果表明，氢氧化钠－硫脲－尿素混合溶液法不适用于所有本次研究的经活性染料染色后的再生纤维素纤维。

17）首次提出了用常规方法难以进行定性分析的普通粘胶与再生竹纤维及天丝A、天丝G、铜氨纤维3种纤维的定性分析方法，利用紫外分光光度法来解决是可行的。

18）首次提出了当两种纤维混合溶液的吸光度之差在两倍以上，并且溶剂和溶解液的吸光度的稳定性较好时，分光光度法可实现快速、准确、灵活、简便地进行两组分混合物的定量分析。

19）建立了65%硫酸－分光光度法对天丝A与天丝G以及铜氨进行的定性分析方法；

20）建立了65%硫酸－分光光度法进行棉与天丝的定量分析方法；

21）建立了65%硫酸－分光光度法进行天丝A与铜氨的定量分析方法；

22）建立了氢氧化钠－硫脲－尿素－分光光度法对粘胶与再生竹纤维进行的定量分析方法。

4.6.2 本研究的几种方法与原有标准方法的比较

见表2－128。

表2－128 本研究方法与原有标准方法的比较一览表

序号	方法名称	原有标准号	方法条件	适用范围	修正系数
1	甲酸/氯化锌法1	ISO 1833－6：2007 GB/T 2910.6—2009	40℃，甲酸/氯化锌溶液中，浴比1：100，保温2.5h，每隔45min摇动1次，共2次	棉与粘胶、某些铜氨、莫代尔、莱赛尔	棉，1.02
2		本研究改进方法	40℃，甲酸/氯化锌溶液中，浴比1：100，振荡1h	棉与粘胶、某些铜氨、莫代尔、莱赛尔以及再生竹纤维和纽代尔、天丝G100、圣麻纤维	丝光棉，1.02 漂白棉，1.01 煮炼棉，1.01 原棉　，1.01
3	甲酸/氯化锌法2	ISO 1833－6：2007 GB/T 2910.6—2009	70℃，甲酸/氯化锌溶液中，浴比1：100，保温20min。GB标准中未注明时间条件	棉与粘胶、某些铜氨、莫代尔、莱赛尔	棉，1.02
4		本研究改进方法	70℃，甲酸/氯化锌溶液中，浴比1：100，振荡20min	棉与粘胶、铜氨、莫代尔、莱赛尔以及再生竹纤维和天丝、纽代尔、圣麻纤维	丝光棉，1.12 漂白棉，1.03 煮炼棉，1.06 原棉　，1.04

续表

序号	方法名称	原有标准号	方法条件	适用范围	修正系数
5	锌酸钠法	ISO 1833－5：2007 GB/T 2910.5—2009	锌酸钠溶液，浴比1：150，振荡（20±1）min。GB标准中未注明温度条件	棉与粘胶、多数铜氨或莫代尔	漂白棉，1.02 煮炼棉，1.02 原棉　，1.02
6		本研究改进方法	锌酸钠溶液，浴比1：150，常温下振荡20min	棉与粘胶、多数铜氨或莫代尔以及再生竹纤维、纽代尔、圣麻纤维	丝光棉，1.03 漂白棉，1.02 煮炼棉，1.02 原棉　，1.02
7	60%的硫酸法	JIS L 1030—2：2006	23℃～25℃下，60%的硫酸（密度1.4948℃），浴比1：100，振荡10min，静置5min，再振荡5min	棉与粘胶	漂白棉，1.01 煮炼棉，1.01 原棉　，1.03
8		本研究改进方法1	25℃下，60%的硫酸（密度1.4948℃），浴比1：100，振荡10min，静置5min，再振荡5min	棉与粘胶以及再生竹纤维、莫代尔、圣麻纤维	丝光棉，1.03 漂白棉，1.01 煮炼棉，1.01 原棉　，1.03
9		本研究改进方法2	35℃下，60%的硫酸（密度1.494825℃），浴比1：100，振荡30min，振幅150r/min	棉与粘胶以及再生竹纤维、莫代尔、铜氨、莱赛尔、天丝、纽代尔、圣麻纤维	丝光棉，1.11 漂白棉，1.04 煮炼棉，1.04 原棉　，1.03
10	混酸法	JIS L 1030—2：2006	23℃～25℃下，混酸（35%盐酸：70%硫酸，40：1）溶液，浴比1：100，振荡10min	丝光棉与高湿模量粘胶	丝光棉，1.05
11		本研究改进方法1	25℃下，混酸（35%盐酸：70%硫酸，40：1）溶液，浴比1：100，振荡10min	棉与普通粘胶、再生竹纤维、铜氨、木代尔、纽代尔和圣麻纤维	丝光棉，1.05 漂白棉，1.01 煮炼棉，1.01 原棉　，1.02
12		本研究改进方法2	25℃下，混酸（35%盐酸：70%硫酸，40：1）溶液，浴比1：100，振荡30min	棉与粘胶以及再生竹纤维、莫代尔、铜氨、莱赛尔、天丝、纽代尔、圣麻纤维	丝光棉，1.06 漂白棉，1.02 煮炼棉，1.02 原棉　，1.03

续表

序号	方法名称	原有标准号	方法条件	适用范围	修正系数
13	盐酸法	本研究结果方法 1	盐酸溶液 35%，密度 1.175(20℃)，水浴 25℃，振荡 60min 条件下	棉与粘胶、再生竹纤维、莫代尔、铜氨、莱赛尔、天丝、纽代尔、圣麻纤维	丝光棉，1.09 漂白棉，1.03 煮炼棉，1.04 原棉　，1.03
14		本研究结果方法 2	盐酸浓度 36%，密度 1.180(20℃)，水浴 25℃，振荡 40min 条件下	棉与粘胶、再生竹纤维、莫代尔、铜氨、莱赛尔、天丝、纽代尔、圣麻纤维	丝光棉，1.13 漂白棉，1.04 煮炼棉，1.04 原棉　，1.03
15	*N* 甲基吗啉法溶解体系	本研究结果方法 1	含水量为 15% 的 N 甲基吗啉氧溶液，在 77℃ 条件下，45min，浴比 1：200	棉与粘胶、再生竹纤维、莫代尔、铜氨、莱赛尔、纽代尔、圣麻纤维	棉，1.00
16		本研究结果方法 2	含水量为 15% 的 N 甲基吗啉溶液，在沸腾条件下，30min，浴比 1：150	棉与粘胶、再生竹纤维、莫代尔、铜氨、莱赛尔、天丝 G、纽代尔、圣麻纤维	丝光棉：1.01 漂白棉：1.01 煮炼棉：1.02 原棉　：1.00
17	氢氧化钠－硫脲－尿素溶解体系	本研究结果方法 1	配比为 7.5%/6%/8% 的氢氧化钠－硫脲－尿素混合溶液，在温度降到 －9℃ 后，加入试样，浴比 1：100，振荡 30min	棉与粘胶、再生竹纤维、莫代尔、铜氨、莱赛尔、天丝 G、纽代尔、圣麻纤维	丝光棉：1.05 漂白棉：1.08 煮炼棉：1.02 原棉　：1.05
18		本研究结果方法 2	配比为 7.5%/6%/8% 的氢氧化钠－硫脲－尿素混合溶液，在 0℃ 条件下，加入试样，浴比 1：100，放置 20min，中间摇 3 次	棉与粘胶、再生竹纤维、莫代尔、铜氨、莱赛尔、纽代尔、圣麻纤维	丝光棉，1.03 漂白棉，1.06 煮炼棉，1.01 原棉　，1.03
19		本研究结果方法 2	配比为 7.5%/6%/8% 的氢氧化钠－硫脲－尿素混合溶液，在 20℃ 下，加入试样，浴比 1：100，放置 15min，中间摇两次	棉与粘胶、再生竹纤维、莫代尔、纽代尔、圣麻纤维	丝光棉：1.02 漂白棉：1.01 煮炼棉：1.02 原棉　：1.01

续表

序号	方法名称	原有标准号	方法条件	适用范围	修正系数
20	65% 的硫酸 - 分光光度法	本研究结果方法	称取一定质量的样品，分别加入 50mL 的 65% 硫酸溶液，在 70℃ 下恒温水浴振荡处理 30min，然后用冰水混合物将其迅速冷却至室温，立即测定其紫外 - 可见吸收光谱	天丝 A100/丝光棉； 天丝 G100/天丝 A100； 天丝 G100/铜氨纤维； 中国台湾木代尔/天丝 A	
21	氢氧化钠 - 硫脲 - 尿素溶解体系 - 分光光度法	本研究结果方法	NaOH7.5g、硫脲 6g、尿素 8g，溶解于 78.5mL 水中，并冷却至 20℃，称取一定质量的样品，分别加入 50mL 溶剂，振荡使纤维素溶解，在 20℃ 下放置 30min，然后进行紫外 - 可见吸收光谱测定	粘胶/再生竹纤维	

4.6.3　存在的问题及操作注意事项

1）综合上述给出的 15 种方法条件可以看出，各种方法对棉纤维的前处理工艺不同时所造成的损伤都存在一定的差异，尤其是经丝光处理的棉纤维产品需审慎选择方法。

2）样品是否经染色及所用染料对分析方法有明显影响，经活性染料染色的样品只有 3 种以酸为溶剂的方法和 70℃的甲酸/氯化锌可选，而且活性染料品种繁多，结果可能还要复杂，再加上对盲样所用染料的定性分析方法也相当复杂，因此，此类样品可能还是要利用预试验来选择。

3）由于生产工艺的原因，即是同一种再生纤维素纤维，不同生产商甚至不同批次之间都存在较大差异，这给我们的定量分析带来了极大麻烦。以往的定量分析方法中从未出现过的适用于部分 XX 纤维或某些 XX 纤维的情况，在此系列标准现有方法中已出现过适用于部分天丝纤维或某些铜氨纤维，大部分铜氨等描述，除此之外，本次研究中又发现了某些方法只适用部分的莫代尔或部分的天丝纤维，因此，多数含新型再生纤维素纤维样品还是要利用预试验来选择方法。

4）此系列溶解方法对溶剂的配备及储存均需严格按方法要求进行，不得有半点马虎，否则将对结果造成较大影响，其要求严格的程度也是以往此类标准所不及的。如：溶剂最好现配现用；各类酸溶液的密度需严格测量并控制在要求范围内；对样品的前处理、剪切、拆散均不可忽略。

5）紫外分光光度法需要有两种混纺纤维的单纤维样品做标准工作曲线；对染色纤维的褪色尚未找到有效的方法，因此不适用于染色产品，应用范围受到限制。

第3章　纺织品禁限用有害整理剂的检测方法

第1节　纺织品中三氯生系列检测方法的研究

1.1　概述

三氯生（中文名称：2,4,4'－三氯－2'－羟基二苯醚，英文名称：triclosan，2,4,4－trichloro－2－hydroxydiphenylether，CASNo. 3380－34－5，又名：三氯新、三氯沙），是一种相对稳定的亲脂性化合物，在水中溶解度较低，20℃下为10mg/L，不易水解，难挥发。三氯生对皮肤无刺激性，无过敏反应，与人体皮肤有很好的相溶性，是一种高效广谱抗菌剂，对很多常见菌种的MIC值都小于10mg/kg。与纺织品用的其他阳离子杀菌剂不同，三氯生在溶液中不会电离，其作用机理是通过作用于脂肪酸合酶系统中的烯酰基载体蛋白还原酶来抑制脂肪酸的生物合成，从而抑制细菌的生长。三氯生可以杀死金黄色葡萄球菌、大肠杆菌、白色念球菌，具有对化脓性球菌、肠道致病菌、真菌的消毒作用，同时对乙肝病毒等病毒也有抑制作用，对引起汗液分解腐败的细菌及引起皮肤感染的真菌具有显著的作用。因此，三氯生广泛应用于高效药皂/卫生香皂、卫生洗液、除腑臭/脚气雾剂、消毒洗手液、伤口消毒喷雾剂、医疗器消毒剂、卫生洗面奶/膏、空气清新剂及冰箱除臭剂等。

三氯生自20世纪60年代就开始广泛应用于专业用品和消费品中，包括洗手皂、外科手术前的擦洗、沐浴凝胶、除臭剂、护理洗手液、牙膏和漱口液等。在欧洲，每年生产大约350t三氯生作为个人护理品的添加物。在个人护理品中，三氯生的质量分数为0.1%～0.3%。三氯生耐酸碱和高温，不会引起有色织物褪色或相互粘色，在使用过程中不沾染衣物，与织物纤维有良好的亲合力，因此大量用于卫生织物的整理和塑料的防腐和处理。

自20世纪80年代起，已有大量的研究、专利和实用工艺利用三氯生作为抗菌剂应用于合成纤维的纺丝、后整理以及天然纤维制品等的抗菌处理，并且在合成纤维地毯、防臭抗菌纺织品中也直接加入三氯生来制成抗菌材料。

在纤维加工的高温条件下，三氯生可能会转化成高毒性物质，从而对人体造成伤害。

据国外文献报道，三氯生的急性口服毒性为$LD_{50}=3800mg/kg$（小鼠口服），根据毒理学急性毒性分级标准，属于低毒，因此以往被认为对环境和人体高度安全。但鉴于此类杀菌剂的广泛使用，1974年美国FDA提出报告，建立了有关杀菌剂使用法规，规定最大允许浓度，对其使用的安全性进行评价。

后来进一步的动物实验结果表明，三氯生可明显干扰大鼠的糖代谢，使其血糖、乳酸浓度增高，糖耐量能力降低，从而可能导致肝脏和肾脏的损害。三氯生还可显著影响大鼠的进食量，大鼠的体重随实验用的三氯生剂量的升高而呈下降趋势。三氯生可作用于大鼠肝脏和脂肪组织中的脂肪酸合酶，使其活力降低，从而使脂肪酸的合成受阻，三酰甘油的含量相应地发生改变，肝脏中脂肪颗粒沉积减少，睾丸周围脂肪组织减少。长期大剂量接触三氯生不仅能引起肝脏和肾脏毒性，还可能对免疫系统造成一定影响，三氯生还可对 DNA 造成不可逆转的损伤。

最近的研究成果还表明，频繁使用三氯生之类的抗微生物化学品，会使细菌对治疗性抗生素产生抵抗力，以致出现一些未能以现有药物医治的感染情况；三氯生对人体健康和环境也会干扰甲状腺荷尔蒙功能，令鱼及其他水族动植物中毒。当水体中三氯生浓度为 0.5mg/L ~ 1.0mg/L 时，藻类 C. ehrenbergii 经 48h 处理后只有 10% 的细胞存活，且存活细胞的体型变小，细胞内的叶绿体个数减少。低浓度的三氯生对鱼类体内雄性激素的分泌有影响。在一定条件下，如在次氯酸盐存在或由于光合作用，三氯生还可转化成毒性更高的极性化合物。

三氯生最终通过各种途径进入到水和环境中，由于其降解产物的毒性作用以及在生物体内的生物富集作用，从而对环境产生不可忽视的影响。

目前，世界各国纷纷立法对三氯生的使用进行限制，首先对牙膏和日化产品中三氯生的含量进行了限制，然后扩大到其他产品。挪威于 2007 年 2 月 25 日通过 PoHS 禁令，该禁令于 2008 年 1 月 1 日生效，禁止在消费品中使用三氯生，其中纺织品或其他涂层材料中规定三氯生含量不得高于 0.001%。2010 年 3 月 1 日，欧盟发布了第 2010/169/EU 号委员会决议，禁止在食品接触性塑料材料中使用三氯生。从 2011 年 1 月 1 日起，欧盟将禁止与食物接触的产品使用三氯生。德国联邦风险评估所（BFR）发布建议，支持禁止在食品接触塑料中使用三氯生。加拿大规定口腔护理用品等消费品须有标签说明，以减少消费者接触三氯生的机会。美国 FDA 也于 2010 年 5 月 7 日建议对三氯生的使用进行限制。2010 年 11 月 8 日，欧盟发布了 2010/675/EU 指令，将三氯生列为禁止使用的农药，全面禁止在消费品中使用三氯生。

三氯生常用的测定方法主要有高效液相色谱法、高效液相色谱－串联三重四极杆质谱法、气相色谱－质谱法、紫外－可见分光光度法、毛细管区带电泳法、流动注射化学发光法、分子印迹法等，其中以高效液相色谱法技术最为成熟。本研究以乙醚、二氯甲烷、三氯甲烷、甲醇、乙酸乙酯等 16 种常见溶剂作为萃取溶剂，分别采用索氏萃取、超声萃取、微波萃取等三种前处理技术对纺织品中的三氯生进行萃取，对其效果进行比较，从而确定最佳的萃取溶剂和萃取技术。对萃取液分别采用紫外－可见分光光度计、高效液相色谱仪、气相色谱仪、气相色谱－质谱仪、气相色谱－串联质谱仪进行测定，建立了紫外－可见分光光度法、HPLC 法、GC－ECD 法、GC/MS 法、GC/MS－MS 法，对纺织品中的三氯生进行了测定，并对各方法的数据进行了分析，结果发现这 5 种方法取得的数据之间并无显著性差异。

1.2　方法的基本原理

以三氯甲烷为萃取溶剂，40℃下超声萃取 30min，萃取液经处理后，分别采用紫外－可见分光光度法、高效液相色谱法、气相色谱法、气相色谱—质谱法、气相色谱—串联质谱法进行测定。

1.3　样品前处理

1.3.1　样品制备

本课题测试用的纺织品样品均来自市场。选取有代表性的样品，用自动制样机裁成

5mm×5mm 的小块，混合均匀。

1.3.2 样品萃取

1.3.2.1 超声萃取

称取1.0g样品置于150mL磨口锥形瓶中，加入25mL萃取溶剂，在40℃下超声萃取30min。收集上清液至鸡心瓶中。加入25mL萃取溶剂，第2次萃取30min，过滤，合并滤液。

1.3.2.2 微波萃取

称取1.0g样品置于微波萃取管中，加入15mL萃取溶剂，涡流振荡2min，微波萃取30min，冷却至室温后，收集上清液至鸡心瓶中。残渣用15mL萃取溶剂第2次微波萃取30min，过滤，合并上清液。

1.3.2.3 索氏萃取

索氏萃取时，称取1.0g样品置于纤维素套管中，加入50mL萃取溶剂，索氏萃取4h，冷却至室温，将萃取液转移到鸡心瓶中。

1.4 分析条件

1.4.1 紫外－可见分光光度法

1.4.1.1 分析条件

旋转蒸发水分，再用氮气吹干，用甲醇溶解残留物，定容至10mL。

以甲醇作为参比溶液，在282nm下测定溶液的吸光度，所用的比色池为1cm石英比色池。必要时，进行稀释后再进行测定。如溶液中有悬浮小颗粒，则需先用0.45μm滤膜过滤再进行测试。

1.4.1.2 结果与讨论

1.4.1.2.1 检测波长的确定

图3－1是三氯生标准溶液的紫外－可见吸收光谱图，它在282nm处有一个较强的吸收峰，在230nm处有一个肩峰，其中282nm处吸收峰受干扰较少，因此选择波长282nm为检测波长。

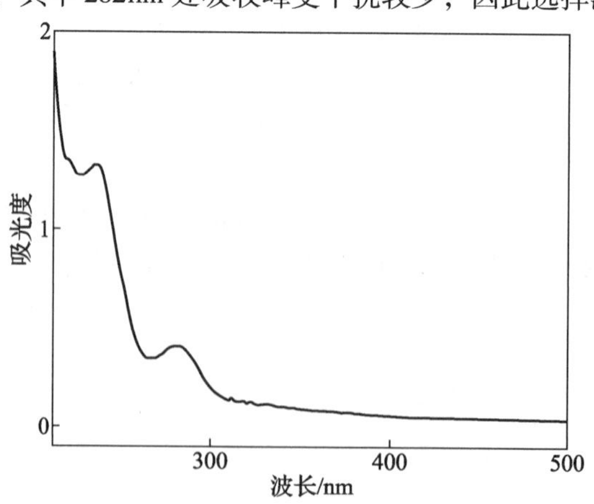

图3－1 三氯生标准溶液的紫外－可见吸收光谱图

1.4.1.2.2　萃取条件的确定

通常用于提取固体样品中待测成分的方法主要有三种：索氏萃取法、微波萃取法、超声萃取法。本课题分别采用这三种萃取方法对两个不同材质的市售抗菌纺织品中的三氯生进行萃取，比较其萃取效果，其中1#样品为军绿色机织涤纶染色布，2#样品为乳白色机织棉布。

1.4.1.2.2.1　超声萃取法

1）超声萃取溶剂的选择

采用不同萃取溶剂时，萃取效果各不相同。为了确定合适的萃取溶剂，选用乙醚、二氯甲烷、叔丁基甲醚、石油醚、丙酮、甲醇、三氯甲烷、丙酮/正己烷（体积比为1∶1）、正己烷、乙酸乙酯、乙醇、异丙醇、环己烷、乙腈、异辛烷、水等16种常见溶剂作为萃取溶剂提取两个不同材质的纺织品中的三氯生，观察其萃取效果，结果如图3－2所示。从图3－2可以看出，对于两个不同材质的纺织品，三氯甲烷的萃取效果均最佳，其次为二氯甲烷。

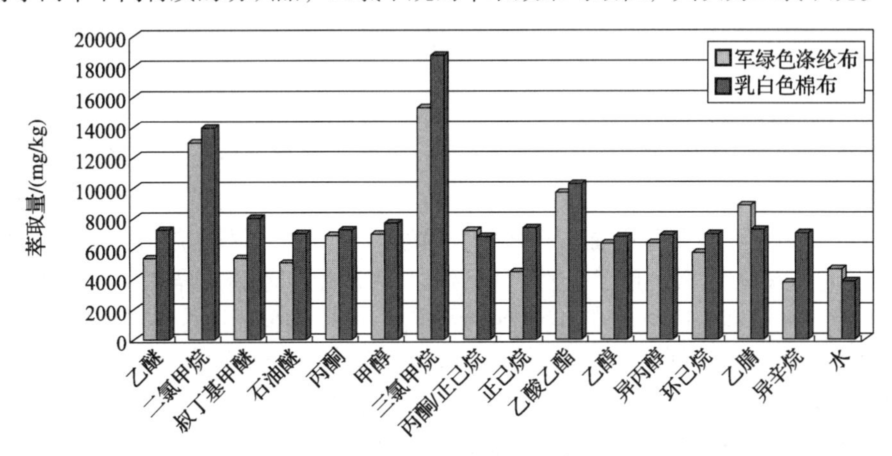

图3－2　不同萃取溶剂的超声萃取效果

2）超声萃取时间的选择

取8份1#样品，以三氯甲烷为萃取溶剂，分别超声萃取5min、10min、15min、20min、25min、30min、35min、40min，过滤，旋转蒸发浓缩至近干，氮气吹干后用甲醇定容，进行紫外－可见分光光度法测定，计算萃取效果，结果见图3－3。图3－3的结果可以看出萃取

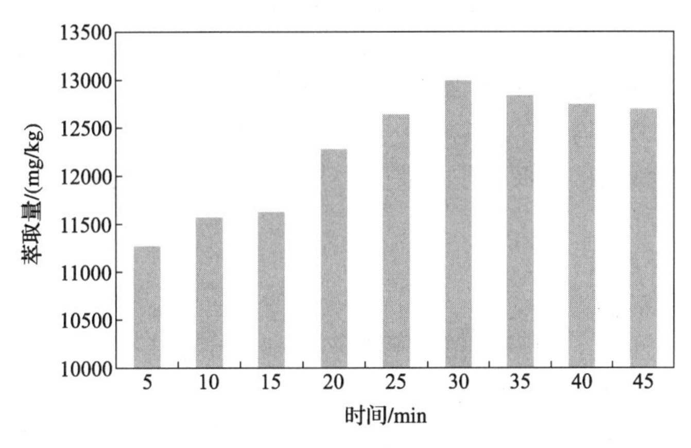

图3－3　不同超声时间萃取效果

量随萃取时间变化的趋势，随着萃取时间的增加，三氯生的萃取量也逐渐增加，当萃取时间为30min时，萃取量达到最大值。萃取时间继续增加时，萃取量反而稍微下降。因此最后确定的超声萃取时间为30min。

3）超声萃取温度的选择

取5份1#样品，以三氯甲烷为萃取溶剂，分别在30℃、35℃、40℃、45℃、50℃下超声萃取30min，过滤，旋转蒸发至近干，氮气吹干后用甲醇定容，进行紫外-可见分光光度法测定，计算萃取效果，结果发现超声温度对萃取效果基本上无影响。考虑到实验室通常的温度，最后确定的超声萃取温度为40℃。

4）超声萃取溶剂体积的选择

采用不同体积的三氯甲烷进行提取，实验结果表明，当三氯甲烷体积大于20mL时，三氯生的提取量基本无变化，为了确保提取完全，本文选定提取溶剂体积为25mL。

综合考虑，最后确定的超声萃取条件为：以25mL三氯甲烷为萃取溶剂，40℃下超声萃取30min。

1.4.1.2.2.2 微波萃取法

影响微波萃取效率的主要因素为溶剂种类、萃取温度和萃取压力。采用不同溶剂萃取时，其萃取效率相差较大。三氯生微溶于水，易溶于有机溶剂。为了确定合适的萃取溶剂，选用乙醚、二氯甲烷、叔丁基甲醚、石油醚、丙酮、甲醇、三氯甲烷、丙酮/正己烷（体积比为1：1）、正己烷、乙酸乙酯、乙醇、异丙醇、环己烷、乙腈、异辛烷、水等16种常见溶剂作为萃取溶剂分别提取两种不同材质的纺织品中的三氯生，观察其萃取效果。

有关研究表明，在有机物的萃取过程中，将有机物从基质的活性位脱附下来是整个萃取过程的限速步骤，较高的萃取温度有助于提高溶剂的溶解能力，更好地破坏有机物和基团活性位之间的作用力，同时温度的提高使溶剂的表面张力和黏度下降，保持溶剂和基质之间的良好接触。萃取压力的升高也引起萃取效率提高。有研究结果表明，微波萃取的回收率随萃取时间的延长而稍有增加，在一般情况下，萃取时间为10min~15min就可以保证萃取效果。为确保微波萃取效果，实验中微波萃取时间选择为30min。

微波萃取时，萃取管内的压力随着萃取溶剂和萃取温度的变化而变化，一般可达到几个至十几个大气压，这时萃取溶剂的沸点也随之上升。通常情况下，微波萃取温度可比萃取溶剂的沸点高10℃~20℃。本实验中，采用每种萃取溶剂时的萃取温度均设定为比相应溶剂的沸点温度高20℃。选定萃取溶剂和萃取温度后，萃取压力基本上也就确定了。

图3-4为采用不同溶剂萃取时萃取效果，从图3-4可知，对于两种不同材质的纺织品，二氯甲烷的萃取效果均最好，其次为三氯甲烷，甲醇的萃取效果与三氯甲烷接近。

综合考虑，最后确定的微波萃取条件为：以二氯甲烷（沸点40℃）为萃取溶剂，在60℃下微波萃取30min。

1.4.1.2.2.3 索氏萃取法

1）萃取时间的确定

考虑到各溶剂的沸点，索氏萃取的温度比各溶剂的沸点高约10℃。取3份1#样品，以二氯甲烷为萃取溶剂，分别索氏萃取2h、3h、4h，旋转蒸发至近干，氮气吹干后用甲醇定容，进行紫外-可见分光光度法测定，计算萃取效果，结果发现当索氏萃取时间达到2h后，结果基本上无变化。为确保萃取效果，最后确定的索氏萃取时间为4h。

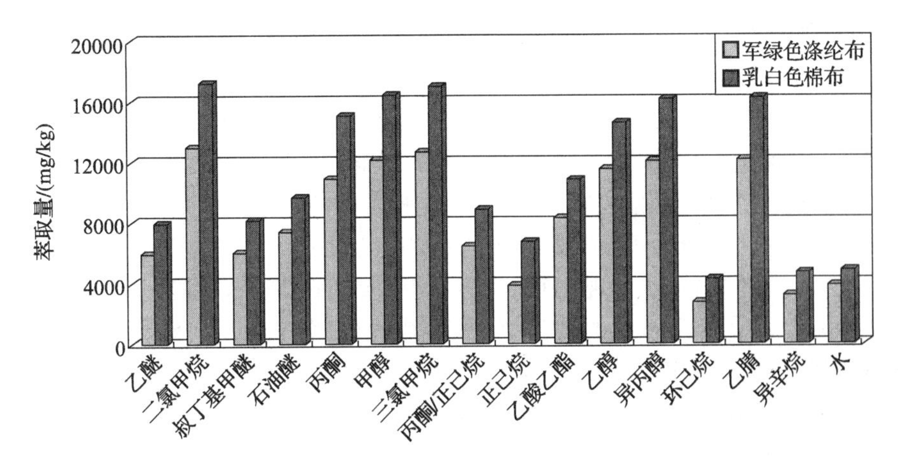

图3－4　不同溶剂的微波萃取效果

2）萃取溶剂的确定

采用不同萃取溶剂时，萃取效果各不相同。为了确定合适的萃取溶剂，选用乙醚、二氯甲烷、叔丁基甲醚、石油醚、丙酮、甲醇、三氯甲烷、丙酮/正己烷（体积比为1∶1）、正己烷、乙酸乙酯、乙醇、异丙醇、环己烷、乙腈、异辛烷、水等16种常见溶剂作为萃取溶剂分别萃取两种不同材质的纺织品中的三氯生，观察其萃取效果，结果如图3－5所示。从图3－5可以看出，对于两种不同材质的纺织品，乙酸乙酯的萃取效果均最佳，其次为异丙醇和丙酮。

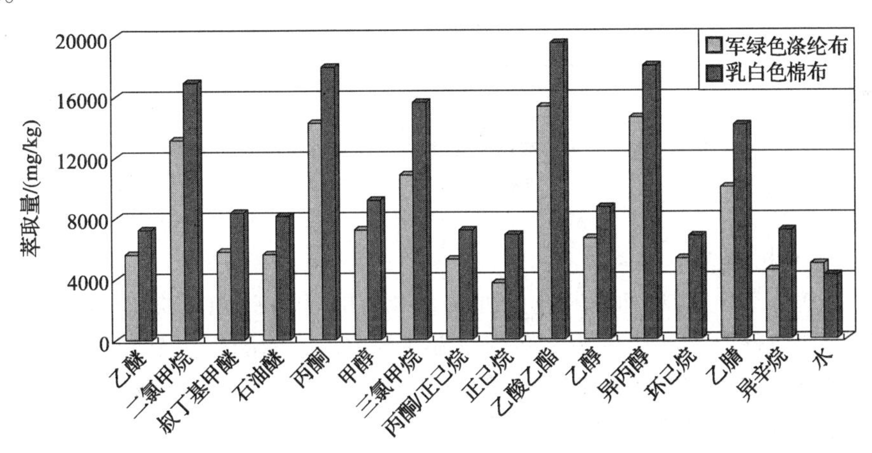

图3－5　不同溶剂的索氏萃取效果

综合考虑，最后确定的索氏萃取条件为：以乙酸乙酯（沸点77℃）为萃取溶剂，90℃下索氏萃取4h。

1.4.2　高效液相色谱法

1.4.2.1　分析条件

色谱柱：C18色谱柱（75mm×3.0mmID，2.2μm）；流动相：甲醇∶水＝90∶10；流速：0.5mL/min；检测波长：282nm；柱温：50℃；进样量：1.0μL。

1.4.2.2 结果与讨论

1.4.2.2.1 溶剂和检测波长的选择

进行 HPLC 分析时，通常采用甲醇、乙醇、流动相等溶剂来配制标准溶液，但不同的溶剂配制的标准溶液可能会对 HPLC 分析产生不同的影响。为考察不同溶剂对 HPLC 分析的影响，分别用流动相、甲醇、乙醇作溶剂配制三氯生标准溶液，测定其紫外 – 可见吸收光谱，结果如图 3 –6 所示。从图 3 –6 可以看出，用不同溶剂配制的三氯生标准溶液的紫外 – 可见吸收光谱特征基本一致，均在 282nm 处出现一个最大吸收峰，同时在 230nm 处有一个肩峰。230nm 处的肩峰受溶剂影响较大，而 282nm 处的强吸收峰受溶剂干扰很小，因此选择检测波长为 282nm。

图 3 –6 表明，这三种溶剂配制的三氯生标准溶液的紫外 – 可见吸收光谱特征基本一致，因此这三种溶剂均可用于配制三氯生标准溶液。虽然这三种试剂均可以作为溶剂使用，但使用流动相作为溶剂不仅有利于降低噪声，同时还可以提高检测灵敏度，并保护色谱柱，因此选择流动相作为溶剂。

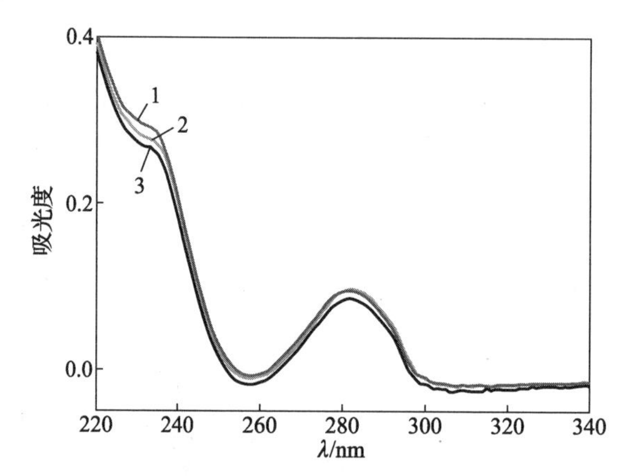

图 3 –6 不同溶剂中三氯生的紫外 – 可见吸收光谱图

1. 流动相 2. 乙醇 3. 甲醇

1.4.2.2.2 流动相的选择

据文献报道，测定三氯生时经常使用的流动相有甲醇/水、四氢呋喃/水等，有的流动相中还使用了 pH 较低的磷酸盐缓冲体系或在流动相中添加弱酸来调节 pH。在实验中发现，当使用缓冲盐体系或 pH 较低时，色谱柱负载较大，大大影响其使用寿命，同时色谱柱压力增加。因此本课题采用甲醇/水体系来进行分离。采用不同比例的甲醇/水为流动相进行研究，结果发现，流动相中甲醇含量增加时，三氯生的保留时间缩短，峰形对称性好，灵敏度高；反之，甲醇含量减少时，保留时间增大，灵敏度降低，色谱峰出现拖尾现象。经对比，最终确定的流动相为甲醇：水 =90：10。图 3 –7 是三氯生标准溶液的典型 HPLC 图。从图 3 –7 可以看出，色谱峰形对称而尖锐，基线噪声很低。

1.4.2.2.3 定性分析条件的确定

HPLC 分析时使用二极管阵列检测器（PDA），所采集的谱图中每个数据点均同时采集了相应的紫外 – 可见吸收光谱。进行样品测试时，如果检出的色谱峰的保留时间与标准品一致，且在该保留时间下色谱峰所对应的紫外 – 可见吸收光谱与标准品一致，则可判定样品中存在三氯生。如果所对应的紫外 – 可见吸收光谱与标准品不一致，则可判断样品中不存在三氯生。

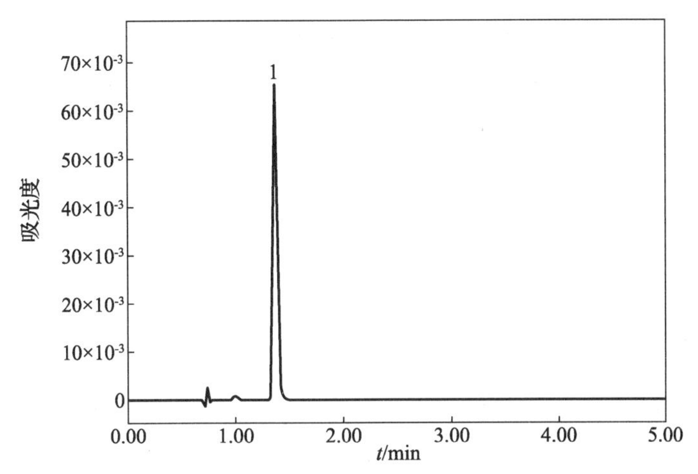

图 3－7　三氯生标准溶液的典型 HPLC 图（峰 1：三氯生）

1.4.2.2.4　萃取条件的确定

分别采用超声萃取、微波萃取、索氏萃取等三种萃取方法对两个不同材质的市售抗菌纺织品中的三氯生进行萃取，比较其萃取效果。萃取时间、萃取温度、萃取溶剂与 4.1.2.2 节相同，图 3－8 给出了采用不同萃取溶剂时的萃取效果。

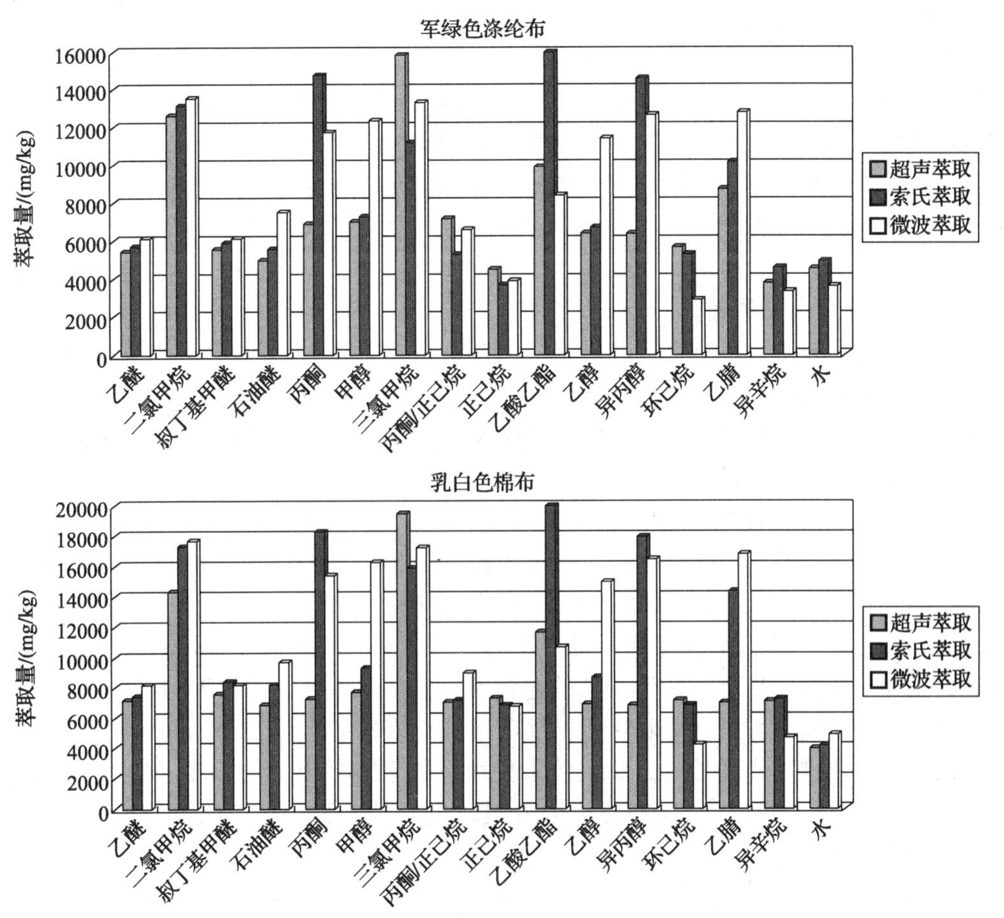

图 3－8　不同溶剂的萃取效果（HPLC 法）

综合考虑，三种萃取方式最终确定的条件分别如下：

超声萃取条件：以三氯甲烷（沸点61℃）为萃取溶剂，40℃下超声萃取30min；

索氏萃取条件：以乙酸乙酯（沸点77℃）为萃取溶剂，90℃下索氏萃取4h；

微波萃取条件：以二氯甲烷（沸点40℃）为萃取溶剂，在60℃下微波萃取30min。

1.4.3 气相色谱法

1.4.3.1 分析条件

旋转蒸发至近干，再用氮气吹干，用50mL四硼酸钠水溶液分多次洗涤，洗涤液转移至150mL磨口锥形瓶中。加入1mL乙酸酐，以500r/min的速度室温下振荡30min。加入10mL正己烷，继续振荡30min。转移至125mL分液漏斗中，静置，弃去下层水相。上层有机相用30mL四硼酸钠洗涤3次，然后用0.2μm滤膜过滤后供测试用。必要时稀释后再进样分析。

三氯生标准溶液经乙酯化处理后，进行气相色谱分析。

气相色谱分析条件：HP－5色谱柱（30m×0.32mm×0.25μm）；进样口温度：250℃，检测器温度：280℃，初始温度150℃，以20℃/min升至280℃，保留1.5min；载气为氮气（纯度≥99.99%），流速6.5mL/min；不分流进样，进样量：1μL。

1.4.3.2 结果与讨论

1.4.3.2.1 检测器的确定

气相色谱仪常用的检测器主要有火焰离子检测器（FID）、电子捕获检测器（ECD）、氮磷检测器（NPD）、火焰光度检测器（FPD）等几种，FID检测器是通用检测器，对所有的有机化合物均有响应，但其灵敏度、选择性较差；NPD检测器对N、P元素十分敏感，专用于含氮、含磷化合物的分析；FPD检测器在含磷、含硫两类有机化合物的检测方面有特效；ECD检测器对氯元素十分敏感。三氯生中含有大量的氯原子，因此选用ECD检测器来进行检测。

1.4.3.2.2 衍生化条件的确定

三氯生的沸点较高，不能直接进行气相色谱分析，需要先对其进行衍生化处理，利用衍生化试剂与三氯生进行衍生化反应，生成其他沸点较低的物质。衍生化处理试剂常用重氮盐、*N*－甲基－*N*（三甲基硅）－三氟乙酰胺和*N*,*O*－双（三甲基硅烷基）－三氟乙酰胺、乙酸酐等，其中乙酸酐因其操作简单、衍生化效果好而应用最为广泛。本课题采用乙酸酐对三氯生先进行衍生化，然后再进行测定。

乙酸酐与三氯生发生酯化反应，生成的三氯生乙酯被萃取到正己烷中。同时过量的乙酸酐使溶液的pH降低，这会对萃取效果产生一定的影响。取9份三氯生标准溶液，分别加入0.2mL、0.5mL、1.0mL、1.5mL、2.0mL、2.5mL、3.0mL、3.5mL、4.0mL乙酸酐，进行酯化，定容至同一体积，测定三氯生乙酯的色谱峰面积，结果见图3－9。从图3－9可以看出，随着乙酸酐体积的增加，萃取峰面积逐渐增加；当乙酸酐体积为1.0mL时，萃取效率最高；乙酸酐体积进一步增加时，萃取效果反而有所下降。因此最后确定的乙酸酐体积为1mL。为更直观地反映这一变化趋势，做衍生化产物色谱峰面积随乙酸酐体积变化的曲线，如图3－5所示。

图3－10是三氯生衍生物的典型GC－ECD图，从图3－10可以看出，所得色谱峰峰形尖锐、对称性比较好。

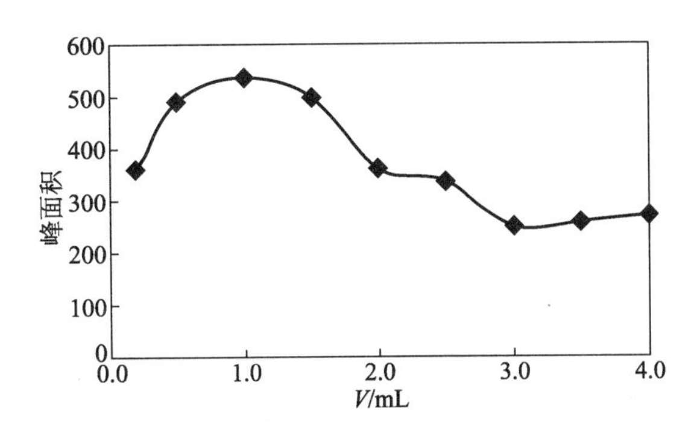

图 3-9　衍生化产物色谱峰面积随乙酸酐用量的变化

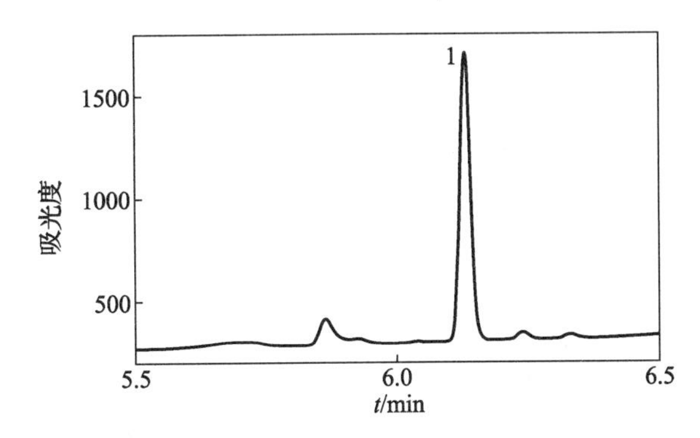

图 3-10　三氯生乙酯的典型气相色谱图

1. 三氯生乙酯

1.4.3.2.3　定性分析条件的确定

进行样品测定时，如果检出的色谱峰保留时间与标准品一致，可判定为样品中可能存在抗菌剂三氯生。对于阳性样品，需要进行 GC/MS 分析来进行确认，以排除假阳性结果。

1.4.3.2.4　萃取条件的确定

分别采用超声萃取、微波萃取、索氏萃取等三种萃取方法分别对两个不同材质的市售抗菌纺织品中的三氯生进行萃取，比较其萃取效果。萃取时间、萃取温度、萃取溶剂与 4.1.2.2 节相同，图 3-11 给出了采用不同萃取溶剂时的萃取效果。

综合考虑，三种萃取方式最终确定的条件分别如下：

超声萃取条件：以三氯甲烷（沸点 61℃）为萃取溶剂，40℃下超声萃取 30min；

索氏萃取条件：以乙酸乙酯（沸点 77℃）为萃取溶剂，90℃下索氏萃取 4h；

微波萃取条件：以二氯甲烷（沸点 40℃）为萃取溶剂，在 60℃下微波萃取 30min。

1.4.4　气相色谱-质谱法

1.4.4.1　分析条件

旋转蒸发至近干，再用氮气吹干，用 50mL 四硼酸钠水溶液分多次洗涤，洗涤液转移至 150mL 磨口锥形瓶中。加入 1mL 乙酸酐，以 500r/min 的速度室温下振荡 30min。加入 10mL 正己烷，继续振荡 30min。转移至 125mL 分液漏斗中，静置，弃去下层水相。上层有机相用

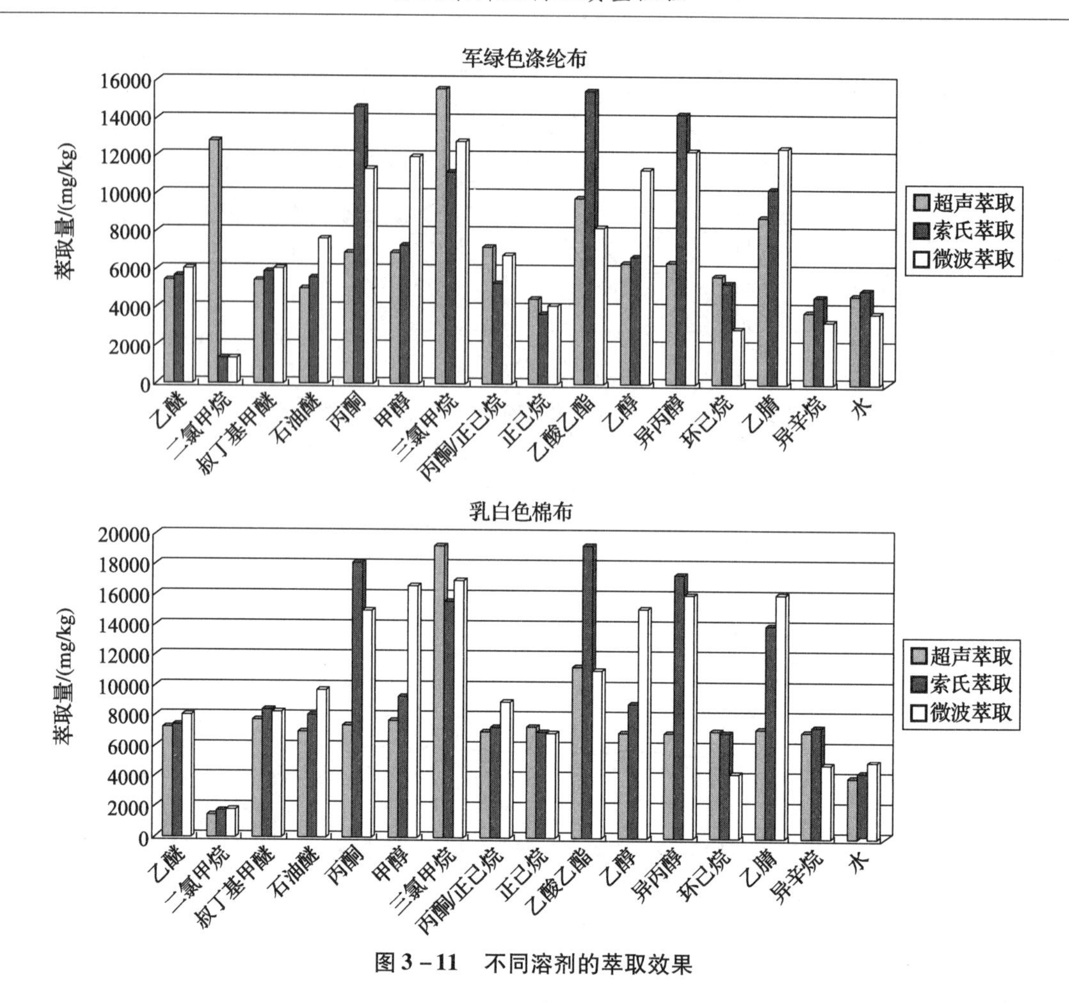

图 3-11　不同溶剂的萃取效果

30mL 四硼酸钠洗涤 3 次，然后用 0.2μm 滤膜过滤后供测试用。必要时稀释后再进样分析。

三氯生标准溶液经乙酯化处理后，进行 GC/MS 分析。

气相色谱质谱分析条件如下：DB-5MS 色谱柱柱（30m×0.25mm×0.25μm），色谱柱温度：初温 150℃，以 20℃/min 升至 280℃，恒温 3.5min。进样口温度：250℃。色谱-质谱接口温度：260℃；离子源温度：200℃；载气：氦气，纯度≥99.999%，流速 1.0mL/min；进样量：1.0μL；进样方式：不分流进样，1.0min 后开阀；电离方式：EI；质量扫描范围：45~550u；全扫描模式；电离能量：70eV；电子倍增器电压：1.1kV；溶剂延迟：4.0min；定量离子：m/z288、m/z330。

1.4.4.2　结果与讨论

1.4.4.2.1　衍生化条件的确定

三氯生的沸点较高，不能直接进行 GC/MS 分析，而必须先进行衍生化处理，以形成沸点较低的衍生化产物，再对衍生化产物进行 GC/MS 分析。

采用乙酸酐作为三氯生的衍生化试剂，乙酸酐的使用量由 6.2.2 节确定。

1.4.4.2.2　定性定量分析条件的确定

进行样品测定时，如果检出的质谱峰保留时间与标准品一致，且定性离子的相对丰度与标准品谱图相比，相对误差不超过±10% 时，可判断为样品中存在抗菌剂三氯生。三氯生标准品衍生化产物（三氯生乙酯）总离子流图见图 3－12，其定量离子为 m/z288。

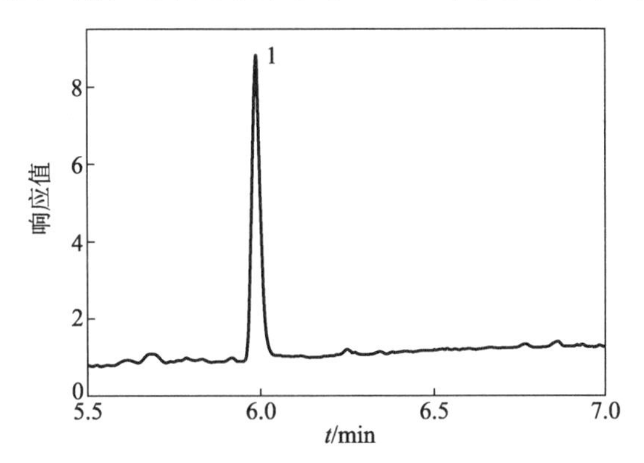

图 3－12　三氯生衍生物的总离子流图

峰 1. 三氯生乙酯

1.4.4.2.3　萃取条件的确定

分别采用超声萃取、微波萃取、索氏萃取等三种萃取方法对两个不同材质的市售抗菌纺织品中的三氯生进行萃取，比较其萃取效果。萃取时间、萃取温度、萃取溶剂与 4.1.2.2 节相同，图 3－13 给出了采用不同萃取溶剂时的萃取效果。

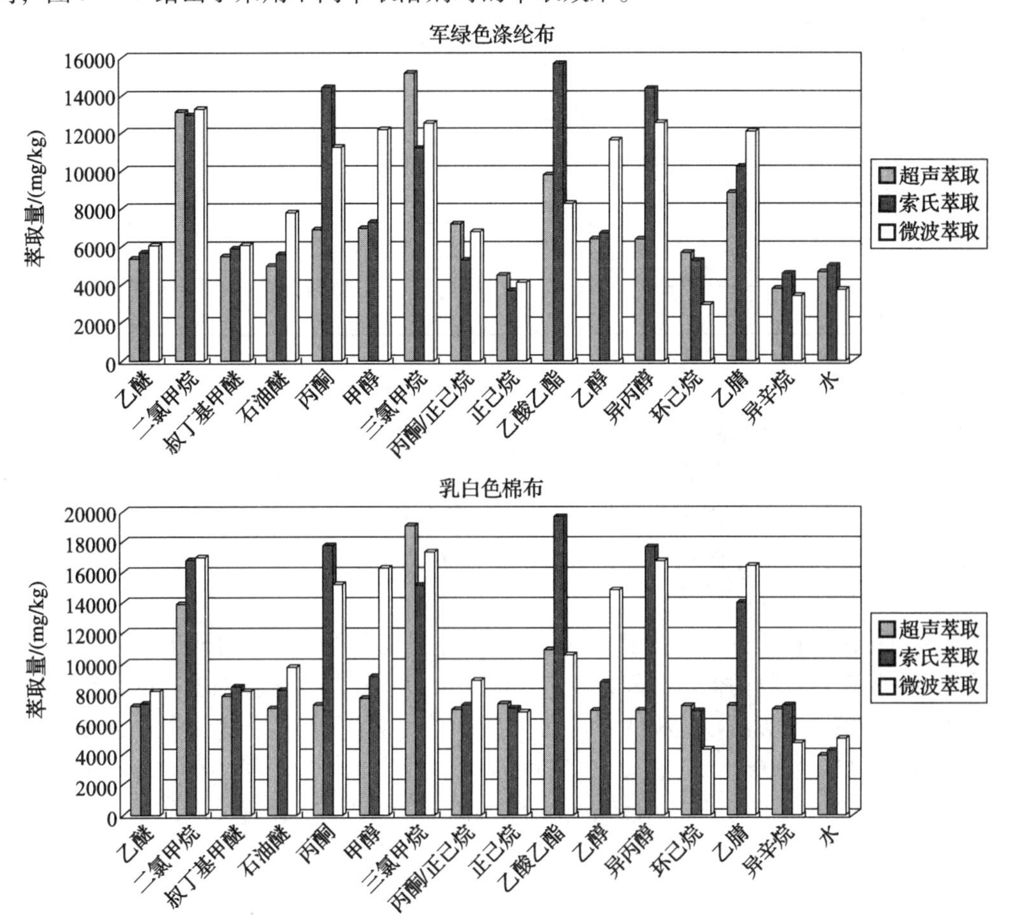

图 3－13　不同溶剂的萃取效果

综合考虑，三种萃取方式最终确定的条件分别如下：

超声萃取条件：以三氯甲烷（沸点61℃）为萃取溶剂，40℃下超声萃取30min；

索氏萃取条件：以乙酸乙酯（沸点77℃）为萃取溶剂，90℃下索氏萃取4h；

微波萃取条件：以二氯甲烷（沸点40℃）为萃取溶剂，在60℃下微波萃取30min。

1.4.5 气相色谱/串联质谱法

1.4.5.1 分析条件

旋转蒸发至近干，再用氮气吹干，用50mL四硼酸钠水溶液分多次洗涤，洗涤液转移至150mL磨口锥形瓶中。加入1mL乙酸酐，以500r/min的速度室温下振荡30min。加入10mL正己烷，继续振荡30min。转移至125mL分液漏斗中，静置，弃去下层水相。上层有机相用30mL四硼酸钠洗涤3次，然后用0.2μm滤膜过滤后供测试用。必要时稀释后再进样分析。

三氯生标准溶液经乙酯化处理后，进行GC/MS－MS分析。

气相色谱串联质谱分析条件：HP－5MS色谱柱（30m×0.25mm×0.25μm）；进样口温度：260℃；传输线温度：280℃；载气：氦气（纯度>99.999%），流速1.2mL/min；进样方式：不分流进样；进样量：1μL；溶剂延迟：4min；程序升温：初温150℃，以20℃/min升至280℃，恒温3.5min。电离方式：电子轰击离子化（EI）；电离能量：70eV；测定方式：多反应监测（MRM）方式；离子源温度：230℃；四级杆温度：150℃；He流量：2.25mL/min，N_2流量：1.5mL/min。多反应监测条件见表3－1。

表3－1 目标物的多反应监测条件

组分	保留时间/min	母离子/（*m/z*）	子离子/（*m/z*）	停延时间/ms	碰撞电压/V
三氯生乙酯	5.985	288	252.5*	150	10
		288	206.5	150	40

*：定量子离子。

1.4.5.2 结果与讨论

1.4.5.2.1 衍生化条件的确定

三氯生的沸点较高，不能直接进行GC/MS分析，而必须先进行衍生化处理，以形成沸点较低的衍生化产物，再对衍生化产物进行GC/MS分析。

采用乙酸酐作为三氯生的衍生化试剂，乙酸酐的使用量由4.3.2.2节确定。

1.4.5.2.2 质谱条件的确定

首先采用单级全扫描方式对浓度为520ng/mL的三氯生乙酯标准溶液进行测定，通过改变色谱条件，控制目标物的保留时间，并找出其一级碎片离子。选择强度高的一级碎片离子作为母离子，应用离子轰击扫描模式对母离子在不同碰撞能量下进行电离轰击，碰撞能量分别为5V、10V、15V、20V、25V、30V、35V、40V。找到产生的较强二级碎片离子作为子离子，此时使最终监测的子离子产生最强响应的碰撞能量为最终优化碰撞能量。选择丰度最高的一对子离子作为定性离子，选择其中丰度最高的一个子离子进行定量。最终确定的多反应监测（MRM）条件见图3－14。图3－14是浓度为520ng/mL的三氯生乙酯标准溶液的多反应监测总离子流图，从图中可以看出，目标分析物的色谱峰峰形尖锐而对称。

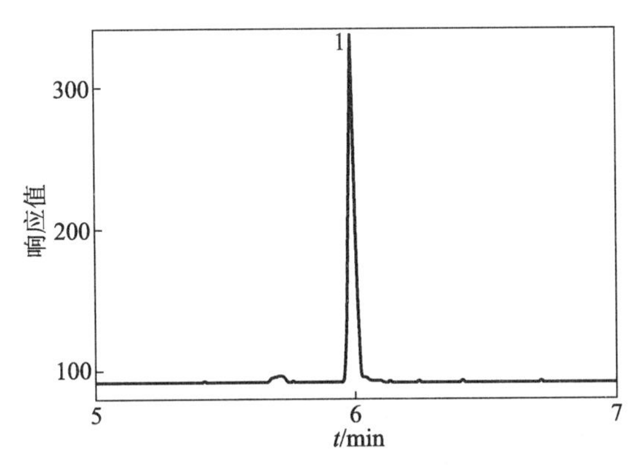

图3－14　三氯生乙酯的多反应监测总离子流图

1. 三氯生乙酯

1.4.5.2.3　萃取条件的确定

分别采用超声萃取、微波萃取、索氏萃取等3种萃取方法对两个不同材质的市售抗菌纺织品中的三氯生进行萃取，比较其萃取效果。萃取时间、萃取温度、萃取溶剂与4.2.2节相同，图3－15给出了采用不同萃取溶剂时的萃取效果。

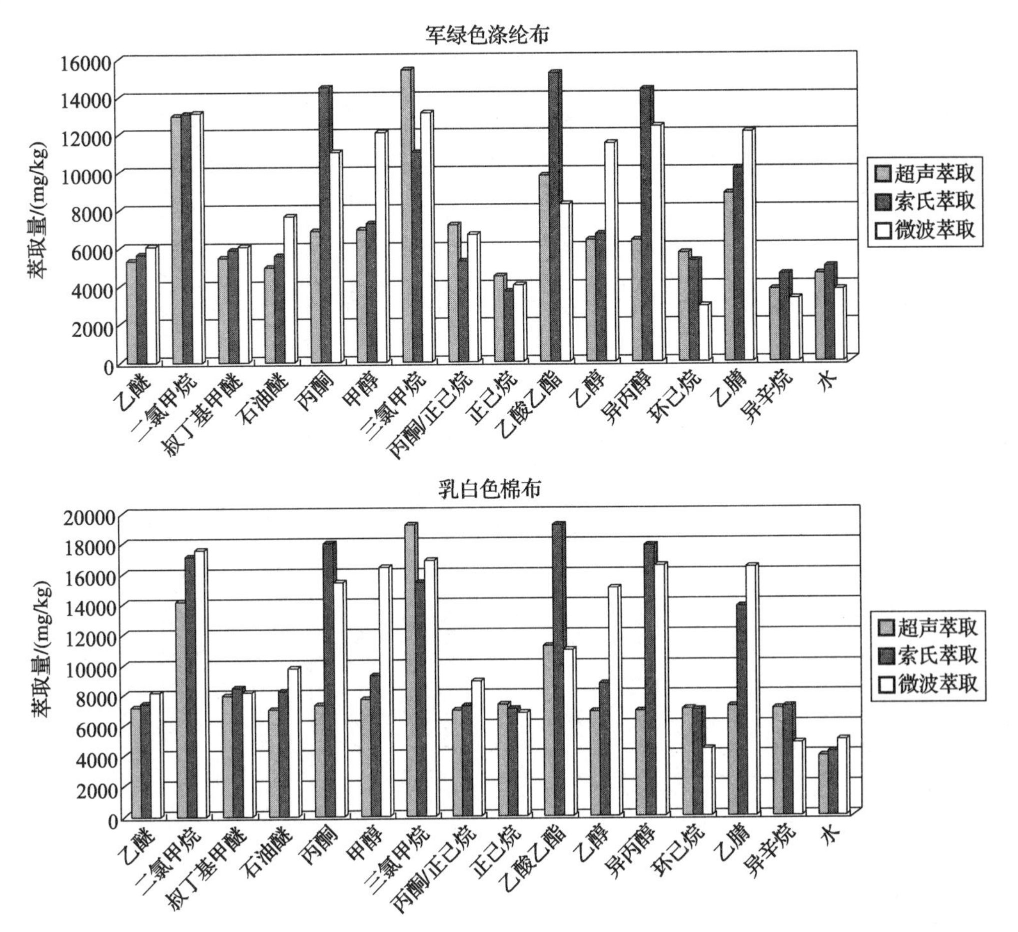

图3－15　不同溶解的萃取效果

表 3－2　不同溶剂的萃取效果（1#样品：军绿色机织涤纶染色布）

单位：mg/kg

萃取溶剂	分析方法														
	超声萃取					索氏萃取					微波萃取				
	UV	HPLC	GC－ECD	GC/MS	GC/MSMS	UV	HPLC	GC－ECD	GC/MS	GC/MSMS	UV	HPLC	GC－ECD	GC/MS	GC/MSMS
乙醚	5369	5413	5425	5381	5407	5675	5712	5664	5697	5683	5977	6116	6052	6065	6084
二氯甲烷	12996	12625	12816	13155	13015	13211	13134	13056	12956	13086	13057	13528	12969	13277	13157
叔丁基甲醚	5400	5536	5437	5502	5463	5853	5902	5883	5876	5891	6063	6117	6022	6079	6093
石油醚	5067	4981	5041	4971	5012	5638	5577	5550	5613	5584	7445	7510	7647	7805	7694
丙酮	6931	6887	6912	6857	6894	14280	14744	14626	14437	14505	10939	11738	11358	11289	11105
甲醇	6984	7005	6925	6972	6936	7257	7310	7329	7286	7273	12147	12364	11990	12221	12064
三氯甲烷	15313	15794	15564	15168	15421	10877	11178	11168	11224	11059	12744	13314	12803	12551	13138
丙酮/正己烷	7223	7165	7235	7196	7208	5313	5287	5324	5265	5295	6519	6613	6786	6815	6713

续表

萃取溶剂	分析方法														
	超声萃取					索氏萃取					微波萃取				
	UV	HPLC	GC－ECD	GC/MS	GC/MSMS	UV	HPLC	GC－ECD	GC/MS	GC/MSMS	UV	HPLC	GC－ECD	GC/MS	GC/MSMS
正己烷	4473	4503	4467	4512	4486	3750	3668	3688	3713	3708	3902	3908	4133	4125	4036
乙酸乙酯	9693	9910	9805	9766	9839	15336	15943	15460	15679	15209	8357	8414	8248	8296	8319
乙醇	6387	6389	6366	6412	6391	6674	6718	6693	6735	6701	11581	11422	11318	11660	11526
异丙醇	6366	6373	6378	6402	6384	14642	14578	14264	14357	14338	12101	12659	12302	12572	12419
环己烷	5754	5662	5725	5706	5717	5338	5292	5312	5276	5305	2784	2899	2886	2942	2903
乙腈	8881	8736	8820	8853	8835	10032	10175	10309	10236	10128	12224	12787	12478	12086	12165
异辛烷	3757	3781	3792	3812	3764	4565	4613	4602	4587	4593	3235	3347	3302	3416	3297
水	4661	4542	4702	4665	4598	4981	4918	4952	5012	4975	3896	3624	3756	3748	3785

表 3－3　不同溶剂的萃取效果（2#样品：乳白色机织棉布）

单位：mg/kg

萃取溶剂	分析方法														
	超声萃取					索氏萃取					微波萃取				
	UV	HPLC	GC－ECD	GC/MS	GC/MSMS	UV	HPLC	GC－ECD	GC/MS	GC/MSMS	UV	HPLC	GC－ECD	GC/MS	GC/MSMS
乙醚	7257	7193	7221	7167	7203	7286	7425	7369	7314	7413	7986	8125	8053	8167	8213
二氯甲烷	13971	14282	14135	13879	14085	16985	17268	17058	16785	17164	17263	17658	17824	16975	17582
叔丁基甲醚	8064	7561	7728	7839	7934	8423	8361	8374	8457	8397	8167	8213	8265	8183	8124
石油醚	7027	6860	6942	7035	7063	8164	8116	8049	8235	8153	9725	9678	9653	9761	9746
丙酮	7286	7229	7345	7264	7301	17986	18265	18137	17769	18021	15124	15368	14987	15218	15411
甲醇	7697	7689	7631	7713	7668	9187	9257	9215	9126	9225	16532	16247	16619	16253	16432
三氯甲烷	18738	19460	19267	19069	19175	15635	15864	15593	15167	15396	17059	17215	16978	17354	16857
丙酮/正己烷	6808	7039	6955	6934	7012	7214	7168	7281	7183	7254	8875	8961	8915	8857	8936

续表

萃取溶剂	分析方法														
	超声萃取					索氏萃取					微波萃取				
	UV	HPLC	GC－ECD	GC/MS	GC/MSMS	UV	HPLC	GC－ECD	GC/MS	GC/MSMS	UV	HPLC	GC－ECD	GC/MS	GC/MSMS
正己烷	7368	7291	7325	7268	7315	6932	6853	6975	7024	6957	6813	6759	6874	6791	6856
乙酸乙酯	10277	11661	11257	10865	11186	19564	19956	19268	19657	19188	10894	10675	11023	10549	10917
乙醇	6854	6933	6916	6879	6881	8718	8657	8783	8734	8693	14658	14983	15124	14832	15023
异丙醇	6907	6849	6895	6934	6917	18035	17963	17365	17658	17845	16237	16453	16018	16741	16512
环己烷	6995	7159	7036	7175	7016	6814	6875	6914	6853	6942	4315	4217	4356	4285	4348
乙腈	7259	7019	7124	7208	7185	14126	14327	13987	14021	13786	16294	16785	16064	16458	16396
异辛烷	7018	7099	6986	6953	7054	7189	7246	7283	7218	7154	4736	4671	4789	4713	4751
水	3855	3956	3921	3897	3903	4203	4117	4257	4186	4155	4917	4895	4962	4991	4953

综合考虑，三种萃取方式最终确定的条件分别如下：

超声萃取条件：以三氯甲烷（沸点61℃）为萃取溶剂，40℃下超声萃取30min；

索氏萃取条件：以乙酸乙酯（沸点77℃）为萃取溶剂，90℃下索氏萃取4h；

微波萃取条件：以二氯甲烷（沸点40℃）为萃取溶剂，在60℃下微波萃取30min。

1.4.6 萃取方法的确定

采用不同萃取溶剂和萃取方法时，萃取效果各不相同。且对于不同材质的样品，样品本身的材质也会对萃取效果产生一定的影响。为了确定合适的萃取溶剂和萃取方法，选用乙醚、二氯甲烷、叔丁基甲醚、石油醚、丙酮、甲醇、三氯甲烷、丙酮/正己烷（体积比为1∶1）、正己烷、乙酸乙酯、乙醇、异丙醇、环己烷、乙腈、异辛烷、水等16种常见溶剂作为萃取溶剂，分别采用索氏萃取、超声萃取和微波萃取技术对两种不同材质的市售抗菌织物中的三氯生进行萃取，观察其萃取效果，结果如表3－2、表3－3所示。

从表3－2、表3－3可以看出，采用超声萃取技术时，最佳溶剂为三氯甲烷；采用索氏萃取技术时，最佳溶剂为乙酸乙酯；采用微波萃取技术时，最佳溶剂为二氯甲烷。在使用最佳溶剂的前提下，采用超声萃取和索氏萃取技术时萃取结果基本一致，而采用微波萃取技术时结果稍低。

考虑到超声萃取技术简便快速，最终确定的萃取方法为：以三氯甲烷为萃取溶剂、采用超声萃取技术来萃取抗菌纺织品中的三氯生，萃取温度为40℃，萃取时间为30min。

1.4.7 方法的线性关系及检出限

分别采用紫外－可见分光光度法、高效液相色谱法、气相色谱法、气相色谱－质谱法、气相色谱/串联质谱等5种方法对不同浓度的三氯生标准溶液进行测定，确定这5种方法的线性关系，列于表3－4中。采用在空白样品中加标进行实测的方法确定各方法的检出限，在$S/N=3$的条件下，确定的紫外－可见分光光度法、HPLC法、GC－ECD法、GC/MS法的检出限，列于表3－4中。在$S/N=10$的条件下，确定GC/MS－MS法的检出限，也列于表3－4中。

表3－4 方法的线性关系和检出限

方法	线性范围	线性方程	线性相关系数	检出限/(ng/mL)
紫外－可见分光光度法	0.2～80μg/mL	$y=0.0178x+0.008$	0.9998	100
HPLC法	0.5～80μg/mL	$y=2230.8x-618.14$	0.9998	100
GC－ECD法	0.01～5.00μg/mL	$y=1550.1x-22.796$	0.9997	3
GC/MS法	0.01～80.0μg/mL	$y=2.0\times10^8x-6\times10^6$	0.9998	5
GC/MS－MS法	1.0～260.0ng/mL	$y=15.409x-58.956$	0.9994	0.3

1.4.8 方法的精密度和回收率

分别采用这5种方法对同一阳性样品（1#样品）进行9次平行样测定，考察各方法的精密度，结果如表3－5所示。从表3－5可以看出，这5种方法的精密度均很好，其RSD

均小于 6% 。

对于表 3－5 中的数据进行 t 值检验，以判断这几种方法之间是否存在显著性差异。结果发现 $t_{12}=0.87$，$t_{13}=0.34$，$t_{14}=0.22$，$t_{15}=0.11$，$t_{23}=0.34$，$t_{24}=0.39$，$t_{25}=0.41$，$t_{34}=0.52$，$t_{35}=0.14$，$t_{45}=0.26$。查 t 分布表，$f=n_1+n_2-2=16$ 时，若 $\alpha=0.05$，则 $t_{0.05}{}^{16}=1.746$。上述 5 个方法中，每两个方法之间的 t 值均小于 $t_{0.05}{}^{16}$。因此，这 5 个方法之间不存在显著性差异。

表 3－5　方法的精密度　　单位：mg/kg

方法	测定值									平均值	RSD /%
UV	14637	15688	15124	14845	15248	15405	15026	15973	15873	15313	3.0
HPLC	15124	16171	15367	15948	15681	16250	15789	15873	15942	15794	2.3
GC－ECD	16335	14867	15964	16207	15016	15428	16049	15612	14596	15564	4.0
GC/MS	14651	15753	15634	14796	15910	14931	15042	14437	15355	15168	3.4
GC/MSMS	16965	14678	16577	15436	14394	15038	14893	16046	14765	15421	5.9

在阳性样品（1#样品）中分别添加低、中、高三个水平的三氯生标准品，分别采用这 5 种方法各进行 9 次平行样测定，考察各方法的回收率，结果如表 3－6 所示。从表 3－6 可以看出，这 5 种方法的加标回收率均较高，在三个添加水平下，其平均回收率均大于 95% 。

表 3－6　方法的回收率

方法	加入值	回收率/%									平均值/%	RSD /%
光度法 /(mg/L)	1.0	91.2	93.7	97.5	103.5	98.1	97.4	102.0	94.8	104.6	98.1	4.6
	4.0	98.0	95.1	98.7	100.9	97.0	100.5	98.5	95.8	94.0	97.6	2.4
	40.0	96.9	98.8	100.4	97.8	96.5	95.1	95.7	102.2	98.7	98.0	2.3
HPLC 法 /(mg/L)	1.0	105.1	101.1	99.2	102.3	98.0	105.1	95.5	100.5	95.9	100.3	3.5
	8.0	0.8	8.1	106.2	102.9	99.1	101.3	104.3	97.3	96.1	100.7	3.3
	40.0	94.8	97.3	94.2	95.3	96.2	98.4	104.9	92.5	95.5	96.6	3.7
GC－ECD 法/(mg/L)	0.1	106.0	92.0	102.0	110.0	94.0	90.0	98.0	104.0	96.0	99.1	6.9
	0.2	104.5	98.0	96.5	103.0	94.5	101.5	103.0	95.5	105.5	100.2	4.1
	1.0	100.6	102.7	95.9	99.3	100.8	105.4	94.2	106.3	101.2	100.7	3.9
GC/MS 法 /(mg/L)	1.0	98.3	97.0	95.4	103.5	95.4	92.3	99.4	97.4	103.3	98.0	3.8
	5.0	104.3	102.5	97.9	95.4	98.3	101.2	103.2	96.3	95.9	99.5	3.4
	20.0	97.4	96.4	103.2	101.4	98.1	97.0	96.0	102.3	95.8	98.6	2.9
GC/MSMS 法/(ng/mL)	8.1	108.6	95.1	103.7	91.4	97.5	101.2	90.1	106.2	93.8	98.6	6.7
	32.5	96.0	107.4	104.0	95.1	92.6	105.5	103.1	100.6	98.2	100.3	5.1
	65.0	93.7	97.7	99.4	102.9	94.9	98.9	96.2	101.7	99.9	98.4	3.1

1.5 实际样品测试

分别采用这5种方法对市售的抗菌纺织品进行测试，测试样品为军绿色机织涤纶布、乳白色机织棉布、紫色机织涤纶布、蓝色机织涤纶布、杏色针织棉布、红色针织棉布、棕色机织涤纶布、绿色涤棉机织弹力布、橙色机织棉布、棕色针织棉布等10个样品，测试结果见表3-7。测试结果表明，在军绿色机织涤纶布、乳白色棉布中检出高浓度的三氯生，而其余8个样品中均未检出三氯生。这2个阳性样品均是某公司采用Ciba公司提供的三氯生开发的抗菌织物。据其提供的资料，这两种产品中三氯生的标称使用量均为5%。

表3-7 实际样品测试结果

编号	样品名称	三氯生含量/(mg/kg)				
		UV法	HPLC法	GC-ECD法	GC/MS法	GC/MS-MS法
1#	军绿色机织涤纶染色布	15313	15794	15564	15168	15421
2#	乳白色机织棉布	18738	19460	19267	19069	19175
3#	紫花机织涤纶染色布	—	—	—	—	—
4#	蓝色机织涤纶染色布	—	—	—	—	—
5#	杏色针织染色棉布	—	—	—	—	—
6#	红色针织染色棉布	—	—	—	—	—
7#	棕色机织涤纶染色布	—	—	—	—	—
8#	绿色机织涤/棉弹力布	—	—	—	—	—
9#	橙色机织染色棉布	—	—	—	—	—
10#	棕色机织染色棉布	—	—	—	—	—

注：—未检出。

图3-16、图3-17分别为1#样品、2#样品的液相色谱图。图3-18、图3-19分别为1#样品、2#样品的气相色谱图。图3-20、图3-21分别为1#样品、2#样品的气相色谱-质谱图。图3-22、图3-23分别为1#样品、2#样品的气相色谱/串联质谱图。

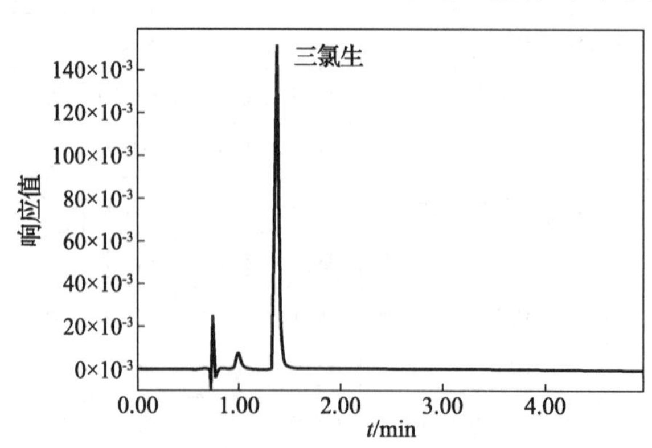

图3-16 1#样品的HPLC图

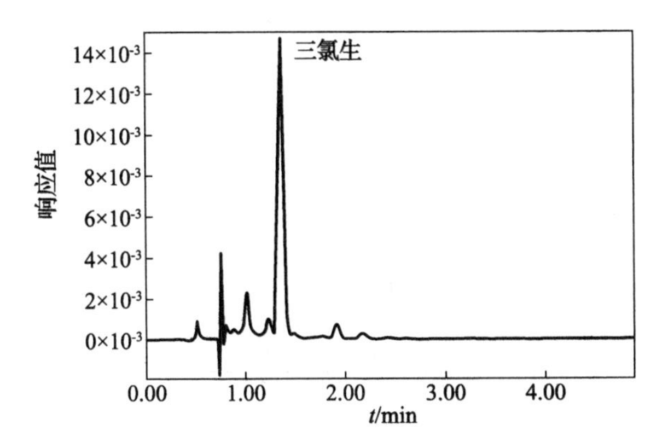

图 3－17　2#样品的 HPLC 图

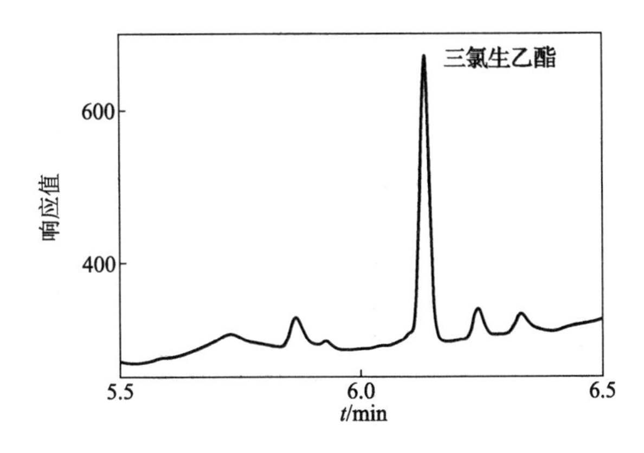

图 3－18　1#样品的 GC－ECD 图

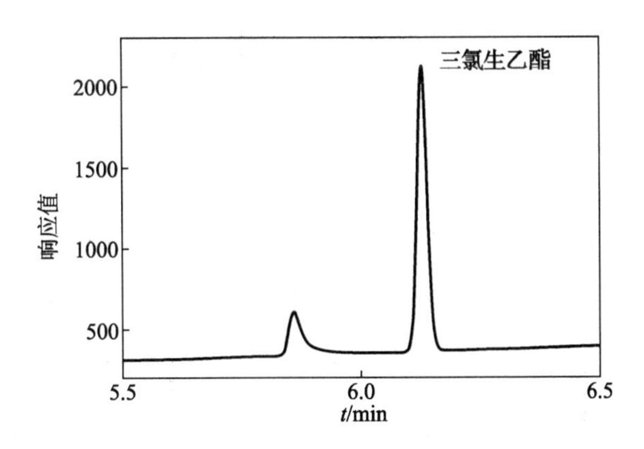

图 3－19　2#样品的 GC－ECD 图

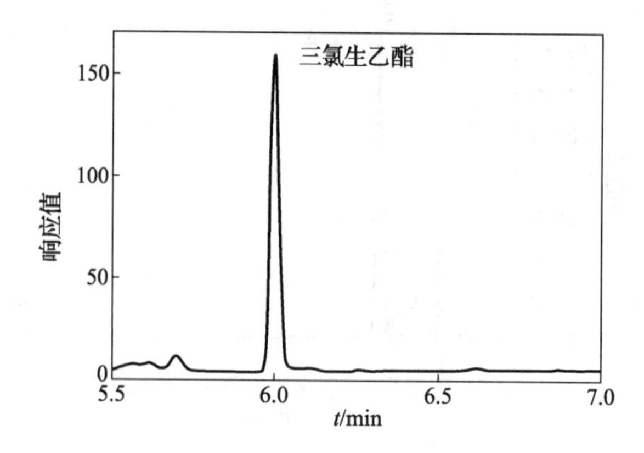

图 3-20　1#样品的总离子流图

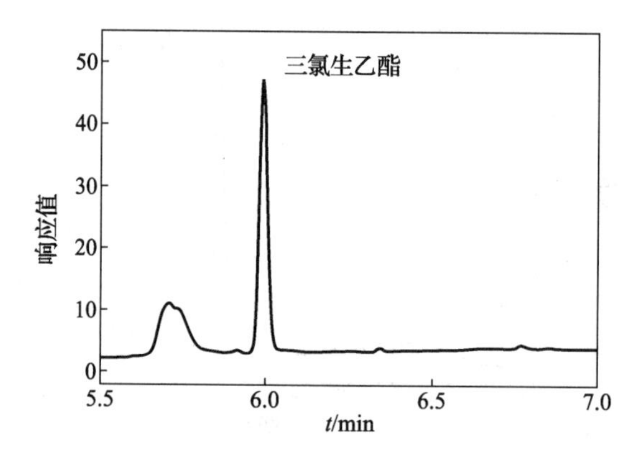

图 3-21　2#样品的总离子流图

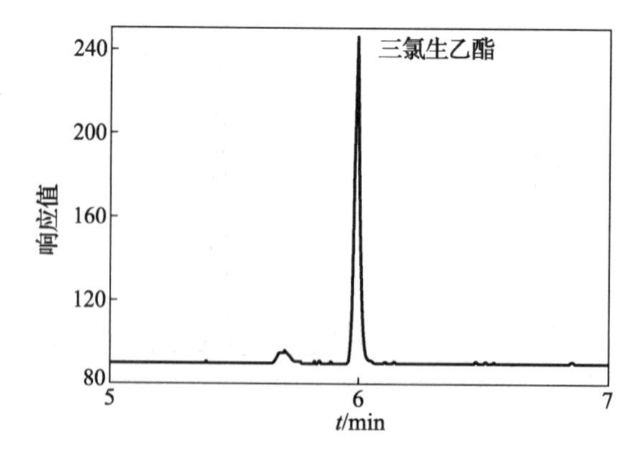

图 3-22　1#样品的 MRM 总离子流图

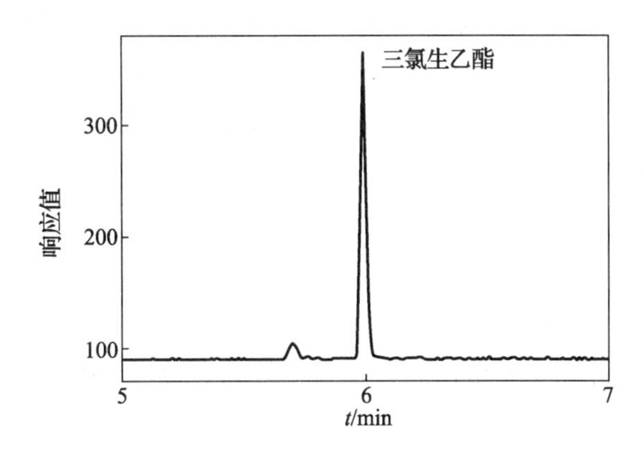

图 3－23　2#样品的 MRM 总离子流图

1.6　结论

本节以三氯甲烷为萃取溶剂，采用超声萃取技术对纺织品中的三氯生进行萃取，分别采用紫外－可见分光光度法、高效液相色谱法、气相色谱－ECD 法、气相色谱－质谱联用法、气相色谱－串联质谱法对萃取液进行分析，建立了纺织品中抗菌剂三氯生的紫外－可见分光光度、高效液相色谱、气相色谱－ECD、气相色谱－质谱联用、气相色谱－串联质谱检测方法。这些方法简便快速，灵敏度高，定量准确，可完全满足纺织品中三氯生的检验要求。对提高我国检测机构的技术水平，有力保障我国纺织品的顺利出口，具有十分重要的意义。

第 2 节　纺织品中异噻唑啉酮类抗菌剂的测定

2.1　概述

异噻唑啉酮类抗菌剂是一类新型广谱高效杀菌剂，广泛应用于纺织品、造纸、皮革、涂料、化妆品、玩具等领域，目前大量使用的品种有 2－甲基－4－异噻唑啉－3－酮（MI）、5－氯－2 甲基－4－异噻唑啉－3－酮（CMI）、1,2－苯并异噻唑－3－酮（BIT）、2－正辛基－4－异噻唑啉－3－酮（OI）、4,5－二氯－2－正辛基－4－异噻唑啉－3－酮（DCOI）等。采用异噻唑啉酮类抗菌剂对丝绸等纺织品进行抗菌整理，可极大改善抗菌性能。异噻唑啉酮类抗菌剂为非氧化性杀菌剂，能透过细胞膜和细胞壁进入菌体分子，并与菌体分子内含巯基（－SH）的成分发生反应，导致细胞死亡。但是异噻唑啉酮类抗菌剂具有接触致敏性，会引起接触性皮炎，因此各国纷纷立法限制其使用。欧盟部分企业要求进入欧盟市场的纺织品中 2－正辛基－4－异噻唑啉－3－酮（OI）含量小于 10mg/kg，EN 71－9：2005 规定玩具用纺织品中 2－甲基－4－异噻唑啉－3－酮（MI）、5－氯－2－甲基－4－异噻唑啉－2－酮（CMI）、1,2－苯并异噻唑啉－3－酮（BIT）的限量分别为 10mg/kg、10mg/kg、5mg/kg，且 MI 和 CMI 的总量不得超过 15mg/kg，欧盟法规 EUNo. 528/2012 将 4,5 - 二氯 - 2 - 正辛基 - 4 - 异噻唑啉 - 3 - 酮（DCOI）列入管制范围。已有文献报道采用紫外 - 可见分光光度法、高效液相色谱法、气相色谱法、气质联用法和液质联用法等方法测定异噻唑啉酮类抗菌剂，同时对上述 5 种异噻唑啉酮进行测定。

2.2 方法的基本原理

以甲醇为萃取溶剂，在 45℃下超声萃取纺织品中残留的 5 种异噻唑啉酮类抗菌剂，萃取液经浓缩定容后进行超高效液相色谱、超高效液相色谱/静电场轨道阱高分辨质谱进行分析。

2.3 样品前处理

2.3.1 样品制备

本课题测试用的纺织品样品均来自市场。选取有代表性的样品，用自动制样机裁成 5mm × 5mm 的小块，混合均匀。

2.3.2 样品萃取

准确称取 1.0g 样品，置于磨口锥形瓶中，加入 20mL 甲醇，在 45℃超声萃取 20min，过滤，残渣再次用 20mL 甲醇超声萃取，合并萃取液，真空旋转蒸发浓缩至近干，用甲醇定容至 5mL，经 0.22μm 滤膜过滤后进行 UPLC 和 UPLC/MS 分析。必要时，先进行稀释或浓缩。

2.4 分析条件

2.4.1 HPLC 法

C18 色谱柱（100mm × 3.0mm × 2.2μm），柱温 40℃，流速 0.4mL/min，进样量 1.0μL，洗脱梯度见表 3 - 8，检测波长分别为 275nm(MI)、277nm(CMI)、319nm(BIT)、279nm(OI)、283nm(DCOI)。

表 3 - 8 洗脱梯度

时间/min	甲醇/%	水/%	递变方式
0.00	40	60	—
1.90	90	10	线性
6.00	90	10	—
6.01	40	60	—
9.00	40	60	—

2.4.2 UPLC/MS 法

2.4.2.1 色谱条件

HypersilGOLD 色谱柱（100mm×2.1mm×1.9μm），样品室温度7℃，色谱柱温度40℃，进样量1.0μL，流速0.3mL/min，流动相为甲醇（A）/0.1%甲酸水溶液（B），洗脱梯度见表3-8。

2.4.2.2 质谱条件

可加热的电喷雾离子源，正离子电离模式，喷雾电压3500V，辅助气加热温度350℃，毛细管温度320℃；辅助气流速10mL/min，鞘气流速30mL/min；全扫描方式，扫描范围为 $m/z100 \sim m/z300$，离子提取窗口宽度 5×10^{-6}。表3-9给出了5种异噻唑啉酮类抗菌剂的质谱分析参数。

表3-9 5种异噻唑啉酮的质谱分析参数

序号	名称	分子式	准分子离子 $[M+H]^+$	准分子离子的精确质量数		
				理论值（m/z）	测定值（m/z）	准确度误差（$\times 10^{-6}$）
1	MI	C_4H_5NOS	C_4H_6NOS	116.01646	116.01641	-0.40
2	CMI	C_4H_4NOSCl	C_4H_5NOSCl	149.97749	149.97731	-1.20
3	BIT	C_7H_5NOS	C_7H_6NOS	152.01646	152.01627	-1.25
4	OI	$C_{11}H_{19}NOS$	$C_{11}H_{20}NOS$	214.12601	214.12580	-0.98
5	DCOI	$C_{11}H_{17}NOSC_{12}$	$C_{11}H_{18}NOSC_{12}$	282.04807	282.04787	-0.71

2.5 结果与讨论

2.5.1 萃取条件的优化

据文献报道，通常可采用甲醇、水、乙腈、四氢呋喃等溶剂来提取异噻唑啉酮等抗菌剂，为了确定合适的萃取溶剂，分别以水、甲醇、乙腈、正己烷、丙酮、乙酸乙酯、叔丁基甲醚、四氢呋喃、石油醚和二氯甲烷等10种常见溶剂作为萃取溶剂，对3个阳性样品（材质分别为真丝、亚麻和棉）进行两次连续超声萃取，观察不同溶剂时萃取量的变化，结果见表3-10。从表3-10可知，对于3个阳性样品，甲醇的萃取效果均最好，特别是真丝样品，甲醇的萃取效果远高于其他溶剂。因此，萃取溶剂最终确定为甲醇。

表3-10 不同溶剂的超声萃取效果（HPLC法） 单位：mg/kg

溶 剂	真 丝	亚 麻	棉
水	4699.7	6649.3	7567.3
甲醇	6527.1	8828.4	9941.7
乙腈	2985.4	3616.8	8290.2
正己烷	1647.1	3431.9	7363.1

续表

溶　剂	真　丝	亚　麻	棉
丙酮	1456.0	4014.5	9053.6
乙酸乙酯	776.2	2813.8	6883.1
叔丁基甲醚	456.7	2328.1	5867.1
四氢呋喃	941.7	3269.9	7843.0
石油醚	1634.9	3628.5	7506.9
二氯甲烷	1272.3	2844.6	6861.1

对萃取条件的优化，本课题采用 HPLC 方法优化萃取条件。以甲醇为萃取溶剂，分别在 30、35、40、45、50、55、60℃下对 3 个阳性样品（材质分别为真丝、亚麻布、棉布，均含有 OI）超声萃取 20min，观察 OI 萃取量随萃取温度的变化，结果发现，对于 3 个阳性样品，超声萃取温度对萃取量影响不大。考虑到实验室通常的温度和控制温度的便利，超声萃取温度选定为 40℃。

以甲醇为萃取溶剂，40℃ 下对 3 个阳性样品分别超声萃取 5min、10min、15min、20min、25min、30min、35min、40min，观察 OI 萃取量随超声时间的变化，结果发现，对于 3 个阳性样品，萃取量均随萃取时间的增加而增加，并在 20min 时达到最大值，萃取时间继续增加时，萃取量均缓慢下降。因此，超声萃取时间确定为 20min。

以甲醇为萃取溶剂，40℃ 下对 3 个阳性样品超声萃取 20min，甲醇体积分别为 10mL、15mL、20mL、25mL、30mL，观察 OI 萃取量随萃取溶剂体积的变化，结果发现，对于 3 个阳性样品，萃取量均在溶剂体积为 20mL 时达到最大值。因此，超声萃取溶剂体积确定为 20mL。

为综合考虑萃取时间、萃取温度和萃取溶剂体积对萃取量的影响，按表 3 - 11 的条件进行了正交实验，并给出了各条件下 3 个阳性样品的萃取量。正交实验结果表明，在设定的 9 个条件中，条件 5#下 3 个阳性样品的萃取量均最大。根据表 3 - 11 的数据计算各因素的 k 值和极差，确定优方案，结果见表 3 - 12。表 3 - 12 的数据表明，对于不同材质的纺织品，不同因素的影响各不相同。对于真丝和亚麻，萃取时间影响最大，其次是萃取溶剂体积，萃取温度影响最小。对于棉，萃取时间影响最大，其次是萃取温度，萃取溶剂体积影响最小。真丝、亚麻和棉的优方案分别为 $A_2B_3C_3$、$A_3B_3C_3$、$A_2B_2C_3$，其中 $A_2B_3C_3$、$A_3B_3C_3$ 不在设计的 9 个条件中，将其分别列为条件 10#、11#，在此条件下对 3 个样品进行萃取，萃取结果也列于表 3 - 11 中。实验结果表明，条件 10#、11#下 3 个样品的萃取量均低于条件 5#。因此，超声萃取条件最终优化如下：以 20mL 甲醇为萃取溶剂，45℃下超声萃取 20min。

表 3 - 11　超声萃取条件正交实验（HPLC 法）

序号	萃取时间/min	溶剂体积/mL	萃取温度/℃	真丝/(mg/kg)	亚麻/(mg/kg)	棉/(mg/kg)
1#	15	15	35	5581.8	7502.4	8571.4
2#	15	20	40	5706.6	7676.2	8764.5
3#	15	25	45	5863.8	7881.9	9000.7

续表

序号	萃取时间/min	溶剂体积/mL	萃取温度/℃	真丝/(mg/kg)	亚麻/(mg/kg)	棉/(mg/kg)
4#	20	15	40	5932.9	7898.6	9121.3
5#	20	20	45	6121.8	8235.3	9402.5
6#	20	25	35	6002.4	8081.7	9227.6
7#	25	15	45	5968.5	8055.1	9169.4
8#	25	20	35	6036.1	8151.5	9213.8
9#	25	25	40	6042.7	8102.7	8896.1
10#	20	25	45	6136.7	7986.4	9286.3
11#	25	25	45	6046.5	8176.9	8993.6

表3－12　正交实验数据分析

系　数	真　丝			亚　麻			棉		
	因素A	因素B	因素C	因素A	因素B	因素C	因素A	因素B	因素C
k_1	5717.4	5827.7	5873.4	7686.8	7818.7	7911.9	8778.9	8954.0	9004.3
k_2	6019.0	5954.8	5894.1	8071.9	8021.0	7892.5	9250.5	9126.9	8927.3
k_3	6015.8	5969.6	5984.7	8103.1	8022.1	8057.4	9093.1	9041.5	9190.9
极差	301.6	141.9	111.3	416.3	203.4	164.9	471.6	172.9	263.6
优方案	$A_2B_3C_3$			$A_3B_3C_3$			$A_2B_2C_3$		

以20mL甲醇为萃取溶剂，45℃下对3个阳性样品超声萃取20min，连续萃取3次，测定每次的萃取量，以连续3次萃取量为参照，计算每次萃取量占总萃取量的比例，结果发现，棉布第1次萃取量占总萃取量的94.58%，第2次萃取量占总萃取量的5.42%；亚麻布第1次萃取量占总萃取量的93.28%，第2次萃取量占总萃取量的6.72%，真丝第1次萃取量占总萃取量的93.78%，第2次萃取量占总萃取量的6.22%。对于3个阳性样品，第3次萃取量均未检出OI，可见，经两次连续萃取，样品中的OI均已被萃取完全。因此，确定采用两次连续萃取方式。

2.5.2　分析条件的优化

2.5.2.1　HPLC法

在210nm～350nm范围测定各标准品溶液的紫外－可见吸收光谱，发现各组分在此范围内各有一个强吸收峰，其波长分别为275(MI)、277(CMI)、319(BIT)、279nm(OI)、283nm(DCOI)，如图3－24所示。选择最大吸收波长作为检测波长时，相应的吸光度最大，有利于提高各组分的检测灵敏度。因此选择各组分的最大吸收波长作为检测波长。

在反相液相色谱中，流动相通常使用水/甲醇、水/乙腈等强极性流动相，分别考察了水/乙腈、水/甲醇两种流动相，结果发现，使用水/甲醇流动相时基线平稳，色谱峰峰形尖锐，对称性好，保留时间和峰面积的精密度和重现性较好；使用水/乙腈流动相时，基线漂移比

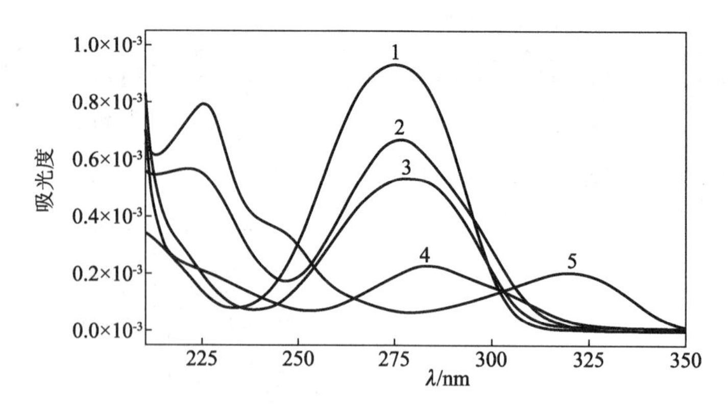

图 3-24　标准溶液的紫外-可见吸收光谱

1. MI　2. CMI　3. OI　4. DCOI　5. BIT

较严重，色谱峰峰形较差，且乙腈毒性大于甲醇，因此选择水/甲醇作为流动相。

色谱柱的柱压随流动相的组成、流速和色谱柱温度的改变而变化，流动相中水的比例越高、柱温越低、流速越大时，柱压越高。色谱柱通常有一定的柱压承受范围，在选择色谱分析参数时，最大柱压应在可承受柱压范围内。流动相的组成、流速、色谱柱温度均直接影响分离效果和方法灵敏度，流速较小时，柱压较小，各组分的保留时间和峰面积均较大，但峰形展宽，分离度下降；柱温升高时，峰面积变化不明显，但柱压明显降低，各组分的保留时间变小，峰形变窄，但各色谱柱均有一定的使用温度范围，过高的柱温会损伤色谱柱。改变流速、洗脱梯度和柱温，观察各组分的分离效果及峰面积的变化，结果发现，采用5.1节中的色谱分析条件时，各组分之间分离完全，各色谱峰峰形尖锐，对称性好。图3-25是该条件下5种异噻唑啉酮类抗菌剂的UPLC图。

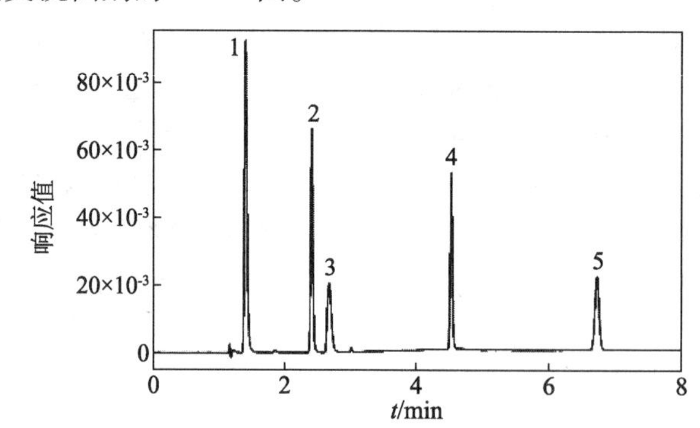

图 3-25　5种混标的UPLC图

1. MI　2. CMI　3. BIT　4. OI　5. DCOI

2.5.2.2　UPLC/MS 法

液质分析时，常用的流动相主要有甲醇/水、乙腈/水两种，采用这两种流动相均能将5种异噻唑啉酮完全分离，但流动相为甲醇/水时，各组分的信号明显较强。因此本文选择甲醇/水作为流动相。在水相中添加一定量的甲酸可促进离子化，增强各组分的信号强度，并改善谱峰形状。为考察不同甲酸含量对提取离子色谱峰面积的影响，在水相中分别添加0.05%、0.10%、0.15%、0.20%、0.30%、0.40%、0.50%、0.60%、0.70%、0.80%、

0.90%、1.00%甲酸，观察各组分提取离子色谱峰面积的变化，实验结果表明，当甲酸含量为0.10%时，各组分提取离子色谱峰面积最大，且色谱峰形尖锐，对称性好。因此最终选择甲醇/0.1%甲酸水溶液作为流动相。改变此流动相的起始组成和洗脱梯度，考察各组分分离度的变化，最终确定的色谱条件见4.2。在此条件下对5种异噻唑啉酮混合标准溶液进行分析，所得总离子流图见图3-26，5种异噻唑啉酮之间完全分离，谱峰峰形尖锐，对称性好。

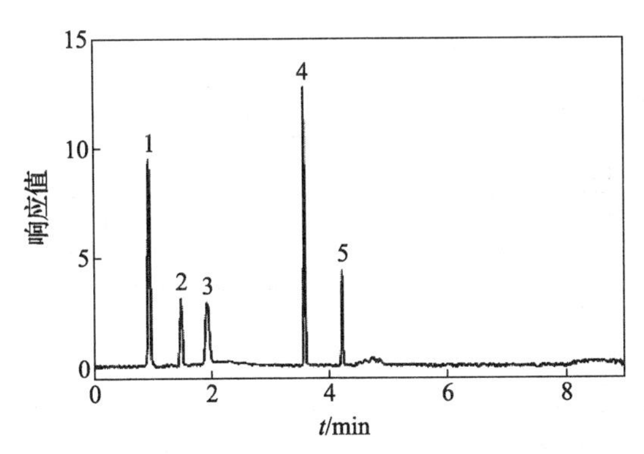

图3-26　5种异噻唑啉酮的UPLC/OrbitrapHRMS总离子流图

1. MI　2. CMI　3. BIT　4. OI　5. DCOI

2.5.3　方法的线性范围和检出限

2.5.3.1　HPLC法

用甲醇逐级稀释混标储备液，配制一系列的混标工作液，按上述条件进行测试，计算各组分的色谱峰面积，用色谱峰面积（A）对质量浓度（ρ）进行回归，结果发现，对于每个组分，其色谱峰面积（A）在一定质量浓度（ρ）范围内均与质量浓度（ρ）之间存在良好的线性关系，表3-13给出了各组分的线性关系。按公式 $LOD_i = 3S_b/b$ 计算仪器的检出限（LOD_i），式中 S_b 为测试方法的空白标准偏差，该参数通过20次平行测试得到，b 为校准曲线的斜率。方法检出限（LOD_m）$= V \times LOD_i$，式中 V 为最终定容体积。计算结果见表3-13。

表3-13　线性关系和检出限（HPLC法）

序号	组分	t_R/min	线性范围/(mg/L)	线性方程/(mg/L)	r	LOD_i/(mg/L)	LOD_m/(mg/kg)
1	MI	1.44	0.24～48.44	$A=5268.33\rho+228.57$	0.9999	0.05	0.25
2	CMI	2.44	0.24～48.53	$A=3184.92\rho-64.76$	0.9999	0.10	0.50
3	BIT	2.70	0.24～48.13	$A=1957.38\rho-490.39$	0.9999	0.15	0.75
4	OI	4.55	0.24～48.58	$A=2557.38\rho+71.55$	0.9998	0.10	0.50
5	DCOI	6.73	0.24～48.96	$A=1965.94\rho+325.06$	0.9999	0.20	1.00

2.5.3.2　UPLC/MS法

用甲醇逐级稀释混合标准溶液储备液，配制系列浓度的标准溶液工作液，按上述方法进行测试各组分提取离子色谱峰面积，用提取离子色谱峰面积对质量浓度作图，结果发现，对于每种异噻唑啉酮，在一定质量浓度（ρ）范围内，提取离子色谱峰面积（A）与其质量浓度（ρ）之间均存在良好的线性关系，表3－14给出了5种异噻唑啉酮的线性关系。按3倍信噪比（$S/N=3$）确定各组分的检出限，也列于表3－14中，各组分的检出限均为0.1μg/kg。

表3－14　方法的线性关系和检出限（UPLC/MS法）

序号	名称	t_R/min	线性范围/(μg/L)	线性方程	r	检出限/(μg/kg)
1	MI	0.998	0.2～96.9	$A=469186\rho+384256$	0.99995	0.1
2	CMI	1.494	0.2～97.1	$A=505528\rho-387302$	0.99870	0.1
3	BIT	1.931	0.2～96.3	$A=194971\rho+741555$	0.99935	0.1
4	OI	3.825	0.2～97.2	$A=250749\rho+196053$	0.99995	0.1
5	DCOI	4.474	0.2～97.9	$A=898127\rho-196549$	0.99995	0.1

2.5.4　回收率和精密度

2.5.4.1　HPLC法

以不含目标化合物的棉、亚麻、真丝、涤纶作为空白基质，分别添加高、中、低三个浓度水平的混标，每个浓度水平制备9个平行样，按上述方法进行测定，计算方法的加标回收率和平均加标回收率。结果表明，5种异噻唑啉酮类抗菌剂的平均加标回收率为88.82%～97.92%。

对3个阳性样品（材质分别为棉、亚麻、真丝）中的抗菌剂OI的含量进行9次平行样测试，计算方法的精密度（RSD），测试结果见表3－15，实验室内精密度（RSD）为0.62%～1.96%。由国内9家实验室对这3个阳性样品中抗菌剂OI含量进行测定，测试结果也列于表3－15中，经计算，实验室间精密度（RSD）为1.09%～2.31%。

表3－15　方法精密度实验　　单位：mg/kg

	样品	1	2	3	4	5	6	7	8	9	平均值	RSD/%
实验室内	棉	791.7	801.8	804.6	802.3	800.5	806.4	792.8	800.4	802.4	800.3	0.6
	亚麻	328.3	327.8	328.0	327.9	333.0	333.7	325.1	325.0	325.7	328.3	1.0
	真丝	735.9	717.8	749.2	761.6	725.5	728.9	741.3	730.0	718.7	734.3	2.0
实验室间	棉	789.5	771.9	786.7	772.6	790.3	767.8	783.0	775.1	773.7	779.0	1.1
	亚麻	325.4	328.3	320.4	315.4	326.7	326.0	320.9	330.5	317.5	323.5	1.6
	真丝	751.6	752.6	719.4	742.8	733.1	751.6	749.0	734.4	703.2	737.5	2.3

2.5.4.2　UPLC/MS法

以不含目标分析物的白棉衬底为空白基质，分别添加2倍LOD、10倍LOD和40倍LOD的混合标准溶液，制备3个不同添加浓度水平的加标测试样，每个添加浓度水平均制备9个平行样，按上述方法进行测试，计算每个加标测试样中各组分的回收率，并计算方法的平均加标回收率和精密度，结果见表3－16，方法的加标平均回收率为81.3%～92.6%，

RSD 为 4.0% ~9.8%。

表 3－16　方法的回收率和精密度实验

名称	添加值 /(μg/kg)	平均回收率/%	RSD /%	添加值 /(μg/kg)	平均回收率/%	RSD /%	添加值 /(μg/kg)	平均回收率/%	RSD /%
MI	0.2	84.6	7.2	1.2	90.1	5.3	4.8	90.2	5.9
CMI	0.2	81.6	9.1	1.2	83.7	6.4	4.9	91.2	5.8
BIT	0.2	81.3	9.2	1.2	83.6	5.5	4.8	92.4	5.3
OI	0.2	82.0	6.9	1.2	85.4	5.7	4.9	92.6	4.0
DCOI	0.2	82.2	9.8	1.2	82.1	6.3	4.9	91.0	5.5

2.6　实际样品测试

采用本文建立的方法对 256 个市售纺织品进行测定，结果在 6 个样品中检出了不同含量的 OI，这 6 个纺织品分别为平纹机织染色女式棉上衣、纯棉女式短袖衬衫、针织真丝女式长袖套头衫、梭织真丝连衣裙、梳织亚麻男式衬衫、梳织亚麻女式长袖衬衫。采用 HPLC 法测试时，其含量分别为 9941.7mg/kg、800.3mg/kg、734.3mg/kg、6527.1mg/kg、8828.4mg/kg、328.3mg/kg。图 3－27 是纯棉女式短袖衬衫的 UPLC 图，该样品中检出 OI，其含量为 800.3mg/kg。

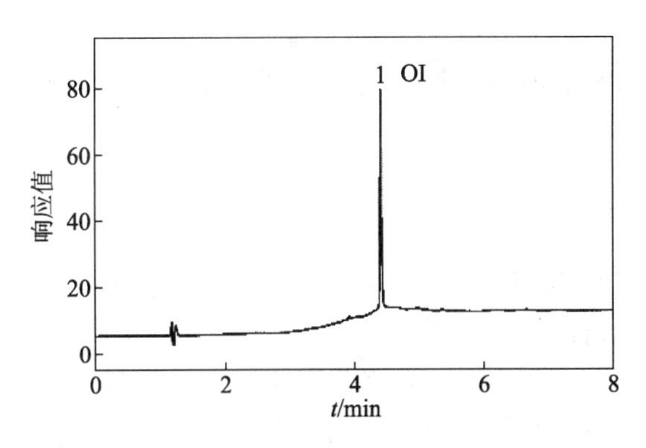

图 3－27　实际样品的 UPLC 图

采用 UPLC/MS 法测试时，OI 含量分别为 9946mg/kg、803mg/kg、738mg/kg、6536mg/kg、8837mg/kg、333mg/kg。OrbitrapHRMS 根据各谱峰的保留时间和准分子离子的精确质量数进行定性，根据提取离子色谱峰面积进行定量，提取离子窗口宽度为 5×10^{-6}。图 3－28a 是 1#样品的 UPLC/OrbitrapHRMS 谱图，它在 3.824min 处有一个尖锐谱峰，该保留时间与 OI 的保留时间（t_R =3.825min）接近。图 3－28b 是该谱峰对应的一级全扫描质谱图，该图只显示了 m/z214.0 ~ m/z214.3 区间的谱峰。OI 的准分子离子［M＋H］$^+$ 的精确质量数为 m/z214.12601，提取离子窗口宽度按 5×10^{-6} 计算，则提取离子窗口为 m/z214.12494 ~ m/z214.12708。在此区间内，图 3－28b 只在 m/z214.12586 处有一个强峰，它与 OI 准分子离子的精确质量数误差为 -0.70×10^{-6}。根据保留时间和精确质量数，可以判断该样品中含有OI。根据提取离子色谱峰面积，计算得到该样品中 OI 含量为 6536mg/kg。

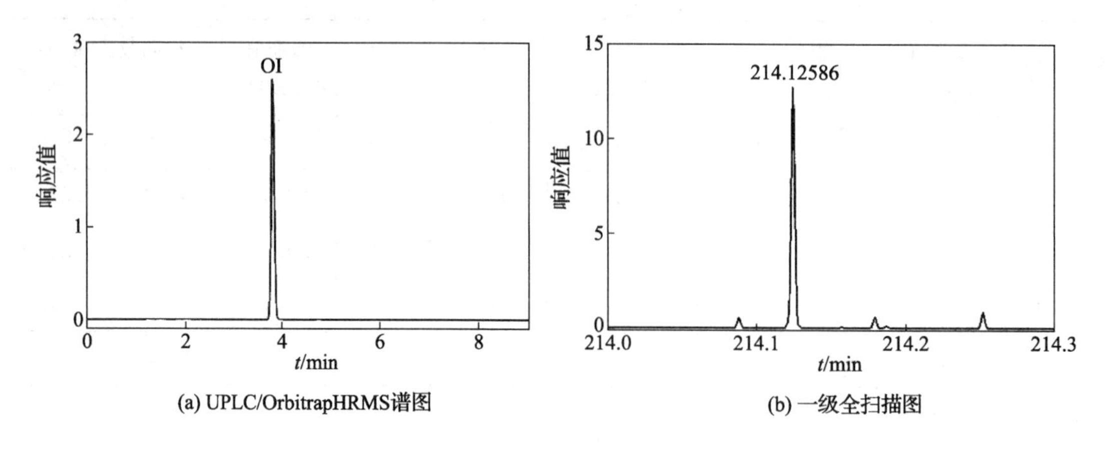

图 3-28 实际样品谱图

2.7 结论

本节阐明了 HPLC 法和 UPLC/MS 法同时测定纺织品中 5 种异噻唑啉酮的 2 种检测方法，采用该方法对市售纺织品进行分析，结果在部分样品中检出了 OI，且部分样品中异噻唑啉酮含量水平超出了相关法规的限量，需引起相关部门和企业的特别关注。

第 3 节 纺织品中苯并三唑类紫外线吸收剂的测定

3.1 概述

防紫外线整理纺织品是 20 世纪 90 年代发展起来的功能性产品，纺织产品经防紫外线整理后，提高了对紫外线的屏蔽功能。随着纺织工业技术的发展和人们对紫外线防护意识的增强，防紫外线整理纺织品越来越受到消费者的青睐。常用的紫外线整理剂主要有苯酮类、水杨酸酯类、受阻胺类、苯并三唑类化合物等几大类型，其中苯并三唑类化合物是一类性能优异的织物防紫外线整理剂。苯并三唑类紫外线吸收剂性能稳定，吸收紫外线能力强，与高分子材料相容性好，广泛用于各种合成材料制品中，常见商标名称有 UV-P、UV-328、UV-320、UV-327、UV-326、UV-329 等。在氨纶、尼龙、涤纶等合成纤维的应用中，UV-320 的效果极为突出。UV-P 和 UV-327 在涤纶分散染料染色时可以有效地改善涤纶的抗紫外性能。

鉴于苯并三唑类紫外线吸收剂的广泛应用，人们对其毒性进行了大量的研究。结果发现，苯并三唑类紫外线吸收剂对植物有毒性作用，还能导致细菌突变。人体吸入时可引起鼻炎、支气管炎、发热以及由于支气管炎症引起的迷走神经紧张。长期接触 UV-320 可对皮肤产生刺激，引起光敏性反应。UV-320 生物降解性差，对鸟类具有较大毒性，还可在人体内积聚。2006 年，日本政府将 UV-320 列入第一等级监控化学物质，禁止 8 种含有 UV-

320的产品进口，Sony、Mitsubishi、Brother等日系厂商随即纷纷禁止使用UV－320。UV－327也具有生物累积作用，被日本政府列入I类化学污染物检测对象。欧洲化学品管理局（ECHA）2014年12月17日将UV－320和UV－328列入REACH法规第12批高关注物质清单中，2015年12月17日将UV－327和UV－350列入第14批高关注物质清单中。生态纺织品标准Oeko－TexStandard100自2016年起禁止在生态纺织品中使用UV－320、UV－327、UV－328和UV－350，规定其限量为0.1%。

为更好地应对日益严重的技术性贸易壁垒，增强我国纺织品的出口竞争力，保障消费者健康，开展纺织品中苯并三唑类紫外线吸收剂含量检测方法的研究具有重要意义。苯并三唑类紫外线吸收剂可采用GC、HPLC、GC/MS、LC/MS－MS、GC/MS－MS等方法测定，但涉及纺织品的文献报道不多，且测试对象只有UV－P和UV－320。目前薛建平分别采用GC法、GC/MS法和HPLC法测定了纺织品中的UV－320，田欣欣采用HPLC/MS－MS法测定了纺织品中的UV－P，但尚未见文献报道对纺织品中多种苯并三唑类紫外线吸收剂含量进行同时测定。本研究采用超声萃取技术提取纺织品中残留的苯并三唑类紫外线吸收剂，萃取液经浓缩定容后分别采用超高效液相色谱、气相色谱/串联质谱、超高效液相色谱/静电场轨道阱高分辨质谱进行分析，建立了纺织品中残留的苯并三唑类紫外线吸收剂的一系列测定方法，表3－17和表3－18给出了本课题研究的6种苯并三唑类紫外线吸收剂的相关信息。

表3－17　6种苯并三唑的具体信息

序号	名　　称	缩写	CAS. No.	相对分子质量	分子式
1	2－(2′－羟基－5′－甲基苯基)苯并三唑,2－(2′－hydroxy－5′－methyl－phenyl)benzotriazole	UV－P	2240－22－4	225.25	$C_{13}H_{11}N_3O$
2	2－(2′－羟基－3′,5′－二叔丁基苯基)苯并三唑,2－(2H－benzotriazol－2－yl)－4,6－di－tert－butylphenol	UV－320	3846－71－7	323.43	$C_{20}H_{25}N_3O$
3	2－(2′羟基－3′－特丁基－5′－甲基苯基)－5－氯苯并三唑,2－tert－butyl－6－(5－chloro－2H－benzotrizol－2－yl)－4－methylphenol	UV－326	3896－11－5	315.8	$C_{17}H_{18}ClN_3O$
4	2－(2′－羟基－3′,5′－二特丁基苯基)－5－氯苯并三唑,2,4－di－tert－butyl－6－(5－chloro－benzotriazol－2－yl)phenol	UV－327	3864－99－1	357.88	$C_{20}H_{24}ClN_3O$
5	2－(2′－羟基－3′,5′－二特戊基苯基)苯并三唑,2－(2H－benzotriazol－2－yl)－4,6－di－tert－pentylphenol	UV－328	25973－55－1	351.5	$C_{22}H_{29}N_3O$
6	2－(2′－羟基－5′－特辛基苯基)苯并三唑,2－(2H－benzotriazol－2－yl)－4－(1,1,3,3－tetramethylbutyl)phenol	UV－329	3147－75－9	323.43	$C_{20}H_{25}N_3O$

表 3－18　6 种苯并三唑的化学结构式

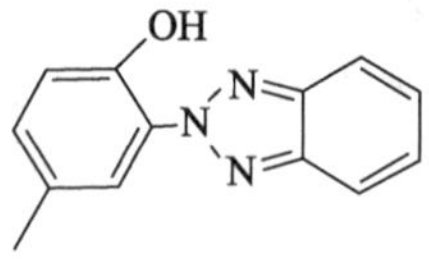 UV-P	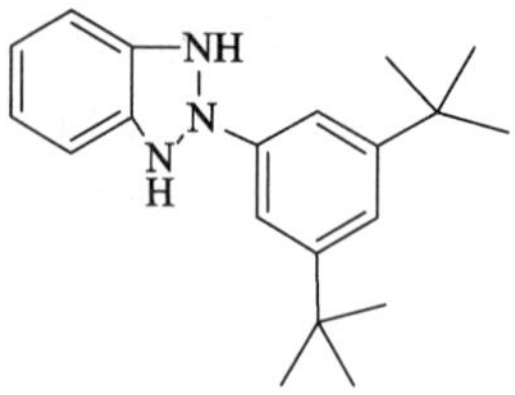 UV-320	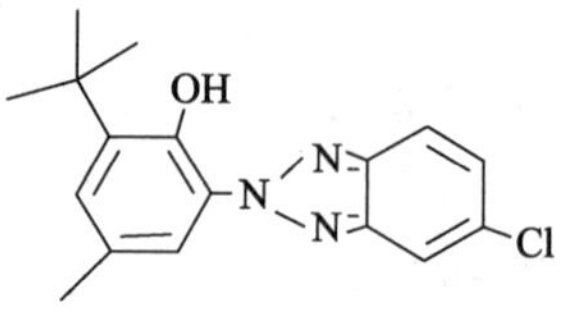 UV-326
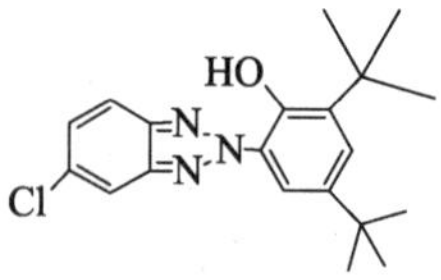 UV-327	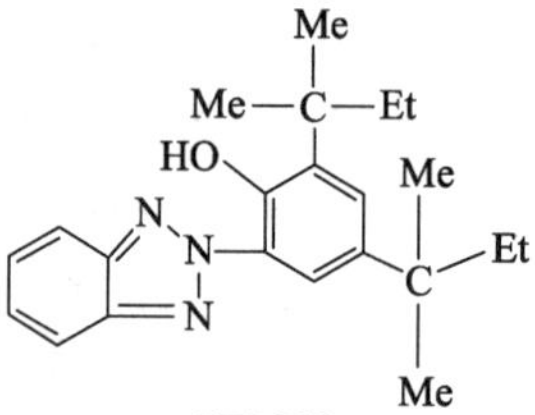 UV-328	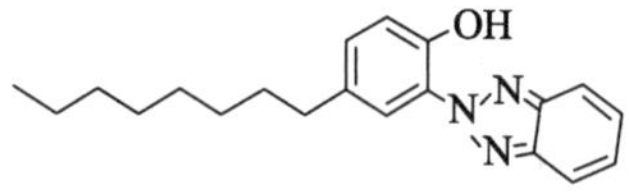 UV-329

3.2　方法的基本原理

以甲醇为萃取溶剂，在 45℃下超声萃取纺织品中残留的 6 种苯并三唑类紫外线吸收剂，萃取液经浓缩定容后进行超高效液相色谱、气相色谱/串联质谱或超高效液相色谱/静电场轨道阱高分辨质谱进行分析。

3.3　样品前处理

3.3.1　样品制备

本书测试用的纺织品样品均来自市场。选取有代表性的样品，用自动制样机裁成 5mm × 5mm 的小块，混合均匀。

3.3.2　样品萃取

3.3.2.1　超声萃取

称取约 1.0g 样品，置于 150mL 磨口锥形瓶中，加入 20mL 甲醇，45℃下超声振荡 30min，过滤。残渣再次用 20mL 甲醇超声萃取，合并滤液。

3.3.2.2　微波萃取

称取 1.0g 样品，置于微波萃取管中，加入 17mL 二氯甲烷，60℃下微波萃取 30min，冷却至室温，过滤。残渣用 17mL 二氯甲烷再次微波萃取，合并滤液。

3.3.2.3　索氏萃取

称取 1.0g 样品，置于纤维素套管中，加入 70mL 甲苯，索氏萃取 4h，冷却至室温，过滤。

3.3.3　萃取液后处理

将滤液真空下旋转蒸发至近干，再用干燥氮气缓慢吹干。用 1mL 甲醇溶解残留物，溶液经 0.22μm 滤膜过滤后进行仪器分析。必要时，先适当稀释。

3.4　分析条件

3.4.1　HPLC 条件

C18 色谱柱（75mm × 3.0mm × 2.2μm），柱温：40℃；流动相为乙腈/水，采用梯度洗脱方式，0.00min 时，流动相为 10% 乙腈/90% 水，2.00min 时，流动相变为 95% 乙腈/5% 水，维持至 4.00min，5.00min 时，流动相变为 90% 乙腈/10% 水，维持至 11.00min，11.01min 时，流动相变为 10% 乙腈/90% 水，维持至 15.00min；流速：0.5mL/min，进样量：1.0μL；紫外检测波长分别为 340.0nm。

3.4.2　GC/MS－MS 条件

色谱条件：色谱柱：DB－5MS(30m × 0.25mm × 0.25μm)；升温程序：初始温度为 80℃（保持 1.0min），以 12℃/min 升温至 245℃，然后再以 20℃/min 升温至 285℃（保持 4.0min）；进样方式：脉冲分流，进样量：1.0μL，分流比：10∶1；载气：高纯氦气，载气流速：1.2mL/min；进样口温度 270℃。

质谱条件：溶剂延迟 4.0min；EI 离子源，电离能 70eV；传输线温度 280℃，离子源温度 230℃，四极杆温度 150℃；氮气流速 1.5mL/min，氦气流速 2.25mL/min；采用多反应监测（MRM）模式进行定性定量，目标化合物的 MRM 条件见表 3－19。

表 3－19　6 种苯并三唑 GC/MS－MS 法 MRM 条件

序号	化合物	子离子对	驻留时间 /ms	碰撞电压 /V	子离子对	驻留时间 /ms	碰撞电压 /V
1	UV－P	225→168	150	10	225→93 *	150	25
2	UV－320	308→252	150	15	308→57 *	15	25
3	UV－326	300→147	40	10	300→119 *	40	20
4	UV－329	252→133	40	10	252→105 *	40	20
5	UV－328	322→252 *	40	15	322→71 *	40	20
6	UV－327	342→286	40	10	342→57 *	40	25
7	UV－350	308→252	40	15	308→133 *	40	20

*：定量子离子对

3.4.3　UPLC/OrbitrapHRMS 条件

3.4.3.1　UPLC 条件

HypersilGold 色谱柱（100mm × 2.1mm × 1.9μm）；样品室温度：7℃；柱温：40℃；进

样量：1.0μL；流速：0.3mL/min；流动相为0.1%甲酸水溶液（A）/乙腈（B），梯度洗脱方式，开始时，流动相为60% A/40% B，1.90min时，线性递变为10% A/90% B，维持至6.00min，6.01min时突变为60% A/40% B，并维持至9.00mn。

3.4.3.2 OrbitrapHRMS条件

正离子电离模式，喷雾电压3500V；辅助气加热温度350℃，毛细管温度320℃；辅助气（N_2）流速10L/min；鞘气（N_2）流速：30L/min；全扫描方式扫描，分辨率70000；保留时间和精确质量数定性，选择离子模式定量，化合物筛选的离子提取窗口宽度5×10^{-6}；目标化合物的质谱分析参数见表3－20。

表3－20 6种苯并三唑的质谱分析参数

序号	名称	CASNo.	分子式	保留时间/min	精确质量数测定	精确质量数理论值	质量数准确度误差（$\times10^{-6}$）
1	UV－P	2240－22－4	$C_{13}H_{11}N_3O$	3.76	226.09703	226.09749	－2.03
2	UV－329	3147－75－9	$C_{20}H_{25}N_3O$	5.56	324.20667	324.20704	－1.14
3	UV－326	3896－11－5	$C_{17}H_{18}ClN_3O$	6.00	316.12045	316.12112	－2.12
4	UV－320	3846－71－7	$C_{20}H_{25}N_3O$	6.42	324.20639	324.20704	－2.00
5	UV－328	25973－55－1	$C_{22}H_{29}N_3O$	7.43	352.23761	352.23824	－1.79
6	UV－327	3864－99－1	$C_{20}H_{24}ClN_3O$	7.84	358.16714	358.16807	－2.60

3.5 结果与讨论

3.5.1 萃取条件的优化

3.5.1.1 超声萃取条件的优化

本方法采用HPLC定量方法优化萃取条件。超声萃取效果主要取决于萃取溶剂种类，而超声萃取的温度、时间、萃取溶剂用量以及萃取方式均对萃取效果有一定影响。以一个阳性样品为研究对象，该样品中含有UV－327，考察萃取时间、温度、溶剂用量、溶剂种类及萃取方式对超声萃取效果的影响。

各取10份样品，每份约1.0g，各加入25mL甲醇，于45℃下分别萃取5min、10min、15min、20min、25min、30min、35min、40min、45min、50min。收集上清液至鸡心瓶中，将萃取液旋转蒸发至近干，再用氮气缓慢吹干，用2mL甲醇溶解残留物，进行HPLC法测定，UV－327提取量分别为82.59mg/kg、85.66mg/kg、86.36mg/kg、89.18mg/kg、94.12mg/kg、102.18mg/kg、100.60mg/kg、97.61mg/kg、94.66mg/kg、89.75mg/kg。可见随超声萃取时间的增加，萃取量先逐渐增加，并在30min时达到最大值，萃取时间继续增加时，萃取量反而逐渐下降。故可认为最佳超声萃取时间为30min。

各取5份样品，每份约1.0g，各加入25mL甲醇，分别于35℃、40℃、45℃、50℃、55℃下超声萃取30min。收集上清液至鸡心瓶中，将萃取液旋转蒸发至近干，再用氮气缓慢吹干，用2mL甲醇溶解残留物，进行HPLC测定，UV－327的提取量分别为86.69mg/kg、

94.22mg/kg、104.55mg/kg、97.57mg/kg、96.99mg/kg，可见萃取量随萃取温度的升高而逐渐升高，并在45℃达到最大值，然后随萃取温度的升高而逐渐下降。故认为最佳萃取温度为45℃。

各取5份样品，每份约1.0g，分别加入15mL、20mL、25mL、30mL、35mL甲醇，于45℃下萃取30min。收集上清液至鸡心瓶中，将萃取液旋转蒸发至近干，再用氮气缓慢吹干，用2mL甲醇溶解残留物，进行HPLC测定，UV－327的提取量分别为94.76mg/kg、107.32mg/kg、102.55mg/kg、100.65mg/kg、92.91mg/kg，可见萃取量随萃取溶剂的体积增加而逐渐增加，并在20mL时达到最大值。故认为最佳萃取溶剂体积为20mL。

上述实验结果表明，当只考虑单一因素对萃取量的影响时，最佳萃取时间为30min，最佳萃取温度为45℃，最佳溶剂用量为20mL。为更好地反映萃取时间、萃取温度和萃取溶剂用量对萃取量的综合影响，设计了表3－21所示的三因素三水平正交实验，其中萃取时间水平为30min、25min、35min，萃取温度水平为40℃、45℃、50℃，萃取溶剂用量水平为15mL、20mL、25mL。表3－21给出了各实验条件下的萃取量，以萃取量的大小作为萃取效果高低的判断依据。根据表3－21的数据计算各因素的k值和极差，得到结论：各因素对萃取量的影响按照大小次序应该为A（时间）B（温度）C（体积）；确定优方案为A1B1C2。可以看出这里分析出来的最优方案在已经做过的9次试验中没有出现，与它比较接近的是1#试验方案。因此我们按照A1B1C2进行10#试验，10#方案结果比1#方案萃取量略低。因此最佳超声萃取条件选择1#试验的萃取条件A1B1C1，即：萃取时间为30min，萃取温度为45℃，萃取溶剂用量为20mL。

表3－21　正交实验条件

序号	时间/min	温度/℃	体积/mL	萃取量/(mg/kg)
1#	30	45	20	106.89
2#	30	40	15	96.22
3#	30	50	25	101.57
4#	25	45	15	100.55
5#	25	40	25	87.65
6#	25	50	20	94.81
7#	35	45	25	91.13
8#	35	40	20	88.17
9#	35	50	15	98.05
k1	101.56	99.52	96.62	—
k2	94.34	90.68	98.27	—
k3	92.45	98.14	93.45	—
极差	9.11	8.84	4.82	—
优化方案	A1	B1	C2	—
10#	30	45	15	102.65

取1份样品，约1.0g，分别连续超声萃取3次，测定每次的萃取量，第1、第2、第3的萃取量分别为106.89mg/kg、3.15mg/kg、0.32mg/kg，总萃取量为110.36mg/kg。以3次超声萃取的总萃取量为参照，第1次萃取量为96.86%，第2次萃取量为2.85%，连续萃取2次的萃取量为总萃取量的99.71%。因此可认为经连续2次超声萃取后，待测物已经基本被萃取出来。因此，最终采用连续2次萃取方式。

分别选取甲苯、苯、乙腈、正己烷、丙酮、二氯甲烷、*N*,*N*－二甲基基酰胺、甲醇、丙酮/正己烷（1∶1）、丙酮/二氯甲烷（1∶1）、三氯甲烷等11种常见溶剂作为萃取溶剂，对1个阳性样品进行超声萃取，萃取液进行HPLC分析，UV－327的萃取量分别为19.05mg/kg、42.38mg/kg、94.55mg/kg、37.19mg/kg、92.56mg/kg、73.87mg/kg、106.83mg/kg、110.04mg/kg、83.71mg/kg、92.16mg/kg、38.95mg/kg，可见甲醇的提取量最大。对各溶剂萃取时得到的谱图进行比较，发现甲醇提取时谱图中杂质最少。经综合考虑，最终选择甲醇作为超声萃取溶剂。

因此最终选择的超声萃取条件如下：萃取溶剂为甲醇，萃取时间为30min，萃取温度为45℃，萃取溶剂用量为20mL。

3.5.1.2　微波萃取条件的优化

微波辅助萃取的效率主要取决于所用萃取溶剂，此外，萃取时间、萃取温度、萃取压力和萃取方式也对萃取效率有一定影响。较高的萃取温度、较长的萃取时间和较大的萃取压力均有利于改善萃取效果，而萃取温度和萃取压力的最大值则受制于萃取管的材质。本实验中所用萃取管材质为聚四氟乙烯，能承受260℃的高温和50个大气压的高压。通常情况下，微波萃取温度设定为比溶剂沸点高10℃～20℃。本实验中所用溶剂的沸点均远远低于260℃，因此，为尽可能地提高萃取效率，萃取温度设定为比溶剂沸点高20℃。萃取溶剂体积通常只占管萃取总体积的1/3，因此，对于每种萃取溶剂，其萃取温度设定后，萃取压力也随之而定，其此时萃取压力远远低于50个大气压。据文献报道，微波萃取时间超过15min时，就能基本保证萃取效果，且进一步增加萃取时间时，萃取效率变化很小。为确保萃取效果，本实验中微波萃取时间设定为30min。

以二氯甲烷为萃取溶剂，对1个阳性样品（含有UV－327）进行连续3次微波萃取，进行HPLC分析，测定每次的萃取量，第1次、第2次和第3次的萃取量分别为85.78mg/kg、4.67mg/kg、2.35mg/kg，总萃取量为92.80mg/kg，以总萃取量为参考，第1、2、3次萃取量分别占总萃取量的92.44%、5.03%、2.53%，前2次萃取量占总萃取量的97.47%。因此最终采用连续2次萃取的方式。分别选取二氯甲烷、乙腈、甲醇、丙酮、丙酮/正己烷（1∶1）、丙酮/二氯甲烷（1∶1）、三氯甲烷、苯、甲苯、*N*,*N*－二甲基甲酰胺等10种常见溶剂作为萃取溶剂，对1个阳性样品进行1次微波萃取，UV－327的提取量分别为111.35mg/kg、73.37mg/kg、93.53mg/kg、92.67mg/kg、97.89mg/kg、107.13mg/kg、105.78mg/kg、104.47mg/kg、107.08mg/kg和109.52mg/kg。可见二氯甲烷的提取量最大。对使用各溶剂萃取时所得谱图进行对比，发现二氯甲烷萃取时谱图中杂峰很少。因此，微波辅助萃取条件最终确定如下：以二氯甲烷为萃取溶剂进行2次连续萃取，萃取时间为30min，萃取温度为60℃。

3.5.1.3　索氏萃取条件的优化

以甲苯为萃取溶剂，索氏萃取阳性样品中的待测物UV－327，萃取时间分别为1h、2h、

3h、4h、5h、6h，观察萃取量的变化，结果发现，萃取量分别为81.1mg/kg、102.3mg/kg、117.3mg/kg、136.2mg/kg、136.3mg/kg、136.5mg/kg。可见随着萃取时间的增加，萃取量逐渐增大，当萃取时间大于4h后，萃取量变化很少，综合考虑，最终选择索氏萃取4h。

分别选取二氯甲烷、乙腈、甲醇、正己烷、丙酮、丙酮/正己烷（1:1）、丙酮/二氯甲烷（1:1）、三氯甲烷、苯、甲苯、*N*,*N*－二甲基甲酰胺等11种常见溶剂作为萃取溶剂，对1个阳性样品进行索氏萃取，观察萃取量的变化，结果发现，UV－327的萃取量分别为76.49mg/kg、89.52mg/kg、113.56mg/kg、41.24mg/kg、83.65mg/kg、71.64mg/kg、73.65mg/kg、79.81mg/kg、91.38mg/kg、123.74mg/kg、114.28mg/kg。在这些溶剂中，甲苯的萃取效果最好，最终选择的索氏萃取条件如下：萃取溶剂为甲苯，萃取时间为4h，萃取温度为130℃。

3.5.1.4　萃取效果对比

为更直观地反映不同萃取方法时不同溶剂的萃取效果，表3－22列出了1个阳性样品分别采用超声萃取、微波萃取和索氏萃取时萃取量的变化。从表3－22中数据可以看出，当各自使用最佳溶剂时，索氏萃取法萃取量最大，超声萃取法和微波萃取法的萃取量基本无差别。但索氏萃取法操作繁琐，检测通量小，超声萃取法萃取量稍小于索氏萃取法，但检测通量大，操作简便。综合考虑，最终选择采用超声萃取法进行提取，最终确定的提取条件如下：萃取溶剂为甲醇，萃取时间为30min，萃取温度为45℃，萃取溶剂用量为20mL，进行连续2次超声提取。

表3－22　实际样品不同萃取方法效果对比　　单位：mg/kg

萃取溶剂	超声萃取	索氏萃取	微波萃取
甲苯	19.05	123.74	107.08
苯	42.38	91.38	104.47
乙腈	94.55	89.52	73.37
正己烷	37.19	41.24	—
丙酮	92.56	83.65	92.67
二氯甲烷	73.87	76.49	111.35
N,*N*－二甲基甲酰胺	106.83	114.28	109.52
甲醇	110.84	113.56	93.53
丙酮/正己烷（1:1）	83.71	71.64	97.89
丙酮/二氯甲烷（1:1）	92.16	73.65	107.13
三氯甲烷	38.95	79.81	105.78

3.5.2　分析条件的优化

3.5.2.1　HPLC分析条件的优化

3.5.2.1.1　检测波长的确定

以甲醇为空白溶液，测定UV－P、UV－320、UV－326甲醇溶液的紫外－可见吸收光谱，以乙腈为空白溶液，测定 UV－327、UV－328、UV－329 乙腈溶液的紫外－可见吸收光谱，见图 3－29。结果发现，6 种苯并三唑类紫外线吸收剂的紫外－可见吸收光谱均有 2 个吸收峰，且后一个吸收峰的强度较大，UV－P 的 2 个吸收峰的波长分别为 297.5nm 和 337.0nm，UV－320 的 2 个吸收峰的波长分别为 302.0nm 和 340.0nm，UV－326 的 2 个吸收峰的波长分别为 310.0nm 和 348.0nm，UV－327 的 2 个吸收峰的波长分别为 311.0nm 和 346.0nm，UV－328 的 2 个吸收峰的波长分别为 297.5nm 和 337.0nm，UV－329 的 2 个吸收峰的波长分别为 302.5nm 和 341.5nm。所有组分均在 340nm 附件有较大的吸收，故选择的检测波长为 340nm。

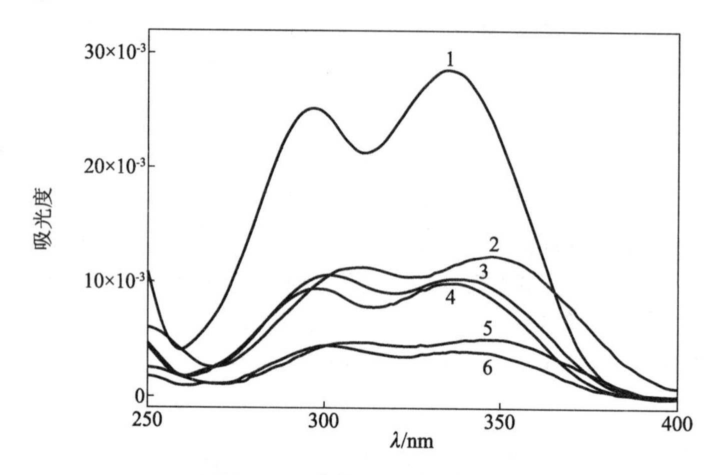

图 3－29　紫外－可见吸收光谱

1. UV－P　2. UV－328　3. UV－326　4. UV－327　5. UV－329　6. UV－320

3.5.2.1.2　流动相的确定

液相色谱分离效果受流动相组成、洗脱梯度、流动速度、色谱柱温度等几个因素影响，流动速度和色谱柱温度直接影响各组分色谱峰面积大小，流动相组成和洗脱梯度决定各组分的分离效果，常用的流动相有甲醇/水和乙腈/水 2 种体系，分别采用甲醇/水和乙腈/水作为流动相，通过改变洗脱梯度来改善分离效果，最终采用乙腈/水作为流动相，洗脱梯度见 4.1。在试验洗脱梯度时发现，开始时流动相中含水量高，这样 HPLC 谱图中不会出现大的杂峰，如果开始时直接使用 95% 乙腈/5% 水作流动相，则 HPLC 谱图中会出现很强的杂峰，干扰目标分析物的测定。洗脱梯度确定后，分别改变流动速度和色谱柱温度，观察初始柱压和各组分谱峰的变化，结果发现，当流动速度增加时，初始柱压迅速增加，各组分的保留时间和色谱峰面积均下降，各组分间的分离度也均下降；当色谱柱温度升高时，初始柱压迅速下降，各组分的保留时间、色谱峰面积和各组分间的分离度也变小。经综合考虑，最终确定的条件为：流速 0.5mL/min，柱温 40℃。

在上述条件下，对 6 种苯并三唑类紫外线吸收剂混标进行分析，所得谱图见图 3－30。

3.5.2.2　GC/MS－MS 分析条件的优化

色谱峰面积受进样口温度、离子源温度、载气流速和分流比影响，而在不同分流比下取得的峰面积与分流比之间存在一定的函数关系。进行 4 因素 3 水平正交实验以综合考察这 4 个因素对峰面积的影响，对不同分流比下取得的峰面积先进行归一化处理，再计算各实验

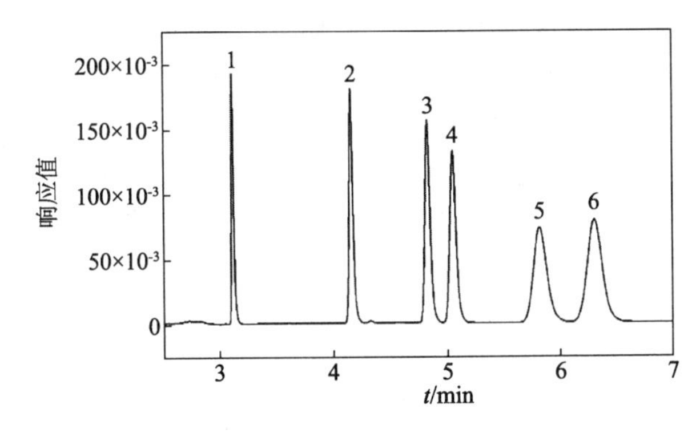

图 3－30　混标的 HPLC 图

1. UV－P　2. UV－328　3. UV－326　4. UV－320　5. UV－327　6. UV－329

条件下归一化后的总峰面积，以总峰面积作为判断依据，计算各因素的 k 值和极差，得到最终优化分析条件，分流比、进样口温度、离子源温度、载气流速分别为 10：1、270℃、230℃、1.2mL/min。

在此条件下，通过对 6 种苯并三唑类紫外线吸收剂混合标准溶液的单级全扫描质谱分析来确定各组分的保留时间和一级碎片离子。选择强度较大的一级碎片离子作为母离子，经电子轰击后，产生二级碎片离子。选择强度较高的二级碎片离子与相应的母离子组成一个子离子对。每个子离子对均单独使用 1 个扫描通道。改变碰撞电压，进行扫描，观察各子离子对的响应值随电压的变化情况。对于每个子离子对，其优化碰撞电压下响应值均最大。每个组分均选择响应最强的 2 个子离子对来进行分析，其中最强的子离子对用于定量，次强的子离子对用于定性，上述表 3－19 给出了各目标化合物的优化多反应监测（MRM）条件。在此条件下，混合标准溶液的 MRM 总离子流图见图 3－31。图 3－31 中 6 个组分完全分离，谱峰对称性好，峰形尖锐。

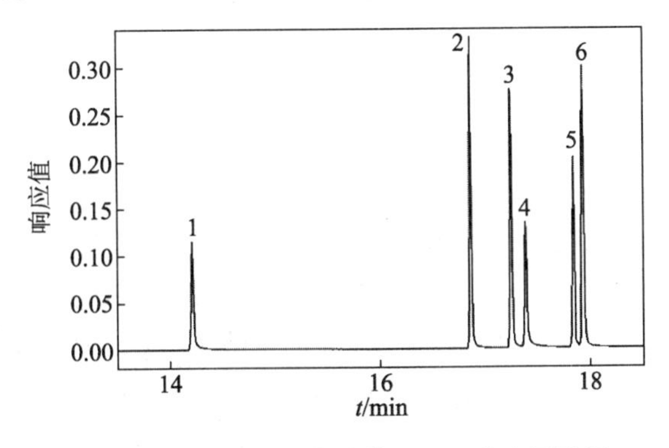

图 3－31　混合标准溶液的 MRM 总离子流图

1. UV－P　2. UV－320　3. UV－326　4. UV－329　5. UV－328　6. UV－327

3.5.2.3　UPLC/OrbitrapHRMS 条件优化

分别以甲醇/0.1% 甲酸溶液、乙腈/0.1% 甲酸溶液为流动相，改变起始流动相组成和洗脱梯度，观察各组分谱峰的变化，结果发现，对于相同浓度的混标溶液，流动相为甲醇/0.1% 甲酸溶液时，各组分的信号明显较强，同样现象在文献报道中也有报道，但采用甲醇/

0.1% 甲酸溶液为流动相时，改变流动相起始组成和洗脱梯度，均不能实现各组分间的基线分离，而采用乙腈/0.1% 甲酸溶液为流动相时，可实现各组分间的基线分离。液质联用技术不需基线分离也可以准确定量，但化合物间峰重叠时因离子化时产生竞争，互相抑制，影响分析的灵敏度。综合考虑，最终选择 4.3.1 节中的色谱条件，在此条件下，各组分间完全分离。图 3－32 是混合标准溶液的 UPLC/MS 谱图，从图 3－32 中可以看出，各组分间完全分离，各谱峰对称性好，峰形尖锐。

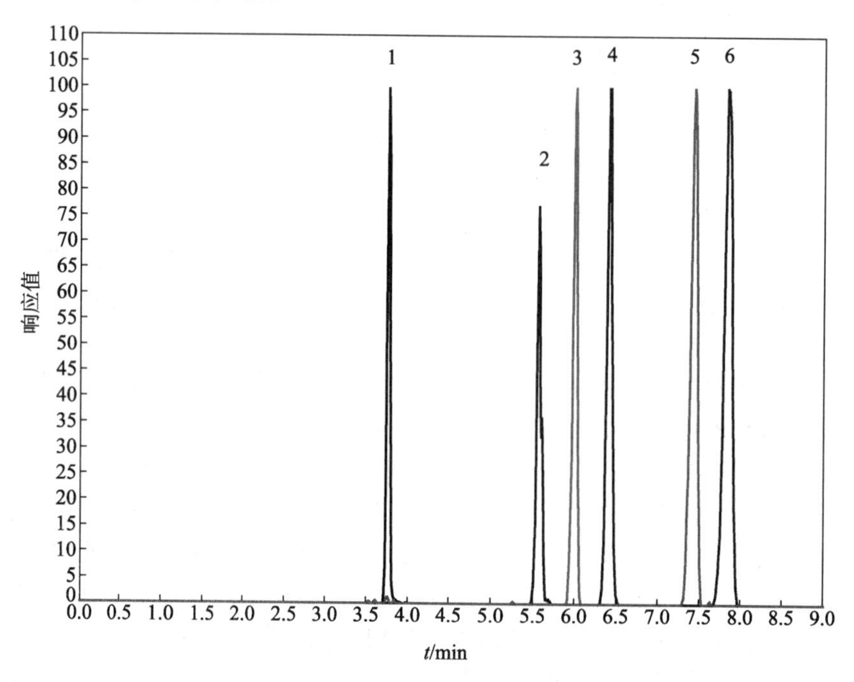

图 3－32　混合标准溶液的 UPLC/MS 谱图

1. UV－P　2. UV－329　3. UV－326　4. UV－320　5. UV－327　6. UV－328

3.5.3　方法的线性关系和检出限

3.5.3.1　HPLC 法

用甲醇将混标储备液逐级稀释，配制混标工作液，按上述方法进行测定，考察每个组分的色谱峰面积（A）随其质量浓度（ρ）的变化规律，结果发现，对于每个组分，在一定质量浓度（ρ）范围内，其色谱峰面积（A）均与质量浓度（ρ）线性相关，线性相关系数均大于 0.999，表 3－23 给出了方法的线性关系。按公式 $LOD = 3S_b/b$ 计算方法的检出限（LOD），式中 b 为校准曲线的斜率，S_b 为 20 次平行测试得到的空白值标准偏差，各组分的检出限均为 0.1mg/kg。

3.5.3.2　GC/MS－MS 法

按上述方法对系列混合标准溶液工作液进行测定，以峰面积（A）对质量浓度（ρ）绘制曲线，得到 6 种目标分析物的线性回归方程、相关系数和线性范围，以 $S/N = 10$ 的质量浓度确定方法的定量下限，结果见表 3－24，UV－P，UV－320，UV－327 的定量下限均为 0.10μg/kg，UV－326，UV－328，UV－329 的定量下限均为 0.30μg/kg。

表3－23　方法的线性关系和检出限（HPLC法）

序号	组分	t_R /min	检测波长 /nm	线性范围 /(μg/mL)	线性方程	r	LOD /(mg/kg)
1	UV－P	3.129	337.0	0.22～44.40	$A=3859.8\rho+129.2$	0.9999	0.10
2	UV－328	4.166	337.0	0.24～47.20	$A=1106.6\rho+914.0$	0.9991	0.10
3	UV－326	4.836	348.0	0.22～43.20	$A=1677.4\rho+1274.5$	0.9995	0.10
4	UV－320	5.054	340.0	0.23～45.20	$A=1948.2\rho+1488.3$	0.9993	0.10
5	UV－327	5.823	346.0	0.22～43.60	$A=1488.8\rho+1447.9$	0.9990	0.10
6	UV－329	6.305	341.5	0.24～48.40	$A=1189.2\rho+802.2$	0.9990	0.10

表3－24　方法的线性关系和定量下限（LOQ）(GC/MS－MS法)

序号	组分	保留时间/min	线性方程	线性范围/(ng/mL)	r	LOQ/(μg/kg)
1	UV－P	14.230	$A=26.12\rho+56.98$	0.18～45.00	0.9998	0.10
2	UV－320	16.862	$A=60.06\rho+90.68$	0.21～52.50	0.9997	0.10
3	UV－326	17.234	$A=51.85\rho+18.45$	0.51～51.00	0.9994	0.30
4	UV－329	17.388	$A=31.03\rho+128.59$	0.54～54.00	0.9995	0.30
5	UV－328	17.823	$A=20.22\rho+54.36$	0.54～54.00	0.9995	0.30
6	UV－327	17.825	$A=42.07\rho+23.41$	0.22～55.00	0.9999	0.10

3.5.3.3　UPLC/OrbitrapHRMS法

按上述方法对系列混合标准工作液进行测试，以峰面积（A）对质量浓度（ρ）作图，发现在一定质量浓度（ρ）内，各组分的峰面积（A）与其质量浓度（ρ）之间均存在良好的线性关系，表3－25给出了各组分的线性关系。在信噪比（S/N）＝3的条件下，确定各组分的检出限（LOD），也列于表3－25中。

表3－25　线性关系和检出限（LOD）（UPLC/MS法）

序号	化合物	线性范围/(ng/mL)	线性方程	r	LOD/(μg/kg)
1	UV－P	0.22～112.00	$A=68380\rho+116091$	0.9997	0.10
2	UV－320	0.10～98.00	$A=337064\rho+10866$	0.9999	0.05
3	UV－326	0.20～102.00	$A=113381\rho+66034$	0.9996	0.10
4	UV－327	0.18～92.00	$A=177125\rho+15971$	0.9998	0.10
5	UV－328	0.22～108.00	$A=72790\rho-90427$	0.9991	0.10
6	UV－329	0.20～95.00	$A=324355\rho+173431$	0.9973	0.10

3.5.4　方法的精密度和回收率

以不含目标分析物的白棉衬布为空白基质，采用添加混合标准溶液的方法，制备3个不同浓度水平的测试样，每个浓度水平制备9个平行样，按上述方法进行测试，计算方法的加标平均回收率和精密度，结果见表3－26～表3－28。

表 3-26 方法的回收率（HPLC 法）

组分	加入值/(μg/mL)	平均回收率/%	RSD/%	加入值/(μg/mL)	平均回收率/%	RSD/%	加入值/(μg/mL)	平均回收率/%	RSD/%
UV-P	0.11	85.35	4.08	0.22	90.21	3.08	1.10	93.65	1.58
UV-320	0.11	84.86	4.21	0.23	89.67	3.47	1.13	92.78	1.96
UV-326	0.11	85.52	3.89	0.22	88.94	3.63	1.08	93.16	1.64
UV-327	0.11	84.27	4.37	0.22	89.35	3.54	1.09	92.64	2.25
UV-328	0.12	83.48	4.52	0.24	86.26	3.61	1.18	92.95	2.13
UV-329	0.12	84.36	4.41	0.24	87.62	3.18	1.21	91.68	2.24

表 3-27 方法的加标回收率和精密度（GC/MS-MS 法）

组分	加入值/(μg/mL)	平均回收率/%	RSD/%	加入值/(μg/mL)	平均回收率/%	RSD/%	加入值/(μg/mL)	平均回收率/%	RSD/%
UV-P	0.45	82.35	6.58	1.80	85.63	5.64	9.00	92.58	4.62
UV-320	0.52	83.46	5.64	2.10	84.72	4.83	10.50	90.62	3.65
UV-326	0.51	82.19	6.15	2.04	83.84	5.16	10.20	91.47	4.81
UV-327	0.55	82.74	6.76	2.20	84.36	4.28	11.00	92.33	5.16
UV-328	0.54	82.56	6.32	2.16	85.25	6.17	10.80	90.29	4.29
UV-329	0.54	83.12	7.13	2.16	84.69	5.39	10.80	91.75	3.98

表 3-28 方法的加标回收率和精密度（UPLC/MS 法）

组分	加入值/(μg/mL)	平均回收率/%	RSD/%	加入值/(μg/mL)	平均回收率/%	RSD/%	加入值/(μg/mL)	平均回收率/%	RSD/%
UV-P	0.22	83.85	5.82	1.12	86.21	3.95	5.60	94.38	2.13
UV-320	0.20	83.54	6.13	0.98	84.95	4.16	4.90	94.63	2.32
UV-326	0.20	82.98	5.74	1.02	85.46	4.08	5.10	93.49	2.65
UV-327	0.18	82.63	6.25	0.92	85.37	3.58	4.60	93.61	2.48
UV-328	0.22	83.16	6.43	1.08	85.68	3.29	5.40	93.17	2.81
UV-329	0.20	82.42	6.79	0.95	84.52	4.37	4.75	92.85	2.96

3.6 实际样品测试

采用所建立的方法对 359 个市售纺织品进行测试，结果在 1 个灰白色棉布样品中检出了 UV-327，结果如表 3-29 所示。图 3-33、图 3-34、图 3-35 分别是该样品提取液的 UPLC、GC/MS-MS、UPLC/MS 图。

表 3-29 不同分析方法实际样品检测结果

样品名称	组分	HPLC	GC-MS/MS	UPLC/MS
灰白色棉布	UV-327	106.8	107.1	105.3

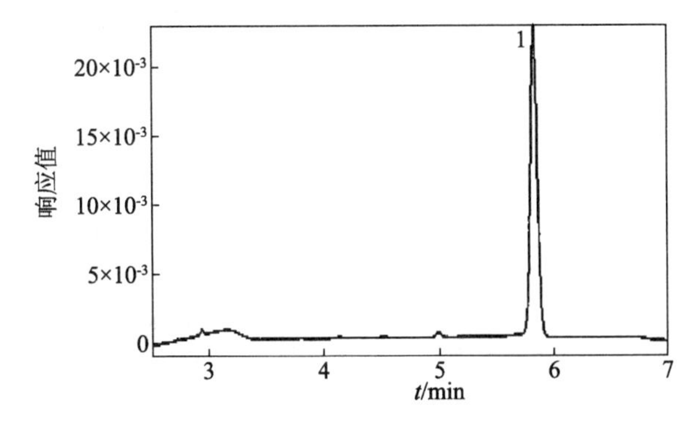

图 3-33　实际样品的 UPLC 图

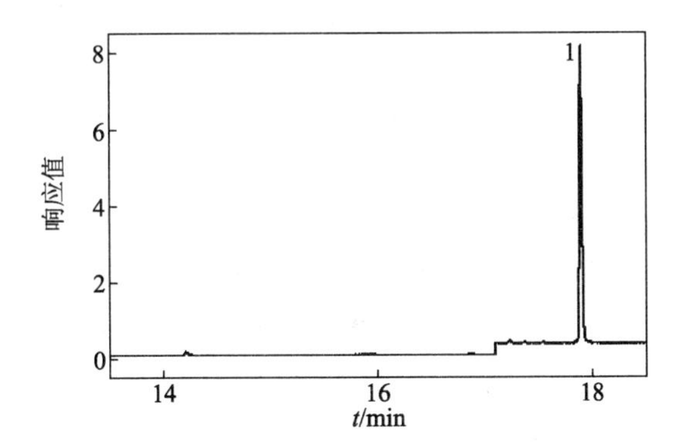

图 3-34　实际样品的 MRM 总离子流图

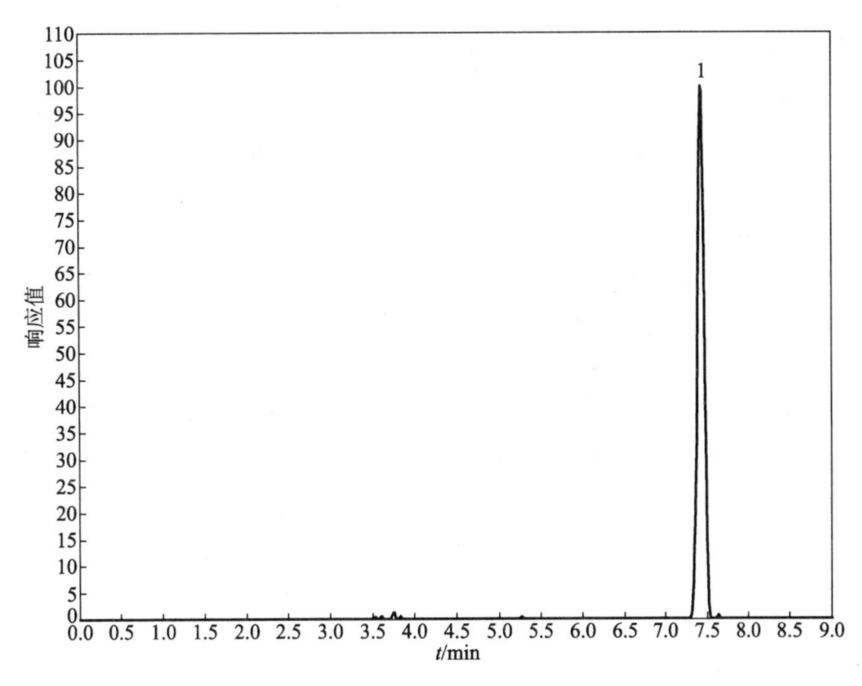

图 3-35　实际样品的 UPLC/MS 谱图

3.7 结论

分别建立了3个同时测定纺织品中6种苯并三唑类紫外线的方法，该方法简便快捷、灵敏度高、检出限低，可以完全满足纺织品中苯并三唑类紫外线吸收剂含量检测工作的需要。采用所建立的方法对市售纺织品进行分析，结果在部分样品中检出了UV－327。

第4节 纺织品中溴系阻燃剂的测定

4.1 概述

随着科技的发展和纺织工业的进步，纺织品品种不断增多，其应用范围和数量也大幅度增长，从人们的日常生活扩展到工业、交通运输、军事等领域。随之而来，因纺织品引燃而成灾的事故也越来越多。根据统计数据分析，因纺织品不具备阻燃性能被引燃并蔓延而引起的火灾占火灾事故的20%以上。对室内发生火灾的情况测试结果表明，阻燃织物允许有更长的逃逸时间，可大大减少火灾造成的损失，因此，近年来世界各国纷纷开展纺织品阻燃技术的研究。我国纺织品阻燃技术始于50年代，60年代开始出现耐久性纯棉阻燃纺织品，70年代开始对合成纤维及混纺织物的阻燃研究，先后开发了一系列可用于纺织品阻燃的阻燃剂。

阻燃剂是添加在纺织品、塑料等材料中防止火焰燃烧的物质，广泛运用在纺织服装、塑料等行业中，是一种在纺织品整理中起阻燃功能的化学整理剂。目前国内外常用的阻燃整理剂多为溴、锑系列和有机磷系列产品。我国阻燃剂总生产能力约为15万吨/年，品种有120多种。目前，阻燃织物主要有两类，一类是阻燃后整理织物，一类是阻燃纤维，其中生产和使用最多的是阻燃后整理织物，阻燃纤维织物的产量很少。

溴系阻燃剂虽然具有一定的阻燃效果，但有关研究成果表明，部分溴系阻燃剂对人体和环境有害。阻燃剂对人体的危害速度很快，能够损害大脑，减少人体的甲状腺素水平和类维生素A的水平，引起人的内分泌紊乱。这类物质稳定而且具有生物积累性。欧盟最早开始使用多溴联苯醚（polybrominateddiphenylethers，PBDEs），瑞典国家化学品检验局（Swedish National Chemicals Inspectorate）1999年禁止生产和使用这类物质，奥斯陆和巴黎公约（OS-PAR）把这类物质列入需要优先解决其污染和危害人体安全问题的名单。德国的《食品与消费品法》、欧盟指令76/769/EEC和日本《家用消费品有害物质法》等均明确禁止使用有害的溴系阻燃物质，禁止使用的阻燃剂包括：三（2,3－二溴丙基）磷酸盐（TRIS）和三－（1－氮杂环丙烯基）氧化膦、二（2,3－二溴丙基）磷酸盐、多溴联苯、五溴联苯醚及八溴联苯醚。英国和欧盟的相关的阻燃剂的风险评估委员会正在进行风险评估，力求减少和消除相关阻燃剂的不利影响。因此，最新的纺织品标准将阻燃整理剂列入监控范围，见表3－30。

日本《日用品有害物质限量法规》中介绍三种磷系阻燃剂（三（2,3－二溴丙基）磷酸盐（TRIS）和三－（1－氮杂环丙烯基）氧化膦、二（2,3－二溴丙基）磷酸盐）的检测方法，这些方法是20世纪70年代末期、80年代初期建立的，三种磷系阻燃剂的检测方法均不相同，而且方法繁琐，使用苯、重氮甲烷等极毒的化学试剂。这些方法最大的缺点就是可操作性极差。

本研究选定纺织品中列入监控范围的阻燃整理剂三（2,3－二溴丙基）磷酸盐、多溴联苯（PBBs）、五溴联苯醚及八溴联苯醚作为研究对象（具体信息见表3－31），参考国内外相关文献，进行了3年多的实验研究，确定了纺织品中阻燃整理剂的检测方法。经国内5家实验室的技术人员进行了方法验证试验，结果表明本方法各项技术指标均达到要求。

表3－30　本项目研究的阻燃整理剂的具体信息

序号	阻燃整理剂名称		CAS No.	法　规	限量
	中文名称	英文名称			
1	三（2,3－二溴丙基）磷酸盐	Tris（2,3－dibromopropyl）phosphate	126－72－7	79/663/EEC（7/24/1979）德国日用消费法；Law112（10/12/1973）	禁用
2	多溴联苯	Polybromobiphenyls（PBBs）	59536－65－1	83/264/EEC（3/16/1983）德国日用消费法	≤0.1%
3	五溴联苯醚	Pentabromodiphenylether	32534－81－9	2003/11/EC（8/15/2004）	
4	八溴联苯醚	Octabromodiphenylether	32536－52－0	2003/11/EC（8/15/2004）	

4.2　方法的基本原理

样品采用甲苯作为提取溶剂经索氏抽提纺织品中10种溴系阻燃剂残留，提取液经过浓缩处理，用气相色谱－质谱仪进行分析，内标法定量。

4.3　样品处理

4.3.1　样品制备

本课题测试用的纺织品样品均来自市场。选取有代表性的样品，用自动制样机裁成5mm×5mm的小块，混合均匀。

4.3.2　样品萃取

称取约1.0g样品，精确至0.01g，置于纤维素套管中，然后将其放至安装好的索氏提取装置中，加入1.5倍虹吸管体积的甲苯到接受瓶中，抽提3h，每秒流速1～2滴。用旋转蒸发器将提取液浓缩至2mL～3mL，转移至10mL容量瓶中，用甲苯定容至刻度。用0.45μm过滤膜将样液过滤至样品瓶后，用气相色谱－质谱仪进行分析。如溶液中浓度过高，则适当稀释后再进样。

4.3.3　标准物质

本节所用标准品详见表3－31，其中，十氯联苯为内标。用色谱纯甲苯分别配制1.0g/L

三（2,3－二溴丙基）磷酸盐、多溴联苯（PBBs）、PBDE－5及PBDE－8的储备液，使用时再用甲苯稀释至所需要的浓度。

表3－31　标准品详细目录

序号	化学名称	分子式	英文名称	缩写	纯度/%
1	三(2,3－二溴丙基)盐	$C_9H_{15}Br_6O_4P$	Tris(2,3－dibromopropyl)phosphate	Tris	96.9
2	一溴联苯	$C_{12}H_9Br$	2－Bromobiphenyl	PBB－1	99.5
3	二溴联苯	$C_{12}H_8Br_2$	2,5－Dibromobiphenyl	PBB－2	100
4	三溴联苯	$C_{12}H_7Br_3$	2,4,6－Tribromobiphenyl	PBB－3	100
5	四溴联苯	$C_{12}H_6Br_4$	2,2′,4,5′－Tetrabromobiphenyl	PBB－4	98.2
6	五溴联苯	$C_{12}H_5Br_5$	2,2′,4,5′,6－Pentabromobiphenyl	PBB－5	100
7	六溴联苯	$C_{12}H_4Br_6$	FiremasterBP－6(Hexabromobiphenyl)	PBB－6	TechMix
8	八溴联苯	$C_{12}H_2Br_8$	DowFR－250(Octabromobiphenyl)	PBB－8	TechMix
9	五溴联苯醚	$C_{12}H_5Br_5O$	3,3′,4,4′,5－Pentabromobiphenylether	PBDE－5	50mg/L
10	八溴联苯醚	$C_{12}H_2Br_8O$	2,3,3′,4,4′,5,5′,6－Octabromobiphenylether	PBDE－8	50mg/L
11	十氯联苯(内标)	$C_{12}Cl_{10}$	Decachlorobiphenyl	C－209N	100±4%

4.4　分析条件

4.4.1　色谱条件

DB－5HT毛细管柱（30m×0.25mm×0.1μm），进样口温度：250℃，传输线温度：300℃，电离方式：EI，离子源温度：250℃；氦气（99.999%）作载气，流速1.5mL/min，不分流进样。

柱温：初温110℃，保留2min，以40℃/min升至200℃，然后以30℃/min升至270℃，再以5℃/min升至280℃，最后以10℃/min升至315℃，保留3min。

4.4.2　质谱条件

MS分段扫描：0min～3.5min，溶剂延迟；3.5min～4.5min，选择离子监测模式，监测离子：*m/z*231.9；4.5min～5.2min，选择离子监测模式，监测离子：*m/z*311.8；5.2min～6.0min，选择离子监测模式，监测离子：*m/z*391.6；6.0min～6.5min，选择离子监测模式，监测离子：*m/z*309.8；6.5min～7.5min，选择离子监测模式，监测离子：*m/z*389.6；7.5min～8.1min，选择离子监测模式，监测离子：*m/z*403.8，*m/z*497.6；8.1min～8.35min，选择离子监测模式，监测离子：*m/z*467.6；8.35min～11.2min，选择离子监测模式，监测离子：*m/z*118.8；11.2min～12.21min，选择离子监测模式，监测离子：*m/z*625.6；12.21min～14min，选择离子监测模式，监测离子：*m/z*641.3；14min～15.58min，关闭离子源。

4.5　结果与讨论

4.5.1　萃取条件的优化

4.5.1.1　萃取方式的选择

美国 EPA1614《HRGC/HRMS 测定水，固体，沉积物和组织中的多溴联苯醚》、SN/T 2005.2—2005《电子电气产品中多溴联苯和多溴联苯醚的测定第 2 部分：气相色谱 - 质谱法》等方法均采用索氏抽提法提取固体样品中的多溴联苯和多溴联苯醚。在电子电气产品中，多溴联苯和多溴联苯醚主要分布在塑料中，这类阻燃剂预先和基体树脂充分混合，然后在挤出或注塑过程中进行均化，故与塑料结合紧密。阻燃纤维中阻燃剂与纺织品的结合方式与多溴联苯和多溴联苯醚与塑料的结合方式类似。而在阻燃后整理织物中，阻燃剂主要分布在纤维的表层，与纤维结合的紧密程度不及其与塑料结合的紧密程度。因此，本标准也参照上述方法，选定萃取方式为索氏抽提法，提取时间为 3h。

4.5.1.2　提取溶剂的选择

分别以甲苯、丙酮/正己烷（1∶1）、三氯甲烷、正丙醇为提取溶剂，按 3.2 对自制样品进行提取率试验，结果见表 3 - 32。不论是涤纶还是棉布，当采用甲苯作为提取溶剂时，其提取率均是最高的。因此本标准采用甲苯作为提取溶剂。

表 3 - 32　不同萃取溶剂提取试验

样品	溶　剂	溶液浓度/(mg/L)
涤纶	甲苯	60.2
	正丙醇	26.69
	三氯甲烷	10.3
	丙酮/正己烷（1∶1）	41.4
棉布	甲苯	208.26
	正丙醇	11.54
	三氯甲烷	41.70
	丙酮/正己烷（1∶1）	66.75

4.5.2　分析条件的优化

4.5.2.1　进样口温度的优化

选择不同的进样口温度，观察各目标化合物色谱峰面积的变化情况，结果表明，对于 PBB - 1、PBB - 2、PBB - 3、PBB - 4、PBB - 5、内标、PBDE - 5、PBB - 6、TDBP，随着进样口温度的上升，各目标化合物色谱峰面积的总趋势是下降的；PBDE - 8 色谱峰面积随进样口温度变化规律不明显，当进样口温度为 250℃ 和 260℃ 时，色谱峰面积均较大；当进样口温度为 240℃ 时，PBB - 8 色谱峰面积较小，当进样口温度为 250℃ 或更高时，色谱峰面积基本上保持不变。因此，本标准选定的进样口温度为 250℃。

4.5.2.2 分析条件的确认

本标准选用 DB－5HT(30m×0.25mm×0.1μm) 毛细管柱，在选定的色谱条件下，首先通过全扫描方式（GC－MSD/SCAN）对 Tris、PBBs、PBDE－5 和 PBDE－8 的混标做出总离子流图（TIC），然后根据其质谱图分别对 Tris、PBBs、PBDE－5 和 PBDE－8 的碎片离子先后选择了丰度相对较高、分子量较大、干扰较小的碎片离子，作为测定和确证的特征目标监测离子，如表 3－33，进行 GC－MSD/SIM 测定。

表 3－33 PBB 和 PBDE 的特征目标监测离子

序号	化合物	特征离子	定量离子
1	Tris	118.8120.8200.8	118.8
2	PBB－1	152.0231.9233.9	231.9
3	PBB－2	309.8311.8313.8	311.8
4	PBB－3	387.8389.9391.6	391.6
5	PBB－4	307.8309.8467.7	309.8
6	PBB－5	387.7389.6545.6	389.6
7	PBB－6	465.7467.6627.5	467.6
8	PBB－8	623.6625.6627.5	625.6
9	PBDE－5	401.7403.8565.3	403.8
10	PBDE－8	639.5641.3643.5	641.3

经试验，所选择的特征目标监测离子测定灵敏度高，选择性好，干扰物少，线性范围宽、重现性好，定量准确，阳性确证结果准确可靠。混和标准溶液的总离子流色谱图见图 3－36，选择离子色谱图见图 3－37。

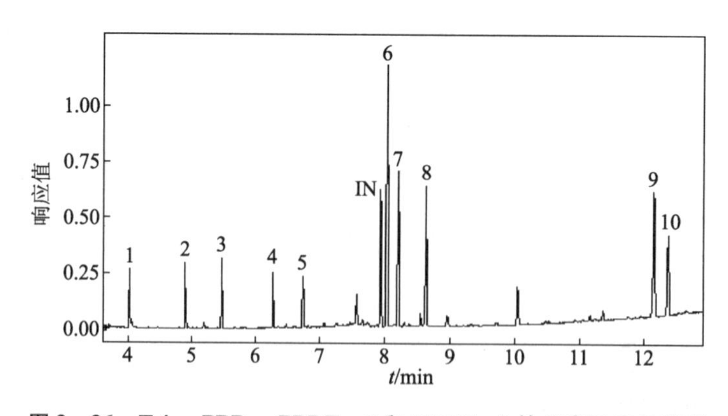

图 3－36 Tris、PBBs、PBDE－5 和 PBDE－8 的总离子流色谱图

1. 峰 1－PBB－1 2. 峰 2－PBB－2 3. 峰 3－PBB－3 4. 峰 4－PBB－4 5. 峰 5－PBB－5 6. 峰 6－PBDE－5 7. 峰 7－PBB－6 8. 峰 8－Tris 9. 峰 9－PBB－8 10. 峰 10－PBDE－8 11. 峰 IN－C－209N

4.5.2.3 线性关系和检测限

在本方法确定的实验条件下，Tris、PBBs、PBDE－5 和 PBDE－8 的线性范围、线性方程及其相关系数、检测限见表 3－34。

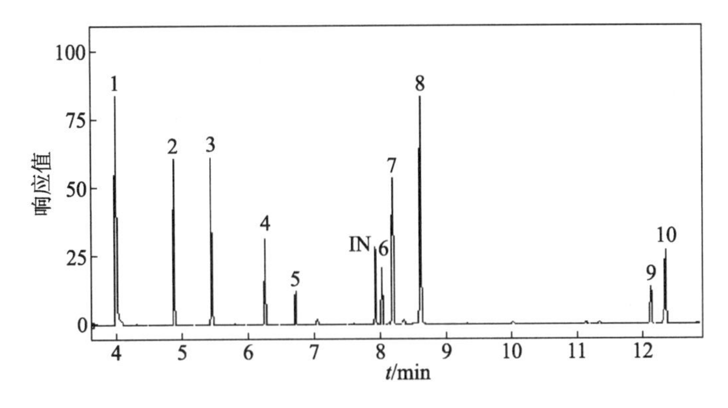

图3－37　Tris、PBBs、PBDE－5和PBDE－8的选择离子色谱图

1. 峰1－PBB－1　2. 峰2－PBB－2　3. 峰3－PBB－3　4. 峰4－PBB－4　5. 峰5－PBB－5　6. 峰6－PBDE－5　7. 峰7－PBB－6　8. 峰8－Tris　9. 峰9－PBB－8　10. 峰10－PBDE－8　11. 峰IN－C－209N

表3－34　线性范围、线性方程及其相关系数、检测限

组分	线性范围/(μg/L)	线性方程	相关系数	检测限/(μg/L)
Tris	25～2500	$y=4590x+106839$	0.9994	2.5
PBB－1	5～2500	$y=47931x+1277592$	0.9988	0.5
PBB－2	5～2500	$y=44482x+691955$	0.9988	0.5
PBB－3	5～2500	$y=30356x-31690$	0.9995	1
PBB－4	5～2500	$y=27675x+315066$	0.9984	1
PBB－5	5～2500	$y=8288x+38011$	0.9989	1
PBDE－5	50～5000	$y=2002x-84276$	0.9994	5
PBB－6	50～5000	$y=4350x+121479$	0.9978	5
PBB－8	50～5000	$y=722x+20804$	0.9988	10
PBDE－8	50～5000	$y=956x-8290.5$	0.9993	10

4.5.2.4　回收率和精密度实验

采用添加法在待测样品中添加不同浓度水平的Tris、PBBs、PBDE－5和PBDE－8混标，进行回收率和精密度测定。添加三个浓度水平，每个浓度水平单独测定5次，回收率和精密度结果见表3－35。

表3－35　回收率和精密度实验

组分	加入量/mg	平均回收率（%，$n=9$）	RSD/%
PBB－1	25.00	95.05	2.42
	2.50	97.40	5.56
	0.25	104.72	2.98
PBB－2	25.12	93.61	2.11
	2.51	91.15	3.29
	0.25	101.75	2.28

续表

组分	加入量/mg	平均回收率（%，$n=9$）	RSD/%
PBB－3	26.45	95.50	2.06
	2.65	93.85	2.43
	0.27	97.81	3.08
PBB－4	24.55	97.08	2.03
	2.46	96.02	3.03
	0.25	96.42	2.14
PBB－5	20.00	97.47	2.16
	2.00	100.50	2.78
	0.20	102.50	2.29
PBDE－5	50.00	101.56	2.38
	5.00	102.63	2.08
	1.00	97.14	2.09
PBB－6	60.00	99.53	2.01
	6.00	103.86	2.16
	1.20	94.52	3.93
Tris	24.75	93.03	2.20
	2.48	95.79	4.02
	0.50	84.12	3.64
PBB－8	54.00	96.32	3.25
	5.40	96.46	5.53
	1.08	92.80	5.20
PBDE－8	50.00	93.22	2.05
	5.00	96.72	4.87
	1.00	82.72	5.61

4.6 结论

本方法选定十氯联苯为内标，应用气相色谱－质谱选择离子监测法（GC－MSD/SIM）对10种溴系阻燃剂进行分析，内标法定量，具有灵敏度高、选择性好、抗干扰的特点。方法简便、快速、准确。

第 5 节　纺织品中有机磷系阻燃剂检测技术的研究

5.1　概述

5.1.1　纺织品中阻燃剂的使用状况

通过后整理将阻燃剂添加到纤维或织物上，是目前实现阻燃性能的主要方式之一。经阻燃整理后，纺织品的阻燃效果大大增强。磷阻燃剂包括有机磷阻燃剂和无机磷阻燃剂，是阻燃剂中的一个大家族，它广泛应用于各种材料的阻燃，包括塑料、橡胶、纸张、木材、涂料及纺织品等，在阻燃领域具有非常重要的地位。有机磷阻燃剂对聚合物的物理机械性能影响较小，并且和聚合物的兼容性好，因此成为近年来备受青睐的阻燃剂。国外已有一系列的有机磷阻燃剂产品投入使用，并有新产品不断问世。有机磷阻燃剂包括磷（膦）酸酯、亚磷酸酯、有机磷盐、氧化膦、含磷多元醇等，但应用最多的则是磷（膦）酸酯及其共聚物。

有机磷阻燃剂虽然具有一定的阻燃效果，但有关研究成果表明，部分阻燃剂性能稳定，具有很强的生物积累性，对人体和环境有害。1977 年 4 月 7 日，美国消费品安全委员会（CPSC）禁止在儿童睡衣中使用三 -（2，3 - 二溴丙基）磷酸酯（TRIS）。1997 年美国癌症研究所发现三 -（1 - 氮杂环丙基）氧化膦（TEPA）和三 -（2，3 - 二溴丙基）磷酸酯（TRIS）具有致癌性和剧毒性。1979 年 7 月欧盟颁布了 79/663/EEC 指令禁止使用有机磷阻燃剂 TRIS，规定 TRIS 不能用于服装、内衣、亚麻制品等与人体皮肤直接接触的纺织制品。1983 年 3 月 16 日颁布了 83/264/EEC 指令禁止使用有机磷阻燃剂 TEPA。2010 年 1 月 13 日，欧洲化学品管理局（ECHA）将 TCEP 列入第二批授权物质清单。2010 年 9 月 9 日 ECHA 风险评估委员会（RAC）将三［2 - 氯 - 1 -（氯甲基）乙基］磷酸酯（TDCP）的归类为致癌物质。欧洲玩具标准 EN71 第 9 部分禁止在玩具用纺织品中使用 TOCP 和 TCEP。德国政府颁布了先后颁布《食品及日用消费品法》（LMBG）、《日用品法令》（BGVO）、《食品及日用品法》（LFGB）规定除劳动保护服装、玩具动物和玩具娃娃以外，纺织物制成的产品中不得含有有机磷阻燃剂 TRIS 和 TEPA。英国政颁布了《有害物质安全法规》，规定 TRIS 和 TEPA 不得用于纺织品的加工处理。日本制定了《家用产品有害物质控制法》（Law 112）对家用产品中有害物质的种类进行了规定，并随后进行了多次修订，自 1978 年 1 月 1 日起禁止使用 TEPA，自 1981 年 9 月 1 日起禁止使用 TRIS 和二 -（2，3 - 二溴丙基）磷酸酯（DDBPP）。中国于 1998 年 12 月 25 日修订发布了《中国禁止或严格限制的有毒化学品名录（第一批）》，禁止使用 TRIS、TEPA。2002 年国际生态纺织品认证标准 Oeko - Tex Standard100 规定生态纺织品中不得使用阻燃剂 TRIS、TEPA，2011 年禁用的阻燃剂项目新增加了 TCEP。中国 2002 年发布 GB/T18885 - 2002《生态纺织品技术要求》，规定生态纺织品中不得使用 TEPA 和 TRIS。目前国内外对纺织产品的要求越来越高，对其中有害物质的限制越来越严格，限制使用物质的种类也越来越多。目前禁用的有机磷阻燃剂共有 6 种：TRIS、DDBPP、TEPA、TOCP、TCEP、TDCP，规定在轻纺产品中不得检出这 6 种有机磷阻燃剂。

对于这 6 种禁用有机磷阻燃剂，部分已有检测方法。日本《家用产品有害物质法》附录中介绍了TRIS、DDBPP和TEPA的检测方法，采用甲醇回流进行提取，提取后用气相色谱－火焰光度检测器（GC－FPD）进行测定，这三种有机磷阻燃剂的提取及测试过程均是分别进行的，且前处理中使用苯、重氮甲烷等有毒化学试剂，操作十分繁琐，可操作性极差。EN71用乙腈超声提取、液相色谱法分析TOCP和TCEP，所用溶剂毒性较大，且方法的灵敏度较低，均为50mg/kg。GB/T 24279—2009以正己烷－丙酮（体积比/70：30）为萃取溶剂，超声萃取纺织品中的阻燃剂，采用气相色谱－质谱法进行定性定量分析，同时测定了纺织品中的禁用有机磷阻燃剂TEPA、TRIS、TDCP、TCEP，其检测限分别为50、50、10、10mg/kg。SN/T 1851—2006以甲苯为提取溶剂进行索氏萃取，提取液浓缩后进行气相色谱－质谱分析，测定了纺织品中禁用有机磷阻燃剂TRIS，其检测限为0.25mg/kg。李宣等人以丙酮/正己烷（V：V/2：8）混合溶剂为萃取溶剂，对纺织品中的有机磷阻燃剂进行超声萃取，然后采用气相色谱－氮磷检测器进行测定，对纺织品中TCEP、TOCP、TRIS等高三种有机磷阻燃剂进行了测定，其检测限分别为0.044、0.053和0.82mg/kg。方洁等人采用气质联用法对纺织品中限用溴系和磷系阻燃剂进行测定，其中TOCP的检测限为0.70ng（绝对进样量）。徐善浩等人采用超声萃取/气质联用法对PVC塑料制品中的TCEP进行了测定，其检测限为0.1mg/L。RodilR等人采用液相色谱/串联质谱法测定了废水中的包括TEPA在内的11种有机磷阻燃剂，其检出限为ng/mL数量级。BacaloniA等人采用液相色谱/串联质谱法测定了饮用水和地表水中包括TEPA在内的11种有机磷阻燃剂，其检出限也是ng/mL数量级。目前的文献报道中虽对部分有机磷阻燃剂进行了测定，但存在两个缺点：1. 检出限较高；2. 不能同时对6种禁用有机磷阻燃剂进行测定。

本项目对纺织品中列入监控范围的6种禁用有机磷阻燃剂（具体信息见表3－36a）进行研究。以丙酮、甲醇、乙醇、乙酸乙酯等12种常见的有机溶剂为萃取溶剂，分别采用超声萃取法、微波萃取法、索氏萃取法等技术萃取阻燃纺织品中的禁用有机磷阻燃剂，对其萃取效果进行比较，确定纺织品中禁用有机磷阻燃剂的最佳萃取条件。采用GC－FPD、GC/MS和GC/MS－MS技术对萃取产物进行分析，分别建立了GC－FPD、GC/MS、GC/MS－MS方法，对纺织品中的6种禁用有机磷阻燃剂进行了同时测定。

表3－36a　禁用有机磷阻燃剂的具体信息

序号	中文名称	英文名称	缩写	CAS No.	法规	限量
1	三－(1－氮杂环丙基)氧化膦	tris－(1－aziridinyl) phosphinoxide	TEPA	545－55－1	1#、2#、4#、9#、8#、10#	禁用
2	二－(2,3－二溴丙基)磷酸酯	bis－(2,3－dibromopropyl) phosphate	DDBPP	5412－25－9	2#	禁用
3	三－(2,3－二溴丙基)磷酸酯	tris－(2,3－dibromopropyl) phosphate	TRIS	126－72－7	1#、2#、3#、9#、8#、10#	禁用
4	三－(2－氯乙基)磷酸酯	tris－(2－chloroethyl) phosphate	TCEP	115－96－8	5#、6#、9#	禁用

续表

序号	中文名称	英文名称	缩写	CAS No.	法规	限量
5	三－(邻甲苯基)磷酸酯	tri－o－cresylphosphate	TOCP	78－30－8	5#	禁用
6	三－(1,3－二氯丙基)磷酸酯	tris－(1,3－dichloropropyl) phosphate	TDCP	13674－87－8	7#	禁用

注：1#：德国《食品及日用消费品法》；德国《日用品法令》；德国《食品及日用品法》；2#：日本法令112《家用消费品有害物质法》；3#：79/663/EEC；4#：83/264/EEC；5#：BS EN71－9：2005；6#第二批SVHC物质；7#：ECHA/NA/10 /49指令；8#：中国禁止或严格限制的有毒化学品名录（第一批）；9#：Oeko－tex Standard100；10#：GB/T 18885－2002。

通过后整理将阻燃剂添加到纤维或织物上，是目前实现阻燃性能的主要方式之一。经阻燃整理后，纺织品的阻燃效果大大增强。对室内发生火灾的情况测试结果表明，阻燃产品允许有更长的逃逸时间（增加10～15倍），燃烧释放的热量只有未阻燃织物的25%，燃烧释放的有毒气体只有未阻燃织物的1/3，并且不产生剧烈浓烟，从而可大大减少火灾造成的损失，因此，近年来世界各国纷纷开展纺织品阻燃技术的研究，开发了一系列的阻燃剂。我国对纺织品的阻燃技术也进行了大量研究，开发了一系列可用于纺织品阻燃的阻燃剂，并开发了一系列性能优异的阻燃纺织品。

具有实用价值的阻燃剂必须具备以下条件：①与高分子材料混溶性良好；②不改变高分子材料的固有物性，如耐热性、机械强度、电性能；③分解温度不应太高，但在加工温度下又不能分解；④耐久性好；⑤耐候性好；⑥毒性小，燃烧时不产生毒性气体；⑦价廉。

目前国内外常用的阻燃整理剂多为溴、锑系列和有机磷系列产品。我国阻燃剂总生产能力约为15万吨/年，品种有120多种。常用的阻燃剂有三－（2,3－二溴丙基）磷酸酯、三－(1－氮杂环丙基）氧化膦、五溴联苯醚、八溴联苯醚、十溴联苯醚、四溴双酚A、多溴联苯、三－(2－氯乙基）磷酸酯、三(1,3－二氯丙基）磷酸酯、氯化石蜡等。我国生产的阻燃剂主要有THPC、三(1,3－二氯丙基）磷酸酯、棉织物阻燃剂CP、阻燃剂ZR－10、三－(2－氯乙基）磷酸酯、阻燃剂TBC、氯蜡－70等。

磷系阻燃剂包括有机磷阻燃剂和无机磷阻燃剂，是阻燃剂中的一个大家族，它广泛应用于各种材料的阻燃，包括塑料、橡胶、纸张、木材、涂料及纺织品等，在阻燃领域具有非常重要的地位。有机磷阻燃剂对聚合物的物理机械性能影响较小，并且和聚合物的兼容性好，因此成为近年来备受青睐的阻燃剂。国外已有一系列的有机磷阻燃剂产品投入使用，并有新产品不断问世，我国目前对有机磷阻燃剂的开发和研究进行的较多，但真正能投入生产形成产品的尚不多见。有机磷阻燃剂包括磷（膦）酸酯、亚磷酸酯、有机磷盐、氧化膦、含磷多元醇等，但应用最多的则是磷（膦）酸酯及其齐聚物。

三－(1－氮杂环丙基）氧化膦(tris－(1－aziridinyl) phosphinoxide；TEPA）是一种用于棉织物的阻燃剂，它不仅赋予棉织物以阻燃性，而且使棉织物获得免熨性能。TEPA还可用于涤纶和涤棉混纺织物的阻燃整理，且不会伤害纤维。

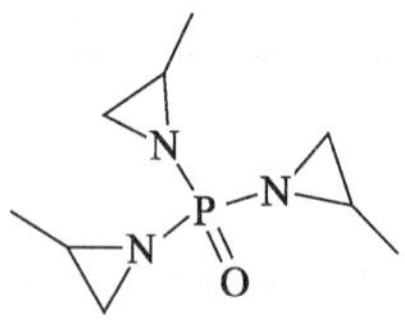

三－(2,3－二溴丙基）磷酸酯（tris－（2,3－dibromopropyl）phosphate，TRIS）又称为磷酸三(2,3－二溴丙基）酯（Tris－（2,3－dibromopropyl）phosphate）、2,3－二溴－1－丙醇磷酸酯（3：1)(1－propanol，2,3－dibromo－，phosphate（3：1)），TRIS是高含溴添加型阻燃剂，具有显著的阻燃效果和增塑效果。用于醋酸纤维素、聚酯、聚苯乙烯、聚氯乙烯及聚氨酯泡沫塑料。TRIS在常温下是稳定的无色透明液体。可溶于除脂族石油烃以外的各种有机溶剂。密度1.4283g/cm^3，闪点240℃。

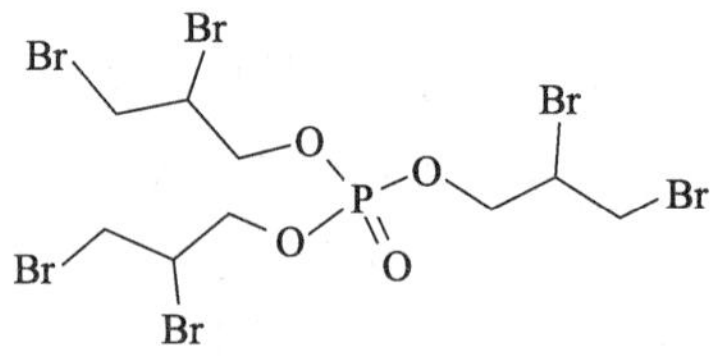

二－(2,3－二溴丙基）磷酸酯（bis－(2,3－dibromopropyl）phosphate，BBDPP）是另一种高含溴添加型阻燃剂。

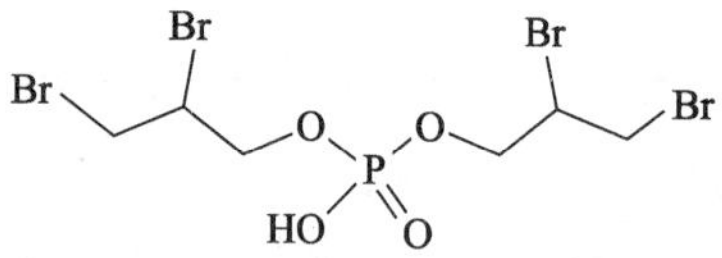

三(1,3－二氯丙基）磷酸酯(tris－(1,3－dichloropropyl)phosphate,TDCP）是一种淡黄色或棕黄色黏稠液体。密度（25℃）1.5129，自燃温度513.9℃，着火点282.2℃，闪点251.7℃，沸点(533.33Pa)＞200℃，凝固点－6℃，开始分解温度230℃，折射率1.5019，皂化值790.6，水中溶解度（30℃）0.01%（质量分数)，水在其中溶解度0.98%（质量分数)，可溶于氯化溶剂（如全氯乙烯)，黏度（23℃）1.850Pa.s。TDCP不易挥发分解，对紫外线稳定性良好。磷含量7.2%（质量分数)，氯含量49.1%（质量分数)。TDCP是一种添加型阻燃剂，广泛应用于聚氯乙烯树脂、聚氨酯泡沫塑料、环氧树脂、酚醛树脂及各种纤维中，阻燃效果十分明显。可用作各种润滑油的极压抗磨添加剂。TRIS是一种淡黄色透明黏稠液体。折射率1.5730。不溶于水和烃类溶剂，溶于醇、酮和芳族溶剂。

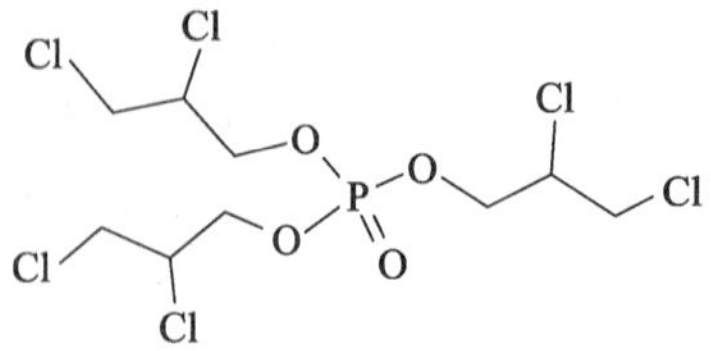

三－(2－氯乙基）磷酸酯（tris－（2－chloroethyl）phosphate，TCEP）是一种无色或淡黄色油状透明液体，具有淡奶油味。折光率$n_D^{20}=1.4731$，沸点194℃，闪点225℃，凝固

点 -64℃，分解温度240℃～280℃，磷含量10.8%，氯含量37.3%，与一般有机溶剂（如醇、酮、芳烃、氯仿等）相溶，不溶于脂肪族烃，几乎不溶于水、且水解稳定性良好，在碱性溶液中有少量分解，本品无明显腐蚀性。TCEP由于在分子中同时存在氯原子和磷酸酯基，因而对塑料，不饱和聚酯树脂（俗称玻璃钢）、橡胶制品具有显著的阻燃和增塑性能，在国内外已作为阻燃剂被广泛用于聚氯乙烯，聚氨酯泡沫、醋酸纤维素、硝基纤维素漆、乙基纤维漆及难燃橡胶、橡胶运输带中，其添加量为5%～10%。TCEP具有极佳的阻燃性能、优良的抗低温性能和抗紫外线性能，使用TCEP作为阻燃剂不仅可提高被阻燃材料的材料级别，而且还可以改善阻燃材料的耐水性、耐酸性、耐寒性及抗静电性。经TCEP处理后所得制品具有自熄性，耐候性、耐寒性、抗静电性。TCEP还可以作为润滑油的特压添加剂，汽油添加剂及金属镁的垫冷却剂等。

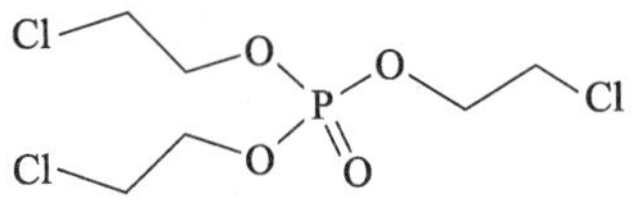

Cl O P O Cl Cl O O

三-（邻甲苯基）磷酸酯（tri-o-cresylphosphate，TOCP）的熔点为< -40℃，沸点为265℃（10mmHg），闪点>230℃，密度为1.16g/cm^3，折射率 n_D^{20} =1.555，常用作聚氯乙烯和三醋酸纤维素的阻燃增塑剂等。有机磷化合物可引起人和其他敏感动物产生由于乙酰胆碱酶活性收到抑制而发生的急性中毒，而且还可引发迟发性多发性神经病，其特征是接触有机磷化合物7～14天或更长时间后才出现毒性症状，主要是周围神经受损，显微镜检查可见轴突变性、降解或脱落，临床表现为感官异常，腓肠肌疼痛，由下肢逐渐向上肢发展的衰弱无力，常见的有步态失调，行走困难，严重时出现瘫痪症状。在20世纪20年代，美国大批患者服用被TOCP污染的饮料而导致迟发性多发性神经病的首次大规模爆发。

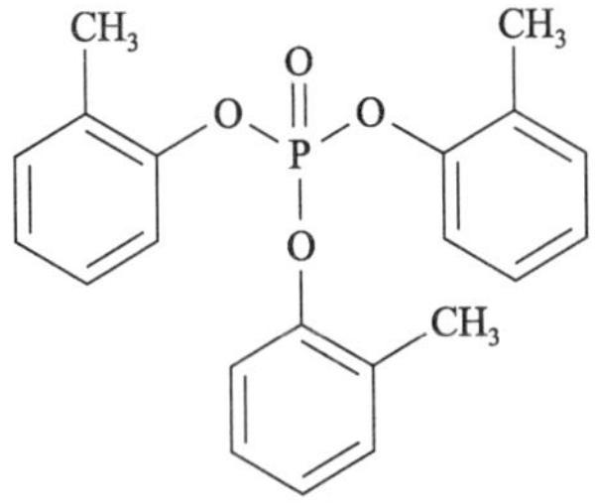

CH_3 O CH_3 O P O O CH_3

近年来，全球阻燃纺织品市场呈现迅速增长的趋势。据英国最近发表的一份报告，目前阻燃纤维和织物的市场需求大幅增长，且在今后5年内亦将持续提升。阻燃织物主要用于产业用纺织品、阻燃非织造布、运输货物用及仓库用的遮盖物、建筑物顶棚及箱包面料、特定行业（比如消防）人员的工作服等领域。有人预测，汽车内装饰材料将成为阻燃织物的一个巨大市场。另外，酒店等公共场所的窗帘等一直被要求具有阻燃性能，而且随着人们生活质量的提高，阻燃纺织品在家庭中的使用比例也会增加，其中也包括阻燃成衣。由TextilesIntelligence公司出版的一期名为"PerformaceApparelMarkets"（功能性成衣市场）的刊物指出，消费者对多功能防护衣兴趣的提高以及未来各国立法的更加严格，将促使阻燃纤维和织物的需求增长。

5.1.2 阻燃剂的安全使用问题及禁用情况

阻燃产品的广泛应用必然涉及到环保、安全、生态评估问题。阻燃剂的安全和生态评估主要是评估它们的安全性和生物可降解性。安全性包括阻燃剂本身以及阻燃剂整理工艺过程和燃烧时所产生物质的急性毒性、致癌性、对皮肤刺激性、致变异性和对水生物的毒性，目前主要考核阻燃剂本身。生物降解性是近年来受到重视的，生物降解性差的物质将会积聚，对环境造成严重影响。

阻燃剂虽然具有一定的阻燃效果，但有关研究成果表明，部分阻燃剂性能稳定，具有很强的生物积累性，对人体和环境有害。

1997 年美国癌症研究所发现 TEPA 具有致癌性能，从而禁止使用 TEPA。

TRIS 曾于 1975 ~ 1977 年间广泛用于儿童睡衣的阻燃处理，用量高达织物重量的 10% 。经 TRIS 处理后的织物可用作儿童睡衣的衬料，研究结果表明，TRIS 与人体皮肤接触后会被吸收入儿童身体中，人们在儿童的尿液中发现了 TRIS 的代谢产物。1977 年 4 月 7 日，美国消费品安全委员会（CPSC）禁止在儿童睡衣中使用 TRIS。1997 年美国癌症研究所发现 TRIS 具有致癌性和剧毒作用。TRIS 还可用于家具的阻燃处理，但 2006 年 12 月 21 日 CPSC 发布了一份报告，指出 TRIS 对肝肾有毒，如果一生暴露在 TRIS 中或与 TRIS 接触，每百万人会引发 300 例癌症。儿童如有 2 年接触 TRIS 或暴露在 TRIS 中，每百万人会引发 20 例癌症。

为了对阻燃剂的毒性进行评估，1976 ~ 1977 年联合国卫生组织和国际卫生组织委托美国和西欧 3 家检测公司测定阻燃剂的毒性，于 1979 年前后共发出 3 份同样结论的报告。报告中指出，除了锆系和铌系阻燃剂之外，其他所有有机阻燃剂全部有致癌性，甚至连一向认为安全可靠的 ProvatexCP（*N* – 羟甲基丙烯酰胺磷酸酯）也有问题，都具有较大的毒性或致癌性。因此，美国国会研究在本国禁止生产某些阻燃纺织品和禁止某些阻燃纺织品进入美国市场，欧盟也明确禁用某些阻燃剂，其他国家也纷纷立法对阻燃剂的使用进行严格限制。

欧盟理事会在 1976 年 7 月 27 日颁布了指令 76/769/EEC，对在欧盟销售和使用的某些危险物质和制剂进行限制，它几乎涉及包括纺织服装在内的所有行业，该指令经多次修正，并多次对原指令已限制物质的范畴进行补充，形成一个比较完善的有害物质法规体系。1979 年7 月 24 日颁布了 79/663/EEC 指令，对 76/769/EEC 指令进行第一次修正，该指令禁止使用有机磷阻燃剂 TRIS，规定 TRIS 不能用于服装、内衣、亚麻制品等与人体皮肤直接接触的纺织制品。1983 年 3 月 16 日颁布了 83/264/EEC 指令，对 76/769/EEC 指令进行第 4 次修订，该指令禁止使用有机磷阻燃剂 TEPA。

德国是世界上最早颁布纺织服装中有害物质法规的国家之一，1992 年 4 月 10 日，德国政府颁布了《食品及日用消费品法》，1998 年 1 月 7 日，德国颁布了《日用品法令》，2005 年 9 月 7 日，德国颁布了《食品及日用品法》，这些法规对日用消费品中禁用的原材料进行了规定，规定除劳动保护服装、玩具动物和玩具娃娃以外，纺织物制成的产品中不得含有有机磷阻燃剂 TRIS 和 TEPA。

英国1994年11月4日颁布了有害物质安全法规（Statutory Instrument1994 No. 2844：The Dangerous Substancesand Preparations（Safety）Regulation1994），该法规于1995年1月1日生效，规定TRIS和TEPA不得用于纺织品的加工处理。

瑞典根据欧盟76/769/EEC指令制定了相应的法规，规定与人体皮肤直接接触的纺织品，如衣服、内衣裤和床上用品中禁止使用TRIS、TEPA和多溴联苯。

日本1973年10月12日制定了《家用产品有害物质控制法》(Law112：The law for control of house hold products containing harmful substances)，1974年9月26日，根据该法规颁布了内阁条例第334号，对家用产品中有害物质的种类进行了规定，并随后进行了多次修订。1978年1月1日起，禁止使用TEPA，1981年9月1日起禁止使用TRIS和DDBPP。

中国于1998年12月25日修订发布了《中国禁止或严格限制的有毒化学品名录（第一批)》，禁止使用TRIS、TEPA。

欧洲玩具标准EN71第9部分禁止在玩具用纺织品中使用TOCP和TCEP。

2010年1月13日，欧洲化学品管理局（ECHA）发布第二批授权物质清单，其中含有TCEP。

Oeko－Tex则自2002年起，规定生态纺织品中不得使用阻燃剂PBB、TRIS、TEPA。2011年禁用的阻燃剂更增加了十溴联苯醚、六溴环十二烷（hexabromocyclododecane，HBCDD)、短链氯化石蜡（short－chainedchloroparaffine，SCCP）和TCEP。

中国2002年发布《GB/T 18885—2002：生态纺织品技术要求》，规定生态纺织品中不得使用TEPA和TRIS。

2010年9月9日，欧洲化学品管理局（ECHA）风险评估委员会同意了爱尔兰的提议，将阻燃剂TDCP列入致癌物质的分类中。此前该物质不属于欧盟范围内划定的任何物质分类。

鉴于阻燃剂的危害性，世界卫生组织（WHO）早在1998年就建议，如果可以采用低毒性的替代品，则不应该使用该类物质。瑞典国家化学品检验局（Swedish National Chemicals Inspectorate）1999年开始禁止生产和使用这类物质，奥斯陆和巴黎公约（OSPAR）把这类物质列入需要优先解决其污染和危害人体安全问题的名单。欧盟的相关风险评估委员会正在进行风险评估，力求减少和消除相关阻燃剂的不利影响。

目前国内外对纺织产品的要求越来越高，对其中有害物质的限制越来越严格，限制使用物质的种类也越来越多。目前禁用的有机磷阻燃剂共有6种：TRIS、DDBPP、TEPA、TOCP、TCEP、TDCP，规定在轻纺产品中不得检出这6种有机磷阻燃剂。

5.1.3　禁用阻燃剂的检测标准及方法现状

对于这6种禁用有机磷阻燃剂，部分已有检测方法。日本《家用产品有害物质法》附录中介绍了TRIS、DDBPP和TEPA的检测方法，这些方法是20世纪70年代末、80年代初建立的，采用甲醇回流进行提取，提取后用气相色谱－火焰光度检测器（GC－FPD）进行测定，这3种有机磷阻燃剂的提取及测试过程均是分别进行的，且前处理中使用苯、重氮甲烷等有毒化学试剂，操作十分繁琐，可操作性极差。EN71用乙腈超声提取、液相色谱法分析 TOCP 和 TCEP，所用溶剂毒性较大，且方法的灵敏度较低，均为 50mg/kg。GB/T 24279—2009 以正己烷：丙酮（体积比 70：30）为萃取溶剂，超声萃取纺织品中的阻燃剂，采用气相色谱-质谱法进行定性定量分析，同时测定了纺织品中的禁用有机磷阻燃剂 TEPA、TRIS、TDCP、TCEP，其检测限分别为 50mg/kg、50mg/kg、10mg/kg、10mg/kg。SN/T 1851—2006 以甲苯为提取溶剂进行索氏萃取，提取液浓缩后进行气相色谱-质谱分析，测定了纺织品中禁用有机磷阻燃剂 TRIS，其检测限为 0.25mg/kg。

目前的文献报道中虽对部分有机磷阻燃剂进行了测定，但存在两个缺点：（1）检出限较高；（2）不能同时对 6 种禁用有机磷阻燃剂进行测定。

对于纺织品中 6 种禁用有机磷阻燃剂的同时测定，则尚未见文献报道。因此制定同时测定这 6 种禁用有机磷阻燃剂的方法，对于提高我国实验室的检测水平，建立具有自主知识产物的检测方法，应对国外技术贸易壁垒，保障我国纺织品的顺利出口，具有十分重要的意义。

本课题对纺织品中列入监控范围的 6 种禁用有机磷阻燃剂（具体信息见表 3-36b）进行研究。以丙酮、甲醇、乙醇、乙酸乙酯 12 种常见的有机溶剂为萃取溶剂，分别采用超声萃取法、微波萃取法、索氏萃取法技术萃取阻燃纺织品中的禁用有机磷阻燃剂，对其萃取效果进行比较，确定纺织品中禁用有机磷阻燃剂的最佳萃取条件。采用 GC-FPD、GC/MS 和 GC/MS-MS 技术对萃取产物进行分析，分别建立了 GC-FPD、GC/MS、GC/MS-MS 方法，对纺织品中的 6 种禁用有机磷阻燃剂进行了同时测定。

表 3-36b 禁用有机磷阻燃剂的具体信息

序号	阻燃剂名称			CASNo.	法规	限量
	中文名称	英文名称	缩写			
1	三-(1-氮杂环丙基)氧化膦	tris-(1-aziridinyl) phosphinoxide	TEPA	545-55-1	A、B、D、H、G、J	禁用
2	二-(2,3-二溴丙基)磷酸酯	bis-(2,3-dibromopropyl) phosphate	DDBPP	5412-25-9	B	禁用
3	三-(2,3-二溴丙基)磷酸酯	tris-(2,3-2,3-dibromopropyl) phosphate	TRIS	126-72-7	A、B、C、H、G、J	禁用
4	三-(2-氯乙基)磷酸酯	tris-(2-chloroethyl) phosphate	TCEP	115-96-8	E、H	禁用
5	三-(邻甲苯基)磷酸酯	tri-o-cresylphosphate	TOCP	78-30-8	E	禁用
6	三-(1,3-二氯丙基)磷酸酯	tris-(1,3-dichloropropyl) phosphate	TDCP	13674-87-8	F	禁用

A：德国《食品及日用消费品法》；德国《日用品法令》；德国《食品及日用品法》；

B：日本法令112：《家用消费品有害物质法》

C：79/663/EEC

D：83/264/EEC

E：BSEN71 -9：2005 Safety of toys - Part9：Organic chemical compounds - Requirements

F：ECHA/NA/10 /49 Helsinki，9 September 2010 RAC adopts an opinion to classify a flame retardant as carcinogen.

G：中国禁止或严格限制的有毒化学品名录（第一批）

H：Oeko - texStandard100：Generalandspecialconditions

J：GB/T 18885—2002：生态纺织品技术要求

5.2　方法的基本原理

以丙酮为萃取溶剂，采用微波萃取技术萃取阻燃纺织品中的禁用有机磷阻燃剂，萃取液经处理后，分别采用气相色谱/串联质谱（GC/MS - MS）、气相色谱 - 火焰光度检测器（GC - FPD）、气相色谱/质谱（GC/MS）进行测定。

5.3　样品前处理

5.3.1　样品制备

本课题测试用的纺织品样品均来自市场。但是市售的阻燃纺织品中不可能同时使用这6种禁用有机磷阻燃剂，为了研究不同萃取条件对阻燃纺织品中6种禁用有机磷阻燃剂的影响，课题组自己制备了一个阻燃纺织品。

织物的阻燃整理方法主要有4种：

1）浸轧焙烘法：它是阻燃整理工艺中应用最广的一种工艺。工艺流程为浸轧—预烘—焙烘—后处理。浸轧液一般由阻燃剂、催化剂、树脂、润湿剂和柔软剂组成，配制成水溶液或乳液进行整理。

2）浸渍—烘燥法：又称吸尽法，将织物在阻燃液中浸渍一定时间后，再干燥焙烘使阻燃液被纤维聚合物吸收。

3）有机溶剂法：该方法使用非水溶性的阻燃剂，其优点是阻燃整理时的能耗低。

4）涂布法：将阻燃剂混入树脂内，靠树脂的黏合作用使阻燃剂固着在织物上。根据使用的机械设备的不同，又可分为刮刀涂布法和浇铸涂布法。

本课题采用浸轧焙烘法制备阻燃整理样品。TEPA、DDBPP、TRIS已经禁用多年，无工业级产品出售，而试剂级产品价格十分昂贵，TCEP、TDCP、TOCP则在我国大量使用，有工业级产品出售。因此，只同时采用TCEP、TDCP、TOCP对纺织品进行阻燃整理。

称取有代表性的样品，剪成小于0.5cm×0.5cm的小块，混匀。

5.3.2　超声萃取

称取1.0g样品置于150mL磨口锥形瓶中，加入25mL萃取溶剂，在40℃下超声萃取25min。收集上清液至鸡心瓶中。加入25mL萃取溶剂，进行第2次萃取，过滤，合并滤液。

5.3.3 微波萃取

称取1.0g样品置于微波萃取管中，加入15mL萃取溶剂，涡流振荡2min，微波萃取30min，冷却至室温后，收集上清液至鸡心瓶中。再用15mL萃取溶剂进行第2次萃取，合并上清液。

5.3.4 索氏萃取

称取1.0g样品置于纤维素套管中，加入70mL萃取溶剂，索氏萃取2h，冷却至室温，将萃取液转移到鸡心瓶中。

5.3.5 萃取液的后续处理

所有萃取液均旋转蒸发至近干，再用氮气吹干。用10mL丙酮定容，进行适当的稀释后进行分析。

5.4 分析条件

5.4.1 气相色谱-火焰光度法（GC-FPD）

气相色谱条件：

DB-5色谱柱（30m×0.32mm×0.25μm），进样口温度为280℃，检测器温度为250℃，初始温度150℃，然后以30℃/min升至300℃，保留3min；载气为氮气（纯度≥99.99%），流速1.34mL/min；H_2流量为75mL/min，空气流量为100mL/min；不分流进样，进样量：1μL。

5.4.2 气相色谱/质谱法（GC/MS）

5.4.2.1 气相色谱条件

DB-5MS色谱柱（30m×0.25mm×0.25μm）；进样口温度：250℃；传输线温度：260℃；升温程序：初温100℃，保持1min后，以30℃/min升至250℃，再以10℃/min升至300℃。

色谱-质谱接口温度：260℃；离子源温度：200℃；载气：氦气，纯度>99.999%，流速1.0mL/min；进样量：1.0μL；进样方式：不分流进样，1.0min后开阀；电离方式：EI；电离能量：70eV；溶剂延迟：4.0min。

5.4.2.2 质谱条件

根据6种有机磷目标物的特征离子（见表3-37），设置MS分段扫描：0min~4.0min，溶剂延迟；4.0min~5.5min，选择离子监测模式，监测离子：*m/z*131.2；5.5min~7.5min，选择离子监测模式，监测离子：*m/z*249.2；7.5min~8.5min，选择离子监测模式，监测离子：*m/z*381.2；8.5min~9.2min，选择离子监测模式，监测离子：*m/z*201.0；9.2min~9.8min，选择离子监测模式，监测离子：*m/z*368.4；9.8min~11.0min，选择离子监测模式，监测离子：*m/z*137.2。

表3－37　目标化合物的特征离子和定量离子

化合物	参考定量离子（m/z）	参考定性离子（m/z）	丰度比
TEPA	131.2	57.290.1145.2	999：113：263：145
TCEP	249.2	143.1205.1223.1	999：480：503：311
TDCP	381.2	99.1191.1209.2	340：765：650：451
DDBPP	201.0	119.1137.2165.1	999：442：316：420
TOCP	368.4	165.2181.3277.2	368：999：475：464
TRIS	137.2	119.1201.0207.1	999：254：264：146

5.4.3　气相色谱/串联质谱法（GC/MS－MS）

5.4.3.1　气相色谱条件

DB－5MS色谱柱（30m × 0.25mm × 0.25μm）；进样口温度：250℃；传输线温度：280℃；载气：氦气（纯度>99.999%），流速1.2mL/min；进样方式：不分流进样；进样量：1μL；溶剂延迟：4min；程序升温：初始温度为100℃，保持1min后以30℃/min升至250℃，再以10℃/min升至300℃，保持3min。

5.4.3.2　质谱条件

电离方式：电子轰击离子化（EI）；电离能量：70eV；测定方式：多反应监测（MRM）方式；离子源温度：230℃；四级杆温度：150℃。多反应监测条件如表3－38所示：

表3－38　目标物的多反应监测条件

组分	保留时间/min	母离子（m/z）	子离子（m/z）	驻留时间/ms	碰撞电压/V
TEPA	4.753	131.2	90.0	100	5
		131.2	42.1*	100	15
TCEP	5.862	249.2	125.0*	100	10
		249.2	99.0	100	30
TDCP	8.228	381.2	158.9*	100	10
		381.2	122.9	100	40
DDBPP	8.926	337.1	200.6	50	5
		201.0	119.0*	50	10
TOCP	9.560	368.4	181.1	100	10
		368.4	165.1*	100	35
TRIS	10.210	337.1	136.8	70	5
		137.2	57.0*	70	15

*：定量离子

5.5 结果与讨论

5.5.1 分析条件的优化

5.5.1.1 气相色谱法

6种禁用有机磷阻燃剂中均含有磷元素，FPD检测器对P、S元素十分敏感，因此采用气相色谱法对有机磷阻燃剂进行测定时，可选用FPD检测器进行检测。配制6种有机磷混标，该混标中各组分的浓度为：TEPA40.96ng/mL、TCEP42.5ng/mL、DDBPP360.0ng/mL、TDCP50.8ng/mL、TOCP41.0ng/mL、TRIS388.0ng/mL。采用FPD检测器时，分别使用DB-5色谱柱（30m×0.32mm×0.25μm）和DB-1701色谱柱（30m×0.32mm×0.25μm）进行分析。

考虑到禁用有机磷阻燃剂均有一定极性，首先使用中等极性的DB-1701色谱柱进行分析，其色谱条件为：DB-1701色谱柱（30m×0.32mm×0.25μm）；进样口温度为280℃，检测器温度为250℃，初始温度160℃，保持2min，然后以30℃/min升至280℃，保留6min；载气为氮气（纯度≥99.99%），流速1.34mL/min；H_2流量为75mL/min，空气流量为100mL/min；不分流进样，进样量：1μL。按上述分析条件，得到混标的气相色谱图，见图3-38。从图3-38中可以看出，各色谱峰的响应值基本处于同一数量级水平，色谱峰峰形对称而尖锐，各色谱峰之间完全分离，但是TCEP与TRIS的保留时间相差极小。

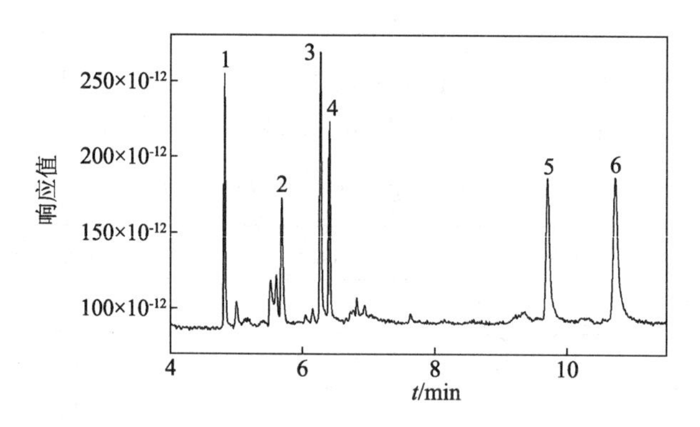

图3-38 混标的GC-FPD图（DB-1701色谱柱）

1. TEPA 2. DDBPP 3. TCEP 4. TRIS 5. TDCP 6. TOCP

改用DB-5色谱柱进行分离，观察其分离效果。所用的色谱条件为：进样口温度为280℃，检测器温度为250℃，初始温度150℃，然后以30℃/min升至300℃，保留3min；载气为氮气（纯度≥99.99%），流速1.34mL/min；H_2流量为75mL/min，空气流量为100mL/min；不分流进样，进样量：1μL。按上述分析条件，得到混标的气相色谱图，见图3-39。从图3-39可以看出，各色谱峰之间完全分离。

使用DB-1701色谱柱时，各色谱峰分离效果则远远不如使用DB-5色谱柱。综合考虑，最后选择使用DB-5色谱柱进行色谱分离。

5.5.1.2 气相色谱/质谱法

质谱分析模式主要有全扫描方式、选择离子监测方式（Selected Ion Monitor，SIM）两种

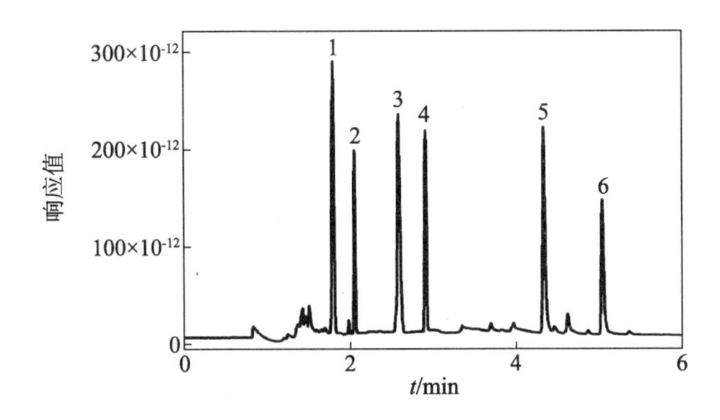

图 3 – 39　混标的 GC – FPD 图（DB – 5 色谱柱）

1. TEPA　2. DDBPP　3. TCEP　4. TRIS　5. TDCP　6. TOCP

模式，其中选择离子监测模式具有灵敏度高、选择性好、抗干扰能力强的特点，因此本课题采用全扫描进行定性分析，采用选择监测离子模式进行定量分析。

配制 6 种有机磷混标，该混标中各组分的浓度分别为：TEPA9. 04μg/mL、TCEP3. 13μg/mL、TDCP16. 38μg/mL、DDBPP400μg/mL、TOCP9. 28μg/mL、TRIS249. 6μg/mL。采用 DB – 5MS 毛细管柱（30m × 0. 25mm × 0. 25μm）对混标进行色谱分离，在按照本章 4. 2 选定的色谱分离条件下，先进行全扫描分析，得到混标的总离子流色谱图，见图 3 – 40。从图 3 – 40 可以看出，各色谱峰之间完全分离。

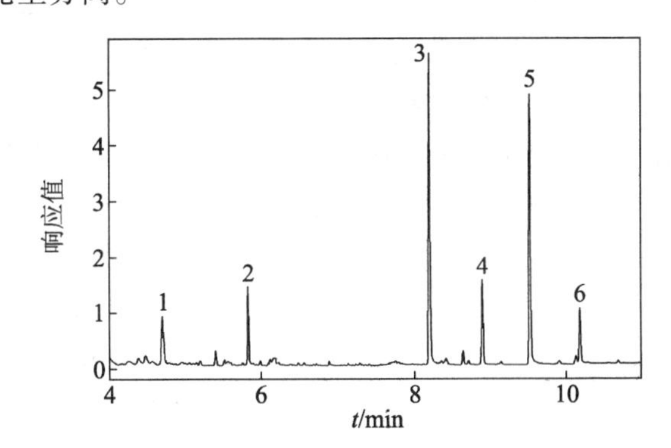

图 3 – 40　混标的总离子流色谱图

1. TEPA　2. TCEP　3. TDCP　4. DDBPP　5. TOCP　6. TRIS

采用全扫描进行定性分析，采用选择监测离子模式进行定量分析。根据质谱图分别从 TEPA、TCEP、TDCP、DDBPP、TOCP、TRIS 的碎片离子中选择丰度相对较高、分子量较大、干扰较小的碎片离子作为测定和确证的特征目标监测离子，并进行 GC/MS – SIM 测定。各个目标化合物的特征离子和定量离子列于表 3 – 37 中。

标准溶液及样品溶液均按规定的条件进行测定，如果样品溶液中与标准溶液在相同保留时间处有峰出现，则对其进行确证。经确证分析，如果被测物色谱峰保留时间与标准物质相一致，并且在扣除背景后的样品谱图中，参考定性离子均出现；同时定性离子的丰度比与标准物质的定性离子的相对丰度一致，被认为样品中检出该组分。

经试验，所选择的特征目标监测离子测定灵敏度高，选择性好，干扰少，线性范围宽，重现性好，定量准确，阳性确证结果准确可靠。图 3 -41 是 6 种混标的选择离子色谱图，图中各谱峰之间完全分离，各谱峰峰形对称而尖锐。

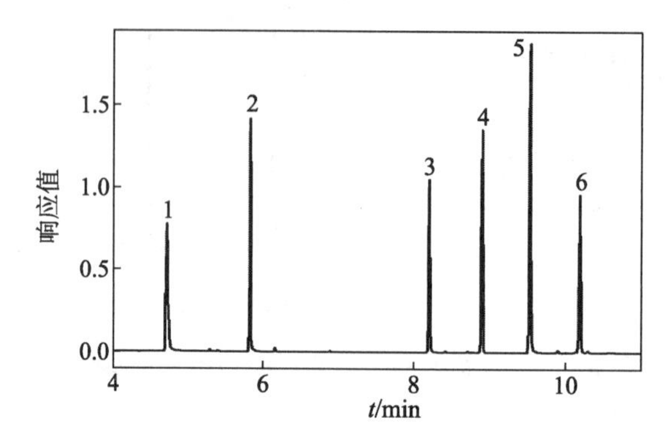

图 3 -41　混标的选择离子色谱图

1. TEPA　2. TCEP　3. TDCP　4. DDBPP　5. TOCP　6. TRIS

5.5.1.3　气相色谱串联质谱法

配制 6 种有机磷混标，该混标中各组分的浓度分别为 TEPA409.6ng/mL、TCEP42.5ng/mL、TDCP50.8ng/mL、DDBBP720.0ng/mL、TOCP41.0ng/mL、TRIS776.0ng/mL，将该混标通过气相色谱进入三重四级杆串联质谱进行全扫描分析，进样量为 0.2μL，扫描范围为 *m/z*50～500，以确定各组分的出峰时间和一级碎片离子。图 3 -42 是混标的总离子流图。从图 3 -42 可以看出，6 种禁用有机磷阻燃剂质谱峰完全分离，各质谱峰的峰形尖锐而对称。

选择强度高的一级碎片离子作为母离子，应用离子轰击扫描模式对母离子在不同碰撞能量下进行电离轰击，碰撞能量分别为 5V、10V、15V、20V、25V、30V、35V、40V。找到产生较强的二级碎片离子作为子离子，此时使最终监测的子离子产生最强响应的碰撞能量为最终优化碰撞能量。选择两个丰度较高的子离子作为定性离子和定量离子。各组分的多反应监测（MRM）条件见表 3 -38。图 3 -43 是 6 种混标的多反应监测总离子流图，该混标中各组分的浓度分别为 TEPA36.68ng/mL、TCEP3.80ng/mL、TDCP4.16ng/mL、DDBPP41.60ng/mL、TOCP3.80ng/mL、TRIS40.48ng/mL。从图 3 -43 中可以看出，各质谱峰分离完全，峰形对称而尖锐。

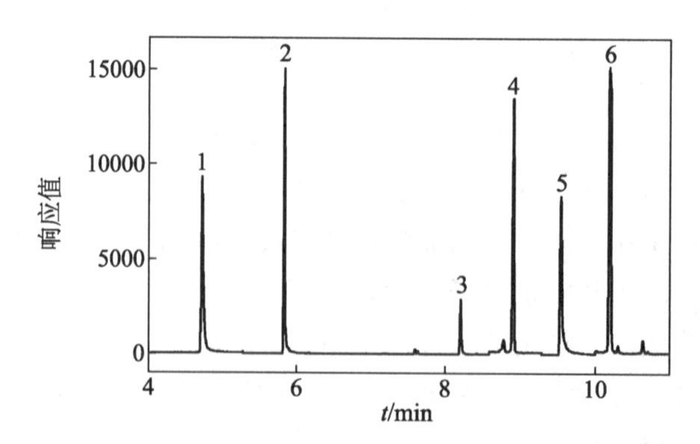

图 3 -42　混标的总离子流图

1. TEPA　2. TCEP　3. TDCP　4. DDBBP　5. TOCP　6. TRIS

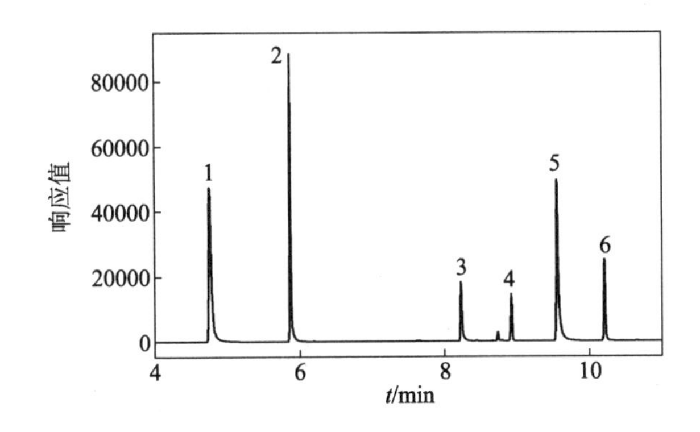

图 3－43　混标的多反应监测总离子流图

1. TEPA　2. TCEP　3. TDCP　4. DDBBP　5. TOCP　6. TRIS

5.5.2　萃取条件的确定

常用于提取固体中的待测组分的方法主要有超声萃取、微波辅助萃取、索氏萃取等几种，本课题采用这 GC－MS 法对同一批阻燃纺织品中的有机磷阻燃剂进行提取，分别比较三种萃取方法的提取效果。

5.5.2.1　超声萃取条件的确定

影响超声萃取效率的主要因素是萃取溶剂种类和萃取时间。

采用不同溶剂进行萃取时，其萃取效率相差极大。选择溶剂时，应考虑到目标物在溶剂中的溶解度、溶剂与基质的相互作用以及溶剂对超声波的吸收特性。目前有机分析常用的有机溶剂主要有甲醇、乙醇、异丙醇、丙酮、乙腈等强极性溶剂和正己烷、甲苯、环己烷、乙酸乙酯、二氯甲烷、三氯甲烷等非极性或弱极性溶剂。本课题采用丙酮、丙酮/正己烷(1∶1)、甲醇、乙醇、异丙醇、乙腈、正己烷、乙酸乙酯、二氯甲烷、三氯甲烷、甲苯、环己烷等 12 种不同极性的溶剂为萃取溶剂，采用超声萃取法对 4 个阻燃纺织品中的禁用有机磷阻燃剂进行萃取，其中 1#、2#、3#样品为市售的阻燃纺织品，4#样品为自己采用浸轧焙烘法制备的阻燃纺织品，萃取液经处理后进行 GC/MS－SIM 分析，结果见表 3－39。从表 3－39 的数据可以看出，对于 4 个阻燃纺织品样品，均以丙酮的萃取效果最好。因此最终选择丙酮为萃取溶剂。

表 3－39　不同溶剂的超声萃取效果（GC/MS－SIM 法）　　单位：mg/kg

萃取溶剂	测定值					
	样品 1#	样品 2#	样品 3#	样品 4#		
	TCEP	TDCP	TOCP	TCEP	TDCP	TOCP
丙酮	21654	28210	22082	13954	7788	7151
丙酮/正己烷	13586	18025	14326	8864	5102	4649
甲醇	14665	17268	14207	9494	4897	4633
乙醇	12876	14952	11167	8379	4277	3649
异丙醇	7559	12335	10066	4940	3543	3357

续表

萃取溶剂	测定值					
	样品1#	样品2#	样品3#	样品4#		
	TCEP	TDCP	TOCP	TCEP	TDCP	TOCP
乙腈	10518	13856	10416	6761	4027	3446
正己烷	3089	9089	9013	2061	2537	2935
乙酸乙酯	8567	14363	10389	5579	4040	3557
二氯甲烷	7305	13487	11567	4835	3953	3810
三氯甲烷	7503	14187	11074	4894	4031	3716
甲苯	7028	12077	10278	4564	3555	3425
环己烷	4081	13318	12246	2695	3941	4094

取8份自制阻燃纺织品样品，每份样品1.0g，各加入25mL丙酮，在40℃下分别超声萃取5min、10min、15min、20min、25min、30min、35min、40min。收集上清液至鸡心瓶中。加入25mL丙酮，进行第2次萃取，过滤，合并滤液。滤液旋转蒸发至近干，再用氮气缓慢吹干，用10mL丙酮定容，适当稀释后进行GC/MS－MS分析，计算萃取效果，结果见图3－44。从图3－44的数据可以看出，随着萃取时间的增加，TECP、TDCP、TOCP的萃取量也逐渐增加，当萃取时间为25min时，萃取量达到最大值。萃取时间继续增加时，萃取量反而稍微下降。因此最后确定的超声萃取时间为25min。

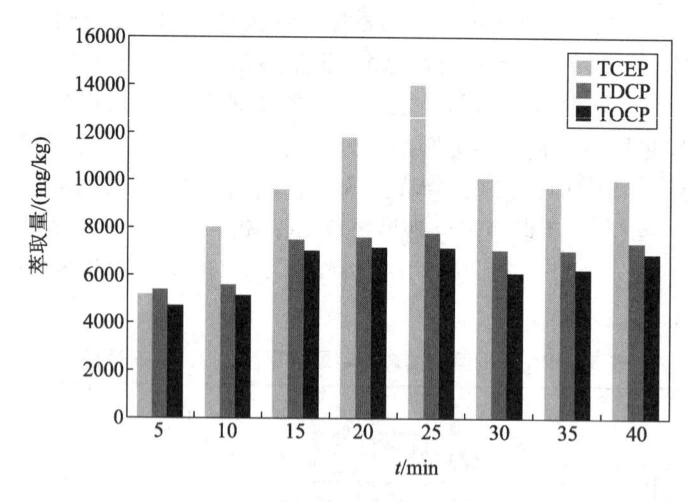

图3－44 不同超声萃取时间效率

5.5.2.2 微波萃取条件的选择

影响微波萃取效率的主要因素为溶剂种类、萃取温度和萃取压力。采用不同溶剂萃取时，其萃取效率相差较大。有关研究表明，在有机物的萃取过程中，将有机物从基质的活性位脱附下来是整个萃取过程的限速步骤，较高的萃取温度有助于提高溶剂的溶解能力，更好地破坏有机物和基团活性位之间的作用力，同时温度的提高使溶剂的表面张力和粘度下降，保持溶剂和基质之间的良好接触。萃取压力的升高也引起萃取效率提高。有研究结果表明，微波萃取的回收率随萃取时间的延长而稍有增加，在一般情况下，萃取时间为10min～15min就可以保证萃取效果。为确保微波萃取效果，实验中微波萃取时间选择为30min。

微波萃取管材料为聚四氟乙烯，可耐260℃的高温，最大耐压可达5MPa。微波萃取时，萃取管内的压力随着萃取溶剂和萃取温度的变化而变化，一般可达到几个至十几个大气压，在萃取管内高压的作用下，这时萃取溶剂的沸点也随之上升。通常情况下，微波萃取温度可比萃取溶剂的沸点高10℃～20℃。本实验中，采用每种萃取溶剂时的萃取温度均设定为比相应溶剂的沸点温度高20℃，此时萃取管内压力为几个至十几个大气压。选定萃取溶剂和萃取温度后，萃取压力基本上也就确定了。

采用不同溶剂进行萃取时，其萃取效率相差极大。本课题采用丙酮、丙酮/正己烷（1:1）、甲醇、乙醇、异丙醇、乙腈、正己烷、乙酸乙酯、二氯甲烷、三氯甲烷、甲苯、环己烷等12种不同极性的溶剂为萃取溶剂，采用微波萃取法对4个阻燃纺织品中的禁用有机磷阻燃剂进行萃取，其中1#、2#、3#样品为市售的阻燃纺织品，4#样品为自己采用浸轧－烘干－焙烘工艺制备的阻燃纺织品，萃取液经处理后进行GC/MS－SIM分析，结果见表3－40。从表3－40的数据可以看出，对于4个阻燃纺织品样品，均以丙酮的萃取效果最好。因此最终选择丙酮为萃取溶剂。

表3－40 不同溶剂的微波萃取效果（GC/MS－SIM法） 单位：mg/kg

萃取溶剂	测定值					
	样品1#	样品2#	样品3#	样品4#		
	TCEP	TDCP	TOCP	TCEP	TDCP	TOCP
丙酮	21484	28422	21895	13560	7819	7082
丙酮/正己烷	13748	19147	14456	8757	5295	4679
甲醇	12471	15621	11547	8042	4295	3706
乙醇	13014	15126	11264	8297	4189	3696
异丙醇	9149	17098	13015	5945	4784	4239
乙腈	10155	14749	10416	6536	4125	3368
正己烷	3294	11257	10124	2114	3102	3362
乙酸乙酯	9365	16879	13947	6019	4619	4504
二氯甲烷	8029	11644	8558	5108	3154	2812
三氯甲烷	9718	10253	9015	6155	2895	2916
甲苯	6121	10012	8369	3858	2757	2768
环己烷	5791	8679	6352	3673	2420	2110

5.5.2.3 索氏萃取条件的选择

考虑到各溶剂的沸点，索氏萃取的温度比各溶剂的沸点高约10℃。取3份样品，以丙酮为萃取溶剂，分别索氏萃取1h、2h、3h、4h，萃取液旋转蒸发至近干，氮气吹干后用丙酮定容，进行 GC/MS－MS 测定，计算萃取效果，结果发现当索氏萃取时间达到 2h 后，结果基本上无变化。为确保萃取效果，最后确定的索氏萃取时间为 2h。

采用不同溶剂进行萃取时，其萃取效率相差极大。本课题采用丙酮、丙酮/正己烷（1：1）、甲醇、乙醇、异丙醇、乙腈、正己烷、乙酸乙酯、二氯甲烷、三氯甲烷、甲苯、环己烷等 12 种不同极性的溶剂为萃取溶剂，采用索氏萃取法对 4 个阻燃纺织品中的禁用有机磷阻燃剂进行萃取，其中 1#、2#、3#样品为市售的阻燃纺织品，4#样品为自己采用浸轧－烘干－焙烘工艺制备的阻燃纺织品，萃取液经处理后进行 GC/MS－SIM 分析，结果见表 3－41。由表 3－41 数据可知，采用索氏萃取法时，甲醇的萃取效果最好，丙酮稍次之。

表 3－41　不同溶剂的索氏萃取效果（GC/MS－SIM 法）　　单位：mg/kg

萃取溶剂	测定值					
	样品 1#	样品 2#	样品 3#	样品 4#		
	TCEP	TDCP	TOCP	TCEP	TDCP	TOCP
丙酮	21235	27968	22016	13519	7698	7006
丙酮/正己烷	13568	17265	14324	10244	7389	6233
甲醇	21537	28243	22105	14297	7695	7038
乙醇	16583	18957	17235	10933	5701	5417
异丙醇	10254	18063	14158	3284	3026	2633
乙腈	11356	15687	11328	11547	6547	4822
正己烷	4537	10384	9687	3191	3616	3659
乙酸乙酯	10459	17856	15327	9626	8330	6642
二氯甲烷	9037	12435	8671	10872	7985	6964
三氯甲烷	9935	10214	9364	9027	6313	6062
甲苯	7234	10038	7142	8383	4415	4084
环己烷	5835	8471	6857	3148	2904	2635

5.5.2.4　最优萃取条件的选择

为了更清楚地反映出不同萃取方法下不同溶剂的萃取效果，表 3－42 列出了 4#样品分别采用微波萃取、超声萃取和索氏萃取时，不同溶剂时的萃取效果。

表 3－42　提取效果对比（GC/MS－SIM 法）　　单位：mg/kg

溶剂	超声萃取法			微波萃取法			索氏萃取法		
	TCEP	TDCP	TOCP	TCEP	TDCP	TOCP	TCEP	TDCP	TOCP
丙酮	13954	7788	7151	13560	7819	7082	13519	7698	7006
丙酮/正己烷	8864	5102	4649	8757	5295	4679	10244	7389	6233
甲醇	9494	4897	4633	8042	4295	3706	14297	7695	7038
乙醇	8379	4277	3649	8297	4189	3696	10933	5701	5417

续表

溶　剂	超声萃取法			微波萃取法			索氏萃取法		
	TCEP	TDCP	TOCP	TCEP	TDCP	TOCP	TCEP	TDCP	TOCP
异丙醇	4940	3543	3357	5945	4784	4239	3284	3026	2633
乙腈	6761	4027	3446	6536	4125	3368	11547	6547	4822
正己烷	2061	2537	2935	2114	3102	3362	3191	3616	3659
乙酸乙酯	5579	4040	3557	6019	4619	4504	9626	8330	6642
二氯甲烷	4835	3953	3810	5108	3154	2812	10872	7985	6964
三氯甲烷	4894	4031	3716	6155	2895	2916	9027	6313	6062
甲苯	4564	3555	3425	3858	2757	2768	8383	4415	4084
环己烷	2695	3941	4094	3673	2420	2110	3148	2904	2635

纺织品的表面纤维具有一定的极性，丙酮极性较强，对纺织品的润湿能力强，能借助纤维表面的极性基团以及毛细作用对织物表面彻底浸渍，迅速扩散进入到纤维的极性表面层，能较好地将目标化合物萃取出来。从表 3－42 可以看出，采用超声萃取法和微波萃取法处理时，丙酮的萃取效果最好，其余溶剂萃取效果均相差较大；采用索氏萃取法进行处理时，甲醇效果最好，丙酮效果与其相差不大，而其余溶剂萃取效果相差较大。分别采用三种萃取方法进行处理时，使用最佳溶剂时，萃取效果基本一致，使用丙酮为萃取溶剂时，三种萃取方法下萃取效果均较好。

索氏萃取法虽然提取效果最好，但其检测通量小，难以满足大批量检测工作的要求。超声萃取法和微波萃取法萃取效果均令人满意，且检测通量大，均能满足大批量检测工作的要求。经综合考虑，最终确定的萃取条件为：以丙酮为萃取溶剂，微波萃取法萃取纺织品中的有机磷阻燃剂。

5.5.3　方法的线性关系和检出限

在空白基质中添加不同浓度的混标，进行测定，确定其线性关系，列于表 3－43～表 3－45 中。采取在空白样品中加标测试的方法确定方法的检出限，在 $S/N=10$ 的条件下，得到的各组分的检出限也分别列于表中。

表 3－43　方法的线性关系和检出限（GC－PFD 法）

组分	保留时间/min	线性范围/(μg/L)	线性方程	线性相关系数	检出限/(μg/L)
TEPA	1.801	0.8195～4096	$y=7.6396x+5.7829$	0.9999	0.5
DDBPP	2.064	7.2～36000	$y=0.4085x-0.1587$	0.9999	3.0
TCEP	2.594	0.850～4250	$y=5.5599x+9.7277$	0.9999	0.3
TRIS	2.916	7.76～38800	$y=0.3428x+31.549$	0.9996	3.0
TDCP	4.348	1.016～5080	$y=4.844x-4.9094$	0.9999	0.5
TOCP	5.085	0.82～4100	$y=4.2818x-33.079$	0.9998	0.5

表 3-44　方法的线性关系及检出限（GC/MS-SIM 法）

组分	保留时间发/min	线性范围/(μg/mL)	线性方程	线性相关系数	检出限/(μg/mL)
TEPA	4.717	0.045~9.040	$y=164650x-26093$	0.9995	0.020
TCEP	5.845	0.003~6.260	$y=468997x-25712$	0.9986	0.001
TDCP	8.204	0.016~16.380	$y=134238x-55785$	0.9970	0.005
DDBPP	8.901	2.000~400.000	$y=8841.8x-62467$	0.9983	1.000
TOCP	9.531	0.009~18.560	$y=492303x-79111$	0.9987	0.003
TRIS	10.185	1.248~249.60	$y=12954x-50360$	0.9992	0.500

表 3-45　方法的线性关系（GC-MS/MS 法）

组分	保留时间/min	线性范围/(ng/mL)	线性方程	线性相关系数	检出限/(ng/mL)
TEPA	4.75	9.17~366.80	$y=187.63x-865.19$	0.9999	3.0
TCEP	5.86	0.95~75.98	$y=240.9x+345.76$	0.9999	0.2
TDCP	8.22	1.04~83.20	$y=60.023x+180.65$	0.9994	0.3
DDBPP	8.93	41.60~832.00	$y=6.4342x-13.615$	0.9977	25.0
TOCP	9.56	3.80~75.90	$y=179.85x-192.74$	0.9975	2.5
TRIS	10.22	40.48~809.00	$y=36.763x-367.20$	0.9991	29.0

5.5.4　方法的精密度和回收率

采取在空白样品中加标的方法来测定方法的精密度和回收率，分别添加三个水平的混标，每个添加水平进行9次平行样测试，结果如表3-46~表3-48中所示。

表 3-46　精密度和回收率实验（GC-FPD 法）

组分	添加水平/(ng/mL)	平均回收率（$n=9$）/%	标准偏差/%	RSD/%
TEPA	4.1	81.46	4.93	6.05
	40.96	91.00	5.43	5.97
	409.6	95.34	4.28	4.49
DDBPP	36	83.10	4.71	5.67
	360	94.30	4.77	5.06
	3600	96.66	3.20	3.31
TCEP	4.25	89.70	5.43	6.06
	42.5	93.93	4.97	5.29
	425	93.45	4.75	5.08

续表

组分	添加水平/(ng/mL)	平均回收率（n=9)/%	标准偏差/%	RSD/%
TRIS	38.8	91.81	4.50	4.90
	388	92.40	4.50	4.87
	3880	94.93	4.44	4.67
TDCP	5.08	89.00	4.79	5.38
	50.8	94.37	4.05	4.29
	508	94.33	3.94	4.17
TOCP	4.1	86.96	5.72	6.58
	41	93.94	4.67	4.97
	410	95.11	4.64	4.88

表 3－47　精密度和回收率实验（GC/MS－SIM 法）

组分	添加水平/(ng/mL)	平均回收率(n=9)/%	标准偏差/%	RSD/%
TEPA	0.18	87.65	4.63	5.28
	0.45	90.62	4.12	4.55
	4.52	88.57	3.58	4.04
TCEP	0.06	88.89	8.33	9.37
	0.16	88.89	4.17	4.69
	1.57	90.30	3.90	4.32
TDCP	0.33	90.24	5.62	6.23
	0.82	94.58	4.92	5.20
	8.19	94.87	4.64	4.89
DDBPP	8.00	91.18	4.56	5.00
	20.00	92.86	5.24	5.64
	200.00	93.26	5.49	5.88
TOCP	0.19	88.30	4.39	4.97
	0.46	94.20	4.35	4.62
	4.64	94.42	4.29	4.55
TRIS	4.99	84.99	5.50	6.47
	12.48	89.16	4.26	4.78
	124.80	88.98	4.39	4.93

表3-48 精密度和回收率实验（GC-MS/MS法）

组分	添加水平/(ng/mL)	平均回收率($n=9$)/%	标准偏差/%	RSD/%
TEPA	36.68	82.62	5.86	7.09
	146.72	90.95	6.00	6.60
	366.80	96.37	3.92	4.07
TCEP	3.80	91.51	7.21	7.88
	15.20	93.91	4.75	5.06
	37.99	94.43	4.72	5.00
TDCP	4.16	88.93	7.82	8.79
	16.64	93.82	7.88	8.40
	41.60	96.66	4.00	4.14
DDBPP	83.20	85.00	6.91	8.13
	166.40	93.95	7.25	7.72
	416.00	96.88	3.68	3.80
TOCP	7.59	87.09	5.13	5.89
	15.18	92.73	4.21	4.54
	37.95	96.42	3.85	4.00
TRIS	80.96	89.38	5.33	5.96
	161.92	93.82	3.97	4.23
	404.80	95.97	4.40	4.59

5.6 实际样品测定

利用建立的方法对市售阻燃纺织品进行测定，表3-49列出了部分阳性测试结果。TEPA、DDBPP和TRIS这三种阻燃剂被禁用的时间比较长，目前国内已经很少使用，这次测试的样品中均未检出。TCEP和TOCP主要是欧盟禁止在玩具纺织品中使用，TDCP则是2010年9月才被欧盟禁用，这3种阻燃剂在国内使用比较普遍，这次测试的样品中检出有部分产品中使用高浓度的禁用有机磷阻燃剂TCEP、TDCP、TDCP。对于阳性样品，同时采用3种方法进行测定，表3-49的数据表明，采用这3种方法测定的结果之间差别很小。

表3-49 实际样品分析结果

序号	样 品	检出物	测定值/(mg/kg)		
			GC/FPD法	GC/MS-MS法	GC/MS-SIM法
1	印花机织布	TCEP	21378	21484	21257
2	咖啡色机织布		24015	23950	23719
3	杏色针织布		25067	25137	24986

续表

序号	样　品	检出物	测定值/(mg/kg)		
			GC/FPD 法	GC/MS – MS 法	GC/MS – SIM 法
4	湖蓝色机织布	TDCP	28205	28422	28168
5	橙色针织布		22658	22902	22746
6	白色机织布		24514	24680	24593
7	粉红色机织布	TOCP	22154	21895	21763
8	黑色针织布		27115	27221	27345

为了考察这 3 种方法所测得的数据之间是否有显著性差异，分别以 1#、4#、7#样品为考察对象，各测得 9 个平行样，所得数据列入表 3 – 50 中。

对采用这三种方法测得的数据进行 t 值检验，以判断这两个方法之间是否存在显著性差异。

$$s^2 = \frac{(n_1 - 1)^2 s_1^2 + (n_2 - 1)^2 s_2^2}{n_1 + n_2 - 2}$$

$$t = \frac{|d_1 - d_2|}{s} \times \sqrt{\frac{n_1 n_2}{n_1 + n_2}}$$

对于 1#样品，其 s、t 值分别为 $s_{12} = 677.3$、$t_{12} = 0.476$；$s_{13} = 1242.1$、$t_{13} = 0.313$；$s_{23} = 1131.1$、$t_{23} = 0.565$。对于 4#样品，$s_{12} = 2420.3$、$t_{12} = 0.018$；$s_{13} = 2364.7$、$t_{13} = 0.297$；$s_{23} = 1920.3$、$t_{23} = 0.054$。对于 7#样品，$s_{12} = 1395.1$、$t_{12} = 0.102$；$s_{13} = 1534.8$、$t_{13} = 0.116$；$s_{23} = 1258.1$、$t_{23} = 0.196$。

查 t 分布表，$f = n_1 + n_2 - 2 = 16$，若 $\alpha = 0.05$，则 $t_{0.05}^{16} = 1.746$。很显然，上述 t 值均小于 $t_{0.05}^{16}$ 的值。因此可知，这三种方法所取得的数据之间不存在显著性差异。

表 3 – 50　方法对比试验结果　　　　单位：mg/kg

样品序号	1#（TCEP）			4#（TDCP）			7#（TOCP）		
	GC/MS – MS	GC – FPD	GC/MS – SIM	GC/MS – MS	GC – FPD	GC/MS – SIM	GC/MS – MS	GC – FPD	GC/MS – SIM
1#	21484	21356	21286	28422	28335	28531	21895	21923	21824
2#	21833	21227	21365	28039	28014	28325	21658	21718	21567
3#	21655	21436	21419	27896	27653	29268	22357	22345	22118
4#	21230	21841	21052	28213	28742	27237	22593	21594	22754
5#	21037	21765	20683	28654	29038	27764	21219	22107	21146
6#	22015	21508	22379	26875	27119	29043	21035	21803	22369
7#	22869	21634	22041	29368	28511	28116	22649	21369	21435
8#	20579	21711	21856	30069	29336	28875	21476	22612	22095

续表

样品序号	1#（TCEP）			4#（TDCP）			7#（TOCP）		
	GC/MS－MS	GC－FPD	GC/MS－SIM	GC/MS－MS	GC－FPD	GC/MS－SIM	GC/MS－MS	GC－FPD	GC/MS－SIM
9#	22431	21285	21735	27258	27855	27963	22039	22056	21668
平均值	21681	21529	21535	28310	28289	28347	21880	21947	21886
s	338	220	521	985	703	654	583	383	499
RSD（%）	1. 57	1. 02	2. 42	3. 48	2. 48	2. 31	2. 66	1. 74	2. 28

5.7 结论

本研究以丙酮为萃取溶剂，对阻燃纺织品中的禁用有机磷阻燃剂进行微波萃取，微波萃取时间为30min，微波萃取温度为78℃，萃取液经处理后分别采用气相色谱/串联质谱法、气相色谱/火焰光度检测器法、气相色谱/质谱－选择离子监测法进行测定，建立了GC/MS－MS、GC/FPD、GC/MS－SIM三种分析方法。采用这三种方法对同一批阳性样品进行测定，并对这3种方法得到的测试数据进行数理分析，结果表明这三种方法之间不存在显著性差异。采用这3种方法对市售的阻燃纺织品进行检测，结果在部分样品中检出了高浓度的TCEP、TDCP、TOCP，但所有样品中均未检出TEPA、DDBPP、TRIS。目前我国仍然大量使用TCEP、TDCP、TOCP，但欧盟早已禁止在玩具用纺织品中使用TCEP和TOCP，2010年1月13日，欧洲化学品管理局将TECP列入第二批授权物质清单中，2010年9月9日，欧洲化学品管理局又首次将TDCP列入欧盟致癌物质清单中。我国有必要加强对TCEP、TOCP、TDCP的监控，以确保对我国纺织品的出口不会造成影响。

第6节　纺织品中己二酸酯增塑剂的测定

6.1 概述

己二酸酯是一类常用的增塑剂，并常与邻苯二甲酸酯复配联用，广泛用于纺织品、食品接触包装材料、食品、医药包装，元配件生产等行业。在使用的过程中，这类物质可以从载体中迁移出来，并通过不同的途径进入人体。己二酸二（乙基己基）酯（DEHA）等属于三类致癌物易析出，进入人体造成内分泌荷尔蒙的紊乱和内分泌系统的不正常调节，已引起各国科学家的关注。

近年来，增塑剂的检测主要集中于纺织品、食品接触包装材料、食品、医药包装、水、日化品和塑料等领域，其提取技术主要采取索式提取、固相萃取等。纺织品中邻苯二甲酸酯类增塑剂的检测已有报道，但采用色谱/质谱测定己二酸酯类增塑剂的研究未见报道。因此，建立纺织品中己二酸酯类化合物准确、灵敏、快速的检测方法具有重要意义。

6.2　方法的基本原理

以二氯甲烷为萃取溶剂，在室温下超声萃取纺织品中 5 种己二酸酯类增塑剂，萃取液经定容后进行气相色谱/质谱测进行分析，外标法定量。

6.3　样品前处理

6.3.1　样品制备

本课题测试用的纺织样品均来自市场。称取 5g ~ 10g 代表性样品，将其剪碎至 5mm × 5mm 以下，混匀。

6.3.2　样品萃取

称取上述 1.0g（精确到 0.01g）试样，置于 100mL 具塞锥形瓶中，加入 30mL 二氯甲烷，于超声波发生器中提取 20min，冷却。将提取液过滤于 50mL 容量瓶中，残渣再用 20mL 二氯甲烷超声提取 5min，合并滤液，用二氯甲烷定容至 50mL，用 0.45μm 的有机相膜过滤后，供气相色谱 - 质谱测定和确证。

6.4　分析条件

6.4.1　气相色谱条件

1）色谱柱：采用 HP - 5MS 毛细管色谱柱，30.0m × 0.25mm × 0.25μm（膜厚）。

2）脉冲不分流进样口。

3）进样口温度 280℃。

4）载气：高纯氦气（纯度 99.999%），流速 1.0mL/min；

5）色谱 - 质谱接口温度 280℃。

6）电离源为 EI 源，电离能量：70eV。

7）选择监测离子（m/z）129、111、155amu，进样量 1μL。

8）升温程序：起始温度 100℃，保持 2min，以 10℃/min 的速度升至 200℃，然后以 20℃/min 的速度升至 280℃，保持 18min。溶剂延迟 6.2min。

6.4.2　质谱条件

本方法采用全扫描方式进行定性，采用选择离子进行定量分析，选择 129u、111u、155u 碎片离子作为 5 种己二酸酯定量的特征目标监测离子。由于 SIM 只对分析物某些特征离子进行选择性检测，因而不但分析物的色谱峰强度增大，而且还消除了样品基体中其他共存组分产生的影响，提高了分析方法的选择性和灵敏度。因此本测定选择性好，抗干扰，且线性范围宽、重现性好，定量准确。

6.4.3　定性依据和定量方法

5 种己二酸酯类的保留时间、定性离子及其相对丰度见表 3 - 51。定性依据：进行样品测定时，如果试样中的质量色谱峰的保留时间与标准溶液的保留时间一致（变化范围在 ± 0.5% 之内），并且所选择的离子在扣除背景后的质谱图中均出现，且所选择的离子的相对丰度与其浓度相当的标准溶液的相对丰度相差不到 20%，可以判断被测样品中存在 5 种己二酸脂。定量分析采用外标法进行测定。

表 3 – 51　5 种己二酸酯的特征离子

中文名称	英文名称	CAS No.	分子结构	相对分子质量	特征离子及丰度比	
己二酸二乙酯	diethyl adipate	141 – 28 – 6	$C_{10}H_{18}O_4$	202.3	111* : 157 : 128	100 : 77.5 : 63.3
己二酸二异丁酯	Diisobutyl adipate	141 – 04 – 8	$C_{14}H_{24}O_4$	256.3	129* : 185 : 111	100 : 88.57 : 69.7
己二酸二丁酯	dibutyl adipate	105 – 99 – 7	$C_{14}H_{26}O_4$	258.4	129* : 185 : 111	100 : 46.6 : 33.6
己二酸二 – 2 – 乙基己酯	Bis(2 – ethylhexyl) adipate	103 – 23 – 1	$C_{22}H_{42}O_4$	370.6	129* : 112 : 147	100 : 29.5 : 20.8
己二酸二(2 – 丁氧基乙)酯	dibutoxyethyl adipate	141 – 18 – 4	$C_{18}H_{34}O_6$	346.5	155* : 217 : 173	100 : 79.5 : 75.4

* 定量离子

在 6.4.1 的条件下，5 个己二酸二乙酯组分完全分离，谱峰对称性好，峰形尖锐，见图 3 – 45。

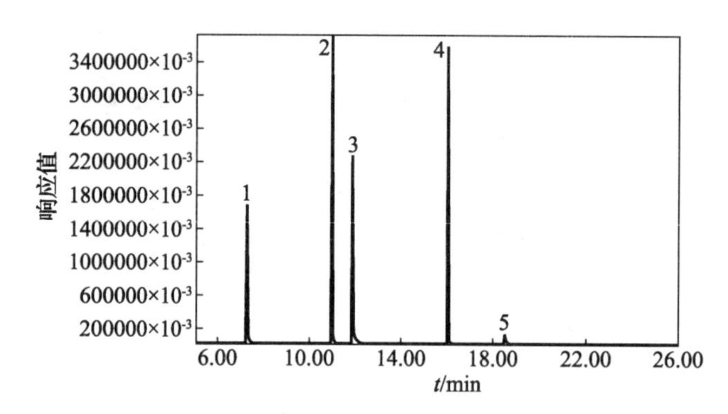

图 3 – 45　5 种己二酸酯类标准物色谱图

1. 己二酸二乙酯　2. 己二酸二异丁酯　3. 己二酸二丁酯　4. 己二酸二 – 2 – 乙基己酯　5. 己二酸二（2 – 丁氧基乙）酯

6.5　结果与讨论

6.5.1　提取溶剂的选择

准确称取 0.5000g 含 DEA、DBA、DIBA、DEHA、BBOEA 的纺织品样品，分别以三氯甲烷，二氯甲烷为提取溶剂，采用超声提取法进行比较（见图 3 – 46），提取 20min 后，结果表明，二氯甲烷提取（DEA、DBA、DIBA、DEHA、BBOEA 含量为 0.23% ~ 0.37%）效率略高于三氯甲烷（含量为 0.21% ~ 0.32%）。因此，实验选择以二氯甲烷作为提取溶剂超声提取。

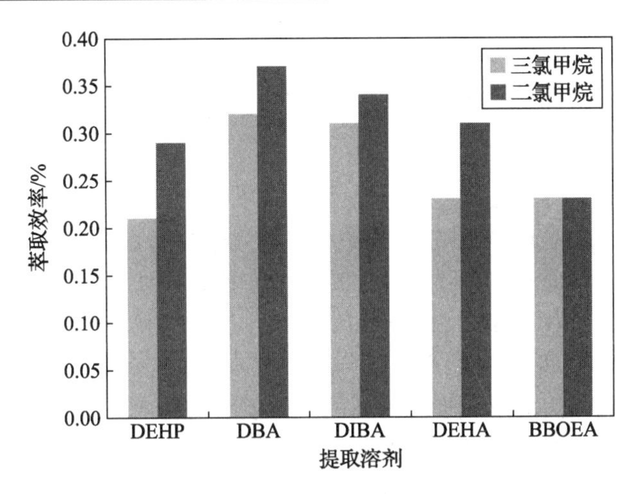

图 3-46　不同提取溶剂萃取效率

6.5.2　超声波提取时间的选择

分别选取实测含 DEA、DBA、DIBA、DEHA、BBOEA 的纺织品样品，用二氯甲烷分别进行超声波提取 15min、20min、30min、40min、50min 和 60min（见图 3-47），实验结果表明提取时间为 20min 时，上述 5 种化合物的萃取率均达到最大值，继续延长超声波清洗时间，会有部分己二酸酯类物质挥发，造成萃取率结果偏低。因此，实验采用最佳萃取时间为 20min。

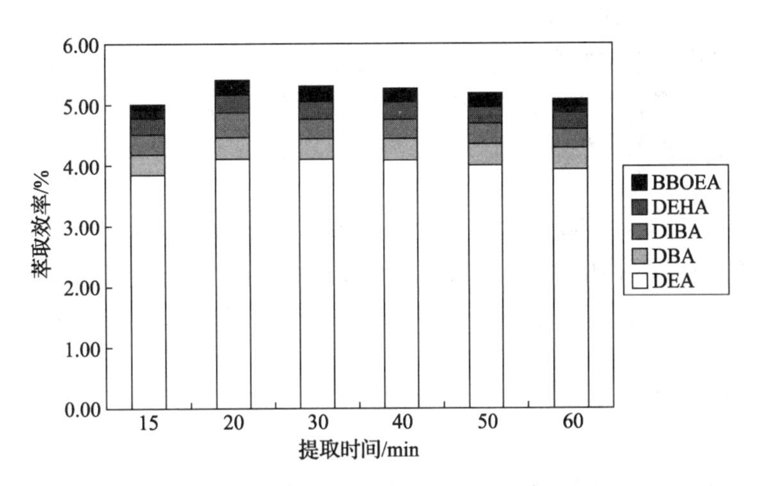

图 3-47　不同提取时间萃取效率

6.6　结论

实验结果表明，本文建立的气相色谱-质谱法测定纺织品中 5 种己二酸酯含量的方法具有前处理简单，重复性好等特点。采用超声波提取时间短，提取效率高，通过 SIM 条件有效消除复杂基体干扰，节省分析时间。方法简便、快速、准确，适合纺织品 5 种己二酸酯含量确证和定量测定。

第7节　纺织品中有害有机溶剂残留量的测定方法研究

7.1　概述

乙二醇醚类有机溶剂是环氧乙烷的重要衍生物，其分子内同时含有醚键和羟基，具有十分优异的性能，在纺织行业和印染中得到了广泛的应用，在纺织行业的主要用途有：用作硝化纤维素、合成树脂、染料、涂层的溶剂和稀释剂；用作涂料中清漆快干剂；在印染工业中用作渗透剂和匀染剂。

酰胺类溶剂由于其活泼的反应性和特殊的溶解能力在合成工业及轻纺产品后整理中得到了广泛的使用。在轻纺工业中，常作为溶剂、匀染剂等用于生产合成纤维、人造皮革和聚合物聚氨酯、聚丙烯腈等。如：作为匀染剂，用于合成纤维染色；在腈纶生产中，作为溶剂，主要用于腈纶的干法纺丝生产；在聚氨酯生产中作为洗涤固化剂，主要用于湿法合成革生产。同样也用于皮革染色工艺中，可使皮革上色均匀，不褪色。1-甲基-2-吡咯烷酮是一种无色、无刺激性味的油状液体，沸点高、极性强、黏度低、溶解能力强、热稳定性优良，能与水、醇、醚、酯、酮、卤代烃、芳烃互溶，主要应用于石油化工、塑料工业、药品、农药、染料以及锂离子电池制造业等许多行业，是合成芳纶纤维的主要溶剂，是颜料、涂料的良好分散剂。

各种有机溶剂在纤维素生产和印染行业广泛使用，易造成在成品中的残留，因此针对这些有机溶剂的毒性也进行了大量研究。有些乙二醇醚类有机溶剂在体内经代谢后会形成剧毒化合物，对人体的血液循环和神经系统造成永久性损害，长期接触乙二醇醚类有机溶剂会致癌，还会导致女性生殖系统的永久性损害，造成不育。乙二醇醚的安全性已引起各国卫生、环保部门的重视，美国、西欧、日本等发达国家已颁发法规限制生产和使用乙二醇醚，美国环保局（EPA）出台新的染色及整理标准，将其列入重点控制空气中有毒污染物名单，限制乙二醇醚等有害污染物在印花、涂层及染色中使用。1997 年 4 月欧盟 97/56/EC 指令将乙二醇单甲醚、乙二醇单乙醚、三乙二醇二甲醚列入第 2 类生殖毒性物质的清单。2008 年 12 月 16 日，欧盟发布指令 No 1348/2008/EC，自 2010 年 6 月 27 日起，二乙二醇单甲醚在油漆、油漆剥离剂、清洁剂、自发光乳液或地板密封剂中的含量不得大于等于 0.1%；二乙二醇丁醚在气溶胶型喷漆或喷雾清洁剂中的含量不得大于等于 3%，在 2010 年 12 月 27 日前应显著标识“不得用于喷漆设备”，其后不得投放市场。2009 年 2 月 14 日，欧盟发布 2009/6/EC 指令，自 2009 年 11 月 5 日起，二乙二醇单丁醚在染发剂中的含量不得超过 9.0%，乙二醇单丁醚在氧化性染发剂中的含量不得超过 4.0%、在非氧化性染发剂中不得超过 2.0%，二乙二醇单丁醚和乙二醇单丁醚均禁止用于气雾剂/喷雾型式的染发产品中。2009 年 6 月 22 日，欧盟发布 No. 552/2009 条例，禁止使用二乙二醇单甲醚和二乙二醇单丁醚。2010 年 12 月 15 日，欧洲化学品管理局（ECHA）将乙二醇单甲醚和乙二醇单乙醚列入第四批高度关注物质（SVHC）清单中，2011 年 12 月 19 日，ECHA 将二乙二醇二甲醚列入第六批 SVHC 清单中，2012 年 6 月 18 日，ECHA 将乙二醇二甲醚列入第七批 SVHC 清单中，2012 年 12 月 19 日，ECHA 将乙二醇二乙醚列入第八批 SVHC 清单中，规定该类物质需经授权才能使用。目前被限制使用的乙二醇醚类已达 7 种。为了保障人类的健康和生命安全，我国卫生部也于2001年发布255号文规定，室内用涂料中禁止使用乙二醇醚（乙二醇单甲醚、乙二醇单乙醚、乙二醇单丁醚等）等高毒、致癌、致畸和致突变性物质。

随着酰胺类溶剂的大规模使用，其在生产和应用过程中造成的职业性暴露及其对消费者造成的危害不容忽视。20世纪70年代到80年代国外已有其毒性试验和对作业人员健康影响的报道。研究表明：酰胺类物质可以通过呼吸道、消化道及皮肤粘膜吸收进入体内，强烈刺激眼睛、皮肤和粘膜，经常接触会导致肝、肾、心、血管、神经等系统出现不正常症状。鉴于该类物质对人体健康的严重伤害，发达国家对酰胺类物质高度关注。2003年欧盟第2003/36/EC号指令已将该类五种物质：甲酰胺（CASNo. 75 – 12 – 7）、N – 甲基甲酰胺（CASNo. 123 – 39 – 7）、N – 甲基乙酰胺（CASNo. 79 – 16 – 3）、*N*，*N* – 二甲基甲酰胺（CASNo. 68 – 12 – 2）、*N*，*N* – 二甲基乙酰胺（CASNo. 127 – 19 – 5）列入REACH指令受限物质名单中，被归类为第2类生殖毒性物质的清单。根据新的欧盟指令2009/48/EC，该类物质从2013年7月将被禁止使用。2010年12月10日，比利时和法国颁布法令，禁止销售含有甲酰胺的泡沫拼图地垫。此外，法国在这方面也开始给予关注，调查了法国销售的某些消费品，包括那些甲酰胺低含量的产品，如清洁用品、马克笔和儿童玩具等。法国国家食品安全、环境和劳工部（Anses）日前还发布了消费品中使用甲酰胺毒性和危险性的初始调查报告。2012年国际生态纺织品认证标准Oeko – Tex Standard100将1 – 甲基 – 2 – 吡咯烷酮和*N*，*N* – 二甲基乙酰胺的残留量列入检测范围内，2013年Oeko – Tex100更新又新增*N*，*N* – 二甲基甲酰胺，2015年Oeko – Tex100更新又新增甲酰胺，限量要求均为1000ppm。

基于1 – 甲基 – 2 – 吡咯烷酮对皮肤、眼睛和呼吸道有刺激作用，美国工业卫生学会（AIHA）研究认为它能导致出生缺陷和其他生殖毒性，1 – 甲基 – 2 – 吡咯烷酮被美国有毒物质控制法案（TSCA）进行详细目录登记。2011年6月20日，ECHA将1 – 甲基 – 2 – 吡咯烷酮列入第五批SVHC（高关注度物质），认为该类物质对人体健康具有潜在的严重影响，具有致癌和/或生殖毒性，限制用于涂层、纺织品和树脂的处理。2012年Oeko – Tex100将*N*，*N* – 二甲基乙酰胺等有机溶剂残留量列入检测范围内，并提出限量要求为1000 ppm。

目前报道的有关有机溶剂的检测方法主要有气相色谱法、气相色谱 – 质谱联用法、高效液相色谱法、液相色谱 – 质谱联用法等。主要检测环境样品、食品、工业助剂、油样、尿样、血浆样等。但是未见同时测定多类有机溶剂的检测方法。国内外法规对纺织品中乙二醇醚类有机溶剂、酰胺类有机溶剂和N – 甲基吡咯烷酮提出了严厉限制，因此需要建立一个能同时测定包括9种禁用乙二醇醚类、5种禁用酰胺类和N – 甲基吡咯烷酮在内的3类有害有机溶剂残留量的快速方法，以应对国外的技术贸易壁垒。

本节的研究对象为21种有害有机溶剂，其中包括了法规禁用全部9种乙二醇醚类、全部5种禁用酰胺类和N – 甲基吡咯烷酮，具体信息见表3 – 52。

表3 – 52　有机溶剂研究对象的具体信息

序号	中文名称	英文名称	简称	CAS号	限用法规
1	乙二醇单甲醚	Ethylene glycol monomethyl ether	EGME	109 – 86 – 4	1#、2#、3#
2	乙二醇单乙醚	Ethylene glycol monoethyl ether	EGEE	110 – 80 – 5	1#、2#、3#
3	乙二醇单丁醚	Ethylene glycol monobutyl ether	EGBE	111 – 76 – 2	2#、4#
4	二乙二醇单甲醚	Diethylene glycol monomethyl ether	DEGME	111 – 77 – 3	5#、6#

续表

序号	中文名称	英文名称	简称	CAS 号	限用法规
5	二乙二醇单乙醚	Diethylene glycol monoethyl ether	DEGEE	111 - 90 - 0	
6	二乙二醇单丁醚	Diethylene glycol monobutyl ether	DEGBE	112 - 34 - 5	4#、5#、6#
7	乙二醇二甲醚	Ethylene glycol dimethyl ether	EGDME	110 - 71 - 4	7#
8	乙二醇二乙醚	Ethylene glycol diethyl ether	EGDEE	629 - 14 - 1	8#
9	乙二醇二丁醚	Ethylene glycol dibutyl ether	EGDBE	112 - 48 - 1	-
10	二乙二醇二甲醚	Diethylene glycol dimethyl ether	DEGDME	111 - 96 - 6	9#
11	二乙二醇二乙醚	Diethylene glycol diethyl ether	DEGDEE	112 - 36 - 7	-
12	三乙二醇单甲醚	Triethylene glycol monomethyl ether	TEGME	112 - 35 - 6	-
13	三乙二醇单乙醚	Triethylene glycol monoethyl ether	TEGEE	112 - 50 - 5	-
14	三乙二醇单丁醚	Triethylene glycol monobutyl ether	TEGBE	143 - 22 - 6	-
15	三乙二醇二甲醚	Triethylene glycol dimethyl ether	TEGDME	112 - 49 - 2	7#
16	*N*,*N* - 二甲基甲酰胺	*N*, *N* - dimethylformamide	DMF	1968/12/2	8#、10#、11#、13#
17	*N*,*N* - 二甲基乙酰胺	*N*, *N* - dimethylacetamide	DMA	127 - 19 - 5	9#、10#、11#、13#
18	*N* - 甲基甲酰胺	N - methylformamide	MF	123 - 39 - 7	10#、11#
19	*N* - 甲基乙酰胺	N - methylacetaamide	MA	79 - 16 - 3	8#、10#、11#
20	甲酰胺	Formamide	F	1975/12/7	7#、10#、11#
21	*N* - 甲基吡咯烷酮	N - methyl pyrrolidone	NMP	872 - 50 - 4	12#、13#

注：1#：第 4 批 SVHC；2#：[255] 号文件；3#：97/56/EC；4#：2009/6/EC；5#：552/2009/EC；6#：1348/2008/EC；7#：第 7 批 SVHC；8#：第 8 批 SVHC；9#：第 6 批 SVHC；10#：36/2003/EC；11#：48/2009/EC；12#：第 5 批 SVHC；13#：Oeko - Tex Standard 100。

7.2 方法的基本原理

以甲醇为萃取溶剂，超声萃取纺织品中乙二醇醚类、酰胺类和 *N* - 甲基吡咯烷酮等 21 种有机溶剂，萃取液直接进行气相色谱、气相色谱/质谱 - 选择离子监测、气相色谱/串联质谱分析。

7.3 样品前处理

7.3.1 标准溶液的配制

21 种有机溶剂标准物质信息见表 3 - 52。分别称取适量的标准品，用甲醇溶解并定容，配制成标准溶液储备液。分别移取适量的各标准溶液储备液，配制成混合标准溶液储备液。使用时，再用甲醇逐级稀释至所需浓度。

7.3.2 样品制备

本研究测试用的纺织品样品均来自市场。市售样品中大多只含有 1 种或几种待测组分，为研究不同萃取条件对纺织品中待测有机挥发物的影响，自制了 4 种含多个待测有机挥发物的纺织品样品。自制样品采用浸渍焙烘法，其流程为浸渍 - 焙烘 - 后处理，其中 1#样品为棉，其中含有DMF、TEGDME和NMP，2#样品为麻，其中含有DMF、TEGDME、NMP和甲酰胺，3#样品为丝，其中含有DMF、TEGDME、NMP和甲酰胺，4#样品为尼龙，其中含有TEGDME、NMP、DEGBE、TEGME和TEGEE。

选取有代表性的样品，剪碎成小于5mm×5mm的小块，混匀。

7.3.3 萃取

7.3.3.1 超声萃取

称取1.0g样品，置于150mL磨口锥形瓶中，加入25mL萃取溶剂，在45℃下超声萃取30min。收集上清液于鸡心瓶中，残渣用25mL萃取溶剂进行第2次萃取，合并萃取液。

7.3.3.2 微波辅助萃取

称取1.0g样品，置于微波萃取管中，加入15mL萃取溶剂，微波萃取30min，萃取温度设置为比溶剂沸点高约20℃，冷却至室温后，收集上清液于鸡心瓶中，残渣用15mL萃取溶剂进行第2次萃取，合并萃取液。

7.3.3.3 索氏萃取

称取1.0g样品，置于纤维素套管中，加入70mL萃取溶剂，索氏萃取4h，冷却至室温，将萃取液转移至鸡心瓶中。

7.3.4 萃取液后处理

所有萃取液均旋转蒸发至近干，用氮气缓慢吹干后，用1mL甲醇定容，进行气相色谱、气相色谱/质谱-选择离子监测、气质色谱/串联质谱测定。必要时，先进行适当稀释再进行

7.4 分析条件

7.4.1 气相色谱/质谱-选择离子监测法

7.4.1.1 气相色谱条件

DB-Wax色谱柱（60m×0.25mm×0.25μm），起始温度60℃，保持2min，以20℃/min的速度升至220℃，保持10min。后处理温度245℃，后处理时间3min。进样口温度230℃，传输线温度280℃。载气为氦气，纯度>99.999%，流速0.8mL/min，进样量1.0μL，脉冲分流进样，分流比20：1，溶剂延迟6.2min。

7.4.1.2 质谱条件

离子源温度220℃，EI电离方式，电离能量70eV。

全扫描模式定性，选择离子扫描模式定量。6.20min~9.00min监测离子为*m/z*45、*m/z*59；9.00min~9.70min监测离子为*m/z*57、*m/z*59、*m/z*73；9.70min~10.80min监测离子为*m/z*44、*m/z*45、*m/z*57；10.80min~11.90min监测离子为*m/z*45、*m/z*59、*m/z*73；11.90min~13.50min监测离子为*m/z*45、*m/z*57、*m/z*59、*m/z*99；13.50min~20.00min监测离子为*m/z*45。

7.4.2 气相色谱法

DB-Wax色谱柱（60m×0.25mm×0.25μm），起始温度60℃，保持5min，以20℃/min

的速度升至220℃，保持10min。后处理（post）温度245℃，时间为3min。进样口温度240℃，检测器：火焰离子化检测器，检测器温度250℃，载气流速1.0mL/min。进样量为1.0μL，不分流进样，0.75min后开阀。空气流速400mL/min。

7.4.3 气相色谱/串联质谱法

DB－Wax色谱柱（60m×0.25mm×0.25μm），初始温度为60℃，保持2min，以20℃/min升至220℃，保持10min。后处理温度为245℃，后处理时间为2min。载气为氦气（纯度>99.999%），流速为0.9mL/min。分流进样，分流比为10∶1，进样量为1.0μL。进样口温度为240℃，传输线温度为280℃，溶剂延迟为5.8min。

离子源温度为200℃，四级杆温度为150℃，电子轰击（EI）电离方式，电离能量为70eV；氮气流量为1.5mL/min，氦气流量为2.25mL/min；采用多反应监测（MRM）模式，MRM条件见表3－53。

表3－53 目标化合物的MRM条件

序号	组分	保留时间/min	子离子对（m/z）	驻留时间/ms	碰撞电压/V	子离子对（m/z）	驻留时间/ms	碰撞电压/V
1	EGDME	6.268	45→45	40	5	45→43*	40	5
2	EGDEE	6.511	74→45	40	5	74→43*	40	20
3	EGME	7.909	45→42	40	35	45→43*	40	10
4	EGEE	8.268	72→44	40	5	72→43*	40	10
5	DEGDME	9.096	59→43	50	35	58→43*	50	10
6	EGDBE	9.214	56→41	50	10	57→41*	50	5
7	DMF	9.295	73→58	50	5	73→44*	50	10
8	DEGDEE	9.643	59→43	50	50	45→43*	50	20
9	EGBE	9.689	57→39	50	25	57→41*	50	5
10	DMA	9.897	44→43	50	10	44→42*	50	20
11	DEGME	11.011	59→43	40	20	45→43*	40	15
12	DEGEE	11.217	45→42	40	30	45→43*	40	15
13	MA	11.353	73→58	40	10	73→43*	40	20
14	MF	11.418	59→58	40	5	59→41*	40	15
15	TEGDME	11.885	58→43	40	10	59→43*	40	30
16	NMP	11.977	99→98	40	10	99→44*	40	20
17	甲酰胺	12.354	44→43	40	25	45→44*	40	5
18	DEGBE	12.474	57→39	40	25	57→41*	40	5
19	TEGME	14.184	59→43	50	20	45→43*	50	20
20	TEGEE	14.462	72→44	50	5	45→43*	50	20
21	TEGBE	16.619	57→41	50	5	45→43*	50	20

*定量子离子对

7.5 结果与讨论

7.5.1 纺织品萃取条件的优化

7.5.1.1 超声萃取条件的优化

超声萃取效果主要取决于萃取溶剂种类，而超声萃取的温度、时间、萃取溶剂用量以及萃取方式均对萃取效果有一定影响。以两个纺织品为研究对象，1#样品为市售纺织品，该样品中含有 DEGBE，2#样品为自制样品，该样品为麻，含有 DMF、TEGDME、NMP 和甲酰胺，考察萃取时间、温度、溶剂用量、溶剂种类及萃取方式对超声萃取效果的影响。

分别选取乙醚、二氯甲烷、叔丁基甲醚、丙酮、甲醇、四氢呋喃、正己烷、正己烷/丙酮（1∶1）、乙酸乙酯、乙酸乙酯/二氯甲烷（1∶1）、乙醇、石油醚、乙腈等 12 种常见溶剂作为萃取溶剂，对 5 个阳性样品进行超声萃取，萃取液经处理后进行 GC/MS－SIM 分析，结果见图 3－48，1#样品中检出 DEGBE，2#样品中检出 DMF、TEGDME 和 NMP。从图 3－48 中数据可知，对于同一样品中的不同组分，获得最大萃取量的溶剂种类各不相同，且对于不同样品中的同一组分，获得最大萃取量的溶剂种类也不一定一致。对于所有测试样品中的全部组分，甲醇均能获得最大萃取量，或萃取量接近最大值。对各溶剂萃取时得到的谱图进行比较，发现甲醇提取时谱图中杂质最少，而乙醚提取时谱图中有大量杂质峰存在。经综合考虑，最终选择甲醇作为超声萃取溶剂。

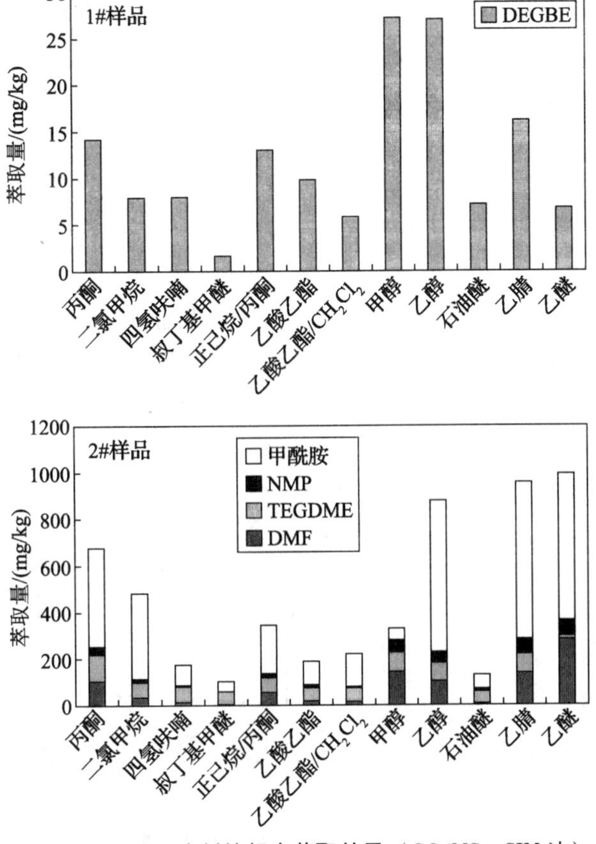

图 3－48　不同溶剂的超声萃取效果（GC/MS－SIM 法）

各取11份样品，每份约1.0g，各加入25mL甲醇，于40℃下分别萃取5min、10min、15min、20min、25min、30min、35min、40min、45min、50min、55min。收集上清液至鸡心瓶中，将萃取液旋转蒸发至近干，再用氮气缓慢吹干，用2mL甲醇溶解残留物，进行气相色谱/质谱-选择离子监测法测定，结果见图3-49。对于1#样品，随超声萃取时间的增加，萃取量先逐渐增加，并在35min时达到最大值，萃取时间继续增加时，萃取量反而逐渐下降。对于2#样品，各组分的萃取量均随萃取时间的增加而逐渐增加并达到最大值，然后萃取量随萃取时间的增加反而逐渐减少，但各组分萃取量达到最大值的时间并不一致，其中DMF和甲酰胺在30min时达到最大值，TEGDME和NMP在25min时达到最大值。以4个组分的总萃取量来作为萃取效果高低的判断依据，则萃取时间为30min时，总萃取量达到最大值。对于1#样品，当萃取时间为30min时，其萃取量为最大值的95.42%。对于2#样品，当萃取时间为35min时，其总萃取量为最大值的93.81%。综合考虑，可认为最佳超声萃取时间为30min。

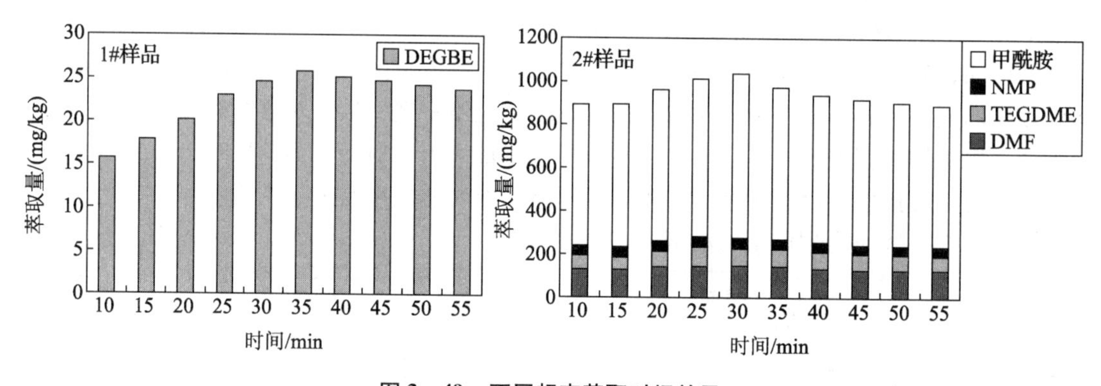

图3-49　不同超声萃取时间效果

各取6份样品，每份约1.0g，各加入25mL甲醇，分别于35℃、40℃、45℃、50℃、55℃、60℃下超声萃取35min。收集上清液至鸡心瓶中，将萃取液旋转蒸发至近干，再用氮气缓慢吹干，用2mL甲醇溶解残留物，进行气相色谱/质谱-选择离子监测法测定，结果见图3-50。对于1#样品，萃取量随萃取温度的升高而逐渐升高，并在45℃达到最大值，然后随萃取温度的升高而逐渐下降。对于2#样品，各组分的萃取量均随萃取温度的升高而增加，并均在45℃下达到最大值，此时总萃取量也达到最大值。萃取温度继续升高时，各组分的萃取量及总萃取量均逐渐下降。综合考虑，认为最佳萃取温度为45℃。

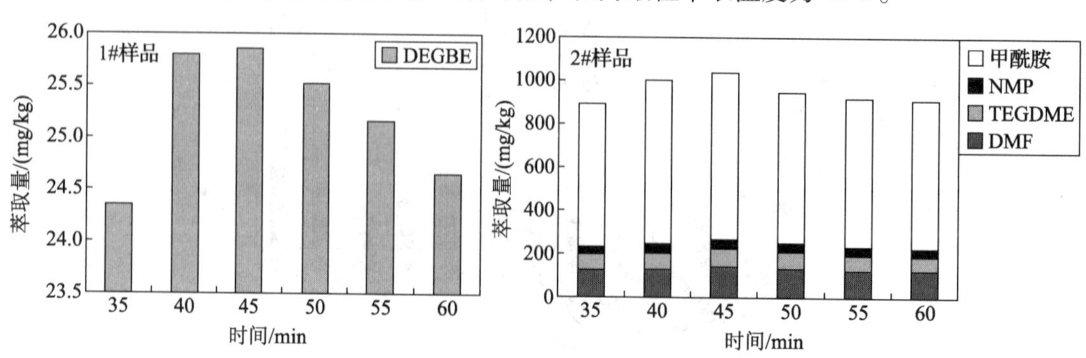

图3-50　不同超声萃取温度效果

各取6份样品，每份约1.0g，分别加入15mL、20mL、25mL、30mL、35mL、40mL甲醇，于45℃下萃取30min。收集上清液至鸡心瓶中，将萃取液旋转蒸发至近干，再用氮气缓慢吹干，用2mL甲醇溶解残留物，进行气相色谱/质谱－选择离子监测法测定，结果见图3－51。对于1#样品，萃取量随萃取溶剂的体积增加而逐渐增加，并在25mL时达到最大值。对于2#样品，各组分的萃取量均随萃取溶剂的体积增加而增加，达到最大值后，则萃取量反而随体积增加而减少，DMF、TEGDME和NMP均在25mL时达到最大值，而甲酰胺则在30mL时达到最大值。以总萃取量的大小来判断萃取效果的高低，则在萃取剂体积为25mL时总萃取量最大。

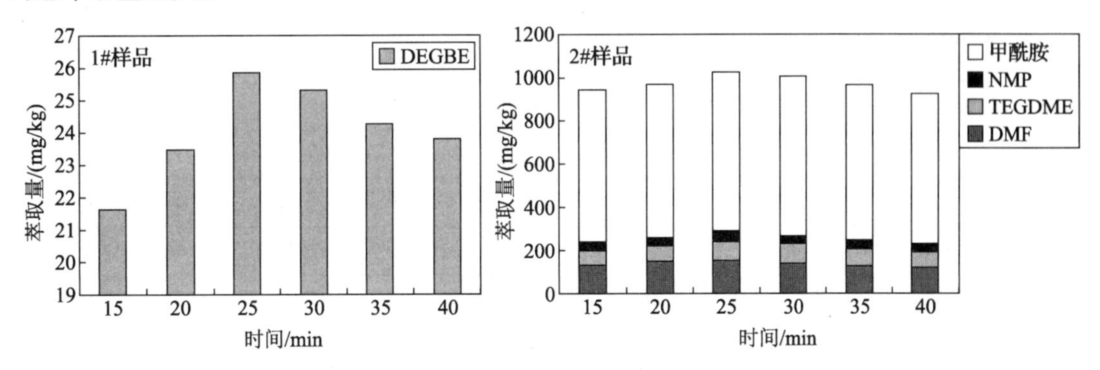

图3－51　不同超声萃取剂体积效果

上述实验结果表明，当只考虑单一因素对萃取量的影响时，最佳萃取时间为30min，最佳萃取温度为45℃，最佳溶剂用量为25mL。为更好地反映萃取时间、萃取温度和萃取溶剂用量对萃取量的综合影响，设计了表3－54所示的三因素三水平正交实验，其中萃取时间水平为30min、25min、35min，萃取温度水平为40℃、45℃、50℃，萃取溶剂用量水平为20mL、25mL、30mL。表3－54给出了各实验条件下的萃取量，以萃取量的大小作为萃取效果高低的判断依据。实验结果表明，最佳超声萃取条件如下：萃取时间为30min，萃取温度为45℃，萃取溶剂用量为25mL。

表3－54　正交实验条件

序号	时间/min	温度/℃	体积/mL	1#萃取量/(mg/kg)	2#样品萃取量/(mg/kg)				
				DEGBE	DMF	TEGDME	NMP	甲酰胺	总萃取量
1#	30	45	25	25.85	152.25	77.84	51.63	749.11	1030.83
2#	30	40	20	25.52	120.84	69.62	43.41	719.91	953.78
3#	30	50	30	25.12	135.95	82.40	44.03	697.45	959.83
4#	25	45	20	24.86	88.29	63.92	43.81	742.94	938.96
5#	25	40	30	24.67	86.46	59.99	43.96	727.25	917.66
6#	25	50	25	23.85	121.49	71.64	46.38	712.58	952.09
7#	35	45	30	23.92	124.52	67.05	44.77	724.07	960.42
8#	35	40	25	24.13	129.41	64.71	47.98	738.03	980.13
9#	35	50	20	24.34	125.29	69.28	45.42	687.12	927.11

各取1份样品，每份约1.0g，分别连续超声萃取3次，测定每次的萃取量，结果见表3-55。第1份样品超声萃取1次，第2份样品连续超声萃取2次，第3份样品连续超声萃取3次，分别测定萃取量，结果发现，超声萃取1次时，萃取量为25.85mg/kg，连续超声萃取2次时总萃取量为26.57mg/kg，连续超声萃取3次时总萃取量为27.14mg/kg。以连续3次超声萃取量为参照，第1次萃取率为95.25%，萃取2次时萃取率为97.90%。因此可认为经连续2次超声萃取后，待测物已经基本被萃取出来。因此，最终采用连续2次萃取方式。

表3-55 纺织品连续超声萃取效果

萃取方式		第1次萃取/(mg/kg)	第2次萃取/(mg/kg)	第3次萃取/(mg/kg)	总量/(mg/kg)	第1次萃取率/%	第2次萃取率/%	第3次萃取率/%
1#样品	DEGBE	25.85	0.72	0.57	27.14	95.25	2.65	2.10
2#样品	DMF	152.25	5.90	0	158.15	96.27	3.73	0.00
	TEGDME	77.87	2.40	0	80.27	97.01	2.99	0.00
	NMP	51.63	1.30	0	52.93	97.54	2.46	0.00
	甲酰胺	749.11	12.40	3.90	765.41	97.87	1.62	0.51
	总计	1030.83	22.00	3.90	1056.73	97.55	2.08	0.37

因此，最终选择的超声萃取条件如下：萃取溶剂为甲醇，萃取时间为30min，萃取温度为45℃，萃取溶剂用量为25mL，连续萃取2次。

7.5.1.2 微波萃取条件的优化

影响微波辅助萃取的主要因素有萃取溶剂种类、萃取时间、萃取温度和萃取压力。较高的萃取温度、较大的萃取压力和较长的萃取时间均有利于提高萃取效果。实验所用的萃取管材料为聚四氟乙烯，能耐260℃以上的高温和50个大气压以上的高压。通常情况下，微波萃取温度设定为比萃取溶剂沸点高10℃～20℃。因此，为尽可能地提高萃取效果，将萃取温度设定为比萃取溶剂沸点高20℃。通常情况下，萃取溶剂体积占萃取管总体积的三分之一。因此，一旦选定了萃取溶剂种类，所用萃取温度就确定了，同时萃取压力也随之而定。据文献报道，微波萃取时间为15min以上时，基本上就可以保证萃取效果。为确保实验效果，本实验中所选萃取时间为30min。

分别选取乙醚、二氯甲烷、叔丁基甲醚、丙酮、四氢呋喃、甲醇、正己烷/丙酮（1∶1）、乙酸乙酯、乙酸乙酯/二氯甲烷（1∶1）、乙醇、石油醚、乙腈等12种常见溶剂作为萃取溶剂，对2个阳性样品进行微波萃取，观察萃取量的变化，结果见表3-56。

表3-56 不同溶剂的微波萃取效果（GC/MS-SIM法） 单位：mg/kg

溶　剂	1#样	2#样				
	DEGBE	DMF	TEGDME	NMP	甲酰胺	总量
甲醇	22.30	55.7	79.5	34.9	583.6	753.6
叔丁基甲醚	1.55	48.7	72.2	12.8	191.3	325.0
丙酮	23.00	79.0	76.4	25.3	180.7	361.4

续表

溶　剂	1#样	2#样				
	DEGBE	DMF	TEGDME	NMP	甲酰胺	总量
二氯甲烷	3.63	37.5	80.3	5.6	392.7	516.0
四氢呋喃	8.44	66.6	109.4	24.3	133.0	333.3
正己烷/丙酮	17.20	20.7	73.5	33.2	202.0	329.4
乙酸乙酯	12.89	42.8	73.0	27.8	160.0	303.6
乙酸乙酯/CH_2Cl_2	9.14	137.4	62.7	24.8	173.9	398.8
乙醇	25.69	144.1	76.3	41.1	12.1	273.4
石油醚	14.06	23.2	91.1	13.1	24.8	152.2
乙腈	24.26	125.6	86.0	56.1	742.3	1010.0
乙醚	2.24	127.2	87.5	7.6	251.1	473.4

对于不同组分，其对应的最佳溶剂各不相同。对于 DEGBE 和 DMF，其最佳溶剂是乙醇，对于甲酰胺和 NMP，其最佳溶剂是乙腈，对于 TEGDME，其最佳溶剂是四氢呋喃。对于同时含有多种组分的样品，以其总萃取量作为溶剂萃取效果的判断依据，则最佳溶剂为乙腈。因此，微波萃取最终选择乙腈作为溶剂，萃取时间为30min，萃取温度为100℃。

7.5.1.3　索氏萃取条件的优化

以丙酮为萃取溶剂，索氏萃取1#阳性样品中的待测物（含有 DEGBE），萃取时间分别为1h、2h、3h、4h、5h、6h，观察萃取量的变化，结果发现，萃取量分别为17.65mg/kg、22.38mg/kg、25.46mg/kg、29.58mg/kg、29.72mg/kg、29.87mg/kg。可见随着萃取时间的增加，萃取量逐渐增大，当萃取时间大于4hr后，萃取量变化很少，综合考虑，最终选择索氏萃取4h。

分别选取乙醚、二氯甲烷、叔丁基甲醚、丙酮、甲醇、四氢呋喃、正己烷、正己烷/丙酮（1：1）、乙酸乙酯、乙酸乙酯/二氯甲烷（1：1）、乙醇、石油醚、乙腈、水等14种常见溶剂作为萃取溶剂，对1#阳性样品进行索氏萃取，观察萃取量的变化，结果发现，萃取量分别为2.08mg/kg、7.96mg/kg、9.89mg/kg、29.58mg/kg、26.57mg/kg、21.54mg/kg、27.37mg/kg、25.49mg/kg、21.64mg/kg、18.33mg/kg、21.82mg/kg、21.28mg/kg、26.04mg/kg、4.98mg/kg。在这些溶剂中，丙酮的萃取效果最好，其次是正己烷和甲醇。最终选择的索氏萃取条件如下：萃取溶剂为丙酮，萃取时间为4h，萃取温度为80℃。

7.5.1.4　萃取条件的最优选择

为更直观地反映不同萃取方法时不同溶剂的萃取效果，表3-57列出了1#阳性样品分别采用超声萃取、微波萃取和索氏萃取时萃取量的变化。从表3-57中数据可以看出，当各自使用最佳溶剂时，索氏萃取法萃取量最大，超声萃取法次之，微波萃取法最小。但索氏萃取法操作繁琐，检测通量小，超声萃取法萃取量稍小于索氏萃取法，但检测通量大，操作简便。综合考虑，最终选择采用超声萃取法进行提取，最终确定的提取条件如下：萃取溶剂为甲醇，萃取时间为35min，萃取温度为45℃，萃取溶剂用量为25mL，连续萃取两次。

表3-57 不同前处理方式萃取效果对比

萃取溶剂	超声萃取	索氏萃取	微波萃取
乙醚	6.87	2.08	2.24
二氯甲烷	7.97	7.96	3.63
叔丁基甲醚	1.72	9.89	1.55
丙酮	14.13	29.58	23.00
甲醇	27.16	26.57	22.30
四氢呋喃	8.00	21.54	8.44
正己烷	18.85	27.37	—
正己烷/丙酮（1:1）	13.01	25.49	17.20
乙酸乙酯	9.80	21.64	12.89
乙酸乙酯/二氯甲烷	5.76	18.33	9.14
乙醇	27.03	21.82	25.69
石油醚	7.14	21.28	14.06
乙腈	16.21	26.04	24.26
水	5.46	4.98	1.20

7.5.2 分析条件的优化

7.5.2.1 气相色谱/质谱法分析条件的优化

质谱分析有全扫描和选择离子监测两种分析模式，而全扫描模式可获得丰富的质谱图信息，选择离子监测模式具有选择性好、灵敏度高、抗干扰能力强的优点，因此本研究采用全扫描进行定性分析，采用选择离子监测模式进行定量分析。

色谱分离时，不同的固定液种类极大地影响目标化合物在色谱柱上的保留时间和分离度。乙二醇醚类有机溶剂分子中同时含有烷基和醚键，部分组分还含有羟基，酰胺类有机溶剂和 *N*－甲基吡咯烷酮均具有较强的极性。使用不同极性的色谱柱进行分离时，分离效果相差极大。参照文献，采用 DB－5HT(15m×0.25mm×0.10μm)、DB－5MS(30m×0.25mm×0.25μm)、DB－35MS(30m×0.25mm×0.25μm)、DB－Wax(30m×0.25mm×0.25μm)、DB－624(30m×0.25mm×4.10μm)、DBv5MS(60m×0.25mm×0.25μm)、DB－Wax(60m×0.25mm×0.25μm)等不同极性的色谱柱进行分离，改变色谱条件，观察分离效果，结果发现，弱极性和中等极性的色谱柱均不能很好地分离，极性色谱柱 DB－Wax（30m×0.25mm×0.25μm）能较好地分离各组分，但仍有部分组分分离不完全。当采用 DB－Wax（60m×0.25mm×0.25μm）色谱柱时，各组分才能完全分离，获得良好的分离效果。

通常可采用分流进样和不分流进样两种进样方式，经对比研究，发现采用分流进样方式时，所得的谱图质量较高，因此选择采用分流进样方式。进一步优化升温程序、进样口温度、离子源温度、载气流速、分流比等因素，最终确定分析条件如下：DB－Wax(60m×0.25mm×0.25μm)，起始温度60℃，保持2min，以20℃/min 的速度升至220℃，保持

10min。后处理温度 245℃，后处理时间 3min。进样口温度 230℃，传输线温度 280℃。载气为氦气，纯度 >99.999%，流速 0.8mL/min，进样量 1.0μL，脉冲分流进样，分流比 20∶1，溶剂延迟 6.2min。

在上述条件下，对混标进行全扫描分析，得到混标的总离子流图（见图 3－52），从图 3－52 可以看出，各色谱峰之间完全分离。

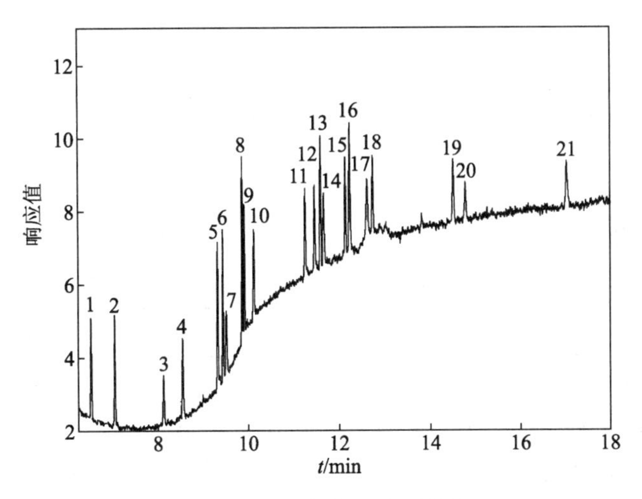

图 3－52　混标的总离子流图

1. 乙二醇二甲醚　2. 乙二醇二乙醚　3. 乙二醇单甲醚　4. 乙二醇单乙醚　5. 二乙二醇二甲醚　6. 乙二醇二丁醚　7. *N*,*N*－二甲基甲酰胺　8. 二乙二醇二乙醚　9. 乙二醇单丁醚　10. *N*,*N*－二甲基乙酰胺　11. 二乙二醇单甲醚　12. 二乙二醇单乙醚　13. *N*－甲基乙酰胺　14. *N*－甲基甲酰胺　15. 三乙二醇二甲醚　16. *N*－甲基吡咯烷酮　17. 甲酰胺　18. 二乙二醇单丁醚　19. 三乙二醇单甲醚　20. 三乙二醇单乙醚　21. 三乙二醇单丁醚

根据质谱图从各化合物的碎片离子中选择丰度相对较高、分子量较大、干扰较小的碎片离子作为测定和确证的特征目标监测离子，进行 GC/MS－SIM 测定。各目标化合物的特征离子和定量离子见表 3－58。标准溶液和样品溶液均按规定的条件进行测定，如果样品溶液与标准溶液在相同的保留时间处有峰出现，则利用表 3－58 对其进行确证。经确证分析，如果样品溶液中被测物谱峰的保留时间与标准物质一致，并且在扣除背景后的样品谱图中，表 3－58 中的参考定性离子均出现，且各定性离子的丰度比在偏差允许范围内与标准物质定性离子的丰度比一致，则可认为检出该组分。

表 3－58　目标化合物的特征离子和定量离子

序号	化合物	保留时间/min	定量离子	参考定性离子及丰度比
1	乙二醇二甲醚	6.534	45	45∶60∶58∶90＝999∶184∶104∶92
2	乙二醇二乙醚	7.060	59	59∶31∶74∶75＝999∶822∶687∶498
3	乙二醇单甲醚	8.315	45	45∶31∶47∶43＝999∶145∶71∶61
4	乙二醇单乙醚	8.643	59	59∶31∶72∶45＝999∶527∶349∶293
5	二乙二醇二甲醚	9.400	59	59∶58∶31∶45＝999∶419∶261∶218
6	乙二醇二丁醚	9.511	57	57∶41∶56∶45＝999∶257∶210∶135

续表

序号	化合物	保留时间/min	定量离子	参考定性离子及丰度比
7	*N*,*N*－二甲基甲酰胺	9.607	73	73：44：42：43＝999：887：422：114
8	二乙二醇二乙醚	9.920	45	45：59：72：73＝999：669：609：577
9	乙二醇单丁醚	9.970	57	57：45：41：87＝999：389：294：176
10	*N*,*N*－二甲基乙酰胺	10.177	44	44：43：87：42＝999：479：321：232
11	二乙二醇单甲醚	11.264	45	45：59：58：31＝999：416：260：256
12	二乙二醇单乙醚	11.471	45	45：59：31：72＝999：373：339：289
13	*N*－甲基乙酰胺	11.603	73	73：43：58：42＝999：920：560：192
14	*N*－甲基甲酰胺	11.674	59	59：58：41：60＝999：80：30：30
15	三乙二醇二甲醚	12.144	59	59：58：45：103＝999：362：239：133
16	*N*－甲基吡咯烷酮	12.245	99	99：98：42：44＝999：704：592：563
17	甲酰胺	12.616	45	45：44：43：42＝999：248：108：18
18	二乙二醇单丁醚	12.738	57	57：45：41：75＝999：990：293：225
19	三乙二醇单甲醚	14.495	45	45：59：58：89＝999：724：345：317
20	三乙二醇单乙醚	14.777	45	45：72：59：73＝999：247：219：192
21	三乙二醇单丁醚	17.014	45	45：57：89：41＝999：572：325：226

经实验，所选择的特征目标监测离子灵敏度高、选择性好、干扰少，线性范围宽，定性准确，定量限低。图 3－53 是混标的选择离子色谱图，图中各谱峰之间完全分离，各谱峰峰形尖锐，对称性好。

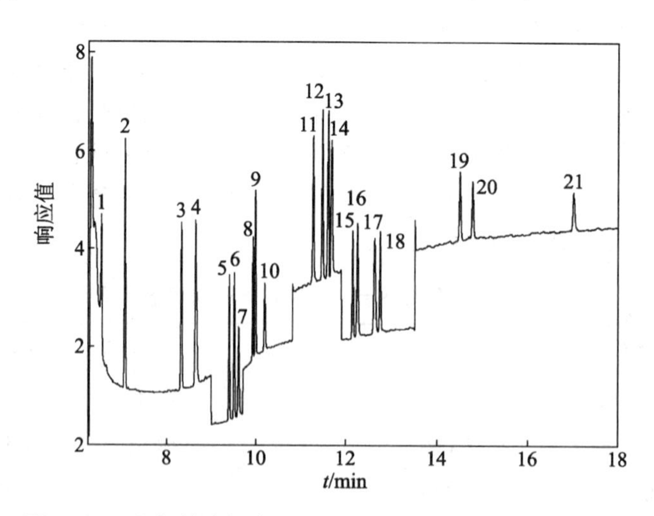

图 3－53　混标的选择离子色谱图（色谱峰顺序图 3－52 同）

7.5.2.2　气相色谱法分析条件的优化

通常可采用分流进样和不分流进样两种方式，经对比研究，发现采用分流进样模式时，信号响应较低，而谱图质量与不分流进样相比无明显改变，因此最终采用不分流进样方式。影响 GC－FID 法峰面积的主要因素是进样口温度、检测器温度和载气流速。全面地考察各因素的综合影响，最终确定的分析条件为：DB－Wax 色谱柱（60m×0.25mm×0.25μm），起始温度 60℃，保持 5min，以 20℃/min 的速度升至 220℃，保持 10min。后处理（post）温度 245℃，时间为 3min。进样口温度 240℃，检测器：火焰离子化检测器，检测器温度 250℃，载气流速 1.0mL/min。进样量为 1.0μL，不分流进样，0.75min 后开阀。空气流速 400mL/min，H_2 流速 30mL/min。

在上述条件下，对混标进行分析，得到其气相色谱图（见图 3－54），从图 3－54 中可以看出，各色谱峰之间完全分离。

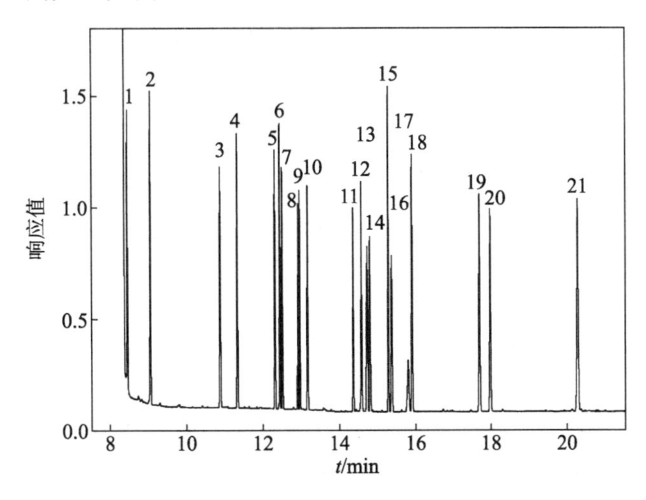

图 3－54　混标的气相色谱图

1. 乙二醇二甲醚　2. 乙二醇二乙醚　3. 乙二醇单甲醚　4. 乙二醇单乙醚　5. 二乙二醇二甲醚　6. 乙二醇二丁醚　7. *N*,*N*－二甲基甲酰胺　8. 二乙二醇二乙醚　9. 乙二醇单丁醚　10. *N*,*N*－二甲基乙酰胺　11. 二乙二醇单甲醚　12. 二乙二醇单乙醚　13. *N*－甲基乙酰胺　14. *N*－甲基甲酰胺　15. 三乙二醇二甲醚　16. *N*－甲基吡咯烷酮　17. 甲酰胺　18. 二乙二醇单丁醚　19. 三乙二醇单甲醚　20. 三乙二醇单乙醚　21. 三乙二醇单丁醚

7.5.2.3　气相色谱串联质谱法分析条件的优化

通常可采用分流进样和不分流进样两种进样方式，经对比研究，发现采用分流进样方式时，所得的谱图质量较高，因此选择采用分流进样方式。进样口温度、分流比、载气流速、离子源温度均直接影响各组分的谱峰面积的大小。进一步优化升温程序、进样口温度、离子源温度、载气流速、分流比等因素，最终确定分析条件如下：DB－Wax 色谱柱（60m×0.25mm×0.25μm），初始温度为 60℃，保持 2min，以 20℃/min 升至 220℃，保持 10min。后处理温度为 245℃，后处理时间为 2min。载气为氦气（纯度 >99.999%），流速为 0.9mL/min。分流进样，分流比为 10∶1，进样量为 1.0μL。进样口温度为 240℃，传输线温度为 280℃，溶剂延迟为 5.8min。离子源温度为 200℃，四级杆温度为 150℃，电子轰击（EI）电离方式，电离能量为 70eV；氮气流量为 1.5mL/min，氦气流量为 2.25mL/min；采用多反应监测（MRM）模式，MRM 条件见表 3－53。

在上述条件下，对混标进行分析，得到其气相串联质谱色谱图（见图 3－55），从图 3－55 中可以看出，各色谱峰之间完全分离。

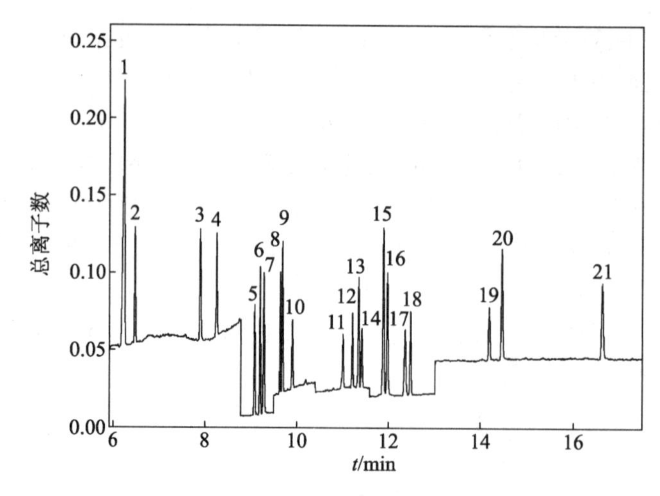

图 3-55　混标的 GC/MS-MS 色谱图

1. 乙二醇二甲醚　2. 乙二醇二乙醚　3. 乙二醇单甲醚　4. 乙二醇单乙醚　5. 二乙二醇二甲醚　6. 乙二醇二丁醚　7. *N*,*N*-二甲基甲酰胺　8. 二乙二醇二乙醚　9. 乙二醇单丁醚　10. *N*,*N*-二甲基乙酰胺　11. 二乙二醇单甲醚　12. 二乙二醇单乙醚　13. *N*-甲基乙酰胺　14. *N*-甲基甲酰胺　15. 三乙二醇二甲醚　16. *N*-甲基吡咯烷酮　17. 甲酰胺　18. 二乙二醇单丁醚　19. 三乙二醇单甲醚　20. 三乙二醇单乙醚　21. 三乙二醇单丁醚

7.5.3　方法的线性关系和检出限

在空白基质中添加不同浓度的混标，进行测定，确定其线性关系，列于表 3-59 ~ 表 3-61 中。采取在空白样品中加标测试的方法确定方法的检出限，在 $S/N=3$ 的条件下，得到各组分的检出限，也列于表 3-59 ~ 表 3-61 中。不同检测方法线性关系和检出限不同。

表 3-59　方法的线性关系和检出限（GC/MS-SIM 法）

序号	组　分	t_R/min	线性范围/(ng/mL)	线 性 方 程	r	检出限/(μg/kg)
1	乙二醇二甲醚	6.560	101 ~ 5057	$y=1422x-180283$	0.9998	30
2	乙二醇二乙醚	7.091	101 ~ 5040	$y=2295.5x-46227$	0.9999	30
3	乙二醇单甲醚	8.360	100 ~ 5000	$y=1685.7x-90429$	0.9996	30
4	乙二醇单乙醚	8.684	140 ~ 7014	$y=1020.5x+344006$	0.9991	50
5	二乙二醇二甲醚	9.446	109 ~ 5448	$y=1245x-49239$	0.9997	40
6	乙二醇二丁醚	9.552	60 ~ 3002	$y=1987.5x-40235$	0.9997	20
7	*N*,*N*-二甲基甲酰胺	9.663	101 ~ 5025	$y=1043.2x-82107$	0.9994	30
8	二乙二醇二乙醚	9.965	100 ~ 5006	$y=937.45x-27104$	0.9998	30
9	乙二醇单丁醚	10.016	100 ~ 5023	$y=1260.1x-31246$	0.9999	30
10	*N*,*N*-二甲基乙酰胺	10.238	100 ~ 5016	$y=696.94x-22733$	0.9998	30
11	二乙二醇单甲醚	11.324	100 ~ 5016	$y=1378.4x-54641$	0.9984	30
12	二乙二醇单乙醚	11.527	101 ~ 5050	$y=1518.5x-4068.9$	0.9996	30
13	*N*-甲基乙酰胺	11.664	207 ~ 10330	$y=870.03x-21610$	0.9999	70

续表

序号	组　分	t_R/min	线性范围/(ng/mL)	线性方程	r	检出限/(μg/kg)
14	N-甲基甲酰胺	11.739	205~10250	$y=687.25x-59656$	0.9996	70
15	三乙二醇二甲醚	12.204	80~4017	$y=1446.8x-29641$	0.9999	30
16	N-甲基吡咯烷酮	12.321	101~5052	$y=1270x-11727$	0.9999	30
17	甲酰胺	12.687	305~15254	$y=409.08x+35558$	0.9999	100
18	二乙二醇单丁醚	12.803	60~3002	$y=1874.8x-5258.2$	0.9999	20
19	三乙二醇单甲醚	14.590	101~5040	$y=1338.8x-33970$	0.9998	30
20	三乙二醇单乙醚	14.867	60~3000	$y=1908.9x+16652$	0.9997	20
21	三乙二醇单丁醚	17.140	100~5000	$y=1142.8x-22384$	0.9997	30

表3-60　方法的线性关系和检出限（GC-FID法）

序号	组　分	t_R/min	线性范围/(μg/mL)	线性方程	r	检出限/(mg/kg)
1	乙二醇二甲醚	8.394	0.61~122.40	$y=11466x-5822$	0.99930	0.30
2	乙二醇二乙醚	8.974	0.14~28.22	$y=67975x-20863$	0.99945	0.10
3	乙二醇单甲醚	10.855	0.22~44.00	$y=39528x-20033$	0.99915	0.10
4	乙二醇单乙醚	11.315	0.22~44.09	$y=41660x-19263$	0.99900	0.10
5	二乙二醇二甲醚	12.304	0.15~29.43	$y=43584x+1579$	0.99965	0.10
6	乙二醇二丁醚	12.435	0.08~16.56	$y=92308x-8045$	0.99970	0.05
7	N,N-二甲基甲酰胺	12.489	0.22~44.22	$y=38129x-17689$	0.99930	0.10
8	二乙二醇二乙醚	12.915	0.17~17.04	$y=66225x-13800$	0.99935	0.10
9	乙二醇单丁醚	12.951	0.16~16.40	$y=77915x-19883$	0.99895	0.10
10	N,N-二甲基乙酰胺	13.159	0.29~29.26	$y=52376x-21615$	0.99885	0.15
11	二乙二醇单甲醚	14.368	0.15~29.26	$y=47151x-8914$	0.99795	0.10
12	二乙二醇单乙醚	14.585	0.14~28.28	$y=55507x-20243$	0.99865	0.10
13	N-甲基乙酰胺	14.732	0.14~28.92	$y=45127x-13396$	0.99910	0.10
14	N-甲基甲酰胺	14.803	0.30~59.45	$y=26569x-21207$	0.99875	0.15
15	三乙二醇二甲醚	15.285	0.21~42.28	$y=49843x-24921$	0.99830	0.10
16	N-甲基吡咯烷酮	15.372	0.08~16.50	$y=75571x-15612$	0.99835	0.05
17	甲酰胺	15.798	0.88~176.74	$y=3576x-11210$	0.99865	0.50
18	二乙二醇单丁醚	15.900	0.13~26.69	$y=69143x-11334$	0.99950	0.10
19	三乙二醇单甲醚	17.696	0.22~43.20	$y=44540x-25258$	0.99795	0.10
20	三乙二醇单乙醚	17.981	0.18~36.00	$y=50299x-26128$	0.99820	0.10
21	三乙二醇单丁醚	20.279	0.20~39.76	$y=61090x-43024$	0.99810	0.10

表 3-61　方法的线性关系和检出限（GC/MS-MS 法）

序号	组　分	t_R/min	线性范围/(ng/mL)	线 性 方 程	r	检出限/(μg/kg)
1	乙二醇二甲醚	6.826	20.6~2064.0	$y=140.3x+4797.2$	0.99940	10
2	乙二醇二乙醚	7.245	6.0~604.8	$y=473.57x+3635.9$	0.99925	5
3	乙二醇单甲醚	8.402	8.0~800.0	$y=299.1x-1524.9$	0.99960	5
4	乙二醇单乙醚	8.712	16.0~1603.2	$y=198.32x+27002$	0.99569	10
5	二乙二醇二甲醚	9.448	10.5~1051.0	$y=241.09x-7.23$	0.99985	5
6	乙二醇二丁醚	9.555	6.2~621.0	$y=642.25x-524.07$	0.99960	5
7	N,N-二甲基甲酰胺	9.663	10.1~1005.0	$y=397.38x-1776.3$	0.99985	5
8	二乙二醇二乙醚	9.956	32.0~3195.0	$y=92.489x-2675$	0.99950	20
9	乙二醇单丁醚	10.011	10.3~1025.0	$y=258.89x-2977.7$	0.99940	5
10	N,N-二甲基乙酰胺	10.226	104.5~10450.0	$y=20.165x-1080.6$	0.99955	50
11	二乙二醇单甲醚	11.306	20.9~2090.0	$y=53.27x-647.81$	0.99985	10
12	二乙二醇单乙醚	11.512	20.2~2020.0	$y=76.247x-1422.5$	0.99960	10
13	N-甲基乙酰胺	11.645	20.7~2066.0	$y=156.92x-6837.4$	0.99745	10
14	N-甲基甲酰胺	11.718	102.5~10250.0	$y=19.62x-3046.2$	0.99955	50
15	三乙二醇二甲醚	12.186	16.9~1691.2	$y=250.46x-7278.7$	0.99890	10
16	N-甲基吡咯烷酮	12.301	6.2~618.6	$y=579.72x-1969.2$	0.99930	5
17	甲酰胺	12.664	147.3~14728.0	$y=17.836x-296.18$	0.99890	100
18	二乙二醇单丁醚	12.791	11.1~1112.0	$y=147.01x+556.6$	0.99980	5
19	三乙二醇单甲醚	14.567	24.0~2400.0	$y=61.23x-84.951$	0.99985	15
20	三乙二醇单乙醚	14.851	15.0~1500.0	$y=173.89x-310.01$	0.99975	10
21	三乙二醇单丁醚	17.117	19.9~1988.0	$y=121.93x-3455.8$	0.99940	10

7.5.4　方法的精密度和回收率

采取对 2 个阳性样品（样品为纺织品样品）进行多次平行样测试的方法来确定方法的精密度，共进行 9 次平行样测试，结果见表 3-62~表 3-64。

表 3-62　精密度实验（纺织品）(GC/MS-SIM 法)　　单位：mg/kg

检出物	TEGDME	NMP	DEGBE	TEGME	TEGEE
1	26.95	24.82	7.14	6.49	6.94
2	26.58	26.44	7.18	6.53	6.85
3	26.73	25.37	6.83	6.25	6.73
4	27.15	24.16	6.92	6.37	7.18
5	26.32	26.09	7.05	6.58	7.13

续表

检出物	TEGDME	NMP	DEGBE	TEGME	TEGEE
6	27. 24	24. 58	7. 26	6. 41	6. 79
7	27. 41	25. 17	7. 19	6. 62	7. 02
8	26. 87	26. 23	6. 88	6. 23	7. 09
9	26. 69	24. 97	6. 97	6. 34	6. 89
平均值	26. 88	25. 31	7. 05	6. 42	6. 96
RSD/%	1. 28	3. 11	2. 18	2. 18	2. 26

表 3－63　精密度实验（纺织品样品）(GC－FID 法)　　单位：mg/kg

检出物	TEGDME	NMP	DEGBE	TEGME	TEGEE
1	26. 18	25. 63	6. 95	6. 38	6. 83
2	26. 81	25. 38	7. 36	6. 51	6. 92
3	26. 35	26. 59	6. 71	6. 19	6. 71
4	27. 63	24. 03	7. 52	6. 23	7. 24
5	27. 38	24. 37	7. 03	6. 84	7. 15
6	27. 51	25. 12	7. 12	6. 62	6. 76
7	26. 54	24. 65	6. 84	6. 74	7. 05
8	27. 12	26. 24	7. 25	6. 43	7. 19
9	26. 42	25. 83	7. 18	6. 79	6. 88
平均值	26. 88	25. 32	7. 11	6. 53	6. 97
RSD/%	2. 02	3. 38	3. 59	3. 65	2. 79

表 3－64　精密度实验（纺织品样品）(GC/MS/MS 法)　　单位：mg/kg

检出物	TEGDME	NMP	DEGBE	TEGME	TEGEE
1	26. 18	25. 48	6. 51	6. 63	6. 85
2	25. 51	27. 63	6. 83	7. 05	7. 02
3	25. 95	23. 69	7. 86	5. 98	6. 59
4	27. 96	24. 31	7. 18	6. 21	7. 34
5	26. 57	26. 78	7. 59	6. 82	7. 18
6	27. 73	26. 24	6. 97	6. 37	6. 64
7	27. 42	25. 86	7. 45	6. 52	7. 26
8	26. 83	24. 91	6. 72	6. 11	6. 71
9	27. 24	27. 05	7. 03	6. 42	7. 42
平均值	26. 82	25. 77	7. 13	6. 46	7. 00
RSD/%	3. 12	5. 06	6. 13	5. 30	4. 51

7.6 实际样品的测试

应用建立的方法对市售纺织品中的乙二醇醚类、酰胺类、吡咯烷酮类有机溶剂残留量进行了测定，表 3-65 给出了部分阳性样品的测试结果。

表 3-65 实际样品测试结果

序号	样 品 名 称	检 出 结 果	含量/(mg/kg)
1	红白条纹童装（白色涂层部分）	未检出	—
2	红白条纹童装（条纹部分）	未检出	—
3	黄色童装（白色涂层部分）	未检出	—
4	黄色童装（黄色布部分）	未检出	—
5	黑色羊绒布	未检出	—
6	灰色羊绒布	二乙二醇单乙醚	13.2
7	白底黄色印花棉布	二乙二醇单丁醚	9.8
		N-甲基吡咯烷酮	3.5
8	黑底黄色印花棉布	二乙二醇单丁醚	15.1
		N-甲基吡咯烷酮	2.6
9	黑底蓝色印花棉/氨纶混纺布	二乙二醇单丁醚	31.8
		N-甲基吡咯烷酮	1.9
10	黑底白色印花棉布	二乙二醇单丁醚	51.9
		二乙二醇单乙醚	12.3
11	靛蓝羊毛/锦纶混纺布	二乙二醇单丁醚	33.7
12	黑底黄色印花棉/氨纶混纺布	二乙二醇单丁醚	43.5
13	彩色印花布片	未检出	—
14	深蓝色针织男式衬衫	乙二醇单乙醚	13.6
		二乙二醇单丁醚	7.4
15	米黄色针织女式衬衫	二乙二醇单丁醚	11.9
16	深黑色女式条纹衬衫	二乙二醇单丁醚	12.7
17	米白色针织女式衬衫	二乙二醇单丁醚	49.1
18	白色针织棉布衫	二乙二醇单丁醚	9.8
19	浅灰色女式条纹衫	二乙二醇单丁醚	16.9
20	浅灰色斑点棉布	乙二醇单乙醚	31.1
		二乙二醇单丁醚	75.0
21	黑色棉布衬衫	二乙二醇单丁醚	9.5

续表

序号	样品名称	检出结果	含量/(mg/kg)
22	深灰色针织条纹圆领T恤	乙二醇单乙醚	5.0
		二乙二醇单丁醚	8.0
23	深灰色针织棉布T恤	二乙二醇单丁醚	7.8
24	灰色男式梭织长裤	未检出	—
25	淡红色女式高领羊毛衫	乙二醇单乙醚	16.2
		二乙二醇单丁醚	53.4
26	浅棕色梭织棉布	未检出	—
27	白色棉布T恤	二乙二醇单丁醚	12.9
28	酒红色针织棉布女式上衣	二乙二醇单丁醚	13.9
29	黑色针织女式衬衫	乙二醇单乙醚	24.8
		二乙二醇单丁醚	239.7
30	黑色男式针织棉布长袖衫	未检出	—
31	男式蓝色条纹衬衫	未检出	—
32	灰色男式棉长裤	未检出	—
33	浅蓝色牛仔上衣	未检出	—
34	黄色针织短袖T恤	未检出	—
35	蓝黑色棉布男式上衣	二乙二醇单丁醚	9.6
36	浅灰色针织棉布女式T恤衫	二乙二醇单丁醚	36.0
37	粉色条纹女式T恤衫	未检出	—
38	黑色男式棉长裤	未检出	—
39	黑白色印花棉T恤	未检出	—
40	橙黑色印花上衣	未检出	—
41	蓝灰色条纹棉布衫	二乙二醇单丁醚	6.2
42	黑色提花墨绿色女式外套	未检出	—
43	黑色针织棉布男式上衣	乙二醇单乙醚	11.4
		二乙二醇单丁醚	15.8
44	浅蓝色棉布女式上衣	二乙二醇单丁醚	7.3
45	白色棉布男式上衣	二乙二醇单丁醚	6.4
46	灰色针织圆领T恤	未检出	—
47	黑色针织女式上衣	二乙二醇单丁醚	31.2
48	玫瑰红色女式T恤	二乙二醇单丁醚	12.7
49	彩色印花涤纶布	未检出	—

续表

序号	样品名称	检出结果	含量/(mg/kg)
50	蓝白格子女式衬衫	二乙二醇单丁醚	10.1
51	米白色针织女式衬衫	二乙二醇单丁醚	8.2
52	蓝色提花衬衫	未检出	—
53	彩色印花真丝裙	未检出	—
54	蓝色男式衬衫	未检出	—
55	蓝色紫色条纹衬衫	未检出	—
56	绿色印花棉布	未检出	—
57	黑白色针织棉布	未检出	—
58	砖红色条纹女式上衣	二乙二醇单丁醚	6.0
59	枚红色针织女式圆领衫	未检出	—
60	蓝色牛仔童装长裤	未检出	—
61	蓝色男式牛仔长袖衬衫	未检出	—
62	白色星星印花黑色涤纶女式上衣	未检出	—
63	黑色印花圆领T恤	未检出	—
64	黑色牛仔长裤	未检出	—
65	彩色印花白色女内裤	未检出	—
66	白色棉针织圆领上衣	未检出	—
67	虾粉色棉针织T恤	未检出	—
68	蓝色格子男式磨毛衬衫	二乙二醇单丁醚	3.5
69	黑色女式弹性长裤	二乙二醇单丁醚	22.0
70	灰色装饰毛料	未检出	—
71	藏蓝色棉针织上衣	未检出	—
72	白色印花蓝色牛仔女衬衫	二乙二醇单丁醚	7.1
73	樱花粉色女针织T恤	二乙二醇单丁醚	3.0
74	印花儿童内裤	未检出	—
75	黑色针织棉布	*N*,*N*-二甲基乙酰胺	15.1
		二乙二醇单丁醚	3.9
76	白色印花T恤	未检出	—
77	男式条纹衬衫	未检出	—
78	粉红色针织棉布	未检出	—
79	深灰色男式针织T恤	未检出	—
80	紫色女式针织T恤	二乙二醇单丁醚	2.9

续表

序号	样　品　名　称	检 出 结 果	含量/(mg/kg)
81	黑色针织上衣	未检出	—
82	黑色男式针织衬衫	未检出	—
83	蓝色男式条纹针织圆领上衣	未检出	—
84	印花棉针织女式上衣	未检出	—
85	黑色男式针织圆领 T 恤	二乙二醇单丁醚	4.7
86	粉色针织女衬衫	未检出	—
87	黑色男式针织衬衫	二乙二醇单丁醚	4.7
88	蓝色男式针织衬衫	未检出	—
89	蓝白男式针织衬衫	未检出	—
90	靛蓝色男式针织衬衫	未检出	—
91	黑色女式针织圆领 T 恤	未检出	—
92	浅灰色男式针织圆领 T 恤	未检出	—
93	军绿色针织棉布	未检出	—
94	橙色梭织男式上衣	未检出	—
95	蓝色小格子衬衫	未检出	—
96	红黑条纹针织圆领 T 恤	未检出	—
97	蓝色印花涤纶布	未检出	—
98	浅绿色黑色波点真丝上衣	未检出	—
99	红色针织女式上衣	未检出	—
100	白色针织棉布	未检出	—
101	军绿色斜纹棉布	未检出	—
102	蓝紫色印花弹性上衣	未检出	—
103	印花紫色棉布	未检出	—
104	深灰色男式针织圆领 T 恤	未检出	—
105	白色男式针织圆领 T 恤	未检出	—
106	白色女式针织圆领 T 恤	未检出	—
107	灰色男式棉针织圆领上衣	未检出	—
108	浅绿色印花针织 T 恤	未检出	—
109	灰白色针织女式上衣	未检出	—
110	蓝色印花棉布	二乙二醇单丁醚	3.0
111	黑色男式针织圆领 T 恤	未检出	—
112	嫩绿色针织棉布	未检出	—

续表

序号	样 品 名 称	检 出 结 果	含量/(mg/kg)
113	彩色印花女式内裤	未检出	—
114	白色针织女式上衣	未检出	—
115	黑色印花短袖 T 恤	未检出	—
116	灰色条纹针织上衣	未检出	—
117	粉绿色针织女式圆领 T 恤	未检出	—
118	紫色印花棉上衣	未检出	—
119	灰白条纹上衣	未检出	—
120	蓝绿色针织衬衫	未检出	—
121	灰色棉针织女式 T 恤	未检出	—
122	黄色针织棉布	乙二醇单乙醚	2.3
		二乙二醇单丁醚	2.8
123	灰色牛仔长裤	未检出	—
124	蓝色针织男式衬衫	未检出	—
125	粉蓝色针织上衣	未检出	—
126	肉桂色针织棉圆领 T 恤	未检出	—
127	灰黑条纹针织棉 T 恤	未检出	—
128	紫色印花女式内裤	未检出	—
129	白色针织棉布	未检出	—
130	粉色印花针织棉 T 恤	未检出	—
131	黑色针织棉 T 恤	未检出	—
132	棕色针织棉布	乙二醇单乙醚	2.5
		二乙二醇单丁醚	1.7
133	灰色印花衬衫	乙二醇单乙醚	5.4
		二乙二醇单丁醚	2.6
134	黑白针织毛衣	乙二醇单乙醚	4.4
		二乙二醇单丁醚	0.9
135	蓝色印花针织衬衫	乙二醇单乙醚	3.4
		二乙二醇单丁醚	2.7
136	黑色针织男式长裤	乙二醇单乙醚	4.4
		二乙二醇单丁醚	13.8
137	肤色针织女长裤	未检出	—

续表

序号	样品名称	检出结果	含量/(mg/kg)
138	枚红色针织长裤	乙二醇单乙醚	5.5
		二乙二醇单丁醚	1.8
139	黑色针织棉T恤	乙二醇单乙醚	7.2
		二乙二醇单丁醚	5.7
140	墨绿色印花上衣	未检出	—
141	黑色海绵胸杯	未检出	—
142	黑色针织棉T恤	未检出	—
143	红色针织棉布	乙二醇单乙醚	3.3
		二乙二醇单丁醚	2.6
144	彩色印花棉布	未检出	—
145	蓝色印花女式内裤	未检出	—
146	灰色棉女式内裤	乙二醇单乙醚	5.9
		N,*N*-二甲基乙酰胺	5.7
		二乙二醇单丁醚	1.1
147	珊瑚红针织棉T恤	未检出	—
148	灰色针织男式衬衫	未检出	—
149	灰色印花女式衬衫	乙二醇单乙醚	5.6
		二乙二醇单丁醚	3.1
150	湖蓝色针织棉布女式上衣	二乙二醇单丁醚	25.9
151	蓝色针织涤棉混纺女式长裤	未检出	—
152	蓝底白花女式格子上衣	未检出	—
153	玫瑰红色棉/氨纶弹力裤	未检出	—
154	湖蓝色格子童装上衣	二乙二醇单丁醚	11.7
155	深灰色女式棉布衬衫	乙二醇单乙醚	4.6
		二乙二醇单丁醚	13.5

根据表3-66数据统计，测试纺织品样品155个，其中检出55个，检出率为35.5%，其中成分包括棉、麻、毛、涤纶、氨纶等。但是所有检出样品均未超过欧盟SVHC的限量要求（1000mg/kg）。

根据表3-67数据统计，测试样品中共检出79项有害有机溶剂残留（由于有些样品检出多个有机溶剂残留，因此检出项目大于阳性样品数量），其中主要集中在二乙二醇单丁醚、乙二醇单乙醚、*N*-甲基吡咯烷酮、*N*,*N*-二甲基乙酰胺、二乙二醇单乙醚等项目中。

表 3-66　阳性样品检出产品类型统计

	检出	未检出	样品数	检出率/%
纺织品	55	100	155	35.5

表 3-67　阳性样品检出情况统计

	N,N-二甲基甲酰胺	N,N-二甲基乙酰胺	乙二醇单乙醚	乙二醇单丁醚	二乙二醇单乙醚	二乙二醇单丁醚	三乙二醇单甲醚	三乙二醇单丁醚	N-甲基吡咯烷酮	总计
数量	0	2	18	0	2	54	0	0	3	79

图 3-56～图 3-59 为部分阳性样品的 GC/MS-SIM 图和 GC/MS-MS 的 MRM 图。

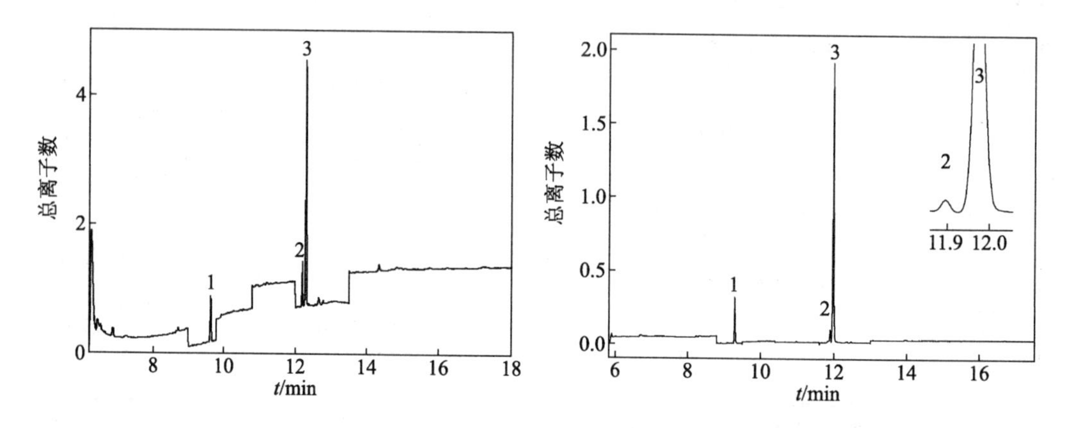

图 3-56　棉色谱图：左 GC-MS（SIM）图；右 GC-MS/MS（MRM）图

1. DMF　2. TEGDME　3. NMP

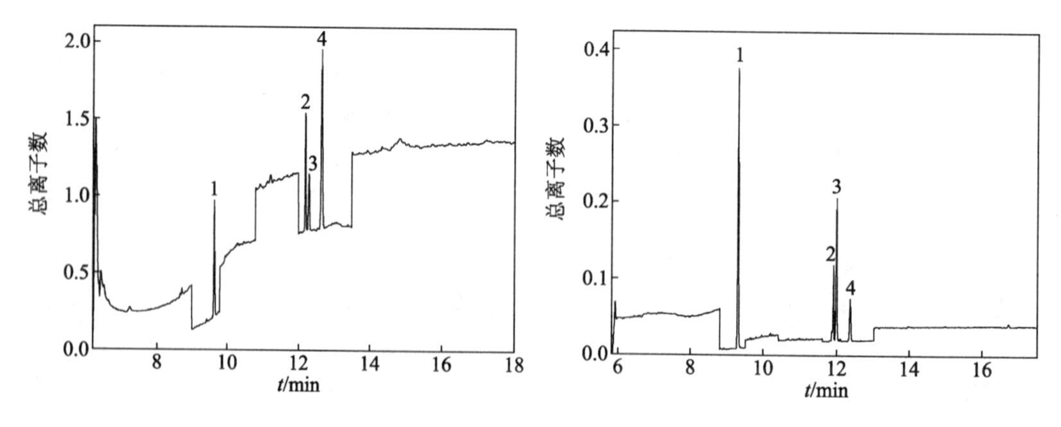

图 3-57　麻色谱图：左 GC-MS（SIM）图；右 GC-MS/MS（MRM）图

1. DMF　2. TEGDME　3. NMP　4. 甲酰胺

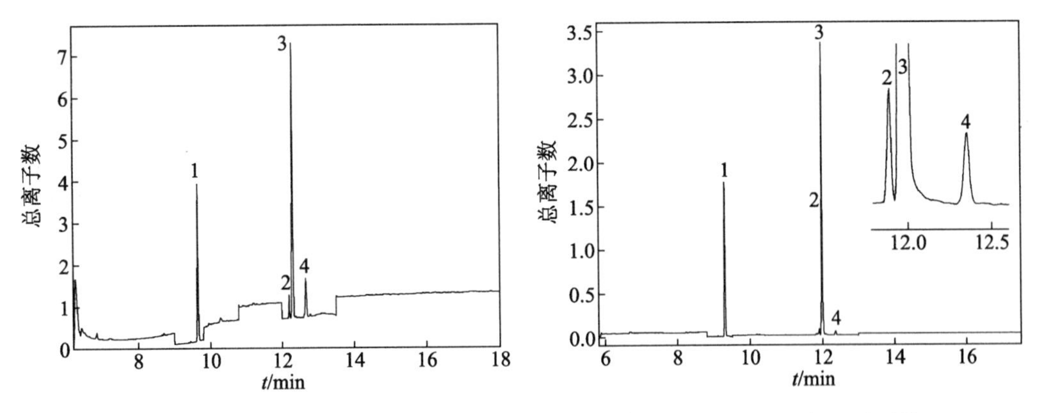

图 3-58　丝色谱图：左 GC-MS（SIM）**图；右 GC-MS/MS**（MRM）**图**

1. DMF　2. TEGDME　3. NMP　4. 甲酰胺

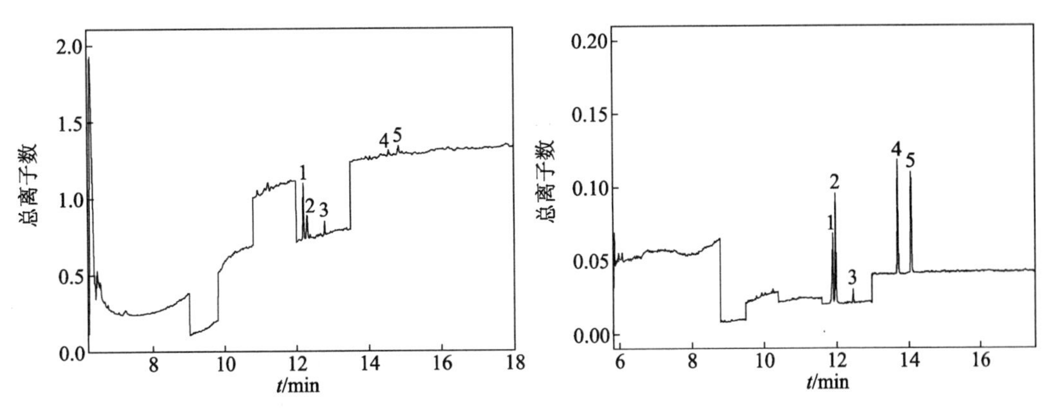

图 3-59　尼龙色谱图：左 GC-MS（SIM）**图；右 GC-MS/MS**（MRM）**图**

1. TEGDME　2. NMP　3. DEGBE　4. TEGME　5. TEGEE

7.7　结论

本研究采用气相色谱法、气相色谱/质谱-选择离子监测法、气相色谱/串联质谱法建立了纺织品中乙二醇醚类、酰胺类和 *N*-甲基吡咯烷酮等 21 种有机溶剂残留量的分析方法，方法简便、快速、准确，适合纺织品有害有机溶剂残留量分析的定性确证和定量测定。